U0263732

国家科学技术学术著作出版基金资助出版

# 混沌密码分析学原理与实践

李澄清　著

科学出版社

北　京

# 内 容 简 介

混沌密码分析与混沌密码设计是混沌密码学对立统一的两个基本组成部分。本书以混沌密码分析为主轴，全面而详细地介绍混沌密码分析学的理论和算法，给出具体的程序实践和攻击场景分析。除阐明混沌密码中存在的一般密码安全问题外，还分析基于数字混沌特性的特有安全缺陷，并在此基础上总结设计高效安全混沌密码的一般原则。全书共 9 章，第 1 章介绍混沌密码分析基础。第 2~8 章分别对 7 类混沌加密算法进行详细的密码分析：基于唯置换运算的混沌加密算法；基于置换与异或运算的混沌加密算法；基于置换与模和运算的混沌加密算法；基于异或与模和运算的混沌加密算法；基于置换、异或与模和运算的混沌加密算法；Pareek 等设计的四种混沌加密算法；Yen 等设计的四种混沌加密算法。第 9 章总结混沌密码设计应遵循的一般性原则，并对混沌安全相关应用进行展望。

本书可供高等学校数学、计算机、网络空间安全等专业的本科生、研究生、教师以及相关领域的研究人员参考。

**图书在版编目（CIP）数据**

混沌密码分析学原理与实践/李澄清著. —北京：科学出版社，2022.6
ISBN 978-7-03-071872-3

Ⅰ. ①混… Ⅱ. ①李… Ⅲ. ①密码学 Ⅳ. ①TN918.1

中国版本图书馆 CIP 数据核字 (2022) 第 043708 号

责任编辑：裴 育 朱英彪 赵晓廷／责任校对：任苗苗
责任印制：赵 博／封面设计：陈 敬

**科 学 出 版 社** 出版
北京东黄城根北街 16 号
邮政编码：100717
http://www.sciencep.com
三河市春园印刷有限公司印刷
科学出版社发行 各地新华书店经销
\*
2022 年 6 月第 一 版 开本：720 × 1000 1/16
2025 年 1 月第三次印刷 印张：21 1/4
字数：428 000
**定价：168.00 元**
(如有印装质量问题，我社负责调换)

# 作 者 简 介

**李澄清**，2002 年获湘潭大学数学与应用数学学士学位，2005 年获浙江大学应用数学硕士学位，2008 年获香港城市大学电子工程学博士学位。现任湘潭大学计算机学院·网络空间安全学院院长，曾任湖南大学信息科学与工程学院教授、岳麓学者。近年一直从事多媒体安全分析与非线性动力学研究。在 *IEEE Transactions on Circuits and Systems I: Regular Papers*、*IEEE Transactions on Computers* 等国际知名期刊上发表论文 60 余篇，h 指数为 32。先后获德国洪堡基金、湖南省自然科学基金杰出青年科学基金、DAAD-王宽诚基金、湖南省自然科学奖二等奖、IEEE 电路与系统协会 Guillemin-Cauer 最佳论文奖。主持国家自然科学基金面上项目、青年科学基金项目、中欧人才项目、国际（地区）合作交流项目 6 项。现担任知名期刊 *International Journal of Bifurcation and Chaos*、*Signal Processing* 的编委。入选爱思唯尔 2021 年"中国高被引学者"名单。

# 序

　　离散混沌理论与密码学之间存在某种天然的联系,两者在数学特性和复杂结构上具有很多相似性。将混沌理论应用于密码学是一种十分自然的选择。具体地说,理想的混沌时间序列具有非周期性、有界发散性、正熵、遍历、连续功率谱等统计特性,对应于传统加密系统的扩散特性和混淆特性。更重要的是,混沌系统的确定性让其生成的混沌时间序列的精确重构即完全解密成为可能。作为非线性理论的典型工程应用,混沌密码在过去三十多年中受到数学和统计学、网络空间安全、计算机科学与技术、信息与通信工程等多学科领域专家学者的高度关注。

　　密码学,包括混沌密码学,主要分为密码设计学和密码分析学,也就是我们通常说的加密和解密。在混沌密码设计方面,目前已有一些相关的书籍可供参考。但是,在混沌密码分析学方面的书籍却非常罕见。《混沌密码分析学原理与实践》正好适应了目前的需要,它全面系统地介绍了混沌密码分析学的常用方法,既是一本适合初学者的入门读物,同时也是一部专业性较强的技术专著。该书最大的特点是它并没有泛泛而谈,而是以严谨的数学证明和详实的实验数据细致地分析了 24 种具体的混沌加密算法以及它们抵抗各种常规攻击的鲁棒性。该书内容大体上按分析对象使用的加密运算和算法结构来组织,以便展现混沌密码设计与混沌密码分析之间的交互关系。在此基础上,书末总结出 14 条设计安全高效混沌加密算法及评估其安全性能所应遵循的一般性原则。除封面图所示的有向网络分析外,还提炼了混沌密码分析涉及的多个热点研究领域:视觉质量评价、神经网络、隐私保护和电路实现等。作者通过自己长期研究工作总结出来的这些经验和体会,对混沌密码学者特别是初学者来说很有参考价值,其推荐的优良程序设计原理和实践方法对读者的科研和教学都颇有裨益。

　　简而言之,本书详细地研讨了混沌密码分析学,写得相当全面、细致并且很有特色,确实值得热忱推荐。

陈关荣

发展中国家科学院院士、欧洲科学院院士
香港城市大学

# 前　言

　　1989 年 1 月第一篇关于"混沌加密算法"的论文在期刊 *Cryptologia* 上发表，针对该算法的密码分析工作随后在同期刊报道。自此以后，涌现出了大量丰富多样的混沌加密算法，其中部分算法被密码分析者选作典型分析样例。总体上说，混沌密码设计和混沌密码分析相互促进彼此的发展，不断地推动混沌理论在信息安全领域的应用研究。2003 年，作者在浙江大学数学系攻读硕士学位时开始接触混沌密码的密码分析工作，在董光昌教授和李树钧博士的指引下从事相关研究。后前往香港城市大学在陈关荣院士的指导下攻读博士学位。此外，还与西班牙 Gonzalo 博士课题组和德国哈根大学 Halang 教授课题组开展合作研究。在过去 18 年里先后针对 30 多种混沌加密算法进行了成功的密码分析。2009 年，重庆大学廖晓峰教授课题组出版了专著《混沌密码学原理及其应用》，全面详细地介绍了混沌理论在分组密码、流密码、公钥密码和 Hash 函数等方面的应用。本书力求成为该书的姊妹篇，全面介绍混沌密码的另一面——混沌密码分析学。

　　本书主要按加密算法所使用的运算对各种典型的混沌加密算法进行分类，分别对它们进行密码分析。另外，选择 Pareek 和 Yen 两个课题组设计的多种混沌加密算法作为分析对象，以展现混沌加密算法被不断改进后密码分析方法的相应调整。

　　全书共 9 章。第 1 章介绍混沌密码分析学的基础知识。第 2 章在分析三种唯置换混沌加密算法具体安全性能的基础上，将所有唯置换加密算法用规范模型表示，进一步定量分析用已知明文、选择明文攻击任意唯置换加密算法所需明文数量和时间复杂度。第 3 章分析四种基于置换与异或运算混沌加密算法的基本性质，在此基础上分析它们抵抗穷举攻击、已知明文攻击、选择明文攻击和差分攻击的能力；以 Logistic 映射为样例，研究如何在数字域中从混沌状态序列反求控制参数。第 4 章分析两种基于置换与模和运算混沌加密算法抵抗选择明文攻击的能力，给出并证明中国剩余定理中关于模、余数和被除数之间的一些关系。第 5 章分析四种基于异或与模和运算混沌加密算法抵抗已知明文攻击、选择明文攻击和差分攻击的能力，给出并证明多个异或与模和运算结合方程的求解方法。第 6 章分析三种基于置换、异或与模和运算混沌加密算法抵抗选择明文攻击和差分攻击的能力，并分别给出详细的实验验证结果。第 7 章分析 Pareek 等设计的其他四种混沌加密算法的安全性能，在分析算法本质结构的基础上，给出用已知/选择明文攻击获取它们的等价密钥所需的条件。第 8 章分析 Yen 等设计的其他四种混沌加密算法的安全性能。就算法结构和使用运算而言，这四种算法被依次改进。虽然总体上这些加密算法的安全性能在改进中逐步得到加强，但是它们抵抗已知明文攻击、选择明文攻击和差分攻击的能力依然很弱。第 9 章提炼全书中各分析对象中存在的安全共性问题，总结设计安全高效数字混沌加密算法所应遵循的一般设计原则，并简单介绍本书涉及的相关热门领域和难点问题，展望混沌安全相关应用。

　　本书中的部分研究工作得到了国家自然科学基金项目 (61772447, 61532020, 61211130121, 61100216)、湖南省自然科学基金杰出青年科学基金项目 (2015JJ1013)、长沙市科技计划项目 (kq2004021) 的资助，在此表示感谢。本书的出版得到 2019 年度国家科学技术学术著作出版基金的资助 (2019-F-022)。感谢湘潭大学黄云清教授、舒适教授、段斌教授，香港城市大学黄国和博士，浙江大学张亶博士，德国哈根大学李忠博士多年来对我工作的支持。感谢北京邮电大学陈磊博士、东北大学朱和贵博士为全书内容的修正付出的辛勤劳动。同时感谢研究生林东东、徐成、冯兵兵、马守兴、马云铃、刘羽、刘胜、李超所做的大量翻译、编程和校对工作。

　　由于水平所限，书中难免存在不足之处，敬请广大读者指正。

李澄清

DrChengqingLi@qq.com

2022 年 1 月

# 目　　录

# 第 1 章　混沌密码简介

为便于本书的讨论，本章简单介绍混沌密码的基本原理。密码学本身分为对立统一的两个基本组成部分：密码设计学（密码编码学）和密码分析学[1,2]。简而言之，密码设计学研究如何设计符合具体实际应用要求的安全快速加密算法，而密码分析学研究在何种条件下可以获得给定密文对应的密钥信息。1.1 节介绍密码设计学和混沌密码设计框架。1.2 节主要介绍密码分析学与混沌密码分析的不同之处。

## 1.1　混沌密码设计

加密算法也称为密码 (cipher) 或密码系统 (cryptosystem)。但是，密码系统可能还含有其他提供信息安全服务的密码原语 (cryptographic primitive)[2]。称加密对象为明文 (plaintext)，称加密结果为密文 (ciphertext)，将它们分别用 $P$ 和 $C$ 来表示。图 1.1 所示的加密过程可用等式

$$C = E_{K_e}(P)$$

来表示，其中，$K_e$ 是加密密钥；$E(\cdot)$ 是加密函数。

图 1.1　加解密一般模型

类似地，解密过程可表示为

$$P = D_{K_d}(C)$$

其中，$K_d$ 是解密密钥；$D(\cdot)$ 是解密函数。当 $K_e = K_d$ 时，该密码被称为私钥密码 (private-key cipher) 或对称密码 (symmetric-key cipher)。私钥密码的加解密密钥必须经专门的保密途径由发送者发送给接收者。当 $K_e \neq K_d$ 时，该密码被称为公钥密码 (public-key cipher) 或非对称密码 (asymmetric-key cipher)。公钥密码的加密密钥 $K_e$ 是公开的，而只有解密密钥 $K_d$ 需要保密，因此不需要额外的秘密途径传输密钥。

　　直接或间接使用混沌系统设计的密码称为混沌密码。混沌理论与相对论、量子力学一起被誉为 20 世纪物理学的三大发现。半个多世纪以来,混沌理论及其应用得到了极大的发展。1960 年,菲尔兹奖得主 Smale 在巴西访问时发现了马蹄映射,进而奠定了严格的混沌数学理论基础 [3]。1963 年,美国气象学家 Lorenz(洛伦茨) 研究天气预报时发现了第一个耗散混沌系统——Lorenz 系统,成为后人研究混沌理论的出发点和基石 [4]。数学分析和高等数学的教材中对无限序列只提及三种情况:周期、发散和收敛。实际上还有第四种情况:混沌。1975 年,马里兰大学数学系李天岩和 Yorke 发表了经典论文 “Period three implies chaos”,首次在动力学研究中引入 “混沌” 概念,从而开创了离散混沌数学理论 [5]。1976 年,普林斯顿大学 May 分析了 Logistic 映射的混沌动力学,并将其应用到生物种群繁殖的数学建模 [6]。1998 年,Smale 提出了 18 个当时未解决的数学问题,其中第 14 个问题是 Lorenz 系统是否存在奇异吸引子 [7]。由此,激发 Tucker 于 2002 年给出了一组使得 Lorenz 系统呈现混沌性质的参数 [8]。

　　最著名的混沌特征是 “蝴蝶效应”,即混沌系统输出的状态序列针对初始条件或控制参数的微小变化极其敏感。此外,混沌具有拓扑传递性与混合性、周期点的稠密性、随机性与遍历性、正李雅普诺夫指数、分数维和奇异吸引子等典型特征。这些特征与现代密码学中的混淆 (confusion) 和扩散 (diffusion) 等特征密切相关 [9]。另外,混沌吸引子的拉伸折叠变换与香农在经典论文 “Communication theory of secrecy systems”(保密系统的通信理论) 中所提出的加密方法具有惊人的相似性 [10]。数据加密标准 (data encryption standard, DES) 和高级加密标准 (advanced encryption standard, AES) 算法的加密结果对明文或密钥的变化非常敏感,从某种意义上讲它们可视为定义在有限域上的混沌系统(明文为初始状态,密钥为控制参数)。这种微妙的相似性吸引研究者尝试结合混沌理论和经典密码学设计全新的安全加密算法。

　　1989 年,Matthews [11] 提出了首个混沌加密函数:

$$g(x) = (\beta+1)(1+1/\beta)^\beta x(1-x)^\beta, \quad \beta \in [1,4] \tag{1.1}$$

在过去 30 年中,数千种混沌加密算法被提出 [12-21]。混沌理论在数字混沌密码中的用途大体上可分为以下四类:

　　(1) 利用混沌映射直接或间接地生成变换明文内像素位置的置换矩阵 [22-29]。

　　(2) 用作伪随机数生成器产生伪随机序列,进而控制一些基本加密运算的构成和组合 [30-44]。混沌密码中最广泛流行的算法结构是置换、替换、置换与替换交替结合 [16,45]。

　　(3) 当明文的元素值被转换为混沌映射的初始条件和控制参数时,直接生成密文 [46-49]。

(4) 利用混沌系统构造公钥密码[50]，进而组建密钥协商协议[51]。

随着移动互联网、云计算、社交网络和大数据等信息技术的迅猛发展和多媒体数据撷取设备的普及，多媒体数据 (图像、视频和音频等) 以更快的频率在各种有线或无线网络上传输，如何保护这些多媒体数据在公开信道的传输和存储变得越来越重要[52-54]。例如，短视频功能使得小视频中的隐私信息泄露风险成为公众担心的问题。然而，这些多媒体数据和文本数据在各方面都存在巨大差异：多媒体数据存储空间较大、应用场景的实时性要求高、相邻元素之间存在强相关性、多媒体数据使用专有格式存储等，这些特征使得经典加密标准遇到严峻挑战。未压缩的多媒体数据的尺寸非常大，常规文本加密算法（如 DES 等）的加密效率不高，难以满足实时加密的要求。因此，设计特殊的多媒体加密算法是亟须解决且具有挑战性的课题。

在过去的十年中，多媒体加密算法的设计和安全分析得到了相关研究人员的高度关注，包括图像加密[55,56]、视频加密[57-61]和音频加密[62-66]。多媒体加密涉及加密和压缩之间的平衡：先加密再压缩，密文的随机性将大幅降低压缩效率。数字图像数据的传输和存储对高处理效率和安全性能都有要求，这自然导致加密和压缩的有机结合：加密压缩后的数据[67-69]，同时压缩和加密[20,58,70-72]，压缩加密后的数据[73,74]。因为图像数据是多媒体数据的一种典型形式，可帮助展现所提出的加密算法生成的实际效果，所以大多数混沌加密算法采用图像数据作为加密对象。

## 1.2 混沌密码分析

密码分析学依赖被密码学界广为接受的柯克霍夫原则 (Kerckhoffs's principle)：假设攻击者知道加密和解密算法的任何细节。这一假设后来被香农重新表述成香农公理 "The enemy knows the algorithm"，这就意味着一个密码的安全性只能依赖解密密钥 $K_d$ 本身。因此，密码分析者的主要任务就是从一组明文和相应密文中获取该解密密钥的信息，用来解密其他使用相同密钥加密的密文。如果一个密码被大范围、长时间使用，那么其结构很容易被攻击者获悉。换个角度说，如果在加密算法结构已知的前提条件下，攻击者都无法获取解密密钥，那么在加密算法结构未知的条件下更无从谈起。

从密码学的角度看，安全强度高的加密算法必须能有效抵抗各种常规攻击。对于大多数加密算法，应慎重检查下列四种场景下对应的攻击方法。

(1) 唯密文攻击：攻击者通过传输渠道截获、从密文存储位置盗取等手段获得密文，但事先并不清楚这些密文对应的明文。因为通信信道一般是公开的，所以开展唯密文攻击的条件门槛是最低的。

(2) 已知明文攻击：攻击者能通过暂时访问加密机器或者成功猜测到明文信息时，知晓所得密文所对应的明文。

(3) 选择明文攻击：为了增强攻击效果（提高获得密钥信息的准确度、减少所需明文的数量或降低攻击所需的空间和时间复杂度），攻击者选择特别的明文，并设法让加密者将其加密后发送给接收者，以非法获取相应的密文。

(4) 选择密文攻击：当攻击者能暂时拥有解密机器的使用权限时，可选择一些特别的密文进行解密，获得对应的明文。

由于传输通道是公开的，攻击者很容易从中截取信息，如图 1.1 所示。因此，在上述四种常规攻击模型中，相对于攻击者，唯密文攻击的条件门槛最低。已知明文攻击和选择明文攻击要求攻击者能暂时使用加密系统（如密钥被存储在系统中）或者能猜测出整个（或部分）明文信息。选择密文攻击要求攻击者能暂时使用解密系统。后三者攻击模型对应的具体场景看上去较难出现，但在很多实际应用中已经出现，特别是在可供攻击者任意"驰骋"的网络空间[1]。如图 1.2 所示，已知明文攻击和选择明文攻击都假设多个明文是用相同密钥加密的。如果该假设不成立，则该密码的密钥不能重复使用，也就是一次一密乱码本 (one-time pad)。如下原因使得一次一密乱码本在现实应用中不可行：① 密码中使用的伪随机序列具有周期性，使得等价密钥不时重复；② 需要专门保密地记录密码的使用情况，这给密钥管理带来沉重的负担；③ 一次一密所需辅助数据比明文数据还多，这些数据的生成和传输大大降低了加密效率。

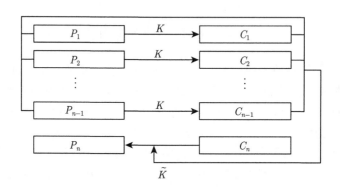

图 1.2　明文攻击示意图

在已知明文攻击或选择明文攻击的场景下，攻击者可以观察明文对的差异与相应的密文对之间的差异（图 1.3），分析这些差异在加密过程中的变化规律。注意差分是相对给定运算而言的，如减法、除法和异或。进行差分运算可以消除一些加密运算，这使得相对于差分明文，所攻击的密码变得更简单，从而提升攻击性能。

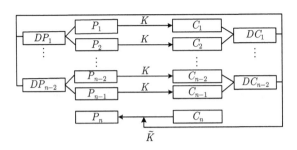

图 1.3 差分攻击示意图

与传统的文本加密算法一样，混沌加密算法需要通过相当长时间的密码分析验证后才能被大规模实际应用。众所周知，密码分析可以促进加密算法设计水平的不断提高。事实上，密码设计与密码分析是一对矛盾的统一体，它们相互推动彼此的发展和完善。最早的混沌密码分析工作是 1989 年针对文献 [11] 中混沌密码的安全分析 [75]：迭代公式 (1.1) 生成的伪随机序列的周期非常短，特别是当计算精度较小时。

文献统计分析表明，与混沌密码设计的论文数量相比，只有极少数混沌加密算法在公开文献中被给出密码分析结果 [35,36,38,40,48,76–81]。这主要归因于：① 密码分析工作本身比较复杂，论证任何一个算法的非安全性都需要严谨完整的论据作为支撑；② 不少研究人员对密码分析工作有偏见，将指出算法的安全缺陷等同于贬低加密算法设计者的贡献；③ 相对于密码设计，密码分析是一个"被动"的工作，必须根据特定的算法选择相应的攻击方法。

从抽象角度看，密码分析就是一种数学建模，即在已知最少明文和密文信息的条件下以最小的时间复杂度求解获得最多密钥相关信息这一目标函数 [58,66]。传统的密码分析技术往往并不能直接用来对某种图像加密算法和混沌加密算法进行密码分析 [82]。混沌密码所用具体混沌系统的缺陷和性质可用来支撑针对密码特定的攻击方法：混沌同步（一致性）[83,84]；混沌遍历 [85]；数字设备中的有限精度计算和量化过程使得混沌系统的动力学性质出现不同程度的退化 [16,47,86–90]。

由于现有混沌密码的密码分析不足以及可供混沌密码设计者借鉴的资料缺乏，混沌加密算法的优点长期未被全面了解且它们固有的安全漏洞也未被充分发掘，这严重妨碍了混沌加密算法安全性能的进一步提高。对混沌加密算法的安全分析也给我们提供了全新的视野和出发点来探索加密算法中使用理论方法的特定性质。归纳已有的混沌密码分析工作、分析一些典型的混沌加密算法和发掘混沌加密算法固有安全缺陷，在此基础上总结设计混沌密码应遵循的基本设计原则，这是提高混沌密码安全水平的有力举措。此外，还有助于思考常见疑问"什么是混沌密码能有效解决而现代密码不能有效处理的特别任务"。

# 第 2 章　基于唯置换运算混沌加密算法的密码分析

## 2.1　引　　言

要使多媒体数据变得混乱而无法辨认，最简单有效的方法是随机置换它的数据成分（如像素比特、像素、位平面、图像块、频域系数、树节点）。在图像加密中，秘密置换（也称为置乱）广泛用于改变各种元素的位置[23,24,91-95]。置换运算能有效地使加密算法同时具备混淆和扩散这两个性质[15]。因此，它在著名对称加密算法 DES 和 AES 中都被广泛采用。最早的混沌加密论文可追溯到 1986 年发表的文献 [96]，它将混沌映射作用在混沌理论创始人庞加莱（Poincaré）的肖像上，以展现混沌映射的拉伸折叠效果。

在大多数关于唯置换加密算法的文献中，安全分析只考虑了唯密文攻击，即穷举验证所有可能的密钥。然而，从密码分析学的角度看，这样的安全分析是不够的，因为还有其他强度更大的攻击，如已知明文攻击、选择明文攻击、差分攻击和选择密文攻击等。实际上，大家已从直觉上意识到基于唯置换运算的多媒体加密算法抵抗已知明文攻击和选择明文攻击的能力不够强[57,62,63,97-108]。但是，很多研究者考虑到以下因素依然为多媒体安全应用设计唯置换加密算法：① 设计更随机复杂的唯置换加密算法可增强安全性能；② 通过密钥更新或建立置换运算与明文相关机制可有效抵抗明文攻击；③ 唯置换运算简单，且不改变多媒体数据的存储格式；④ 将唯置换运算与简单值替换运算结合，可取得良好的加密效果。这些误解建立在针对唯置换加密算法的安全性能缺少完整量化分析的基础上。已有的一些密码分析结果大都是针对一些特定的唯置换加密算法[63,100,102,109,110]，但是这类算法的本质缺陷并没有从一般性的角度来定量分析。

本章选取三种典型的基于唯置换运算的混沌加密算法作为分析对象，分别为分层混沌图像加密（hierarchical chaotic image encryption, HCIE）算法[25,26]、二维循环加密算法（two-dimensional circulation encryption algorithm, TDCEA）[27,28]和图像置乱加密算法（image scrambling encryption algorithm, ISEA）[88]。正如文献 [77] 中所述，规范化模型可以用来描述任意唯置换加密算法。任意唯置换加密算法的攻击也可以视为一类特殊的拼图问题 (jigsaw puzzle)[111]。从本质上讲，HCIE 算法是两级分层置换，即每个图像块的内部置换和不同图像块之间的相互置换的组合；TDCEA 针对 8 像素图像块的 64 比特数据进行秘密置换；ISEA 则

是作用在尺寸为 $M \times (8N)$、置换元素可能值为 2 的置换域上的唯置换加密算法。本章给出任意唯置换多媒体加密算法的通用密码分析，集中讨论获得满意的攻击效果所需的时间复杂度、存储空间复杂度和明文数量，依次评估 HCIE、TDCEA 和 ISEA 这三种加密算法具体的安全性能。

在文献 [77] 中，已指出所有唯置换图像加密算法在抵抗已知/选择明文攻击方面是不安全的。具体而言，只需要 $O(\log_L(MN))$ 对已知/选择明文图像，就可以获得足够多关于这类加密算法的等价密钥的信息，其中 $MN$ 是图像的尺寸（即像素点的数量），$L$ 是不同像素值的数量。攻击复杂度的上界为 $O(n(MN)^2)$，其中 $n$ 是已知/选择明文图像的数量。另外，在 HCIE 算法中提出的分层加密结构在抵抗已知/选择明文攻击方面不仅不能提高其安全性，反而使其安全性能变得更弱。实际上，TDCEA 是同一设计者在文献 [112] 和 [113] 中提出的名为 BRIE (bit recirculation image encryption, 比特再循环图像加密) 算法的加强版。BRIE 算法可视为 TDCEA 的一维版本。BRIE 算法已在文献 [31] 中被证明抵抗已知/选择明文攻击的能力非常弱。此外，文献 [114] 也针对 TDCEA 中一些特殊的安全漏洞进行了详细的讨论。有关 ISEA 的分析工作包括如下三点：① 给出了针对 ISEA 的已知/选择明文攻击方法；② 将该攻击方法拓展到任意唯置换加密算法的明文攻击上；③ 指出了 ISEA 的一些其他安全缺陷 [29]。本章讨论的已知明文攻击方法和选择明文攻击方法也适用于作用在频域上的唯置换图像和唯置换视频（或音频）加密算法。

本章其余部分按以下结构组织。2.2 节给出三种典型的唯置换混沌加密算法和它们的规范化形式。2.3 节提出攻击该规范化形式的通用已知/选择明文攻击方法。2.4 ～2.6 节分别详细介绍用密码分析法破译这三种典型的唯置换混沌加密算法。2.7 节提出可减少攻击唯置换加密算法复杂度的最优攻击方法。2.8 节总结本章内容。

## 2.2　三种唯置换混沌加密算法

### 2.2.1　分层混沌图像加密算法

HCIE 算法是两级分层唯置换混沌图像加密算法，所有涉及的置换关系矩阵是由四个拥有随机参数的旋转映射的随机组合定义的。

对于一幅图像 $I = [I(i,j)]_{M \times N}$，先定义四个映射运算，其中 $p < \min(M, N)$ 适用于每个映射。

**定义 2.1　映射 $\mathrm{ROLR}_b^{i,p}$**

映射 $I' = \mathrm{ROLR}_b^{i,p}(I)$ $(0 \leqslant i \leqslant M-1)$ 用来旋转 $I$ 的第 $i$ 行：当 $b = 0$ 时向左 (逆时针) 旋转 $p$ 像素；当 $b = 1$ 时向右 (顺时针) 旋转 $p$ 像素。

> **定义 2.2　映射 $\mathrm{ROUD}_b^{j,p}$**
>
> 映射 $I' = \mathrm{ROUD}_b^{j,p}(I)$ $(0 \leqslant j \leqslant N-1)$ 用来旋转 $I$ 的第 $j$ 列：当 $b=0$ 时向上旋转 $p$ 像素；当 $b=1$ 时向下旋转 $p$ 像素。

> **定义 2.3　映射 $\mathrm{ROUR}_b^{k,p}$**
>
> 映射 $I' = \mathrm{ROUR}_b^{k,p}(I)$ $(0 \leqslant k \leqslant M+N-2)$ 用来旋转满足 $i+j=k$ 的所有像素点：当 $b=0$ 时向左下角方向旋转 $p$ 像素；当 $b=1$ 时向右上角方向旋转 $p$ 像素。

> **定义 2.4　映射 $\mathrm{ROUL}_b^{l,p}$**
>
> 映射 $I' = \mathrm{ROUL}_b^{l,p}(I)$ $(1-N \leqslant l \leqslant M-1)$ 用来旋转满足 $i-j=l$ 的所有像素点：当 $b=0$ 时向左上角方向旋转 $p$ 像素；当 $b=1$ 时向右下角方向旋转 $p$ 像素。

给定一个从 $i_0$ 开始的伪随机二进制序列（pseudorandom binary sequence，PRBS），算法 2.1 实现的 Sub_HCIE 函数可用于将一个 $S_M$ 像素 $\times$ $S_N$ 像素的图像 $f_{\mathrm{sub}}$ 重新置换成另一个 $S_M$ 像素 $\times$ $S_N$ 像素的图像 $f'_{\mathrm{sub}}$，其中 $(\alpha, \beta, \gamma, \mathrm{ns})$ 是控制参数。

**算法 2.1　Sub_HCIE 函数**

输入：$f_{\mathrm{sub}}, \{b(i)\}, \mathrm{ns}, S_M, S_N$

输出：$f'_{\mathrm{sub}}, i_0$

1　**for** ite $\leftarrow 0$ **to** ns $-1$ **do**
2　　$q \leftarrow i_0 + (3S_M + 3S_N - 2)\mathrm{ite}$
3　　$p \leftarrow \alpha + \beta b(q+0) + \gamma b(q+1)$
4　　**for** $i \leftarrow 0$ **to** $(S_M - 1)$ **do**
5　　　$f'_{\mathrm{sub}} \leftarrow \mathrm{ROLR}_{b(i+q)}^{i,p}(f_{\mathrm{sub}})$
6　　**end for**
7　　**for** $j \leftarrow 0$ **to** $(S_N - 1)$ **do**
8　　　$f'_{\mathrm{sub}} \leftarrow \mathrm{ROUD}_{b(j+q+S_M)}^{j,p}(f'_{\mathrm{sub}})$
9　　**end for**
10　**for** $k \leftarrow 0$ **to** $(S_M + S_N - 2)$ **do**
11　　　$f'_{\mathrm{sub}} \leftarrow \mathrm{ROUR}_{b(k+q+S_M+S_N)}^{k,p}(f'_{\mathrm{sub}})$

```
12  │  end for
13  │  for l ← (1 - S_N) to (S_M - 1) do
14  │  │  f'_sub ← ROUL^{l,p}_{b(l+q+2S_M+3S_N-2)}(f'_sub)
15  │  end for
16  end for
17  i_0 ← i_0 + (3S_M + 3S_N - 2)ns
18  return (f'_sub, i_0)
```

可以看到，Sub_HCIE 函数实际上定义了一个 $S_M \times S_N$ 矩阵的置换关系，它由比特序列 $\{b(i)\}$ 中以 $i_0$ 为起点的 $(3S_M + 3S_N - 2)$ns 个伪随机比特控制。基于这个函数，对于尺寸为 $M \times N$ 的图像 $f = [f(i,j)]_{M \times N}$，HCIE 的加密过程简单由如下过程描述。

(1) 密钥。由混沌 Logistic 映射

$$f(x) = \mu x(1-x) \tag{2.1}$$

的初始条件 $x(0)$ 和控制参数 $\mu$ 作为子密钥，并使用定点计算精度 $L$ 进行计算。

(2) 一些公共参数：$S_M, S_N, \alpha, \beta, \gamma, \text{ns}$，其中 $\sqrt{M} \leqslant S_M \leqslant M, M \bmod S_M = 0$，$\sqrt{N} \leqslant S_N \leqslant N, N \bmod S_N = 0$。注意，尽管 $(S_M, S_N, \alpha, \beta, \gamma, \text{ns})$ 可以包含在密钥中，但由于以下原因它们不适合用作子密钥：① $S_M$、$S_N$ 与 $M$、$N$ 有关；② $\alpha$、$\beta$、$\gamma$ 与 $S_M$、$S_N$ 有关（也与 $M$、$N$ 有关）；③ $S_M$、$S_N$ 可以很容易地从密文图像的马赛克效果中猜测出来；④ ns 不可太大，否则使得加密速度不可接受。

(3) 生成用于 Sub_HCIE 函数的比特序列的初始化过程。首先以 $x(0)$ 作为初始值迭代 Logistic 映射生成一个混沌序列 $\{x(i)\}_{i=0}^{\lceil L_b/8 \rceil - 1}$；然后从每个混沌状态 $x(i)$ 取出小数点后的 8 个比特生成 PRBS $\{b(i)\}_{i=0}^{L_b-1}$，其中 $L_b = \left(1 + \dfrac{M}{S_M}\dfrac{N}{S_N}\right) \cdot (3S_M + 3S_N - 2)\text{ns}$；最后令 $i_0 = 0$，让 Sub_HCIE 函数加密从 $b(0)$ 开始运行。

(4) 两级分层加密过程。

① "高层面" 加密置换图像块。将明文图像 $f$ 划分成尺寸为 $S_M$ 像素 $\times S_N$ 像素的图像块，它们构成一个 $\dfrac{M}{S_M} \times \dfrac{N}{S_N}$ 的 "块图像"：

$$P_f = [P_f(i,j)]_{\frac{M}{S_M} \times \frac{N}{S_N}} = \begin{bmatrix} P_f(0,0) & \cdots & P_f\left(0, \dfrac{N}{S_N}-1\right) \\ \vdots & & \vdots \\ P_f\left(\dfrac{M}{S_M}-1, 0\right) & \cdots & P_f\left(\dfrac{M}{S_M}-1, \dfrac{N}{S_N}-1\right) \end{bmatrix}_{\frac{M}{S_M} \times \frac{N}{S_N}}$$

其中

$$P_f(i,j) = \begin{bmatrix} f(iS_M, jS_N) & \cdots & f(iS_M, S_{N,j}) \\ \vdots & & \vdots \\ f((i+1)S_M-1, jS_N) & \cdots & f((i+1)S_M-1, S_{N,j}) \end{bmatrix}_{S_M \times S_N}$$

$$S_{N,j} = jS_N + (S_N - 1)$$

用 Sub_HCIE 函数以下面的方法置换所有图像块的位置。

**步骤 1** 通过计算

$$f_p = [f_p(i,j)]_{S_M \times S_N} = \begin{bmatrix} 1 & \cdots & \dfrac{N}{S_N} & \vdots \\ \dfrac{N}{S_N}+1 & \cdots & 2\dfrac{N}{S_N} & 0 \\ \vdots & & \vdots & \\ \left(\dfrac{M}{S_M}-1\right)\dfrac{N}{S_N}+1 & \cdots & \dfrac{M}{S_M}\dfrac{N}{S_N} & \\ \hdashline & 0 & & 0 \end{bmatrix}_{S_M \times S_N}$$

生成一个伪图像 $f_p = [f_p(i,j)]_{S_M \times S_N}$，其中 $f_p$ 中 $\dfrac{M}{S_M}\dfrac{N}{S_N}$ 个非零元素表示以 1 为起点的各图像块的序号。用 Sub_HCIE 函数置换 $f_p$ 得到一幅伪图像 $f_p^*$。

**步骤 2** 使用 $f_p^*$ 中的置换序号从 $P_f$ 中生成置换后的块图像 $P_{f*}$（即逐块地置换 $f$）。伪代码如算法 2.2 所示。

---

**算法 2.2 Permute_Block 函数**

---

输入：$f_p^*(i,j)$, $S_M$, $S_N$

输出：$P_{f*}$

1 order $= 0$;

2 **for** $i \leftarrow 0$ **to** $(S_M - 1)$ **do**

3    |   **for** $j \leftarrow 0$ **to** $(S_N - 1)$ **do**

| 4 | if $f_p^*(i,j) \neq 0$ then |
|---|---|
| 5 | $\quad f_p^*(i,j)--;\quad$ // 1-based index $\Rightarrow$ 0-based one |
| 6 | $\quad i^* = \left\lfloor \dfrac{\text{order}}{N/S_N} \right\rfloor$, $j^* = \text{order} \bmod (N/S_N)$; |
| 7 | $\quad ii = \left\lfloor \dfrac{f_p^*(i,j)}{N/S_N} \right\rfloor$, $jj = f_p^*(i,j) \bmod (N/S_N)$; |
| 8 | $\quad P_{f^*}(i^*, j^*) = P_f(ii, jj)$; |
| 9 | $\quad \text{order}++$; |
| 10 | end if |
| 11 | end for |
| 12 | end for |
| 13 | return $P_{f^*}$ |

② "低层面" 加密置换每个图像块中的像素点。对 $i = 0, 1, \cdots, \dfrac{M}{S_M} - 1$, $j = 0, 1, \cdots, \dfrac{N}{S_N} - 1$，调用 Sub_HCIE 函数置换每个块 $P_{f^*}(i,j)$ 得到密文图像 $f'$ 中相应的块：

$$P_{f'}(i,j) = \text{Sub\_HCIE}\left(P_{f^*}(i,j)\right)$$

### 2.2.2 二维循环加密算法

TDCEA 的基本思想是用混沌 PRBS 随机旋转每 8 个像素对应的 64 个比特的位置。下面给出一些定义和基本概念以便介绍 TDCEA。假设两个矩阵 $M$ 和 $M'$ 的尺寸为 $m \times n$，其中 $m$ 是高度，$n$ 是宽度。

三个映射运算定义如下。

**定义 2.5 映射 $\text{Rotate}X_i^{p,r}$**

水平旋转映射 $\text{Rotate}X_i^{p,r}: M \to M'$ $(0 \leqslant i \leqslant m-1)$ 用于循环旋转矩阵 $M$ 的第 $i$ 行：当 $p = 1$ 时逆时针旋转 $r$ 个元素；当 $p = 0$ 时顺时针旋转 $r$ 个元素。

**定义 2.6 映射 $\text{Rotate}Y_j^{q,s}$**

垂直旋转映射 $\text{Rotate}Y_j^{q,s}: M \to M'$ $(0 \leqslant j \leqslant n-1)$ 用于循环旋转矩阵 $M$ 的第 $j$ 列：当 $q = 1$ 时向上旋转 $s$ 个元素；当 $q = 0$ 时向下旋转 $s$ 个元素。

**定义 2.7　映射 $\text{ROLR}_p^q$**

> 循环移位运算 $\text{ROLR}_p^q : M_1 \to M_1'$ 用于循环旋转矩阵 $M_1$ 的元素：当 $p=1$ 时逆时针旋转 $q$ 个元素；当 $p=0$ 时顺时针旋转 $q$ 个元素，其中 $M_1$ 是尺寸为 $1 \times n$ 的矩阵。如果 $M_1$ 是一个数字，那么用它的二进制表示来代替它 (从 LSB(least significant bit, 最低有效比特) 到 MSB(most significant bit, 最高有效比特))。

值得注意的是，映射 $\text{Rotate}X_i^{p,r}$ 和 $\text{Rotate}Y_j^{q,s}$ 分别与 $\text{ROLR}_b^{i,p}$ 和 $\text{ROUD}_b^{j,p}$ 的功能相同。TDCEA 逐块地加密明文图像，其中每个块包含 8 个相邻像素。为了简化描述，不失一般性，假设明文图像尺寸为 $M \times N$ 且 $MN$ 可以被 8 整除，其中 $M$ 为图像的高度，$N$ 为图像的宽度。以光栅扫描顺序读取二维明文图像 $I = [I(i,j)]_{i=0,j=0}^{M-1,N-1}$，转换成一维信号 $\{I(l)\}_{l=0}^{MN-1}$①。然后，明文图像被划分为 $MN/8$ 个像素块：

$$[I^{(8)}(0), I^{(8)}(1), \cdots, I^{(8)}(k), \cdots, I^{(8)}(MN/8 - 1)]$$

其中，

$$I^{(8)}(k) = [I(8k+0), I(8k+1), \cdots, I(8k+i), \cdots, I(8k+7)]$$

按光栅扫描顺序分配当前块 $I(8k+i) = \sum_{j=0}^{7} (M_k(i,j)2^j)$ 的 64 个比特，将各模块 $I^{(8)}(k)$ 改写为 $8 \times 8$ 的比特矩阵 $M_k = [M_k(i,j)]_{i=0,j=0}^{7,7}$。使用相同的方式，密文图像块的 8 像素可通过 $M_k$ 的变换获取，即 $I'(8k+i) = \sum_{j=0}^{7} (M_k'(i,j)2^j)$，其中 $M_k' = [M_k'(i,j)]_{i=0,j=0}^{7,7}$。基于明文/密文图像的矩阵表示形式，TDCEA 的工作机制可描述如下。

(1) 密钥：由两个整数 $\alpha$、$\beta$ 以及 Logistic 映射 (2.1) 的初始条件 $x(0)$ 与控制参数 $\mu$ 构成，其中，$0 < \alpha < 8$，$0 \leqslant \beta < 8$，$0 < \alpha + \beta < 8$。

(2) 初始化：首先将 Logistic 映射 (2.1) 从初始条件 $x(0)$ 迭代生成混沌序列 $\{x(k)\}_{k=0}^{MN/8-1}$，然后取出 $x(k)$ 的 17 个 LSB 生成 PRBS $\{b(i)\}_{i=0}^{17MN/8-1}$。在文献 [27] 和 [28] 给出的硬件实现中，采用 17 比特定点运算来实现 Logistic 映射。

(3) 加密。

---

① 需要注意的是，在文献 [27] 和 [28] 中 TDCEA 直接用于一维信号的加密。本章明确提及从二维图像到一维信号的转换，以便强调 BRIE 和 TDCEA 之间的关系。

**步骤 1** 水平方向旋转: 对 $i = 0, 1, \cdots, 7$, 执行

$$M_k^* = \text{Rotate}X_i^{p,r}(M_k)$$

其中, $p = b(17k + i)$; $r = \alpha + \beta b(17k + i + 1)$。

**步骤 2** 垂直方向旋转: 对 $j = 0, 1, \cdots, 7$, 执行

$$M_k' = \text{Rotate}Y_j^{q,s}(M_k^*)$$

其中, $q = b(17k + 8 + j)$; $s = \alpha + \beta b(17k + 9 + j)$。

(4) 解密: 上述加密过程的简单逆过程。

**步骤 1** 垂直方向旋转: 对 $j = 0, 1, \cdots, 7$, 执行

$$M_k^* = \text{Rotate}Y_j^{q,s}(M_k')$$

其中, $q = \overline{b(17k + 8 + j)}$ (位反运算); $s = \alpha + \beta b(17k + 9 + j)$。

**步骤 2** 水平方向旋转: 对 $i = 0, 1, \cdots, 7$, 执行

$$M_k = \text{Rotate}X_i^{p,r}(M_k^*)$$

其中, $p = \overline{b(17k + i)}$; $r = \alpha + \beta b(17k + i + 1)$。

### 2.2.3 图像置乱加密算法

ISEA 的加密对象是一幅尺寸为 $M \times N$ 的灰度图。它可用一个 $M \times N$ 的矩阵 $I = [I(i,j)]_{i=0,j=0}^{M-1,N-1}$ 来表示, 其中 $I(i,j) \in \mathbb{Z}_{256}$。图像 $I$ 进一步表示为 $M \times (8N)$ 的二进制矩阵 $B = [B(i,l)]_{i=0,l=0}^{M-1,8N-1}$, 其中 $I(i,j) = \sum_{k=0}^{7}(B(i,l)2^k)$, $l = 8j + k$。对应的密文图像是 $I' = [I'(i,j)]_{i=0,j=0}^{M-1,N-1}$, 其中 $I'(i,j) = \sum_{k=0}^{7}(B'(i,l)2^k)$, $l = 8j + k$。然后, 该图像置换算法可描述如下。

(1) 密钥: 由三个正整数 $m$、$n$、$T$ 以及混沌 Logistic 映射 (2.1) 的初始条件 $x_0 \in (0,1)$ 和控制参数 $\mu \in (3.569945672, 4)$ 构成。

(2) 初始化: ① 将混沌 Logistic 映射 (2.1) 从初始值 $x_0$ 开始迭代生成混沌序列 $\{x_k\}_{k=1}^{L}$, 其中,

$$L = \max\{m + M, n + 8MN\}$$

② 生成长度为 $M$ 的向量 $T_M$, 其中元素 $S_M(T_M(i))$ 是集合 $S_M = \{x_{m+k}\}_{k=1}^{M}$ 中的第 $(i+1)$ 个最大值, $0 \leqslant i \leqslant M - 1$; ③ 生成 $M \times (8N)$ 的矩阵 $T_N$, 其中

$\forall\ i \in \{0, 1, \cdots, M-1\}$，$S_N(T_N(i,j))$ 是集合 $S_N = \{x_{n+(8N)i+k}\}_{k=1}^{8N}$ 中的第 $j+1$ 个元素（从大到小排序），$0 \leqslant j \leqslant 8N-1$。

(3) 加密。

**步骤 1**　垂直方向置换：生成中间矩阵 $B^* = [B^*(i,l)]_{i=0,l=0}^{M-1,8N-1}$，其中

$$B^*(i,:) = B(T_M(i),:) \tag{2.2}$$

**步骤 2**　水平方向置换：生成中间矩阵 $B' = [B'(i,l)]_{i=0,l=0}^{M-1,8N-1}$，其中

$$B'(i,l) = B^*(i, T_N(i,l)) \tag{2.3}$$

**步骤 3**　将 $x_0$ 的值重置为映射 (2.1) 的当前状态，重复上面从初始化过程开始的运算 $(T-1)$ 次。

(4) 解密。解密过程是加密过程的逆过程，只需进行以下简单的修改：① 以相反的顺序运行各轮加密步骤；② 在每轮加密中，颠倒步骤 1 和步骤 2 的运行顺序；③ 分别交换式 (2.2) 和式 (2.3) 等号的左右部分。

Ye[88] 建议了两种加密模式：① 为降低生成伪随机序列所消耗的时间复杂度，矩阵 $B$ 每行每列的置换使用相同的置换矩阵；② 为了增强安全性能，矩阵每行每列置换采用不同的置换矩阵。由于这两种模式在密码分析上的巨大差异，所以在 2.6 节将它们分别作为 ISEA 和其增强版本进行分析。

## 2.3　唯置换加密算法抵抗明文攻击的通用密码分析

### 2.3.1　任意唯置换加密算法的规范化模型

对比 TDCEA、BRIE 和 ISEA 三种唯置换加密算法，可以观察到它们的一些共同性质。为确保解密成功，秘密置换必须是可逆的，这意味着所有唯置换算法都属于对称加密算法，即控制秘密置换生成的密钥 $K_e = K_d = K$。虽然有许多不同的方法可用来建立密钥和秘密置换之间的依赖关系，但是对于 $M \times N$ 的给定明文图像，任何唯置换加密算法都可用 $M \times N$ 的置换关系矩阵来规范化表示。这个依赖密钥的置换关系矩阵可表示为

$$W = [w(i,j) = (i', j') \in M' \times N']_{M \times N} \tag{2.4}$$

其中，$M' = \{0, 1, \cdots, M-1\}$；$N' = \{0, 1, \cdots, N-1\}$。

在矩阵论中，置换矩阵是每一行每一列仅有一个元素为 1 的 (0, 1)-方阵。如果用置换矩阵来表示式 (2.4) 所示的置换运算，则需要 $N$ 个 $M \times M$ 的置换矩阵和 $M$ 个 $N \times N$ 的置换矩阵。对于明文图像 $I = [I(i,j)]_{M \times N}$ 和相应的密文图像

$I' = [I'(i,j)]_{M \times N}$，唯置换图像加密算法的加密解密过程可用置换关系矩阵 $W$ 和它的逆矩阵 $W^{-1} = [w^{-1}(i,j)]_{M \times N}$ 来描述。

(1) 加密：对 $i = 0, 1, \cdots, M - 1$，$j = 0, 1, \cdots, N - 1$，执行

$$f'(w(i,j)) = f(i,j)$$

(2) 解密：对 $i = 0, 1, \cdots, M - 1$，$j = 0, 1, \cdots, N - 1$，执行

$$f(w^{-1}(i,j)) = f'(i,j)$$

分别将加密过程和解密过程简单地表示为 $I'(W(P)) = I(P)$ 和 $I(W^{-1}(P)) = I'(P)$，其中

$$P = \begin{bmatrix} (0,0) & \cdots & (0, N-1) \\ \vdots & & \vdots \\ (M-1, 0) & \cdots & (M-1, N-1) \end{bmatrix}_{M \times N}$$

为了确保置换关系矩阵的可逆性，也就是使得解密成功，关系矩阵 $W$ 应该满足以下条件：$\forall (i_1, j_1) \neq (i_2, j_2)$，$w(i_1, j_1) \neq w(i_2, j_2)$。这意味着矩阵 $W$ 确定了一个双射（即一对一）的置换映射 $F_W : M' \times N' \to M' \times N'$。

从以上描述中可以看出，唯置换图像加密算法的设计着重于两点：① 密钥 $K$ 是什么；② 如何根据密钥 $K$ 导出置换关系矩阵 $W$ 和其逆矩阵 $W^{-1}$。总体来说，每个密钥定义一个置换关系矩阵，每个唯置换图像加密算法定义一个以置换关系矩阵为元素的有限集合。该集合里的元素从 $(MN)!$ 个可能的置换关系矩阵中选取。

虽然不同的唯置换图像加密算法使用不同类型的密钥来生成置换关系矩阵，但是把置换关系矩阵 $W$ 和 $W^{-1}$ 本身分别看作加密密钥和解密密钥是合理的。从这个角度来讲，可以认为所有的唯置换图像加密算法是相同的，这是下面进行安全分析的基础。

### 2.3.2 针对唯置换加密算法的已知明文攻击

如 2.3.1 节所示，当唯置换图像加密算法作用在图像空域上时，位于位置 $(i, j)$ 上的像素将被秘密置换到另一个固定位置，而像素值保持不变。因此，通过比较大量已知明文图像和相应的密文图像，攻击者可以重建部分甚至全部秘密置换关系，即推得置换关系矩阵 $W$ 和它的逆矩阵 $W^{-1}$。

给定 $n$ 幅已知明文图像 $I_1 \sim I_n$ 和相应的密文图像 $I'_1 \sim I'_n$，矩阵 $W$ 和 $W^{-1}$ 的推导过程如 Get_Permutation_Matrix 函数中所示。输入参数为 $(I_1 \sim I_n, I'_1 \sim$

$I'_n, M, N)$，该函数返回置换关系矩阵 $W$ 和其逆矩阵 $W^{-1}$ 的近似版本。假设每个像素的取值范围是 $\{0, 1, \cdots, L-1\}$，Get_Permutation_Matrix 函数可描述如下。

**步骤 1**　比较 $n$ 个密文图像 $I'_1 \sim I'_n$ 的像素值，得到 $(n \times L)$ 像素位置的集合：

$$\Lambda'_1(0) \sim \Lambda'_1(L-1), \cdots, \Lambda'_n(0) \sim \Lambda'_n(L-1)$$

其中，$\Lambda'_m(l) \subseteq M' \times N'$ 表示含有 $f'_m$ $(m = 1, 2, \cdots, n)$ 中所有像素值等于 $l$ 的位置，$l \in \{0, 1, \cdots, L-1\}$。也就是说，$\forall (i', j') \in \Lambda'_m(l)$，满足 $f'_m(i', j') = l$。需要注意的是，$\Lambda'_m(0) \sim \Lambda'_m(L-1)$ 实际上生成了所有像素位置集合的一个划分：$\bigcup_{l=0}^{L-1} \Lambda'_m(l) = M' \times N' = \{(0, 0), (0, 1), \cdots, (M-1, N-1)\}$，$\forall l_1 \neq l_2$，$\Lambda'_m(l_1) \cap \Lambda'_m(l_2) = \varnothing$。

**步骤 2**　得到多值置换关系矩阵 $\widehat{W} = [\widehat{w}(i, j)]_{M \times N}$，其中

$$\widehat{w}(i, j) = \bigcap_{m=1}^{n} \Lambda'_m(f_m(i, j))$$

这里需要注意的是，$\widehat{w}(0, 0) \sim \widehat{w}(M-1, N-1)$ 实际上生成了位置集合 $M' \times N'$ 的一个新的划分。

**步骤 3**　从 $\widehat{W}$ 确定一个单值置换关系矩阵 $\widetilde{W} = [\widetilde{w}(i, j)]_{M \times N}$，其中 $\widetilde{w}(i, j) \in \widehat{w}(i, j)$，$\forall (i_1, j_1) \neq (i_2, j_2)$，$\widetilde{w}(i_1, j_1) \neq \widetilde{w}(i_2, j_2)$。

**步骤 4**　输出 $\widetilde{W}$ 和它的逆矩阵 $\widetilde{W}^{-1} = [\widetilde{w}^{-1}(i, j)]_{M \times N}$ 分别作为 $W$ 和 $W^{-1}$ 的近似版本。

显然，当且仅当 $\#(\widehat{w}(0, 0)) = \cdots = \#(\widehat{w}(S_M - 1, S_N - 1)) = 1$，即 $\widehat{W}$ 的元素只含一像素位置时，矩阵 $\widetilde{W} = W$，从而整个置换加密算法被完整攻击。此处，$\#$ 表示集合的测度 (元素的个数)。然而，因为 $\widehat{W}$ 中一些元素含有不止一像素位置，所以通常 $\widetilde{W}$ 并非 $W$ 的精确近似。假设在 $\widehat{W}$ 中有 $\widehat{N}(\leqslant MN)$ 个不同元素：$\widehat{w}_1, \widehat{w}_2, \cdots, \widehat{w}_{\widehat{N}}$。然后，可以很容易证明 $\widetilde{W}$ 有 $\prod_{k=1}^{\widehat{N}} \#(\widehat{w}_k)!$ 种可能性。为了使 $\widetilde{W}$ 的近似版本尽可能准确，可采用一些特定的优化算法从 $\widehat{w}(i, j)$ 中选取较好的位置作为 $\widetilde{w}(i, j)$ 的值，如遗传算法和模拟退火算法。实验表明，当 $n \geqslant 3$ 时，对于 256 像素 × 256 像素的灰度图像，即便使用一种简单的算法也可以取得非常准的估计。这种简单有效的算法称为 "taking-the-first" 算法，它将 $\widetilde{w}(i, j)$ 设置为 $\widehat{w}(i, j)$ 中第一个 "可用" 元素，这里 "可用" 指满足约束条件 $\forall (i_1, j_1) \neq (i_2, j_2)$，$\widetilde{w}(i_1, j_1) \neq \widetilde{w}(i_2, j_2)$。现在，考虑当 $\widetilde{W} \neq W$ 时得到的置换关系矩阵 $\widetilde{W}$ 的解密性

能。总体来说，由于数字图像中存在大量信息冗余，所以只要恢复部分像素就可以揭示大部分视觉信息。因此，如果 $\widetilde{W}$ 中有足够多正确的元素，则解密性能从实用的角度来说是可以接受的。从上述讨论中可以发现，$\widetilde{W}$ 中被正确恢复的元素可分为如下两类。

(1) 绝对正确的元素：来自 $\widehat{W}$ 中的单值元素；

(2) 可能正确的元素：来自 $\widehat{W}$ 中的多值元素。它通过某种优化算法从 $\widehat{w}(i,j)$ 中选择适当位置来猜测。

假设集合 $\widehat{W}$ 中单值元素的数量为 $n_c$，优化算法成功的可能性为 $p_s$，则 $\widetilde{W}$ 中正确元素的平均数量为 $n_c + p_s(MN - n_c)$。因为 $p_s$ 通常不是固定的（紧密地依赖采用的优化算法），所以只有绝对正确的元素用来定性分析（即假设 $p_s = 0$）。这意味着这里获得的是安全性能分析的下界。现在，$\widetilde{W}$ 中正确元素的计数问题简化为 $\widehat{W}$ 中单值元素的统计问题。观察 Get_Permutation_Matrix 函数，可以看到 $\widehat{w}(i,j)$ 的基数由 $\Lambda'_1(I_1(i,j)) \sim \Lambda'_n(I_n(i,j))$ 唯一确定。为了进一步简化分析，假设任意两像素值相互独立①，像素值 $l \in \{0, 1, \cdots, L-1\}$ 的概率为 $P_l$。显然，$\sum_{l=0}^{L-1} P_l = 1$。如果每个像素值满足独立均匀分布，则 $P_l = 1/L$。接下来，可以考虑 $\widehat{w}(i,j)$ 有如下两种类型的位置：

(1) 唯一正确位置 $w(i,j)$ 一定出现在 $\widehat{w}(i,j)$ 中；

(2) 其他假位置出现在 $\Lambda'_m(f_m(i,j))$ 中的概率为 $P_{f_m(i,j)}$，出现在所有 $n$ 个集合 $\Lambda'_1(I_1(i,j)) \sim \Lambda'_n(I_n(i,j))$ 的概率为 $\prod_{m=1}^{n} P_{f_m(i,j)}$。

因此，当 $I_1(i,j), \cdots, I_n(i,j)$ 的值固定时，$\widehat{w}(i,j)$ 的基数的数学期望为 $1 + (MN - 1) \prod_{m=1}^{n} P_{f_m(i,j)}$。而当 $P_1, P_2, \cdots, P_{L-1}$ 的值未知时，估计该基数变得非常困难。下面只考虑 $P_1, P_2, \cdots, P_{L-1}$ 的两种特殊分布，以展示如何获得有效攻击所需明文数量的下界。

(1) 均匀分布：$P_l = 1/L,\ \forall\, l \in \{0, 1, \cdots, L-1\}$。图 2.1 给出了一个像素值均匀分布的样例。可推得 $\widehat{w}(i,j)$ 的平均基数为 $1 + (MN - 1)/L^n$，它随 $n$ 的增大呈指数地逼近 1。一般来说，当 $1 + \dfrac{MN - 1}{L^n} < 1.5$ 时，即 $\widetilde{W}$ 大约一半的元素是正确的，解密性能是可接受的。求解这个不等式，可得

$$n \geqslant \lceil \log_L(2(MN - 1)) \rceil \tag{2.5}$$

对于尺寸为 256 像素 × 256 像素的灰度图像，$M = N = L = 256$，可得

---

① 实际上这个条件对多媒体数据不成立，只是使用这个强条件来做量化估计。

$n \geqslant \lceil \log_L(2(MN-1)) \rceil = \lceil 2.125 \rceil = 3$。当 $n = 3$ 时平均基数大约为 1.0039，因此预计当 $n \geqslant 3$ 时解密性能相当好，这一点将在 2.4.4 节得到实验验证。

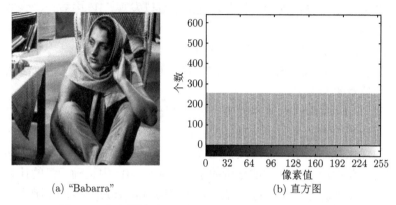

(a) "Babarra"　　　　　　　　　　　　(b) 直方图

图 2.1　直方图绝对均衡化后的 "Babarra" 及其直方图

(2) 除了某个像素之外，其他像素服从均匀分布：符合这种分布的典型样例是具备大面积平滑背景的图像，也可以是图 2.1(a) 所示图像的局部修正。不失一般性，假设 $P_0 = p, P_l = q = (1-p)/(L-1), l \in \{1, 2, \cdots, L-1\}$，则可计算 $\{I_1(i,j), I_2(i,j), \cdots, I_n(i,j)\}$ 中有 $k$ 个元素都等于零的概率是 $\binom{n}{k}p^k(1-p)^{n-k}$。集合 $\widehat{w}(i,j)$ 的基数的数学期望为 $1 + (MN-1)p^k q^{n-k}$。综合 $k$ 的所有可能值，可得 $\#(\widehat{w}(i,j)) - 1$ 的平均值为

$$\overline{(\#(\widehat{w}(i,j)) - 1)} = \sum_{k=0}^{n} \binom{n}{k} p^k(1-p)^{n-k}(MN-1)p^k q^{n-k}$$

$$= (MN-1) \sum_{k=0}^{n} \binom{n}{k}(p^2)^k \left(\frac{(1-p)^2}{L-1}\right)^{n-k}$$

$$= (MN-1) \left(p^2 + \frac{(1-p)^2}{L-1}\right)^n$$

令 $(MN-1)(p^2 + (1-p)^2/(L-1))^n \leqslant 0.5$，可得 $n \geqslant \lceil \log_{f(p)}(2(MN-1)) \rceil$，其中

$$f(x) = \frac{1}{x^2 + (1-x)^2/(L-1)} \tag{2.6}$$

计算可得 $f(x)$ 关于 $x$ 的导数 $f'(x) = -2f^2(x)\dfrac{xL-1}{L-1}$。当 $x \in \left[0, \dfrac{1}{L}\right]$ 时，有 $f'(x) \geqslant 0$；当 $x \in \left(\dfrac{1}{L}, 1\right]$ 时，有 $f'(x) < 0$。所以，$f(x) \leqslant f(1/L) = L$ 总成立。

从而，$\lceil \log_{f(p)}(2(MN-1)) \rceil \geqslant \lceil \log_L(2(MN-1)) \rceil$。也就是说，非均匀性会造成所需明文数量的增加。

值得注意的是，以下两个原因使得实际的解密性能通常比上述理论预期要好。

(1) 人眼有抑制图像噪声和提取重要特征的强大功能。比率为 10% 左右的噪声像素不会对数字图像的视觉质量产生很大影响，比率为 50% 的真实像素便含有原始图像的重要视觉信息[115]。

(2) 由于自然图像中短距离和长距离的相关性，两像素值以不可忽略的概率（大于平均概率）接近对方[35]（相邻像素的差值满足拉普拉斯分布）。因此，错误解密的像素以大于平均概率的概率接近正确值。

第二点原因说明自然图像的解密结果将比噪声图像的解密结果要好（就解密错误比率而言）。

接下来讨论该已知明文攻击的时间复杂度，即函数 Get_Permutation_Matrix 的时间复杂度。需要注意的是，具体时间复杂度取决于函数的实现细节。这里只给出保守估计，即时间复杂度的一个上限。每个步骤的时间复杂度分析如下。

**步骤 1** 扫描每个密文图像 $I'_l$ 一遍以获得其 $L$ 个集合：对于 $i = 0, 1, \cdots, M-1$，$j = 0, 1, \cdots, N-1$，将 $(i, j)$ 添加到集合 $\Lambda'_m(I'_l(i,j))$ 中。因此，这个步骤的时间复杂度是 $O(nMN)$。

**步骤 2** 集合 $\Lambda_m(l)$ 的平均基数是 $P_l MN$。这一步时间复杂度的上限为

$$(MN)^n \sum_{(i,j)} \left( \prod_{m=1}^{n} P_{f_m(i,j)} \right)$$

假设所有明文像素满足均匀分布，则

$$\sum_{(i,j)} \left( \prod_{m=1}^{n} P_{f_m(i,j)} \right) = \frac{MN}{L^n} \tag{2.7}$$

该上限变为 $MN(MN/L)^n$。如果 $MN > L$，则该复杂度随着 $n$ 的增加呈指数增加。然而，由于计算过程的优化，实际时间复杂度要小得多。这里，仅考虑减半算法。该算法将 $n$ 个集合 $A_1, A_2, \cdots, A_n$ 划分为多层次的集合分组来分别计算交集，其中每组集合数为 $2, 4, \cdots, 2^i, \cdots$。例如，当 $n = 11$ 时计算过程可描述为

$$((A_1 \overset{1}{\cap} A_2) \overset{3}{\cap} (A_3 \overset{2}{\cap} A_4)) \overset{7}{\cap} ((A_5 \overset{4}{\cap} A_6) \overset{6}{\cap} (A_7 \overset{5}{\cap} A_8)) \overset{10}{\cap} ((A_9 \overset{8}{\cap} A_{10}) \overset{9}{\cap} A_{11})$$

其中，$\overset{i}{\cap}$ 表示第 $i$ 个交集运算。

减半算法的目标是将参与每个交集运算的两个集合的基数最小化以便降低整体复杂度。为了使时间复杂度的估计更容易，考虑 $n = 2^d$ 时的情况，其中 $d$ 是

一个整数。整体复杂度可以估计为

$$\sum_{k=d-1}^{0} 2^k \cdot \left(\frac{MN}{L^{d-k}}\right)^2 = \sum_{k'=1}^{d} 2^{d-k'} \cdot \left(\frac{MN}{L^{k'}}\right)^2$$

$$= 2^d \cdot (MN)^2 \cdot \left(\sum_{k'=0}^{d} \frac{1}{(2L^2)^{k'}} - 1\right)$$

$$= n \cdot (MN)^2 \cdot \left(\frac{1 - ((2L^2)^{-1})^{d+1}}{1 - (2L^2)^{-1}} - 1\right)$$

$$< n \cdot (MN)^2 \cdot \left(\frac{1}{1 - (2L^2)^{-1}} - 1\right)$$

$$= \frac{n}{2L^2 - 1}(MN)^2 \qquad (2.8)$$

作为两个典型的例子，当 $M = N = 256$ 和 $L = 2$（二值图像）时，时间复杂度大约为 $2^{29.2}n$；当 $M = N = 256$ 和 $L = 256$（灰度图）时，时间复杂度仅为 $2^{15}n$。可以看到这种优化算法的时间复杂度总是远小于 $2MN\left(\frac{MN}{L}\right)^n$。当 $n$ 不是 2 的整数幂时，时间复杂度小于 $\frac{2^{\lceil \log_2 n \rceil}}{2L^2 - 1}(MN)^2 \leqslant \frac{2n}{2L^2 - 1}(MN)^2$。

当像素值的分布不是均匀分布时，很难统计每个求交集合的减少量。为简化推导，将每个集合的基数设为平均基数，求交过程中集合基数的减少量与因子 $1/L^*$（与 $1/L$ 类似）线性相关。该因子的值可用所有可能数值被 $MN$ 除后的加权和来估算：

$$\frac{1}{L^*} = \sum_{l=0}^{L-1} P_l \cdot (P_l \cdot MN)/(MN) = \sum_{l=0}^{L-1} P_l^2$$

将式 (2.8) 中的 $L$ 用 $L^* = 1/\sum_{l=0}^{L-1} P_l^2$ 来替换，整体复杂度为 $n(MN)^2/(2 \times (L^*)^2 - 1)$。取之前采用的特殊分布：$P_0 = p, P_l = (1-p)/(L-1), l \in \{0, 1, \cdots, L-1\}$，可得 $L^* = f(p) = \left(p^2 + \frac{(1-p)^2}{L-1}\right)^{-1}$。由式 (2.6) 可知，当 $p$ 接近 1 时，$f(p)$ 随 $p$ 的增大单调递减。因此，时间复杂度随 $p$ 逼近 1 时接近 $n(MN)^2$。这说明，非均匀性分布并不改变该时间复杂度的量级。

**步骤 3** 这一步的时间复杂度由相关优化算法的细节决定。对于 "taking-the-first" 算法，时间复杂度为 $MN\left(1+\dfrac{MN-1}{L^n}\right) \approx MN + \dfrac{(MN)^2}{L^n}$。

**步骤 4** 这一步的时间复杂度为 $MN$。结合上述讨论，函数 Get_Permutation _Matrix 最终的时间复杂度总和是 $n(MN)^2$，这对个人计算机而言也是很小的。

从上述分析可以看出，时间复杂度主要取决于步骤 2。当函数 Get_Permutation _Matrix 采用 "taking-the-first" 算法时，步骤 2 可以忽略。即使没有使用减半算法来计算交集，整体复杂度将仍然是 $O\left(n(MN)^2\right)$。在这种情况下，步骤 3 可以描述如下。

**步骤 3′** 对 $i = 0, 1, \cdots, M-1$，$j = 0, 1, \cdots, N-1$，执行以下运算。

**步骤 3.1** 搜索 $\Lambda_1'(I_1(i,j))$ 中的每个元素并检查它是否出现在 $\Lambda_2'(I_2(i,j)) \sim \Lambda_n'(I_n(i,j))$ 中，找到满足 $I_1(i,j) = I_1'(i',j'), \cdots, I_n(i,j) = I_n'(i',j')$ 的第一个元素；

**步骤 3.2** 令 $\widetilde{w}(i,j) = (i',j')$，然后从 $\Lambda_1'(I_1(i,j)) \sim \Lambda_n'(I_m(i,j))$ 中删除 $(i',j')$。

显然，步骤 3.1 的时间复杂度总是小于 $n(MN)$，平均为 $O\left(n\dfrac{MN}{L}\right)$。因此，步骤 3′ 的时间复杂度总是小于 $n(MN)^2$，平均为 $O\left(n\dfrac{(MN)^2}{L}\right)$。实际上，上述集合的交集可通过求解集合或者数组交集的一般算法进一步改善，这一点将在 2.7 节进一步讨论。

### 2.3.3 针对唯置换加密算法的选择明文攻击

尽管选择明文攻击和已知明文攻击以相同的方式工作，但是明文图像可被任意选取来优化 $\widehat{W}$ 的估计（即将解密性能最大化）。以下两条规则可用来指导生成可接受视觉解密效果的选择明文图像 $I_1 \sim I_n$：

(1) 每个选择明文图像的直方图应尽可能均匀；

(2) 任何 $i$ 个选择明文图像的 $i$ 维直方图应尽可能均匀，这是第一条规则的推广。

上述两个规则的目标是最小化 $\widehat{W}$ 中元素的平均基数，将置换关系矩阵 $\widetilde{W}$ 估计版本中正确元素的数量最大化。

作为上述两个规则的例子，考虑当 $M = N = L = 256$ 时的情况（尺寸为 256 像素 × 256 像素的 256 级灰度图）。在这种情况下，选择下列两幅明文图像足以确保正确获取置换关系矩阵 $W$：$I_1 = [I_1(i,j) = i]_{256 \times 256}$ 和 $I_2 = [I_2(i,j) = j]_{256 \times 256}$，即

$$I_1 = I_2^{\mathrm{T}} = \begin{bmatrix} 0 & \cdots & 0 \\ \vdots & & \vdots \\ i & \cdots & i \\ \vdots & & \vdots \\ 255 & \cdots & 255 \end{bmatrix}_{256 \times 256} \tag{2.9}$$

和

$$I_2 = I_1^{\mathrm{T}} = \begin{bmatrix} 0 & \cdots & j & \cdots & 255 \\ \vdots & & \vdots & & \vdots \\ 0 & \cdots & j & \cdots & 255 \end{bmatrix}_{256 \times 256} \tag{2.10}$$

对于上述两个选择明文图像，$\forall\ (i_1,j_1) \neq (i_2,j_2)$，$(I_1(i_1,j_1), I_1(i_2,j_2)) \neq (I_2(i_1,j_1), I_2(i_2,j_2))$。这可以保证 $\forall\, l_1, l_2 \in \{0,1,\cdots,L-1\}$，$\#(\Lambda_1'(l_1) \cap \Lambda_2'(l_2)) = 1$。对于满足这个约束的 $n$ 个图像，称它们构成一个"正交图像集"。这个概念便于下面针对 HCIE 算法选择明文攻击的讨论。

在可以任意选择明文的场景下，包括噪声图像在内的任何图像都可用作选择明文攻击。因此，可以容易地推得所需选择图像的数量为

$$n = \lceil\lceil \log_2(MN) \rceil / \lceil \log_2 L \rceil\rceil$$

通常，在数字域中 $L$ 是 2 的整数幂，$\log_2 L$ 是一个整数。因此，参考文献 [116] 中定理 3.10，可得

$$n = \lceil \log_2(MN)/\log_2 L \rceil = \lceil \log_L(MN) \rceil \tag{2.11}$$

显然，它将小于或等于已知明文攻击场景下取得良好解密效果所需明文图像的数量 $\lceil \log_L(2(MN-1)) \rceil$。这意味着就攻击唯置换图像加密算法所需条件而言，选择明文攻击的强度比已知明文攻击的强度要大（所需条件更弱）。

## 2.4　针对 HCIE 算法的密码分析

本节讨论如何针对 HCIE 算法使用 2.3 节中规范化唯置换图像加密算法的一般已知/选择明文攻击方法。此外，还将证明 HCIE 算法抵抗暴力攻击的能力在文献 [25]、[26] 和 [117] 中被严重高估。

### 2.4.1　针对 HCIE 算法的已知明文攻击

HCIE 算法高层面加密过程可视为图像块之间的置换：$P_f \xrightarrow{f_p^*=\mathrm{Sub\_HCIE}(f_p)} P_{f^*}$，其中 $f_p^*$ 实际上是一个 $\dfrac{M}{S_M} \times \dfrac{N}{S_N}$ 的置换关系矩阵。在 HCIE 算法中，共涉

及 $\left(1+\dfrac{M}{S_M}\dfrac{N}{S_N}\right)$ 个置换关系矩阵：① 一个 $\dfrac{M}{S_M}\times\dfrac{N}{S_N}$ 的高层面置换关系矩阵；② $\dfrac{M}{S_M}\dfrac{N}{S_N}$ 个 $S_M\times S_N$ 的低层面置换关系矩阵。在上述提及的唯置换图像加密算法的表示下，HCIE 算法的密钥 $(\mu,x(0))$ 相当于 $\left(1+\dfrac{M}{S_M}\dfrac{N}{S_N}\right)$ 个置换关系矩阵。为了方便下面的讨论，用 $W_0=[w_0(i,j)]_{\frac{M}{S_M}\times\frac{N}{S_N}}$ 表示高层面置换关系矩阵，用 $\left[W_{(i,j)}\right]_{i=0,j=0}^{\frac{M}{S_M}-1,\frac{N}{S_N}-1}$ 表示 $\dfrac{M}{S_M}\dfrac{N}{S_N}$ 个低层面置换关系矩阵，其中 $W_{(i,j)}=[w_{(i,j)}(i',j')]_{S_M\times S_N}$。显然，这 $\left(1+\dfrac{M}{S_M}\dfrac{N}{S_N}\right)$ 个置换关系矩阵可以很容易地转换为一个等价的 $M\times N$ 的置换关系矩阵：$W=[w(i,j)]_{M\times N}$。当 $S_M=M$ 及 $S_N=N$（或者 $S_M=S_N=1$）时，两个加密层次合并为一个；$\left(1+\dfrac{M}{S_M}\dfrac{N}{S_N}\right)$ 个置换关系矩阵变成一个 $M\times N$ 的置换关系矩阵。此时，HCIE 算法退化为 CIE 算法[118]——一种典型的唯置换图像加密算法，其中每个像素可通过单个 $M\times N$ 置换关系矩阵 $W$ 自由置换到任何其他位置。给定 $n$ 个尺寸为 $M\times N$ 的已知明文 $I_1\sim I_n$ 和相应的密文图像 $I_1'\sim I_n'$，可以简单地调用带有输入参数 $(I_1\sim I_n,I_1'\sim I_n',M,N)$ 的函数 Get_Permutation_Matrix 来推算一个 $M\times N$ 的置换关系矩阵 $W$，它相当于 $\left(1+\dfrac{M}{S_M}\dfrac{N}{S_N}\right)$ 个更小的置换关系矩阵。然而，如果考虑到 HCIE 算法的分层结构，已知明文攻击可能变得更快，置换关系矩阵的估算将更有效。这一点将在 2.4.4 节得到验证。因此，采用针对 HCIE 算法的已知明文攻击的分层结构①。

(1) 重构高层面置换关系矩阵 $W_0$：① 对 $i=0,1,\cdots,\left(\dfrac{M}{S_M}-1\right)$ 和 $j=0,1,\cdots,\left(\dfrac{N}{S_N}-1\right)$，计算 $2n$ 个块 $P_{I_1}(i,j)\sim P_{I_n}(i,j)$、$P_{I_1'}(i,j)\sim P_{I_n'}(i,j)$ 的平均值，用 $\overline{P_{I_1}(i,j)}\sim\overline{P_{I_n}(i,j)}$ 和 $\overline{P_{I_1'}(i,j)}\sim\overline{P_{I_n'}(i,j)}$ 表示它们；② 生成 $2n$ 个 $\dfrac{M}{S_M}\times\dfrac{N}{S_N}$ 的图像 $\overline{P}_{I_1}\sim\overline{P}_{I_n}$ 和 $\overline{P}_{I_1'}\sim\overline{P}_{I_n'}$：$\forall\,m=1,2,\cdots,n$，有

$$\overline{P}_{I_m}=\left[\overline{P_{I_m}(i,j)}\right]_{\frac{M}{S_M}\times\frac{N}{S_N}} \tag{2.12}$$

$$\overline{P}_{I_m'}=\left[\overline{P_{I_m'}(i,j)}\right]_{\frac{M}{S_M}\times\frac{N}{S_N}} \tag{2.13}$$

---

① 对于 HCIE 算法，置换关系矩阵也取决于公共参数的值。为了简化描述，特别假定所有公共参数对所有已知明文图像都是固定的。

输入函数 Get_Permutation_Matrix 的参数

$$\left(\overline{P}_{I_1} \sim \overline{P}_{I_n}, \overline{P}_{I_1'} \sim \overline{P}_{I_n'}, \frac{M}{S_M}, \frac{N}{S_N}\right)$$

并调用该函数得到置换关系矩阵的近似版本 $\widetilde{W}_0 = [\widetilde{w}_0(i,j)]_{\frac{M}{S_M} \times \frac{N}{S_N}}$ 和其逆矩阵 $\widetilde{W}_0^{-1} = [\widetilde{w}_0^{-1}(i,j)]_{\frac{M}{S_M} \times \frac{N}{S_N}}$。

(2) 重构 $\frac{M}{S_M} \frac{N}{S_N}$ 个低层面置换关系矩阵 $[W_{(i,j)}]_{i=0,j=0}^{\frac{M}{S_M}-1, \frac{N}{S_N}-1}$：① 对 $i = 0$, $1, \cdots, \frac{M}{S_M} - 1$, $j = 0, 1, \cdots, \frac{N}{S_N} - 1$, 将

$$(P_{I_1}(i,j) \sim P_{I_n}(i,j), P_{I_1'}(i',j') \sim P_{I_n'}(i',j'), S_M, S_N)$$

作为输入参数调用 Get_Permutation_Matrix 函数来决定置换关系矩阵的近似版本 $\widetilde{W}_{(i,j)}$ 和其逆矩阵 $\widetilde{W}_{(i,j)}^{-1}$，其中 $(i',j') = W_0(i,j)$。

使用 $\left(1 + \frac{M}{S_M} \frac{N}{S_N}\right)$ 个逆矩阵 $W_0^{-1}$ 和 $[W_{(i,j)}]_{i=0,j=0}^{\frac{M}{S_M}-1, \frac{N}{S_N}-1}$，按照算法 2.3 所示方式解密新的密文图像 $f_{n+1}'$ 得到明文图像的近似版本 $f_{n+1}^*$。

事实上,在上述块置换过程中任何保持不变的尺度都可被使用,而不仅仅是平均值。一个典型的尺度是每个 $S_M \times S_N$ 图像块的直方图。尽管平均值没有直方图精确,但它在大多数情况下效果很好且有助于降低时间复杂度。当 $L$ 和 $S_M \times S_N$ 都太小时,平均值的效果将会很低,可改用所有像素值构成的数组或者直方图。显然,在大多数情况下获得高层面置换关系矩阵 $W_0$ 比获得低层面置换关系矩阵更容易。

下面讨论 HCIE 算法中使用的分层结构是否有助于增强唯置换图像加密算法抵抗已知明文攻击的能力。如上所述,需要 $n \geqslant \lceil \log_L(2(MN-1)) \rceil$ 幅已知明文图像来得到可接受的攻击性能。对攻击者来说,分层结构使得获得 $S_M \times S_N$ 或者 $\frac{M}{S_M} \times \frac{N}{S_N}$（两者都比 $M \times N$ 小）的置换关系矩阵成为可能。显然,对 HCIE 算法来说,所需的已知明文图像的数量将小于 $\lceil \log_L(2(MN-1)) \rceil$。而且,因为攻击的时间复杂度与矩阵尺寸的平方成正比,所以攻击 HCIE 算法所需的复杂度也变小。在这种意义上,分层唯置换图像加密算法的安全性能反而比无层次唯置换图像加密算法更差。因此,不建议使用 HCIE 算法。这个结论已经被实验证实（见 2.4.4 节）。

### 2.4.2 针对 HCIE 算法的选择明文攻击

对 HCIE 算法进行选择明文攻击，需要 $n = \lceil \log_L(MN) \rceil$ 幅明文图像和对应的密文图像。与已知明文攻击相似，HCIE 算法的分层结构也使得选择明文图像的构造更加简单。因此，攻击者也会分层次地构造 $n$ 个选择明文图像 $I_1, I_2, \cdots, I_n$。

---

**算法 2.3**    Dermutation 函数

**输入**: $W_0^{-1}, \left\{ \widetilde{W}_{(i,j)}^{-1} \right\}_{i=0,j=0}^{\frac{M}{S_M}-1, \frac{N}{S_N}-1}, f'_{n+1}$

**输出**: $f_{n+1}^*$

1   **for** $i \leftarrow 0$ **to** $(M/S_M) - 1$ **do**
2     **for** $j \leftarrow 0$ **to** $(N/S_N) - 1$ **do**
3       $f_{\text{temp}} \leftarrow P_{f'_{n+1}}(w_0^{-1}(i,j))$
4       **for** $ii \leftarrow 0$ **to** $S_M - 1$ **do**
5         **for** $jj \leftarrow 0$ **to** $S_N - 1$ **do**
6           $f_{\text{temp}}^*(ii,jj) \leftarrow f_{\text{temp}}\left(w_{(i,j)}^{-1}(ii,jj)\right)$
7           $P_{f_{n+1}^*}(i,j) \leftarrow f_{\text{temp}}^*$
8         **end for**
9       **end for**
10    **end for**
11 **end for**
12 **return** $f_{n+1}^*$

---

(1) 高层面：按式 (2.12) 定义 $\overline{P}_{I_1} \sim \overline{P}_{I_n}$，组成一个正交图像集；

(2) 低层面：$\forall (i,j)$, $P_{I_1}(i,j) \sim P_{I_n}(i,j)$ 组成一个正交图像集。

在这种情况下，所需选择明文图像的最少数量为

$$n = \max \left( \lceil \log_L(S_M S_N) \rceil, \left\lceil \log_L\left( \frac{M}{S_M} \frac{N}{S_N} \right) \right\rceil \right)$$

$$\leqslant \lceil \log_L(MN) \rceil$$

其中，当且仅当 $S_M = M$、$S_N = N$ 或 $S_M = S_N = 1$（分层加密结构被取消）时等式成立。

### 2.4.3　针对 HCIE 算法的穷举攻击

穷举攻击是指从所有可能的密钥中穷举验证每一个密钥 [1]。显然，攻击复杂度取决于密钥空间的大小和验证每个密钥的时间复杂度。在文献 [25]、[26] 和 [117] 中，设计者声称在有序序列 $\{b(i)\}_{i=0}^{L_b-1}$ 中有 $L_b = \left(1 + \dfrac{M}{S_M}\dfrac{N}{S_N}\right)(3S_M + 3S_N - 2)$ns 个攻击者所不知道的秘密混沌比特，所以 HCIE 算法抵抗穷举攻击的时间复杂度是 $O\left(2^{L_b}\right)$。然而，如下事实证明这种说法是不正确的：$L_b$ 个比特由密钥唯一决定，即初始条件 $x(0)$ 和控制参数 $\mu$，它们仅有 $2L$ 个秘密比特。也就是说，只有 $2^{2L}$ 个不同的混沌比特序列。现在分析穷举攻击真正的时间复杂度。对于 $x(0)$ 和 $\mu$ 的每个猜测值，需要执行以下运算。

(1) 生成混沌比特序列：$L_b/8$ 次混沌迭代；

(2) 生成虚假图像 $f_p$：时间复杂度是 $S_M S_N$；

(3) 置换虚假图像 $f_p$：执行 Sub_HCIE 函数一次；

(4) 生成 $P_{f*}$：时间复杂度是 $MN$；

(5) 将分块图像 $P_{f*}$ 置换：执行 Sub_HCIE 函数 $\dfrac{M}{S_M}\dfrac{N}{S_N}$ 次。

假设 Sub_HCIE 函数的时间复杂度为 $(4S_M + 4S_N)$ns，对 HCIE 算法进行穷举攻击的整体复杂度则可以计算为

$$O\left(2^{2L}\left(\frac{L_b}{8} + S_M S_N + MN + \left(\frac{M}{S_M}\frac{N}{S_N} + 1\right)(3S_M + 3S_N)\text{ns}\right)\right)$$
$$\approx O\left(2^{2L}(L_b + MN)\right)$$

当 $L_b$ 不是太小时，该时间复杂度远小于 $O\left(2^{L_b/8}\right)$。此外，考虑到只有当 $\mu$ 接近 4 时 Logistic 映射才表现出优良的混沌性能 [119]，所以该攻击复杂度应该更小。上述分析表明，HCIE 算法抵抗穷举攻击的能力在文献 [25]、[26] 和 [117] 中被设计者高估。

### 2.4.4　攻击 HCIE 算法的实验

为了验证上面讨论的针对以 HCIE 算法为代表的唯置换图像加密算法抵抗已知明文攻击的性能，使用图 2.2 所示的 6 幅尺寸为 256 像素 × 256 像素、灰度级别为 256 的图像进行实验。假设前 $n = 1, 2, \cdots, 5$ 个测试图像为攻击者已知，最后一个测试图像的密文图像通过估算的置换关系矩阵解密，然后用解密正确率来验证攻击性能。在实验中，Get_Permutation_Matrix 函数采用 "taking-the-first" 算法从 $\widehat{W}$ 中生成 $\widetilde{W}$。实验验证如此简单的算法足以在实际攻击中取得相当好的效果。在实验中，使用 HCIE 算法的三种不同的配置：$S_M = S_N = 256$，$S_M = S_N = 32$，

$S_M = S_N = 16$。如上所述，$S_M = S_N = 256$ 的配置对应于作用在空域上的一般唯置换图像加密算法（不使用分层结构）。结果表明，3 幅已知明文图像足以实现良好的攻击性能，4 幅已知明文图像可获得几乎完美的解密效果。因此，2.4.3 节给出的理论分析得到了验证，且已经证实两级分层加密结构的安全性能比无层次结构更弱。总之，可以通过选取式 (2.9) 和式 (2.10) 中所示的两幅明文图像 $I_1$ 和 $I_2$ 正确确定置换关系矩阵，HCIE 算法抵抗已知明文攻击的安全性能甚至比其他普通的唯置换图像加密算法更弱，这里忽略了选择明文攻击的实验结果。当然，实验中使用了该结果来验证相关的理论结果和确定置换关系矩阵的正确率。

(a) 明文图像1　　　　　(b) 明文图像2　　　　　(c) 明文图像3

(d) 明文图像4　　　　　(e) 明文图像5　　　　　(f) 明文图像6

图 2.2　实验中使用的 6 个 256 像素 × 256 像素的测试图像

1. $S_M = S_N = 256$ (无分层)

公共参数为 $\alpha = 6$，$\beta = 3$，$\gamma = 3$，no = 9。6 幅测试图像的密文图像如图 2.3 所示。当前 $n = 1, 2, \cdots, 5$ 幅测试图像和它们的密文图像为攻击者所知时，第 6 幅密文图像的 5 个解密结果如图 2.4 所示。由图可以看出，1 幅已知明文图像不能揭示任何视觉信息，2 幅已知明文图像已能恢复第 6 幅测试图像的粗略视图，3 幅已知明文图像足以获得很好的恢复结果。

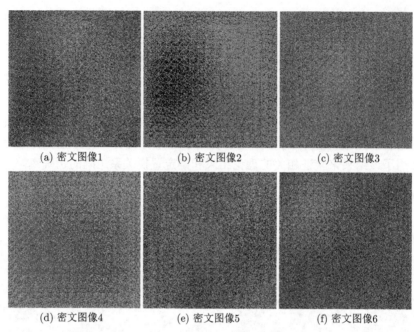

(a) 密文图像1　　　　(b) 密文图像2　　　　(c) 密文图像3

(d) 密文图像4　　　　(e) 密文图像5　　　　(f) 密文图像6

图 2.3　当 $S_M = S_N = 256$ 时 6 幅测试图像的密文图像

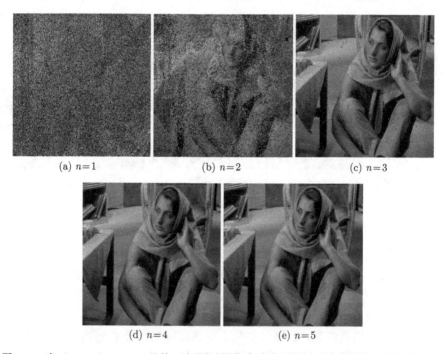

(a) $n=1$　　　　(b) $n=2$　　　　(c) $n=3$

(d) $n=4$　　　　(e) $n=5$

图 2.4　当 $S_M = S_N = 256$ 且前 $n$ 幅测试图像为攻击者所知时密文图像 6 的解密图像

为了验证解密性能比基于 $\widetilde{W}$ 中正确恢复元素的理论预测更好, 这里给出 $n = 2$ 时的解密效果。

对于这种情况, $\widetilde{W}$ 中绝对正确的元素的数量仅为 9150, $\widetilde{W}$ 中所有正确元素的数量为 23340。相比之下, 正确恢复的像素数量为 23929。尽管只有 $\frac{23929}{256 \times 256} \times 100\% \approx 36.51\%$ 的像素被恢复, 但是明文图像 6 中的大多数视觉信息已经被成功揭露。现在, 考虑未从 $\widetilde{W}$ 的正确元素中恢复的正确像素, 即 $23929 - 23340 = 589$ 个正确像素。这些像素只有 $\frac{589}{65536 - 23340} \approx 0.013959$ 的部分被正确解密, 比平均概率 $L^{-1} \approx 0.0039$ 大得多。如果也计算其值接近正确值的那些像素, 这个概率将更大。事实上, 不考虑由 $\widetilde{W}$ 中 23340 个正确元素准确恢复的像素, 已恢复图像和原始明文图像 6 的差值图像（即其他 $65536 - 23340 = 42196$ 像素）的直方图服从类高斯分布, 如图 2.5 所示。与之相比较, 给出了对应于尺寸同样为 256 像素 × 256 像素的随机生成的噪声图像的差值图像的直方图。显然, 对应于第 6 幅图像的类高斯分布直方图是由存在于自然图像中的自相关性引起的。值得注意的是, 假定两个涉及的图像（即噪声图像和对应的密文图像）相互独立且有

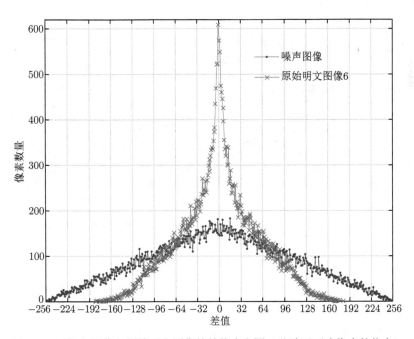

图 2.5    已恢复图像与原始明文图像的差值直方图（移除了正确像素的信息）

均衡直方图, 容易推导噪声图像的三角形直方图: 直方图中差值 $i$ 的发生概率为 $\dfrac{256-|i|}{65536}=\dfrac{1}{256}-\dfrac{|i|}{65536}$, 其中 $i\in\{-255,-254,\cdots,254,255\}$。

2. $S_M=S_N=32$

公共参数为 $\alpha=4$, $\beta=2$, $\gamma=1$, no = 2。6 幅测试图像的密文图像如图 2.6 所示。当前 $n=1,2,\cdots,5$ 幅测试图像为攻击者所知时, 第 6 幅密文图像的 5 幅解密图像如图 2.7 所示。由图可以看出, 1 幅已知明文图像不能揭示很多有用的视觉信息, 但是 2 幅已知明文图像足以达到良好的效果。

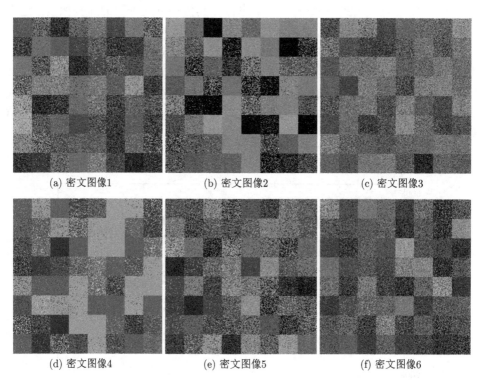

(a) 密文图像1　　　　　　(b) 密文图像2　　　　　　(c) 密文图像3

(d) 密文图像4　　　　　　(e) 密文图像5　　　　　　(f) 密文图像6

图 2.6　当 $S_M=S_N=32$ 时 6 幅 256 像素 $\times$ 256 像素的测试图像的密文图像

3. $S_M=S_N=16$

公共参数为 $\alpha=4$, $\beta=2$, $\gamma=1$, no = 2。6 幅测试图像的密文图像如图 2.8 所示。当前 $n=1,2,\cdots,5$ 幅测试图像为攻击者所知时, 第 6 幅密文图像的 5 幅解密图像如图 2.9 所示。由图可以看出, 1 幅已知明文图像可以揭示这幅明文图像的粗略视图, 但是 2 幅已知明文图像足以获得近乎完美的恢复。

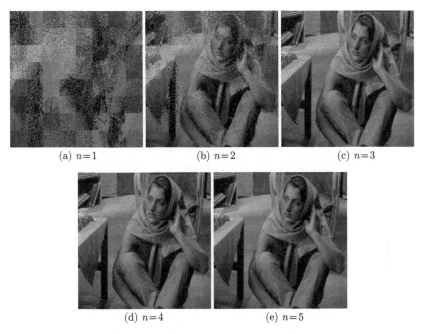

(a) $n=1$    (b) $n=2$    (c) $n=3$

(d) $n=4$    (e) $n=5$

图 2.7   当 $S_M = S_N = 32$ 且前 $n$ 幅测试图像为攻击者所知时密文图像 6 的解密图像

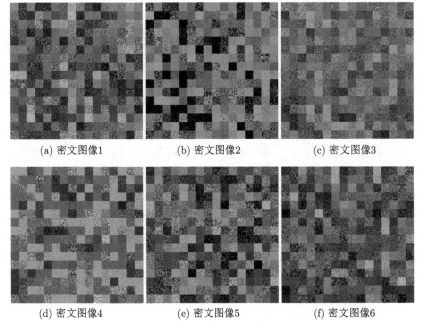

(a) 密文图像1    (b) 密文图像2    (c) 密文图像3

(d) 密文图像4    (e) 密文图像5    (f) 密文图像6

图 2.8   当 $S_M = S_N = 16$ 时 6 幅 256 像素 × 256 像素的测试图像的密文图像

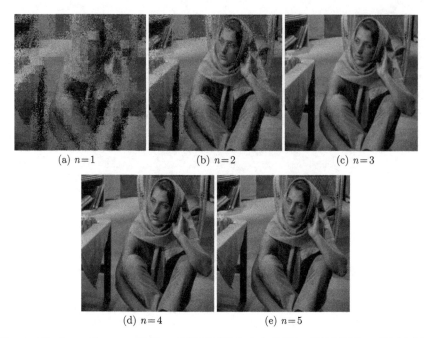

(a) $n=1$　　　　　　(b) $n=2$　　　　　　(c) $n=3$

(d) $n=4$　　　　　　(e) $n=5$

图 2.9　当 $S_M = S_N = 16$ 且前 $n$ 幅测试图像为攻击者所知时密文图像 6 的解密图像

### 4. 性能比较

现在，比较 HCIE 算法在上述三种不同配置下抵抗已知明文攻击的性能，如图 2.10 所示。图 2.10(a) 显示了已知明文图像的数量和解密质量（由解密错误率表示）之间的数量关系。由图可以看出，3 幅已知明文图像在三种配置下都足够取得可接受的解密效果；2 幅已知明文图像可以揭示很多像素（意味着大多数重要的视觉信息被揭示）。此外，结果表明解密性能主要依赖参数配置：当 $S_M = S_N = 16$ 时，性能最好，这与不等式 (2.5) 的预期一致：当 $S_M = S_N = \sqrt{256} = 16$ 时，$n$ 的值最小。图 2.10(b) 显示了 $\widehat{W}$ 中元素的平均基数，这是从 $\widetilde{W}$ 中获取正确置换元素的概率指标。如前所述，它也是时间复杂度的指标。比较图 2.10(a) 和图 2.10(b)，可以看到解密错误率和平均基数有很好的对应关系。从上述比较中可以看出具有分层结构的 HCIE 算法的安全性确实比无层次结构的一般唯置换图像加密算法的安全性更弱：当 $S_M = S_N = 32$ 和 $S_M = S_N = 16$ 时，2 幅已知明文图像足以取得可接受的解密性能；然而，当 $S_M = S_N = 256$ 时，2 幅已知明文图像对应的解密性能不能令人满意，需要 3 幅已知明文图像才能达到可接受的结果。因此，从抵抗已知/选择明文攻击的安全性角度来讲，HCIE 算法中的分层结构没有技术优点。这验证了 2.4.1 节给出的理论分析。

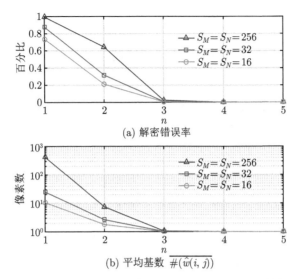

(a) 解密错误率

(b) 平均基数 $\overline{\#(\hat{w}(i,j))}$

图 2.10 不同参数下 HCIE 算法抵抗已知明文攻击的性能比较

## 2.5 针对 TDCEA 的密码分析

### 2.5.1 TDCEA 中循环运算的本质缺陷

李树钧等[31]发现了 ROLR 运算的一些本质缺陷。① 在加密后，一些明文比特的值可能不改变。如果这样的像素点太多，则可能会暴露明文图像的视觉信息。② 对于明文图像中灰度值固定的子区域，密文图像中相应子区域的像素值至多有 8 个①，这将导致子区域的边缘在密文中呈现。如果子区域的固定像素值是其他近似值，则第②个缺陷也同样存在。

尽管 TDCEA 将位移运算扩展至二维，但是 ROLR 的上述缺陷不能完全避免。一个极端的例子：当 $M_k$ 中所有的元素都为 0 比特或者 1 比特时，显然有 $M_k' \equiv M_k$，这意味着 TDCEA 完全不能加密像素值固定为 0（黑色）或 255（白色）的像素块。为了比较 TDCEA 和 BRIE 算法[112]的实际加密效果，使用文献 [31] 中 BRIE 算法用到的测试图像进行加密。加密参数为：$(\alpha, \beta) = (2, 4)$，$x(0) = 34816/2^{17} \approx 0.2656$，$\mu = 128317/2^{15} \approx 3.9159$。加密结果如图 2.11 所示，由图可以看出，尽管对于大多数矩形区域，固定灰度值都发生了改变，但明文中仍有 15 个矩形区域在加密后的值不变。将这些结果与文献 [31] 中给出的实验结果比较，显然 TDCEA 并没有弥补 BRIE 算法的安全缺陷。注意，这里都是使用电码本 (electronic codebook, ECB) 模式进行加密。

---

① 对于某些固定值像素，密文像素的可能值甚至更少，可能为 1 个、2 个或者 4 个。

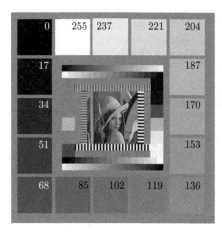

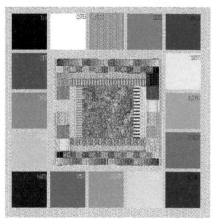

(a) 明文图像　　　　　　　　　　　　　　　(b) 密文图像

图 2.11　　TDCEA 加密测试图像 "Test_Pattern" 的结果

为了进一步检验 TDCEA 相对于 BRIE 算法在安全性能方面的增强效果, 用其加密一些含有平滑区域的自然图像。

众所周知, 在自然图像中平滑区域内各像素的像素值通常比较接近。这与图 2.11 所示的固定灰度值像素块类似。选择两幅明文图像 "Baboon" 和 "Bonito_ Door" 作为测试样例, 使用 TDCEA 加密后的结果如图 2.12 所示, 可以看出密文图像暴露了对应明文图像中许多重要的边缘信息。在此实验中, TDCEA 的加密参数设置如下: $(\alpha, \beta) = (5, 1)$, $x(0) = 33578/2^{17} \approx 0.2562$, $\mu = 129518/2^{15} \approx 3.9526$。

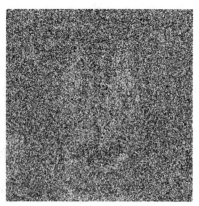

(a) 明文图像 "Baboon"　　　　　　　　　　　(b) 加密后的 "Baboon"

(c) 明文图像"Bonito_Door"

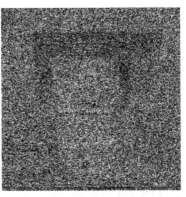

(d) 加密后的"Bonito_Door"

图 2.12 使用 TDCEA 加密两幅自然图像 "Baboon" 和 "Bonito_Door" 的结果

## 2.5.2 TDCEA 中参数 $\alpha$、$\beta$ 相关的安全问题

在文献 [27] 和 [28] 中，$\alpha$ 和 $\beta$ 的值被限定为 $0 < \alpha < 8$，$0 \leqslant \beta < 8$，$0 < \alpha + \beta < 8$。因此，$(\alpha, \beta)$ 可能值的数量为 $7 + 6 + \cdots + 2 + 1 = 28$。然而，与 BRIE 算法类似，$\alpha$ 和 $\beta$ 也应遵循文献 [31] 中提出的规则：$\alpha \neq 1, 7$ 或 $\alpha + \beta \neq 1, 7$。如果 $\alpha$ 和 $\beta$ 不满足此规则，那么由于 $\mathrm{Rotate}X_i^{p,1} = \mathrm{Rotate}X_i^{p,7}$ 和 $\mathrm{Rotate}Y_j^{q,1} = \mathrm{Rotate}Y_j^{q,7}$，此时将只有 1 比特旋转位移运算。一般情况下，1 比特旋转位移运算不是特别有效的明文图像加密方式，它加密后的密文可能会暴露明文图像的视觉信息，也就是说存在大量弱密钥。当各子密钥设置为 $(\alpha, \beta) = (1, 6)$、$x(0) = 33578/2^{17} \approx 0.2562$ 和 $\mu = 129518/2^{15} \approx 3.9526$ 时，两幅 256 像素 × 256 像素明文图像 "Baboon" 和 "Bonito_Door" 的加密结果如图 2.13 所示。从图中可以看出，密文图像中包含许多（甚至比图 2.12 还要多）可泄露明文

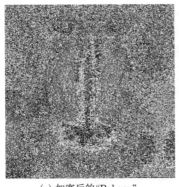

(a) 加密后的"Baboon"

(b) 加密后的"Bonito_Door"

图 2.13 使用 TDCEA 的弱密钥加密两幅自然图像 "Baboon" 和 "Bonito_Door" 的结果

图像内容的信息。除了 $(\alpha,\beta)$ 的三个值 $(1,0)$、$(1,6)$、$(7,0)$ 不满足上述规则以外，其他所有满足规则的 $(\alpha,\beta)$ 的数量仅为 $25\ (=28-3)$。

### 2.5.3   针对 TDCEA 的穷举攻击

因为 TDCEA 在加解密过程中用到了 $17MN/8$ 个秘密比特，设计者在文献 [27] 和 [28] 中声称它抵抗穷举攻击的时间复杂度为 $O\left(2^{17MN/8}\right)$。然而，该结论是错误的。所有的 $17MN/8$ 个秘密比特都是通过初始条件 $x(0)$ 和 Logistic 映射 (2.1) 的控制参数 $\mu$ 来唯一确定的。此外，并非所有的 $\mu$ 值都可令 Logistic 映射呈现混沌状态，因此能生成的不同混沌比特序列的数量小于 $2^{34}$。

考虑到 TDCEA 的时间复杂度为 $O(MN)$，即 $49MN$ 个各种类型的运算 [28]，并且 $(\alpha,\beta)$ 的所有可能值的数量小于 25，则 TDCEA 抵抗穷举攻击的总复杂度为 $O(2^{34}\times25\times49MN)\approx O(2^{44}MN)$。对于一幅尺寸为 256 像素 × 256 像素的典型图像，时间复杂度约为 $O(2^{60})$，这要远小于文献 [27] 和 [28] 中给出的时间复杂度 $O(2^{17MN/8})=O(2^{139264})$。显然，文献 [27] 和 [28] 严重高估了 TDCEA 抵抗穷举攻击的能力。

### 2.5.4   已知明文攻击：获取置换关系矩阵作为等价密钥

在文献 [28] 中，设计者声称 TDCEA 能有效抵抗已知/选择明文攻击，为此本节和 2.5.6 节将提出两种专门针对 TDCEA 的差分攻击方法。其中，第一种攻击方法需要用到一些已知明文，第二种攻击方法则只需一个已知明文 [120]。

BRIE 算法抵抗已知/选择明文攻击的安全性不足是由 ROLR 运算引起的，ROLR 运算实际上就是对每像素值的所有 8 个比特进行置换运算。如 2.3.2 节所述，所有的唯置换加密算法对于已知/选择明文攻击都是不安全的，而 TDCEA 显然属于唯置换加密的范畴，因为循环位移实际上就是对每个 8 像素块中的所有 64 个比特进行置换运算。如果攻击者已知（或者选择）同一位置 $k$ 的一定数量的明文块和密文块，那么就有可能通过比较 $M_k$ 和 $M_k'$ 重构出部分（甚至全部）比特置换关系。这也是下文中已知/选择明文攻击的基本原则。

显然，对于第 $k$ 个像素块 $I^{(8)}(k)$ 和对应的密文块 $I'^{(8)}(k)$，加密过程可用 $8\times8$ 的置换关系矩阵 $W_k=[W_k(i,j)]_{i=0,j=0}^{7,7}$ 来表示，其中 $W_k(i,j)=(i',j')$ 表示 $M_k'$ 中明文比特 $M_k(i,j)$ 加密后的位置。因为有 $MN/8$ 个不同的块，$f$ 的加密可用 $MN/8$ 个置换关系矩阵 $[W_k]_{k=0}^{MN/8-1}$ 来表示。一旦攻击者得到这 $MN/8$ 个置换关系矩阵和它们的逆矩阵 $[W_k^{-1}]_{k=0}^{MN/8-1}$，就可用这些矩阵作为等价密钥来解密任意使用相同密钥加密的密文图像。

3.2.3 节提出了获取秘密置换关系（即置换关系矩阵）的一般攻击算法。该算法依据秘密置换不改变置换元素的值这一事实，从一些已知明文图像和对应的密文图像中获取秘密置换关系。攻击者可根据该算法的原理对比明文图像和密文图像中的像素值来恢复秘密置换关系。对于 TDCEA，可分析如何最优地实现这种一般算法，并讨论它的攻击效果。

给定 $n$ 幅已知明文图像 $I_0 \sim I_{n-1}$ 和对应的密文图像 $I_0' \sim I_{n-1}'$，将第 $l$ 幅明文图像和对应的密文图像中的第 $k$ 个 $8 \times 8$ 的 $\{0,1\}$ 二值矩阵分别表示为 $M_{l,k} = [M_{l,k}(i,j)]_{i=0,j=0}^{7,7}$、$M_{l,k}' = [M_{l,k}'(i,j)]_{i=0,j=0}^{7,7}$，获取置换关系矩阵 $W_k$ 的过程如下。

**步骤 1** 计算广义比特矩阵 $\widetilde{M}_k = \left[ \widetilde{M}_k(i,j) \right]_{i=0,j=0}^{7,7}$，其中

$$\widetilde{M}_k(i,j) = \sum_{l=0}^{n-1} \left( M_{l,k}(i,j) \cdot 2^l \right) \tag{2.14}$$

显然，$\widetilde{M}_k(i,j)$ 为 $n$ 比特整数。

值得注意的是，当 $n$ 大于长整型（对大多数计算机来说为 32 位或者 64 位）的所占比特数时，可能将 $\widetilde{M}_k(i,j)$ 作为整数存储在计算机中。在本例中，选择复合短整型来表示 $\widetilde{M}_k(i,j)$ 以利于存储和计算（即使用长整型技术）。或者令 $n$ 小于或等于长整型的所占比特数，可得多个多值置换关系矩阵，再将它们求交可得到最后的多值置换关系矩阵。因为长整型技术易于实现，且大多数攻击在 $n \leqslant 32$ 时攻击效果已相当好，所以这里仅简要提及该问题。

**步骤 2** 计算广义比特矩阵 $\widetilde{M}_k' = \left[ \widetilde{M}_k'(i,j) \right]_{i=0,j=0}^{7,7}$，过程和步骤 1 一样。

**步骤 3** 获取多值置换关系矩阵 $\widehat{W}_k = \left[ \widehat{W}_k(i,j) \right]_{i=0,j=0}^{7,7}$，其中

$$\widehat{W}_k(i,j) = \left\{ (i',j') \mid \widetilde{M}_k(i,j) = \widetilde{M}_k'(i',j') \right\}$$

**步骤 4** 由 $\widehat{W}_k$ 推得置换关系矩阵 $W_k$ 的估计版本。

显然，当且仅当 $\widehat{W}_k$ 中每个元素都仅包含 1 个像素位置，即 $\widehat{W}_k$ 的每个元素的基数为 1，可得唯一置换关系矩阵 $W_k$；否则只能得到近似版本 $\widetilde{W}_k$。换句话说，$\widehat{W}_k = W_k$ 成立当且仅当 $\widehat{W}_k = \left\{ \widehat{W}_k(0,0), \cdots, \widehat{W}_k(7,7) \right\}$ 的元素个数为 64，即 $\#\left( \widehat{W}_k \right) = 64$。当 $\#\left( \widehat{W}_k \right) = P < 64$ 时，令 $n_i$ $(i = 1,2,\cdots,P)$ 表示 $\widehat{W}_k$ 中 $P$ 个不同元素的出现次数，易推出 $W_k$ 可能估计的数量共有 $\prod\limits_{i=1}^{P} (n_i!)$ 个。因此，步骤 4 的目标是从所有的 $\prod\limits_{i=1}^{P} (n_i!)$ 个可能值中选择一个作为置换关系矩阵的近似版

本。尽管步骤 4 有许多实现方式，但是对于大多数情况，运用下列简单算法足以得到令人满意的攻击效果：

(1) 初始化 $8 \times 8$ 标志矩阵 $F_k = [F_k(i,j)]_{i=0,j=0}^{7,7}$ 中的所有元素为 0。

(2) 对 $i = 0,1,2,\cdots,7$，$j = 0,1,2,\cdots,7$，使用下列方法计算 $\widetilde{W}_k(i,j)$ 的值：① 找满足 $M_k(i,j) = M_k'(i',j')$ 和 $F_k(i',j') = 0$ 的第一个坐标 $(i',j')$；② 令 $\widetilde{W}_k(i,j) = (i',j')$，$F_k(i',j') = 1$。

注意，步骤 3 也并入上述算法中，这样做对减小总时间复杂度来说是非常有帮助的。

参考不等式 (2.5)，可知当已知 $n \geqslant 1 + \lceil \log_2 63 \rceil = 1 + \lceil 5.9773 \rceil = 7$ 幅明文图像时，可以确保攻击者获得令人满意的攻击效果。尽管上述结果是在假设 $\{M_{l,k}\}$ 是独立同分布（independently identically distribution, IID）序列的条件下获得的，但也可以定性地推广到其他分布情况。实验结果表明，上面的理论结果适用于大多数自然图像。

对于随机选择的密钥 $(\alpha,\beta) = (2,2)$，$x(0) = 33579/2^{17} \approx 0.2562$，$\mu = 129518/2^{15} \approx 3.9526$，随机选择一组已知明文图像（全为自然图像）用于测试。当 $n = 8$ 时，将使用图 2.14(a) 所示的明文图像 "Peppers" 与其在图 2.14(b) 中对应的密文图像验证 $MN/8$ 个近似置换关系矩阵 $\{\widetilde{W}_k\}_{k=0}^{MN/8-1}$ 的攻击效果。恢复出的明文图像如图 2.14(c) 所示。尽管图 2.14(c) 仅有 $38156/65536 \approx 58.2\%$ 像素点是正确的，但是几乎所有明文图像的视觉信息都可被看到。在经过降噪算法处理之后，可进一步增强恢复的图像。使用 $3 \times 3$ 中值滤波增强后的结果如图 2.14(d) 所示。

使用文献 [121] 中的算法进行噪声位置检测和噪声值替换，可以获得图 2.15 所示的增强效果，避免滤波器造成的图像平滑。

(a) 明文图像"Peppers"　　　　　　　　(b) 加密后的"Peppers"

(c) 通过 $\{\tilde{W}_k\}_{k=0}^{MN/8-1}$ 恢复出的 "Peppers"      (d) 使用 3×3 中值滤波增强后的结果

图 2.14　使用第一种已知明文攻击后恢复的图像 "Peppers"

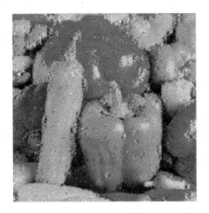

图 2.15　对图 2.14(c) 中图像的图像增强结果

图 2.16 给出了给定 $n$ 幅已知明文图像的条件下被正确恢复明文像素的比率。在相同条件下，对自然图像的攻击效果要比对噪声图像的攻击效果好，这主要归功于自然图像内部存在的强相关性（如 2.3.2 节所述）。另外，还可以看到，当 $n \geqslant 16$ 时，图 2.16 中两条线的斜率很小，这也是由已知图像内部的相互关系造成的（相邻像素之间的 MSB 相同的概率很高）。

图像 "Lenna" 相邻像素差值的概率分布如图 2.17 所示，可见自然图像相邻像素的差值满足拉普拉斯分布：

$$f(x) = \frac{1}{2b}\mathrm{e}^{-\frac{|x-\mu|}{b}} \tag{2.15}$$

其中，$\mu$ 是位置参数；$b$ 是尺度参数。

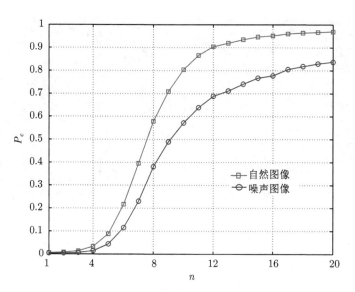

图 2.16　给定 $n$ 幅已知明文图像时被正确恢复的像素的比率 $P_c$

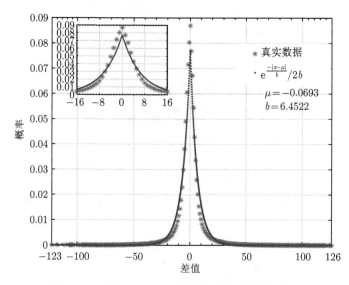

图 2.17　图像 "Lenna" 相邻像素差值的概率分布

　　综上可见，本节所述的已知明文攻击的时间复杂度相当小。对于每个像素块，步骤 1 和步骤 2 的时间复杂度为 $O(2 \times 64 \times (n-1))$，步骤 3 的时间复杂度为 $O(64 \times 32)$，所以总的时间复杂度仅为 $O((2 \times 64 \times (n-1) + 64 \times 32) \times MN/8) = O(16(n+15)MN)$。

### 2.5.5 选择明文攻击：获取置换关系矩阵作为等价密钥

如 2.5.4 节所述，如果 $\#(\widetilde{W}_k) = 64$，则可唯一确定置换关系矩阵 $W_k$。显然，通过选择 6 幅明文图像，易确定 $\#(\widetilde{W}_k) = 64$，对于任意 $k = 0, 1, \cdots, MN/8 - 1$，$i = 0, 1, \cdots, 7$，$j = 0, 1, \cdots, 7$，这 6 幅明文图像分别为

$$f_0 : M_{0,k}(i,j) = \lfloor (8i+j)/32 \rfloor \bmod 2$$

$$f_1 : M_{1,k}(i,j) = \lfloor (8i+j)/16 \rfloor \bmod 2$$

$$f_2 : M_{2,k}(i,j) = \lfloor (8i+j)/8 \rfloor \bmod 2$$

$$f_3 : M_{3,k}(i,j) = \lfloor (8i+j)/4 \rfloor \bmod 2$$

$$f_4 : M_{4,k}(i,j) = \lfloor (8i+j)/2 \rfloor \bmod 2$$

$$f_5 : M_{5,k}(i,j) = (8i+j) \bmod 2$$

有了这 6 幅选择明文图像，则 $\#(\widetilde{W}_k) = 64$ 成立，故所有 $MN/8$ 个置换关系矩阵可被唯一确定，然后可以将这些置换关系矩阵用于解密使用相同密钥加密且像素数不超过 $MN$ 的密文图像。这个攻击的时间复杂度与给定 $n = 6$ 幅已知明文图像条件下已知明文攻击的时间复杂度同阶，即 $O(16(6+15)MN) = O(336MN)$。

实际上，由于 TDCEA 存在特殊的缺陷，甚至只要两幅选择明文图像便足以完全重构出每个 $8 \times 8$ 的置换关系矩阵。回顾 TDCEA 的加密过程，可以看出二维的加密旋转运算只是由两个方向上的一维旋转运算组成的（首先是 8 个水平旋转运算，然后是 8 个垂直旋转运算）。这个性质使得在选择明文攻击中仅使用两幅明文图像便可将二维加密旋转运算分离。在密码分析学中，称这样的攻击为分而治之 (divide-and-conquer, DAC) 攻击。DAC 选择明文攻击可描述如下。

(1) 攻击 8 个垂直秘密旋转运算。选择明文图像 $f_0$: $\forall\, k = 0, 1, \cdots, MN/8 - 1$，$f_0^{(8)}(k) = [255, 0, 0, 0, 0, 0, 0, 0]$，即

$$M_{0,k} = \begin{bmatrix} 1 & 1 & 1 & 1 & 1 & 1 & 1 & 1 \\ 0 & 0 & 0 & 0 & 0 & 0 & 0 & 0 \\ 0 & 0 & 0 & 0 & 0 & 0 & 0 & 0 \\ 0 & 0 & 0 & 0 & 0 & 0 & 0 & 0 \\ 0 & 0 & 0 & 0 & 0 & 0 & 0 & 0 \\ 0 & 0 & 0 & 0 & 0 & 0 & 0 & 0 \\ 0 & 0 & 0 & 0 & 0 & 0 & 0 & 0 \\ 0 & 0 & 0 & 0 & 0 & 0 & 0 & 0 \end{bmatrix}$$

显然，8 个水平秘密旋转运算对上述明文图像没有影响，即在垂直方向上，二维 TDCEA 退化为一维 BRIE 算法。因为 $M_{0,k}$ 的每列只含一个 1 比特，所以

通过比对 $M_{0,k}$ 和 $M'_{0,k}$，可以唯一确定 8 个值 $s_k(j)$ $(j = 0, 1, \cdots, 7)$。它满足 $M'_{0,k} = \mathrm{Rotate}Y_j^{0,s_k(j)}(M_{0,k})$ 且可作为第 $j$ 列的等价旋转参数。

(2) 攻击 8 个水平秘密旋转运算。选择明文图像 $f_1$：$\forall\, k = 0, 1, \cdots, MN/8-1$，$f_1^{(8)}(k) = [1, 1, 1, 1, 1, 1, 1, 1]$，即

$$
M_{1,k} = \begin{bmatrix}
1 & 0 & 0 & 0 & 0 & 0 & 0 & 0 \\
1 & 0 & 0 & 0 & 0 & 0 & 0 & 0 \\
1 & 0 & 0 & 0 & 0 & 0 & 0 & 0 \\
1 & 0 & 0 & 0 & 0 & 0 & 0 & 0 \\
1 & 0 & 0 & 0 & 0 & 0 & 0 & 0 \\
1 & 0 & 0 & 0 & 0 & 0 & 0 & 0 \\
1 & 0 & 0 & 0 & 0 & 0 & 0 & 0 \\
1 & 0 & 0 & 0 & 0 & 0 & 0 & 0
\end{bmatrix}
$$

因为通过 $f_0$ 已经获得 8 个垂直加密旋转运算，所以可以从 $M_{1,k}$ 中移除所有的 8 个垂直旋转运算以获得中间比特矩阵 $M_{1,k}^*$。通过对比 $M_{1,k}^*$ 和 $M_{1,k}$，可类似地确定另外 8 个值 $r_k(i)$，其中，$M_{1,k}^* = \mathrm{Rotate}X_i^{0,r_k(i)}(M_{1,k})$，$i = 0, 1, \cdots, 7$。这里的 $r_k(0) \sim r_k(7)$ 是第 $i$ 行的等价旋转参数。

显然，在获得了水平和垂直秘密旋转运算之后，通过将 16 个旋转运算进行简单的组合，可重构出置换关系矩阵 $W_k$。这个攻击的时间复杂度仅为 $O((4+1+4+8)MN) = O(17MN)$。

### 2.5.6　已知明文攻击：从一幅已知明文图像中获取密钥

2.5.4 节和 2.5.5 节给出的已知/选择明文攻击有两个缺点：① 所需已知明文图像的数量略大；② 在给定 $n$ 幅尺寸为 $M$ 像素 $\times$ $N$ 像素的已知明文图像条件下，该攻击只能解密尺寸不大于 $M$ 像素 $\times$ $N$ 像素的密文图像。在本节中，将介绍另一种已知明文攻击和选择明文攻击方法。它们只需一幅已知明文图像便可获得密钥。当然，代价是攻击的时间复杂度更高。

本节介绍的已知明文攻击实际上是一种优化的穷举攻击。通过两个连续的混沌状态之间的相关信息和控制参数 $\mu$，两个子密钥 $x(0)$ 和 $\mu$ 的乘法搜索可弱化为两个混沌状态 $x(k)$ 和 $x(k+1)$ 的"加法搜索"，这可大幅降低攻击的时间复杂度。同时，因为每个穷举的混沌状态可通过一些 8 像素块验证，而不是用整个已知明文图像来加以验证，所以该攻击的时间复杂度可进一步减小。

这类攻击的基本思想基于如下事实：① 通过现有混沌状态 $x(k)$ 和两个子密钥 $\alpha$、$\beta$ 唯一确定每个置换矩阵 $W_k$；② 两个连续的混沌状态 $x(k)$ 和 $x(k+1)$ 满足 $x(k+1) \approx \mu x(k)(1 - x(k))$。一旦攻击者获得任意两个连续混沌状态的正确值，那么立即可得到 $\mu$ 的估计值。如果 $\alpha$ 和 $\beta$ 已知，则 TDCEA 的所有子密钥都被获取。

为了得到与第 $k$ 个比特矩阵 $M_k$ 对应的混沌状态 $x(k)$ 的值, 可以利用存在于 $M_k$ 和 $M_k'$ 间的置换信息。当 $M_k$ 有 $t$ 个 0 比特和 $(64-t)$ 个 1 比特时, 通过计算可得到它的所有可能值的数量为 $C(t) = \binom{64}{t} = \dfrac{64!}{t!(64-t)!}$。相对而言, 每个置换关系矩阵的所有可能版本的数量等于三元数组 $(x(k), \alpha, \beta)$ 所有可能值的数量, 并且该数量要小于 $N_s = 25 \times 2^{17}$。当 $5 \leqslant t \leqslant 59$ 时, 可得 $C(t) \gg N_s$ (见图 2.18)。这意味着 $(x(k), \alpha, \beta)$ 的错误值对应 $W_k'$ 的概率接近于 0, 即通过穷举搜索 $(x(k), \alpha, \beta)$ 所有的可能值可以找到少量的候选值。显然, 这个穷举搜索过程在 $t = 32$ 时最优。

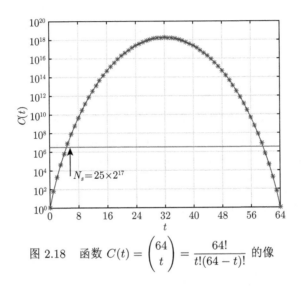

图 2.18　函数 $C(t) = \binom{64}{t} = \dfrac{64!}{t!(64-t)!}$ 的像

在两个连续的比特矩阵中执行上述过程, 可发现两个连续的混沌状态的候选值 $x(k) = 0.b(17k+0)\cdots b(17k+16)$ 和 $x(k+1) = 0.b(17k+17)\cdots b(17k+33)$, 接着可获得子密钥 $\mu$ 的估计值。这一优化的已知明文攻击分为以下几个具体步骤。

**步骤 1** 找到第一对满足如下条件的两个连续的明文块 $f^{(8)}(k)$ 和 $f^{(8)}(k+1)$: 它们对应的比特矩阵 $M_k$ 和 $M_{k+1}$ 都含约 32 个 0 比特。

注意, 假设 $M_k$ 中每个比特服从独立同分布, 可推得

$$P_s = \mathrm{Prob}\left[|t - 32| \leqslant s\right] = \frac{1}{2^{64}} \sum_{i=32-s}^{32+s} \binom{64}{i}$$

其中, $t$ 为 $M_k$ 中非零元素的个数; $0 \leqslant s \leqslant 32$。当 $s = 4$ 时, $P_s \approx 0.7396$, 这足够让攻击者从所有 $MN/8$ 个像素块中找到有效的明文像素块。

**步骤 2**　穷举搜索 $(x(k), \alpha, \beta)$ 所有的可能值，记录那些与 $M_k$ 和 $M_k'$ 吻合的值。假设共有 $m_1$ 个候选值：$(x_i(k), \alpha_i^*, \beta_i^*)_{i=0}^{m_1-1}$。

**步骤 3**　搜索 $x(k+1)$ 所有可能值和 $(\alpha_i^*, \beta_i^*)_{i=0}^{m_1-1}$ 中 $(\alpha, \beta)$ 所有可能值，并记录那些与 $M_{k+1}$ 和 $M_{k+1}'$ 一致的组合。假设最终得到 $m_2$ 个候选组合：$(x_j(k+1), \alpha_j^{**}, \beta_j^{**})_{j=0}^{m_2-1}$。

**步骤 4**　对 $i = 0, 1, \cdots, m_1 - 1$，$j = 0, 1, \cdots, m_2 - 1$，执行下列运算。

**步骤 4.1**　如果 $\alpha_i^* = \alpha_j^{**}$，$\beta_i^* = \beta_j^{**}$，则计算 $\tilde{\mu} = \dfrac{x_j(k+1)}{x_i(k)(1-x_i(k))}$，再继续执行步骤 4.2；否则，进入下一个循环。

**步骤 4.2**　假设 $x_j(k+1) \geqslant 2^{-n}$，在 $\tilde{\mu}$ 的邻域中穷举搜索 $\mu$ 的 $2^{n+3}$ 个可能值。对于每个搜索出来的值，将 Logistic 映射从 $x_i(k+1)$ 迭代到 $x_i(MN/8-1)$。如果混沌状态 $x_i(l)$ 和 $(\alpha_i^*, \beta_i^*)$ 与 $M_l$ 和 $M_l'$ ($l = k+2, k+3, \cdots, MN/8-1$) 吻合，则终止循环（攻击过程结束）。

下面估算该攻击的时间复杂度：

步骤 2 的时间复杂度为 $2^{17} \times 25 \times (14 \times 8 + \frac{1}{2} \times 8 \times 8) < 2^{29}$；

步骤 3 的时间复杂度显然小于步骤 2 的时间复杂度；

步骤 4 中的穷举搜索循环的平均值为 $m_1 m_2 C_x$，其中

$$C_x = \sum_{n=1}^{17} 2^{n+3} \mathrm{Prob}\left[2^{-n} \leqslant x_j(k+1) < 2^{-(n-1)}\right]$$

是 $\tilde{\mu}$ 邻近元素搜索空间尺寸的数学期望。考虑每个搜索循环的时间复杂度，步骤 4 的时间复杂度为 $\dfrac{m_1 m_2 C_x}{2} \times 49MN$。

不失一般性，假设 $x_j(k+1)$ 在区间 $[0, 1]$ 上服从均匀分布，即

$$\mathrm{Prob}\left[2^{-n} \leqslant x_j(k+1) < 2^{-(n-1)}\right] = 2^{-n}$$

因此，$C_x = \sum_{n=1}^{17} 2^{n+3} \times 2^{-n} = 2^3 \times 17 = 136$。在大多数情况下，$MN \leqslant 4096 \times 4096 = 2^{24}$，且 $m_1$ 和 $m_2$ 通常非常小，故时间复杂度一般不大于 $O(2^{36})$。

结合以上结果，可总结出该攻击的总时间复杂度为 $O(2^{36})$。这即使对个人计算机而言也是相当小的，并且远小于 2.5.3 节中简单穷举攻击的时间复杂度 $O(2^{60})$。图 2.19 给出了明文图像 "Peppers" 的实验结果。左上角第 0 个和第 1 个像素块被选来穷举搜索密钥。结果成功获得了 $x(0)$ 之后的所有混沌状态，只有左上角的 $8(= 1 \times 8)$ 个明文像素没被正确恢复。

图 2.19 使用第二种已知明文攻击后恢复的明文图像 "Peppers"

### 2.5.7 选择明文攻击：密钥的获取

由 2.5.5 节所提出的第一种选择明文攻击，对于每个像素块 $f^{(8)}(k)$，可得到 16 个值 $s_k(0) \sim s_k(7)$ 和 $r_k(0) \sim r_k(7)$。基于这 16 个值，2.5.6 节提出的第二种已知明文攻击通过引入一种更为有效的方式来获取混沌状态 $x(k)$ 的 17 个加密比特 $b(17k+0) \sim b(17k+16)$，从而大幅度增强攻击性能。

为简化下面的讨论，定义新的向量：

$$rs_k(i) = \begin{cases} r_k(i), & i = 0 \sim 7 \\ s_k(i-8), & i = 8 \sim 15 \end{cases} \tag{2.16}$$

回顾 TDCEA 的加密过程，显然 16 个值 $\{rs_k(i)\}_{i=0}^{15}$ 与 17 个加密比特 $b(17k+0) \sim b(17k+16)$ 有着确定性的关系。这个关系可用来帮助验证 17 个秘密比特的穷举搜索，即对第 $k$ 个混沌状态 $x(k) = 0.b(17k+0)\cdots b(17k+16)$ 的穷举搜索。考虑到 $\mathrm{Rotate}X_i^{0,r} = \mathrm{Rotate}X_i^{1,8-r}$ 和 $\mathrm{Rotate}Y_j^{0,s} = \mathrm{Rotate}Y_j^{1,8-s}$，$rs_k(i)$ 一定是集合 $S = \{\alpha, \alpha+\beta, 8-\alpha, 8-(\alpha+\beta)\}$ 中的某个值，其中 $i = 0, 1, \cdots, 15$，$k = 0, 1, \cdots, MN/8 - 1$。

对于 $(\widetilde{\alpha}, \widetilde{\beta})$ 的每个穷举值，可以确定 16 个比特 $\widetilde{b}(17k+1) \sim \widetilde{b}(17k+16)$，它们可作为 $b(17k+1) \sim b(17k+16)$ 的估计值。具体过程如下：$\forall i = 1, 2, \cdots, 16$，有

$$\widetilde{b}(17k+i) = \begin{cases} 0, & rs_k(i-1) \in \{\widetilde{\alpha}\,8-\widetilde{\alpha}\} \\ 1, & rs_k(i-1) \in \{\widetilde{\alpha}+\widetilde{\beta}, 8-(\widetilde{\alpha}+\widetilde{\beta})\} \end{cases} \tag{2.17}$$

注意，当 $\widetilde{\alpha} = \widetilde{\alpha} + \widetilde{\beta}$ 或者 $\widetilde{\alpha} = 8 - (\widetilde{\alpha} + \widetilde{\beta})$，即 $\widetilde{\beta} = 0$ 或者 $2\widetilde{\alpha} + \widetilde{\beta} = 8$ 时，式（2.17）不成立。类似地，可以得到另一个用于估计 $b(17k+0) \sim b(17k+15)$

的式子：$\forall i = 0, 1, \cdots, 15$，有

$$\widetilde{b}(17k+i) = \begin{cases} 0, & rs_k(i) \in \{\widetilde{\alpha}, \widetilde{\alpha}+\widetilde{\beta}\} \\ 1, & rs_k(i) \in \{8-(\widetilde{\alpha}+\widetilde{\beta}), 8-\widetilde{\alpha}\} \end{cases} \tag{2.18}$$

当 $\widetilde{\alpha}=4$，$\widetilde{\alpha}+\widetilde{\beta}=4$ 或者 $2\widetilde{\alpha}+\widetilde{\beta}=8$ 时，式（2.18）也不成立。

根据从集合 $\{rs_k(i)\}_{i=0}^{15}$ 所能获得的信息量，$(\widetilde{\alpha}, \widetilde{\beta})$ 的所有可能值可分为以下几类。

C1　$\widetilde{\alpha} \neq 4$，$\widetilde{\alpha}+\widetilde{\beta} \neq 4$，$\widetilde{\beta} \neq 0$，$2\widetilde{\alpha}+\widetilde{\beta} \neq 8$：通过式 (2.17) 和式 (2.18) 可分别唯一确定 $\widetilde{b}(17k+1) \sim \widetilde{b}(17k+16)$ 和 $\widetilde{b}(17k+0) \sim \widetilde{b}(17k+15)$，故所有的 17 个比特 $\widetilde{b}(17k+0) \sim \widetilde{b}(17k+16)$ 可唯一确定。在 C1 中包含 12 个 $(\widetilde{\alpha}, \widetilde{\beta})$ 的可能值：$(1,1)$，$(1,2)$，$(1,4)$，$(1,5)$，$(2,1)$，$(2,3)$，$(2,5)$，$(3,3)$，$(3,4)$，$(5,1)$，$(5,2)$，$(6,1)$。

C2　$4 \in \{\widetilde{\alpha}, \widetilde{\alpha}+\widetilde{\beta}\}$，$\widetilde{\beta} \neq 0$（这确保了 $2\widetilde{\alpha}+\widetilde{\beta} \neq 8$）：通过式 (2.17) 可唯一确定 $\widetilde{b}(17k+1) \sim \widetilde{b}(17k+16)$，但 $\widetilde{b}(17k+0)$ 还有待猜测。注意，在两种情况下，$\widetilde{b}(17k+0)$ 可唯一确定：① 当 $\widetilde{\alpha}=4$ 且 $\widetilde{b}(17k+1)=1$ 时，通过式 (2.18) 可唯一确定 $\widetilde{b}(17k+0)$，这是因为 $\widetilde{\alpha}+\widetilde{\beta} \neq 4$；② 当 $\widetilde{\alpha} \neq 4$ 且 $\widetilde{b}(17k+1)=0$ 时，通过式 (2.18) 也可以唯一确定 $\widetilde{b}(17k+0)$。当 $b(i)$ 均匀分布在集合 $\{0,1\}$ 上时，这两种情况发生的概率均为 0.5。在 C2 中包含 6 个 $(\widetilde{\alpha}, \widetilde{\beta})$ 的可能值：$(1,3)$，$(2,2)$，$(3,1)$，$(4,1)$，$(4,2)$，$(4,3)$。

C3　$\widetilde{\alpha} \neq 4$ 和 $\widetilde{\beta}=0$（这确保了 $2\widetilde{\alpha}+\widetilde{\beta} \neq 8$）：通过式 (2.18) 可唯一确定 $\widetilde{b}(17k+0) \sim \widetilde{b}(17k+15)$，但 $\widetilde{b}(17k+16)$ 不得不靠猜测。在 C3 中包含 6 个 $(\widetilde{\alpha}, \widetilde{\beta})$ 的可能值：$(1,0)$，$(2,0)$，$(3,0)$，$(5,0)$，$(6,0)$，$(7,0)$。

C4　$2\widetilde{\alpha}+\widetilde{\beta}=8$：和 2.5.6 节讨论的第二种已知明文攻击一样，必须穷举猜测所有的 17 个比特。在 C4 中包含 4 个 $(\widetilde{\alpha}, \widetilde{\beta})$ 的可能值：$(1,6)$，$(2,4)$，$(3,2)$，$(4,0)$。

上述四种不同的情况对应于 $\#(S)$ 的不同值。

(1) $\#(S)=4$：$(\widetilde{\alpha}, \widetilde{\beta})$ 是 C1 对应的 12 个可能值之一；

(2) $\#(S)=3$：$(\widetilde{\alpha}, \widetilde{\beta})$ 是 C2 对应的 6 个可能值之一；

(3) $\#(S)=2$：$(\widetilde{\alpha}, \widetilde{\beta})$ 属于 C3 对应的 6 个可能值集合与 C4 对应的集合 $\{(1,6),(2,4),(3,2)\}$；

(4) $\#(S)=1$：$(\widetilde{\alpha}, \widetilde{\beta})=(4,0)$（C4 对应的可能值）。

通过观察集合 $S$ 的子集 $\{rs_k(0), \cdots, rs_k(15)\}$，可猜测 $\#(S)$ 的值，并有可能从 $(\alpha, \beta)$ 的部分可能值中找到，从而减小攻击的时间复杂度。显然，这样搜索的成功率为 $P_e = \text{Prob}[S = \{rs_k(0), \cdots, rs_k(15)\}]$。由于 $P_e$ 的理论推导相当困难，所以对 $b(17k+0) \sim b(17k+16)$ 的所有 $2^{17}$ 个可能值进行测试。实验结果表明，

$P_e = 122684/2^{17} \approx 0.936$，这是一个相当高的概率。值得注意的是，通过同时观察 $n > 1$ 个像素块，可进一步提高该搜索的成功率。假设不同像素块使用的混沌比特满足独立均匀分布，猜测成功率将大于 $P_e^{(n)} = 1 - (1 - P_e)^n$。随着 $n$ 的增大，$P_e^{(n)}$ 将以指数速度趋于 1。在真实的攻击中，因为 $P_e^{(2)} \approx 0.996$，所以在大多数情况中即使 $n = 2$ 也足以满足要求。如果由 $\#(\{rs_k(0), \cdots, rs_k(15)\})$ 决定的所有猜测值都无法通过验证，那么这意味着小概率事件 $\{rs_k(0), \cdots, rs_k(15)\} \subset S$ 的发生[①]。在这种情况下，继续穷举搜索 $(\alpha, \beta)$ 的其他可能值。

当 $(\alpha, \beta)$ 的真实值属于 C1、C2、C3 这三类时，下列原因使得选择明文攻击的时间复杂度将远低于相应的已知明文攻击的时间复杂度。

(1) 每个混沌状态的 17 个比特的穷举搜索过程可简化为由式 (2.17) 或式 (2.18) 支配的确定性计算过程。

(2) 对于 C1，$(\alpha, \beta)$ 可能值的数量可由 28 减少到 12；对于 C2 和 C3，猜测值的数量可由 28 减小到 6。

(3) 通过检查 $\{rs_k(0), \cdots, rs_k(15)\} \subseteq \{\tilde{\alpha}, \tilde{\alpha} + \tilde{\beta}, 8 - \tilde{\alpha}, 8 - (\tilde{\alpha} + \tilde{\beta})\}$ 是否成立，可验证 $(\alpha, \beta)$ 的一些值。

(4) 为了将搜索 $\mu$ 的时间复杂度 $C_x$ 从 136 降到 $2^{1+3} = 16$，特意选择第 2 个混沌状态 $x(k+1) \geqslant 0.5$，即 $b(17(k+1) + 0) = 1$。

(5) 仅将计算出的混沌状态值与由式 (2.17) 或式 (2.18) 获得的比特进行对比，可以验证 $\mu$ 的穷举搜索。

当 $(\alpha, \beta)$ 的真实值属于 C4 类时，由于 $(\alpha, \beta)$ 可立即确定，所以选择明文攻击的时间复杂度也低于已知明文攻击的时间复杂度；否则，通过验证 $(\alpha, \beta)$ 的三个可能值 $(1, 6)$、$(2, 4)$、$(3, 2)$ 可以以高概率 $P_e^{(n)} \approx 1$ 迅速确定 $(\alpha, \beta)$ 的值。也就是说，只有在小概率事件 $\{rs_k(0), \cdots, rs_k(15)\} \subset S$ 发生时，$(\alpha, \beta)$ 的值才需要在定义域范围内穷举搜索。

## 2.6 针对 ISEA 的密码分析

### 2.6.1 针对 ISEA 的唯密文攻击

如文献 [122] 和 [123] 中设计者指出的那样，ISEA 加密过程的基本形式可表示为

$$B' = (T_L)^{\mathrm{T}} \cdot B \cdot (T_R)^{\mathrm{T}}$$

其中，$T_L$ 和 $T_R$ 分别为表示式 (2.2) 中垂直置换和式 (2.3) 中水平置换的置换矩阵（不是置换关系矩阵）。

---

① 当 $n$ 相当大时，尽管该事件发生的概率趋于 0，但并不为 0。

　　众所周知，任意数目的任意置换矩阵的乘积仍为置换矩阵。不管 $T$ 值如何、每次式 (2.2) 的中间矩阵 $B^*$ 和式 (2.3) 的中间矩阵 $B'$ 是否更新，最终的 ISEA 的基本形式都将为

$$B' = \hat{T}_L \cdot B \cdot \hat{T}_R$$

其中，$\hat{T}_L$ 和 $\hat{T}_R$ 为置换矩阵。如文献 [124] 所述，利用不同向量行或列之间的关联，可恢复出 ISEA 的等价密钥。

　　针对图 2.20 中给出的使用 ISEA 加密的一对明密文图像，图 2.21 给出了中间结果的二进制表示。

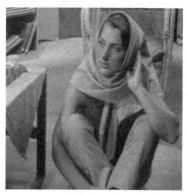 

(a) "Babarra"　　　　　　　　　　　　(b) 密文图像

图 2.20　一对已知明密文图像

(a) 图2.20(a)的二进制表示

(b) 图2.20(b)的二进制表示

(c) 从图2.21(b)中恢复的二值图像

图 2.21　针对 ISEA 唯密文攻击过程中的中间结果

将图 2.21(a) 与图 2.21(b) 进行比较，可以看到图 2.21(a) 中的大多数视觉信息可被置换算法隐藏。然而，其行列之间的相关性没有改变。给定密文图像的行向量或者列向量，或许可以通过搜索和它具有最强相关性的向量来找到它的邻居。在水平方向和垂直方向迭代这个搜索过程，可获得向量 $B$ 的近似版本。实际上，这个向量搜索过程可视为文献 [125] 中讨论的模板匹配问题。为简化问题，选取两个二值向量之间相同比特的比率作为相似度（也就是文献 [125] 中讨论的 "Sokal and Michncr's measure"）。作为样例，图 2.21(c) 所示图像是使用上述方法从图 2.21(b) 所示图像中提取的结果。一些可视图像块可以使用文献 [126] 中定义的图像质量指标来自动检测，其中图 2.20(a) 所示图像的 8 个位平面依据权重顺序用作参考图像。四个裁剪二值图像在图 2.22 中显示。它们呈现了图 2.20(a) 所示图像的一些重要的视觉信息，特别是大体轮廓。正如图 2.22(b) 所示，因为只能利用相关性获得相对位置信息，所得结果的向量顺序可能与原始图像中的顺序相反。

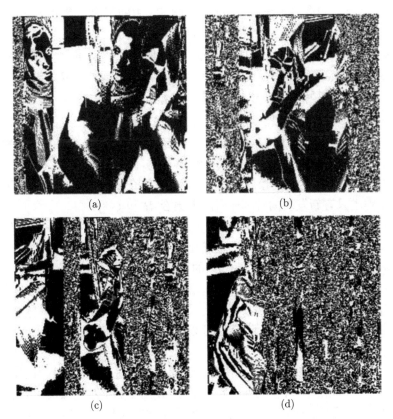

图 2.22 从图 2.21(c) 所示图像中截取的四个含有可视信息的片段

### 2.6.2 针对 ISEA 的已知明文攻击

与 TDCEA 类似，ISEA 也属于二值明文唯置换加密算法。文献 [122] 和 [123] 将 ISEA 视为置换域尺寸为 $M \times (8N)$ 的唯置换加密算法，从而提出了针对 ISEA 的特殊的选择明文攻击方法。通过分析 ISEA 的本质结构，发现 ISEA 的置换域尺寸并不是 $M \times (8N)$，它是由如下两个基于不同置换域的基本唯置换加密算法级联而成的：置换域尺寸为 $M \times 1$、置换元素可能值数为 $2^{8N} = 256^N$；置换域尺寸为 $1 \times (8N)$、置换元素可能值的数量为 $2^M$。因为两个正交方向上的置换运算级连在一起，它们不能被直接分别攻击。不过，它们的部分甚至全部信息可以依次迭代恢复。具体攻击步骤如下。

**步骤 1** 将 $B'$ 中每行与 $B$ 中所有行向量就比特 "1" 的数量进行比较。如果 $B(j^*,:)$ 是 $B$ 中唯一与 $B'(i^*,:)$ 具有相同 1 比特数量的行向量，则令 $T_M(j^*) = i^*$，并将 $i^*$ 放入集合 $R$ 中。

**步骤 2** 与步骤 1 类似，将 $B'$ 中每个列向量与 $B$ 的所有列向量就比特 "1" 的数量进行比较，如果前者在后者中唯一，则 $T_N$ 中的相应元素可被正确恢复，并将该列号放入集合 $C$ 中（集合 $R$ 和 $C$ 的初始状态为空集合）。

**步骤 3** 将 $[B^*(i,:)]_{i=i_1^*}^{i_r^*}$ 的每个列向量与 $[B'(i,:)]_{i=i_1^*}^{i_r^*}$ 的所有列向量就比特 "1" 的数量进行比较，如果存在唯一相同列向量，则将其列号放入集合 $C$ 中，其中 $[B^*(i,:)]_{i=i_1^*}^{i_r^*}$ 通过式 (2.2) 和 $R = \{i_1^*, \cdots, i_r^*\}$ 恢复。

**步骤 4** 与步骤 3 类似，将 $[B^*(:,j)]_{j=j_1^*}^{j_c^*}$ 的每行与 $[B(:,j)]_{j=j_1^*}^{j_c^*}$ 的所有行向量就比特 "1" 的数量进行比较，如果存在唯一相同行向量，则将其行号置于集合 $R$ 中，其中 $[B^*(:,j)]_{j=j_1^*}^{j_c^*}$ 通过式 (2.3) 和 $C = \{j_1^*, \cdots, j_c^*\}$ 获取。

**步骤 5** 迭代地重复步骤 3 和步骤 4 直到集合 $R$ 和 $C$ 的基数都不再增长（上面各步骤中只有新发现的行列序号加入集合 $R$ 和 $C$ 中）。

如果有更多使用相同密钥加密的明文图像和对应的密文图像，则使用上述步骤可使集合 $R$ 和 $C$ 进一步膨胀。在上述比较中，可将 $T_M(i^{**})$ 和 $T_N(j^{**})$ 设置为第一个具有相同尺度（向量中比特 "1" 的数量或者向量本身）的向量的序号，其中 $i^{**} \in (\mathbb{Z}_M - R)$，$j^{**} \in (\mathbb{Z}_{8N} - C)$。如文献 [29] 和 [77] 所述，给定更多的已知密文图像对，可使攻击者获得的具有相同尺度的向量越来越少，$T_N(i^{**})$ 和 $T_N(j^{**})$ 能以更高的概率正确确定。它们也可以使用前面唯密文攻击下的办法辅助验证。

为了验证上述攻击的有效性，使用大量随机密钥进行了实验。当密钥为 $m = 20$、$n = 51$、$x_0 = 0.2009$、$\mu = 3.98$、$T = 4$ 时，使用 ISEA 对图像尺寸为 $256 \times 256$ 的图 2.23(a) 和图 2.23(b) 进行加密，得到的密文图像是图 2.23(c) 和图 2.23(d)。利用第一对明密文图像（图 2.23(a) 和图 2.23(c)）执行上述已知明文攻击，在执行步骤 2 后得到 $R$ 和 $C$ 的基数分别为 114 和 23。注意，$B$ 的尺寸为 $256 \times 2048$，因此继续执行上述已知明文攻击的剩余步骤。在第 2 次和第 3 次迭代至步骤 4 之后，$R$ 的基数分别增大至 191 和 256。另外，在第 2、3、4 次迭代至步骤 4 后，$C$ 的基数依次增大至 1983、2021、2023。之后再使用第一对已知明文图像进行迭代攻击也不能使 $R$ 和 $C$ 的基数增大。因此，在第 5 轮迭代中添加另一对已知明密文图像，即图 2.23(b) 和图 2.23(d)。之后 $C$ 的基数再次增大至 2048。至此，所有的置换关系都已恢复。向量 $R$ 和 $C$ 的基数与最大可能值的比率随攻击步骤而递增的变化曲线如图 2.24(a) 所示，该图也验证了上述已知明文攻击的有效性。

此外，事先选取的已知明文图像对最终结果也有一定的影响。如图 2.24(b) 所示，当使用不同已知明文图像时，各攻击步骤的增长率可能更慢，需要的已知明密文图像对数量也可能更多。

(a) "House"

(b) "Camera Man"

(c) 加密的"House"

(d) 加密的"Camera Man"

图 2.23 两幅明文图像和对应的密文图像

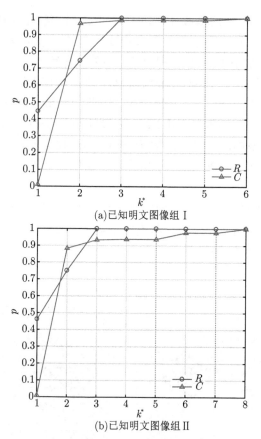

(a)已知明文图像组 I

(b)已知明文图像组 II

图 2.24　已知明文攻击过程中向量 $R$、$C$ 的基数与它们最大可能值的比率变化
（其中 $k^*$ 表示攻击中的步骤号，$p$ 为比率）

### 2.6.3　针对 ISEA 的选择明文攻击

本节讨论如何在选择明文攻击的场景下构造明文图像以降低所需明文图像的数量。根据图像宽度 $M$ 和高度 $N$ 之间的相对值对实际置换域的影响，分成四种情况进行讨论。

如果 $M \leqslant 8N$，则 ISEA 的等价密钥可由下列步骤获得。

**步骤 1**　选择一个满足 $B = [B_L, B_R]$ 的明文图像，其中

$$B_L = T_L \cdot \begin{bmatrix} 1 & & & \\ 1 & 1 & 0 & \\ \vdots & \vdots & \ddots & \\ 1 & \cdots & 1 & 1 \end{bmatrix}_{M \times M} \cdot T_R \tag{2.19}$$

$T_L$ 和 $T_R$ 是 $M \times M$ 的置换矩阵；$B_R$ 是 $M \times (8N - M)$ 的固定值为 0 或者 1 的矩阵。

**步骤 2**　由于 $B$ 的每一行都含有不同数量的比特"1"且水平置换不改变它们的数量，所以通过比较 $B$ 和 $B'$ 每行中比特"1"的数目，可以获得 $T_M$。

**步骤 3**　ISEA 退化为一种更简单的唯置换加密算法：置换域为 $1 \times 8N$；置换元素的可能值的数量为 $2^M$。参考式 (2.11)，$\lceil \log_{2^M}(8N) \rceil$ 幅选择明文图像可用于恢复向量 $T_N$ 中剩下的 $8N$ 个元素，其中 $B_k(i,j) = \lfloor j/2^{Mk+i} \rfloor \bmod 2$，$k \in \{0, 1, \cdots, \lceil \log_{2^M}(8N) \rceil - 1\}$，$i \in \{0, 1, \cdots, M-1\}$，$j \in \{0, 1, \cdots, 8N-1\}$。

如果 $8N \in \{M, M+1\}$，则对于式 (2.19) 中 $B$ 对应的明文图像可用步骤 2 中的相同方法精确确定 $T_N$ 的 $M$ 个元素。当 $8N = M+1$ 时，$T_N$ 中唯一一个未知元素也可以自然确定（排除法）。因此，如果 $M < 8N - 1$，则用于攻击所需选择明文图像的数量是 $\lceil \log_{2^M}(8N) \rceil = \left\lceil \dfrac{1}{M}(3 + \log_2 N) \right\rceil$；如果 $8N \in \{M, M+1\}$，则所需数量仅为 1。类似地，可以推得如果 $M > 8N + 1$，则所需选择明文攻击的数量是 $1 + \lceil \log_{2^{8N}}(M) \rceil = \left\lceil \dfrac{1}{8N}(\log_2 M) \right\rceil$；如果 $M \in \{8N, 8N+1\}$，则所需数量也仅为 1。

总之，攻击 ISEA 所需选择明文图像的数量为

$$
n^* = 1 + \begin{cases}
0, & 8N \in \{M, M+1, M-1\} \\[2mm]
\left\lceil \dfrac{1}{M}(3 + \log_2 N) \right\rceil, & 8N > M+1 \\[3mm]
\left\lceil \dfrac{1}{8N}(\log_2 M) \right\rceil, & M > 8N+1
\end{cases}
$$

这远小于文献 [123] 中选择明文攻击所需要的数量：

$$
n' = \begin{cases}
\lceil 8N/M \rceil + 1, & M < N \\[2mm]
9, & M = N \\[2mm]
\leqslant 9, & 8N \geqslant M > N \\[2mm]
\lceil M/8N \rceil + 1, & M > 8N
\end{cases}
$$

具体而言，当 $8N+1 < M \leqslant 2^{8N}$ 或 $M+1 < 8N \leqslant 2^M$ 时，$n^* = 2$。对于一幅

尺寸为 1704 像素 × 2272 像素的典型图像，$n^* = 1 + \left\lceil \dfrac{1}{1704}(3 + \log_2(2272)) \right\rceil = 2$，$n' = \lceil 8 \times 2272/1704 \rceil + 1 = 11 + 1 = 12$。

### 2.6.4　针对 ISEA 增强版本的已知明文攻击

如果二值明文矩阵的每行每列使用不同的置换矩阵，则 ISEA 的置换域扩大为 $M \times (8N)$。此时，ISEA 的加密过程可由 $M \times (8N)$ 的置换关系矩阵 $W = [w(i,l)]_{i=0,l=0}^{M,8N}$，其中 $w(i,l) = (i',l')$ 表示明文比特 $B(i,j)$ 在 $B'$ 的秘密位置，即置换关系矩阵 $W$ 定义了一个在集合 $M' \times N^+$ 上的双射，其中 $M' = [0,1,\cdots,M-1]$，$N^+ = [0,1,\cdots,8N-1]$。一旦攻击者获得了置换关系矩阵 $W$，就可求得其逆矩阵 $W^{-1}$，可将其作为等价密钥解密任意使用相同密钥加密的密文图像。由于秘密置换不改变置换元素的值，文献 [77] 提出了一种用于获取置换关系矩阵的一般算法，该算法通过比较一些明文和对应的密文中元素的值来获取置换关系矩阵。基于相同的机制，可提出一种攻击 ISEA 增强版本的最优方法。

所提出的方法实际上是一棵二叉树的构造过程，其中每个节点包含五个组成元素：指向左子节点的指针 $PT_L$；两个集合分别包含明文图像和密文图像像素位置；两个集合的基数（两者的值相同）；指向右子节点的指针 $PT_R$。将根节点的两个集合分别用 $B$ 和 $B'$ 表示，其中 $B = B' = M' \times N^+$。显然，$B$ 的基数也为 $|B| = 8MN$。那么，二叉树的构造过程可表示如下。

(1) 对任意 $(i,l) \in B$，执行下列操作：

$$\begin{cases} \text{如果} B(i,l) = 1，\text{则将}(i,l) \text{加入} B_1 \\ \text{如果} B(i,l) = 0，\text{则将}(i,l) \text{加入} B_0 \end{cases} \tag{2.20}$$

(2) 对任意 $(i,l) \in B'$，执行下列操作：

$$\begin{cases} \text{如果} B'(i,l) = 1，\text{则将}(i,l) \text{加入} B'_1 \\ \text{如果} B'(i,l) = 0，\text{则将}(i,l) \text{加入} B'_0 \end{cases}$$

(3) 为了节约存储空间，删去根节点中两个集合的元素，并将节点的第 4 项设置为 0。

由于秘密置换并不改变置换元素的值，所以两个子节点中的两个集合的基数始终相同。因此，只需记录其中一个集合的基数即可。二叉树的基础结构如图 2.25 所示。给定多对明文图像和对应的密文图像，由以下步骤来迭代地更新和扩展该二叉树：

(1) 搜索所有第三项的值大于 1 的节点，即对应的两个集合有一个以上的元素；

(2) 与上述操作类似，迭代地扩展每个找到的节点。

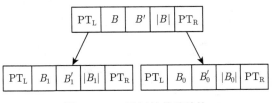

图 2.25 二叉树的基础结构

二叉树构建完成之后，现在分析如何从二叉树中获取置换关系矩阵 $W$ 的估计版本。为便于讨论，令 $B_i$、$B_i'$ 和 $|B_i|$ 分别表示叶节点的中间三项。显然，$w(i,l)$ 可被唯一确定当且仅当 $|B_i| = 1$。否则，必须从 $|B_i|!$ 个可能值中猜测 $w(i,l)$。对于整个置换关系矩阵，有 $\prod\limits_{i=1}^{P}(|B_i|!)$ 种可能情况，其中 $P$ 为二叉树中叶节点的个数。简单起见，通过逐个建立 $B_i$ 和 $B_i'$ 元素之间的映射来得到置换关系矩阵。

接下来分析需要多少幅已知明文图像才足以取得满意的攻击效果。大体上讲，随着已知明文图像的数量 $n_0$ 的增加，$\prod\limits_{i=1}^{P}(|B_i|!)$ 的值将迅速减小。这意味着置换关系矩阵的估计将更加准确。为简化分析，假设 $B$ 中每个元素均匀分布在 $\{0,1\}$ 上，且任意两个元素相互独立，那么所得 $B_i$ 的元素可分为以下两种。

(1) 唯一正确的位置一定会出现；

(2) 由于连续 $n_0$ 次满足式 (2.20)，其他错误位置有 $1/2^{n_0}$ 的概率出现在 $B_i$。

令 $n_8$ 表示已恢复像素中错误比特的数量，通过计算可得 $\mathrm{Prob}(n_8 = i) = \binom{8}{i}(1-p_b)^i(p_b)^{8-i}$，其中 $p_b = \dfrac{1}{1+(8MN-1)/2^{n_0}}$，$i = 0, 1, \cdots, 8$。一般来说，若每个比特有超过一半的概率（即 $p_b > 0.5$）能被正确地确定，那么该解密结果是可接受的。求解这个不等式，可得

$$n_0 > \lceil \log_2(8MN - 1) \rceil \tag{2.21}$$

为验证上述已知明文攻击的效果，对一些随机选择的尺寸为 256 像素 × 256 像素的自然图像进行了实验。此时，式 (2.21) 变为 $n_0 > \lceil \log_2(2^{19} - 1) \rceil = 19$。在随机选择的密钥 $(x_0, \mu, m, n, T) = (0.2009, 3.98, 20, 51, 4)$ 下，明文图像 "Babarra" 和对应的密文图像分别如图 2.26(a) 和图 2.26(b) 所示。令 $W_{20}$ 和 $W_{25}$ 分别表示由 20 幅和 25 幅明文图像得到的置换关系矩阵 $W$ 的估计。使用 $W_{20}$ 和 $W_{25}$ 解密图 2.26(b) 的结果分别如图 2.26(c) 和图 2.26(d) 所示。

(a) 明文图像 "Babarra"　　　　　　　　　(b) 加密后的 "Babarra"

(c) 通过 $W_{20}$ 恢复的 "Babarra"　　　　　(d) 通过 $W_{25}$ 恢复的 "Babarra"

图 2.26　由已知明文攻击获得的图像 "Babarra"

如 2.3.2 节所述，由于人眼具有很强的容忍图像噪声和识别重要信息的能力，而且自然图像相邻像素之间存在强冗余性，尽管恢复出的图像中只有 $23509/65536 \approx 35.8\%$ 明文像素的值是正确的，但是可观察到原始图像的大部分可视信息。

为方便对比，图 2.27(a) 展示了图 2.26(c) 所示的恢复图像和对应的明文图像（图 2.26(a)）的差值分布图。关于图 2.26(d) 所示的恢复图像的类似数据在图 2.27(b) 中画出。对比图 2.27(a) 和图 2.27(b)，可以清楚地看到恢复图像质量的改进。使用一些降噪算法处理后，可进一步增强恢复的明文图像的视觉效果。图 2.26(c) 和图 2.26(d) 所示的两幅图像经 $3 \times 3$ 中值滤波器处理后的结果分别显示在图 2.28(a) 和图 2.28(b)。

图 2.29 给出了正确恢复各级元素的比率，包括明文比特、明文像素和置换关系矩阵中的元素。由图可以看出，当 $n_0 \geqslant 20$ 时，攻击效果很好。同时，可以看

出，当 $n_0 \geqslant 25$ 时图中三条线的斜率都很小，这是由自然图像的强冗余性造成的负面影响，如相邻像素间的 MSB 以高概率相同。这一点在文献 [77] 中已被定量证实。现在，可以看出大多数自然图像的非均匀分布对最终的攻击效果有两个截然相反的影响。实验结果表明，上面在均匀分布假设下获得的理论结果对于自然图像也有效。

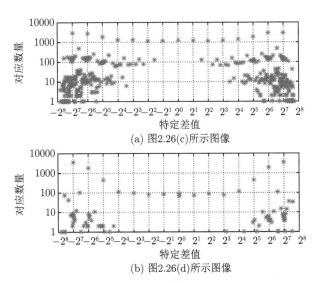

(a) 图2.26(c)所示图像

(b) 图2.26(d)所示图像

图 2.27 恢复的明文图像和原始图像之间的差值分布（已去除相同的像素）

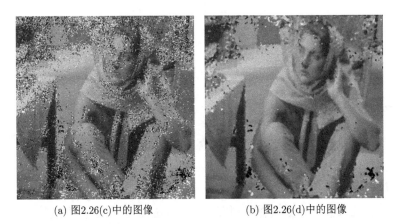

(a) 图2.26(c)中的图像　　　(b) 图2.26(d)中的图像

图 2.28 两幅恢复图像经 $3 \times 3$ 中值滤波器增强后的结果

显然，所提出的已知明文攻击的空间复杂度和时间复杂度分别为 $O(32MN)$ 和 $O(16n_0MN)$。

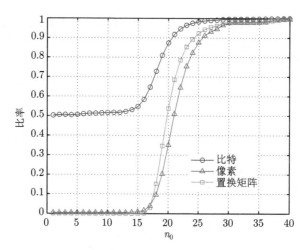

图 2.29    正确恢复各级元素的比率与已知明文图像个数的关系

### 2.6.5    针对 ISEA 增强版本的选择明文攻击

对于 ISEA,至少需要 $n_c = \lceil \log_2(8MN) \rceil = 3 + \lceil \log_2(MN) \rceil$ 个选择明文图像,才能使得攻击过程中二叉树每个叶节点中集合的基数等于 1,即置换关系矩阵的每个元素能被准确确定。首先,在域 $\mathbb{Z}_{2^{n_c}}$ 中构造 $M \times (8N)$ 的矩阵 $B^+ = [B^+(i,l)]_{i=0,l=0}^{M-1,8N-1}$,它的各个元素互不相同。然后,明文图像 $[I_t]_{t=0}^{n_c-1}$ 按如下方式构造:

$$I_t(i,j) = \sum_{k=0}^{7} B_t^+(i,l) 2^k$$

其中,$\displaystyle\sum_{t=0}^{n_c-1} B_t^+(i,l) 2^t = B^+(i,l),\ l = 8j + k$。

### 2.6.6    ISEA 的其他安全缺陷

ISEA 还存在其他一些安全缺陷。实际上,这些问题也在很多图像加密算法中广泛存在。

#### 1. 向量 $T_M$ 和 $T_N$ 的随机性不足

显然,向量 $T_M$ 和 $T_N$ 的随机性依赖由 Logistic 映射迭代生成的序列随机性。值得注意的是,一个序列的随机性的好坏并不取决于依赖的复杂理论,而是取决于该序列能否通过一些客观的测试[127]。如文献 [128] 所述,Logistic 映射不能作为一个好的随机数发生器,这一点同样可通过观察 Logistic 映射的轨迹的分布得到[90,129]。迭代该映射所得的轨迹主要由控制参数决定[130]。为说明这个问题,使

用和文献 [88] 中相同的控制参数，从初始值迭代 $10^5$ 次，在图 2.30 画出 Logistic 映射的两条轨迹的概率分布。

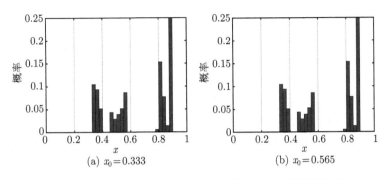

(a) $x_0 = 0.333$　　　　　(b) $x_0 = 0.565$

图 2.30　控制参数为 $\mu = 3.5786$ 时映射 (2.1) 两条轨迹的分布

**2. 不能加密固定像素值为 0 或 255 的图像**

对于这两种图像，对应中间矩阵 $B^*$ 中的所有元素都相同，这使得所有的加密操作都失效。

**3. 加密结果对明文变化不敏感**

由于一幅图像及其水印版本有可能被使用者同时加密，加密结果相对于明文变化的敏感性对于任何一种图像加密算法尤其重要。

在密码学中，关于敏感性状态的最理想的条件是明文中每个比特的变化将引起对应密文中所有比特以 50% 的概率发生变化。不幸的是，ISEA 完全没考虑这一点。

**4. 等价子密钥**

因为 $f(x) = f(1 - x)$，所以对于解密过程，$x_0$ 和 $(1 - x_0)$ 是等价的。

**5. 明文比特直方图的不变性**

尽管 ISEA 可以改变明文图像关于字节的直方图，但是明文比特的直方图却并未改变，这使得密文图像仍会暴露明文图像的一些有用信息。

**6. 低效率**

置换关系矩阵 $T_M$ 和 $T_N$ 的生成方法使得 ISEA 的时间复杂度为 $O(M \times (8N)^2)$，这甚至远大于 DES 算法的时间复杂度，而其安全性能却远低于 DES 算法。

## 2.7　唯置换加密算法抵抗明文攻击的最优分析

### 2.7.1　针对唯置换加密算法的最优已知/选择明文攻击

如文献 [29] 和 [77] 所述，不管置换元素是什么，所有作用在 $M \times N$ 域上的唯置换加密算法皆可表示为

$$I^*(w(i,j)) = I(i,j)$$

其中，置换关系矩阵 $W = [w(i,j) = (i',j') \in M' \times N']_{M \times N}$，$M' = \{0, 1, \cdots, M-1\}$，$N' = \{0, 1, \cdots, N-1\}$。经分析，仅用 $O(\lceil \log_L(MN) \rceil)$ 幅已知/选择明文图像就可获取唯置换加密算法的等价密钥。文献 [77] 中，设计者提出的攻击方法包括如下三个关键步骤。

**步骤 1**　通过比较每一对明文和密文，为明文的每个元素获取包含其所有可能秘密位置的集合；

**步骤 2**　求对应于明文每一个元素的不同集合的交集；

**步骤 3**　从每个明文元素对应的最后位置集合中选择秘密位置得到置换关系矩阵的估计版本。

步骤 2 的操作使得上述攻击的时间复杂度为 $O(n_0 M N^2)$。通过扩展 2.6.4 节提出的方法避免复杂的求交运算，即构造一个如图 2.31 所示的多叉树，其中每个节点包含 $L+3$ 个部分：$L$ 个指向 $L$ 个可能子节点的指针；两个分别包含明文图像和密文图像像素位置的集合；两个集合的基数。令 $B$、$B'$ 和 $|B|$ 分别表示根节点的最后三项。

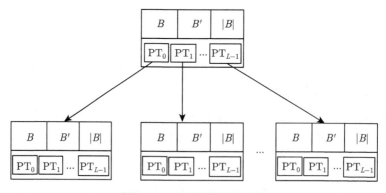

图 2.31　多叉树的基础结构

首先，令 $B = B' = M' \times N'$，$|B| = MN$。

然后，可按如下步骤构造这个多叉树：

(1) 对任意 $(i,j) \in B$，将 $(i,j)$ 加入当前节点第 $I(i,j)$ 个指针指向的子节点的第一个集合；

(2) 对任意 $(i,j) \in B'$，将 $(i,j)$ 加入当前节点第 $I'(i,j)$ 个指针指向的子节点的第二个集合；

(3) 删除父节点中的两个集合的元素，并将该节点的第三项设置为零。

接着，在给定更多已知/选择明文图像和对应密文图像的条件下，按如下过程更新扩展该多叉树。

(1) 查找所有第三项的值大于 1 的节点；

(2) 使用上面类似操作，扩展和更新每个找到的节点。

一旦多叉树构造完成，通过依次建立每个叶节点中两个集合之间的简单映射就可得到置换关系矩阵 $W$ 的估计版本。

最后，结合文献 [29] 和 [77] 中关于已知/选择明文攻击的性能分析，可以确定任意作用在尺寸为 $M$ 像素 $\times N$ 像素明文图像上的唯置换加密算法均可被 $O(\lceil \log_L(MN) \rceil)$ 幅已知/选择明文图像有效攻击，该攻击的空间复杂度和时间复杂度分别为 $O(MN)$ 和 $O(n_0 MN)$。使用 $\lceil \log_L(MN) \rceil$ 替代 $n_0$，时间复杂度变为 $O(\lceil \log_L(MN) \rceil MN)$，这比文献 [77] 估计的整个时间复杂度 $O(\lceil \log_L(MN) \rceil MN^2)$ 要低得多。

### 2.7.2 其他加密域唯置换加密算法的安全分析

2.7.1 节已指出，作用在空域上的唯置换加密算法不能有效抵抗已知/选择明文攻击。上述分析结果可被拓展到作用在频域内唯置换图像加密算法、唯置换视频加密算法和唯置换语音数据加密算法。因为除了明文和密文的格式不同以外，分析程序几乎相同。以下仅针对不同情况下的攻击效果进行粗略比较。

#### 1. 频域内唯置换图像加密算法的密码分析

许多数字图像都采用有损压缩技术存储，它们一般都是在频域内压缩，特别是离散余弦变换（discrete cosine transform, DCT）或者小波域。相应地，当唯置换图像加密算法用于加密此类图像时，秘密置换作用在频域变换系数上，而不是空域上的像素。在大多数基于变换的压缩格式中，图像被分为许多小尺寸的块以减小压缩过程的时间复杂度。例如，在基于 DCT 的图像压缩算法中，图像被分为若干个 $8 \times 8$ 块；在基于小波变换的图像压缩算法中，图像一般以四叉树的数据格式来存储。此时秘密置换运算作用在像素块或树节点上，即有可能存在与 HCIE 算法类似的分层加密结构。

一般来说，通过直接将变换图像 $\Im(f)$ 视为明文，即考虑将变换系数作为空域里的像素，很容易直接将上述已知/选择明文攻击方法推广到频域内唯置换图像加密算法的密码分析。这两种情况的唯一区别是：在 $\Im(f)$ 中存在能量集中——一般大多数重要的变换系数分布在低频带。这对密码分析意味着什么呢？显然，为取得令人满意的攻击效果，只需要重构 $W$ 和 $W^{-1}$ 对应低频系数中的元素。这意味着置换域尺寸的减小，直接导致所需的已知/选择明文图像数目的减小和抵抗已知/选择明文攻击安全性能的降低。实际上，文献 [99] 指出在 MPEG 格式的视频（对 JPEG 图像也一样）中 DCT 系数的不均匀分布甚至可用于在唯密文条件下部分恢复秘密置换操作。例如，可以以很高概率正确确定每个 $8\times8$ 块中的 DC 系数，因为 DC 系数一般在所有 64 个 DCT 系数中拥有最大振幅。

由针对 HCIE 算法的密码分析可知，压缩技术中分层结构进一步降低了算法的安全性能。此外，在攻击中可确定 $W$ 和 $W^{-1}$ 中与高频系数相对应的一些元素，这可以进一步帮助优化恢复的明文图像的视觉质量。

总之，相对于那些作用在空域中的唯置换图像加密算法，作用在频域中的唯置换图像加密算法抵抗已知/选择明文攻击的安全性能更差。如果有可能避免能量集中和层次结构，安全性能也顶多达到在空域上加密的安全性能。

2. 唯置换视频加密算法的密码分析

一个视频流由一系列连续的二维图像组成，它们被称为视频中的帧。唯置换视频加密算法本质上就是对这些帧执行唯置换图像加密算法。由于视频的体积较大，所以基于变换的有损压缩技术广泛应用于视频的存储和传输。基于分块或基于四叉树的层次结构也广泛应用于各种视频格式。因此，无论不同的视频格式的细节如何，大多数唯置换视频加密算法抵抗已知/选择明文攻击的安全性能与按顺序作用在频域中的唯置换图像加密算法的安全性能相同。

总之，视频加密算法的安全性能可由加密如下两类图像的加密算法来衡量：① 独立的帧，如 MPEG 格式视频的 I-帧；② 依赖其他帧的帧，如 MPEG 格式视频中的 B/P-帧。通过这种方式，视频加密算法的安全性能分析变得简单明了。在视频加密算法设计中，要考虑的额外关键因素是如何使加密算法对整个视频处理系统而言可更快、更简单地实现。

值得注意的是，如果加密所有帧的置换关系矩阵是固定的，则只需一部分已知/选择的明文视频便足以得到秘密置换关系矩阵。从这一点来看，唯置换视频加密算法的安全性能可能比唯置换图像加密算法更弱。然而，如果要逐帧地改变置换关系矩阵，那么它将很难确保视频加密算法的快速实现。这是在设计一个好的视频加密算法时需要考虑的问题。

3. 唯置换语音数据加密算法的密码分析

本章给出的唯置换图像和视频加密算法的一般性密码分析可应用于唯置换语音数据加密算法 [131]。此时，置换关系矩阵的尺寸为 $1\times N$。显然，唯置换语音数据加密算法只是一种特殊的一维唯置换图像/视频加密算法，故上述密码分析对其攻击效果也是一样的。如果在频域中对语音数据进行加密，能量集中效应同样也会促进攻击效果的增强。针对一些现有的关于唯置换语音数据加密算法的密码分析工作可参考文献 [62] 和 [63]。

## 2.8 本 章 小 结

以典型的唯置换混沌灰度图像加密算法 HCIE 为分析对象，本章分析了大多数作用在空域上的唯置换混沌加密算法的结构，并从一般视角规范了它们的加解密过程。在此基础上，分析了任意唯置换加密算法抵抗已知/选择明文攻击的安全性能：当置换域尺寸为 $M \times N$，且置换元素有 $L$ 个可能值时，仅需约 $\log_L(MN)$ 个已知/选择明文便足以取得相当好的攻击效果。由此可得出所有唯置换加密算法在抵抗已知/选择明文攻击的安全性能方面存在不足的结论。分析还发现该攻击的时间复杂度很小——给定 $n$ 个已知或选择明文图像，时间复杂度仅为 $O(n(MN)^2)$。实验结果验证了一般唯置换多媒体加密算法以及具体的 HCIE 算法的密码分析结果。这种一般的攻击方法已被用于攻击基于置换的混沌图像加密算法 TDCEA。在分析第三种唯置换混沌加密算法 ISEA 时，通过使用线性的"地址访问"取代复杂的集合求交操作，攻击此类加密算法的时间复杂度可进一步降低为 $O(n(MN))$。因此，就空间复杂度和时间复杂度而言，这是攻击唯置换加密算法的最优算法。本章还讨论了如何将以上密码分析结果拓展到作用在频域上的唯置换图像加密算法、唯置换视频加密算法和唯置换语音数据加密算法上。

总之，单靠秘密置换不能提供足够高的安全水平以抵抗明文攻击。因此，在设计高安全性能多媒体加密算法时，必须将其与其他加密运算结合使用 [16,30,45,56,132,133]。此外，本章的密码分析工作证明了图像加密算法的良好安全性能应建立在传统密码学与图像数据特殊性质的有机结合基础上，正如相关文献 [43,106,134−136,136] 中设计加密算法所采取的策略。

# 第 3 章 基于置换与异或运算混沌
# 加密算法的密码分析

## 3.1 引 言

为有效增强唯置换混沌加密算法抵抗已知明文攻击和选择明文攻击的能力，最简单的方法就是引入异或运算以使整个加密算法具有混淆性质。重庆大学向涛等[136] 设计了一种分组加密算法，利用混沌 Logistic 映射生成伪随机序列，用其控制循环比特移动（一种作用在 $\{0,1\}$ 置换域上的置换）与异或运算（eXclusive or）的随机结合。为克服在数字计算机中迭代 Logistic 映射所生成序列的低随机性，文献 [137] 将该算法中的 Logistic 映射改为更复杂的时延混沌神经网络（delayed chaotic neural network, DCNN）。因为使用的加密运算大体相同，所以将它们分别称为 CBSX-I 和 CBSX-II。在文献 [136] 中，CBSX-I 算法被指出不能抵抗选择明文攻击，攻击者可以从选择明文中获得关于混沌轨道的信息。随后向涛等建议采用文献 [138] 中的密钥切换（key switch）和"循环混沌"的策略来弥补这个缺陷。然而，本章指出混沌轨道信息的泄漏并不是该算法不能抵抗选择明文攻击的主要原因，进一步分析表明，这两种加密算法都不能有效地抵抗选择明文攻击和已知明文条件下的差分攻击；此外，还阐明了这两种混沌加密算法的其他安全缺陷[127]。

文献 [139] 设计了基于一种组合混沌序列的图像加密算法（image encryption scheme based on a compound chaotic sequence, IECCS）。与上面三种算法不同的是，IECCS 先执行基于异或的值替换运算，它由两个相关混沌映射迭代生成的伪随机序列控制；置换部分针对中间图像矩阵依次进行行列两个方向的循环位置移动，它们分别由不同的混沌映射控制。本章介绍 IECCS 的安全性能，发现如下问题：① 等价密钥可从三对选择明密文获得；② 存在一些弱密钥和等价密钥；③ 加密结果针对明文的变化不敏感；④ 所用组合混沌序列的随机性能较差[37,140,141]。

文献 [85] 和 [142] 设计了随机控制加密系统（random control encryption system, RCES）。它在文献 [142] 中被称为基于随机种子的加密系统（random seed encryption system, RSES）。实际上，RCES 是较早设计的基于混沌密钥的加密算法（chaotic key-based algorithm, CKBA）的升级版[143]。文献 [144] 已证明 CKBA 的等价密钥可由一对已知明密文成功获取。RCES 算法的本质结构与 CBSX 算法相同，即由置换运算和基于异或运算的值替换部分级联而成。在 RCES 算法中，置换部分由两两相邻元素随机互换（swapping）构成，而参与异或运算的伪随机序列由四个数字随机排成。本章将分析 RCES 算法的安全性能，证明其安全水平与 CKBA 相当。另外，RCES 算法抵抗穷举攻击的能力也被严重高估[34]。

文献 [63] 设计了基于 IP 电话 （voice over internet protocol, VoIP）的多级数据安全保护（hierarchical data security protection, HDSP）算法。它的设计目标是避免因连续数据包的丢失而造成语音传输中断，同时加密音频数据以确保传输安全。HDSP 算法的所有运算由一个离散混沌映射迭代生成的伪随机序列控制。HDSP 算法的位置置换部分包括两个层面：数据帧之间的位置互换（每帧由多个明文字节构成）；每个字节的四个最高有效比特与四个最低有效比特之间的随机互换。异或运算作用在每个中间数据的四个奇数位比特上。在文献 [63] 中，设计者声称 HDSP 算法能抵抗已知明文攻击。本章通过详细分析 HDSP 算法的安全性能，发现如下安全问题：① 给定 $n$ 对已知明密文，仅有大约 $50/2^n$ 的混沌比特不能被获得；② 给定特别的选择明文和相应的密文，所有混沌比特都能被正确地确定；③ 即使在只有一对明密文（无论已知明文还是选择明文）的条件下，密钥都能被成功获取，而且消耗的时间复杂度非常小。因此，HDSP 算法抵抗已知/选择明文攻击的能力非常弱。此外，HDSP 算法抵抗穷举攻击的能力也不够强[145]。

本章其余部分按如下结构组织：3.2 节简洁地介绍四种基于置换与异或运算混沌加密算法；3.3 节对先异或值替换后执行位置置换的加密算法（IECCS）进行密码分析；3.4～3.6 节分别对三种将两类基本运算以相反顺序执行的加密算法（CBSX、RCES 和 HDSP）进行密码分析；3.7 节总结本章工作。

## 3.2　四种基于置换与异或运算的混沌加密算法

### 3.2.1　基于组合混沌序列的图像加密算法

IECCS 本身实际上与明文图像的结构无关，可加密任何二维字节数组。因此，假设明文图像是一幅尺寸为 $M$ 像素 × $N$ 像素的 8 比特灰度图像。换句话说，为了加密一幅 24 比特的 RGB 真彩色图像，将它视为一幅尺寸为 $3M$ 像素 × $N$ 像素的 8 比特灰度图像，然后执行加密程序。分别用 $I = [I(i,j)]_{i=0,j=0}^{M,N}$ 和 $I' = [I'(i,j)]_{i=0,j=0}^{M,N}$ 表示明文图像和相应的密文图像。图像加密算法的工作机制可表述如下[①]。

(1) 密钥：包括精度为 $10^{-14}$ 的两个浮点数 $x_0, y_0 \in [-1, 1]$。它们分别是混沌映射 $f_0(x) = 8x^4 - 8x^2 + 1$ 和 $f_1(y) = 4y^3 - 3y$ 的初始值。

(2) 初始化：生成三个伪随机整数序列。

---

① 为使表述更精简而完整，文献 [139] 中的一些符号被修改，并补充了加密过程中的一些细节。

① 用于像素值 XOR 替换运算的伪随机序列 $\{S_1(k)\}_{k=1}^{MN}$：令 $k_0=k_1=0$，迭代如下组合混沌映射 $MN$ 次生成组合混沌序列 $\{z_k\}_{k=1}^{MN}$，其中

$$z_{k_0+k_1+1} = \begin{cases} x_{k_0+1} = f_0(x_{k_0}), & x_{k_0} + y_{k_1} < 0 \\ y_{k_1+1} = f_1(y_{k_1}), & x_{k_0} + y_{k_1} \geqslant 0 \end{cases} \tag{3.1}$$

对于式 (3.1) 的每一次迭代，如果第一个条件满足，则令 $k_0$ 的值加 1；否则令 $k_1$ 的值加 1。然后，整数序列 $\{S_1(k)\}_{k=1}^{MN}$ 可从 $\{z_k\}_{k=1}^{MN}$ 中获得，其中

$$S_1(k) = \begin{cases} \left\lfloor 256\dfrac{1+z_k}{2} \right\rfloor, & z_k \in [-1,1) \\ 255, & z_k = 1 \end{cases}$$

$\lfloor x \rfloor$ 表示小于或等于 $x$ 的最大整数。

② 用于行方向循环移动运算的伪随机序列 $\{S_2(j)\}_{j=1}^{N}$：将映射 $f_0$ 从初始值 $x_{k_0}$ 迭代 $N$ 次获得混沌序列 $\{x_{k_0+j}\}_{j=1}^{N}$，然后将其转化为 $\{S_2(j)\}_{j=1}^{N}$，其中

$$S_2(j) = \begin{cases} \left\lfloor \dfrac{1+x_{k_0+j}}{2}M \right\rfloor, & x_{k_0+j} \in [-1,1) \\ M-1, & x_{k_0+j} = 1 \end{cases}$$

③ 用于列方向循环移动运算的伪随机序列 $\{S_3(i)\}_{i=1}^{M}$：将映射 $f_1$ 从初始值 $y_{k_1}$ 迭代 $M$ 次获得混沌序列 $\{y_{k_1+i}\}_{i=1}^{M}$，然后将其转化为 $\{S_3(i)\}_{i=1}^{M}$，其中

$$S_3(i) = \begin{cases} \left\lfloor \dfrac{1+y_{k_1+i}}{2}N \right\rfloor, & y_{k_1+i} \in [-1,1) \\ N-1, & y_{k_1+i} = 1 \end{cases}$$

(3) 加密：包含 XOR 值替换部分和两个置换部分。

① XOR 值替换。

输入 $I$，中间图像 $I^* = [I^*(i,j)]_{i=0,j=0}^{M,N}$ 可由下式获得：

$$I^*(i,j) = I(i,j) \oplus S_1((j-1)M + i)$$

② 置换部分 I 水平循环移动。

输入 $I^*$，执行如下水平循环移动运算获得临时图像 $I^{**} = [I^{**}(i,j)]_{i=0,j=0}^{M,N}$，其中

$$I^{**}(i,j) = I^*((i-S_2(j)) \bmod M, j)$$

注意文献 [139] 中并没有解释循环移动运算的方向。考虑到移动方向与安全性能无关，本章假设这些移动运算将数据都往序号大的方向移动。

③ 置换部分 II 垂直循环移动。

将 $I^{**}$ 作为输入，执行完如下垂直循环移位运算后得到密文图像 $I'$：

$$I'(i,j) = I^{**}(i, (j - S_3(i)) \bmod N)$$

结合上面三个加密运算，加密步骤可用如下精简形式表示：

$$I'(i,j) = I(i^*, j^*) \oplus S_1((j^* - 1)M + i^*) \tag{3.2}$$

其中，$j^* = (j - S_3(i)) \bmod N$；$i^* = (i - S_2(j^*)) \bmod M$。

(4) 解密：是上述加密过程的逆过程（初始化处理相同），可表述为

$$I(i,j) = I'(i^*, j^*) \oplus S_1((j - 1)M + i)$$

其中，$i^* = (i + S_2(j)) \bmod M$；$j^* = (j + S_3(i^*)) \bmod N$。

### 3.2.2 基于循环比特移动和异或运算的混沌加密算法

为了便于描述 CBSX 算法的两个版本 CBSX-I 和 CBSX-II，先给出循环比特移动运算和一些符号的定义。

---

**定义 3.1**    $a \lll_L x$

假设 $L \in \mathbb{Z}^+$，$x \in \mathbb{Z}$，$a = \sum\limits_{i=0}^{L-1}(a_i 2^i) \in \{0, 1, \cdots, 2^L - 1\}$，其中 $a_i \in \{0, 1\}$，

$$a \lll_L x = a \ggg_L (-x) = \sum_{i=0}^{L-1}\left(a_i 2^{(i+x) \bmod L}\right) \tag{3.3}$$

---

**定义 3.2**    $a \ggg_L x$

假设 $L \in \mathbb{Z}^+$，$x \in \mathbb{Z}$，$a = \sum\limits_{i=0}^{L-1}(a_i 2^i) \in \{0, 1, \cdots, 2^L - 1\}$，其中 $a_i \in \{0, 1\}$，

$$a \ggg_L x = a \lll_L (-x) = \sum_{i=0}^{L-1}\left(a_i 2^{(i-x) \bmod L}\right) \tag{3.4}$$

---

从式 (3.3) 和式 (3.4) 可以验证一些关于循环移动运算的简单性质：① $\forall\, x \equiv 0 \pmod{L}$，$a \lll_L x = a \ggg_L x = a$；② $\forall\, x_1 \equiv x_2 \pmod{L}$，$a \lll_L x_1 = a \lll_L$

$x_2$ 和 $a \ggg_L x_1 = a \ggg_L x_2$；③ $\forall\, x_1 \equiv x_2 \pmod{L}$，$(a \lll_L x_1) \ggg_L x_2 = (a \ggg_L x_1) \lll_L x_2 = a$。

CBSX 的两个版本都以 $L$ 比特数据块作为处理对象（如果最后一个明文块少于 $L$ 个比特，则补上零比特）。在文献 [136] 中，$L = 64$；而在文献 [137] 中，$L = 32$。因此，两种算法分别是 64 比特分组密码和 32 比特分组密码。不失一般性，假设明文含有 $N$ 个数据块：$\{P_j\}_{j=0}^{N-1}$，其相应的密文为 $\{C_j\}_{j=0}^{N-1}$。

### 1. CBSX-I 的描述

在该算法中，密钥由混沌 Logistic 映射 (2.1) 的初始状态 $x(0)$ 和控制参数 $\mu$ 构成。该加密算法的核心就是伪随机序列 $\{B_i\}_{i=0}^{70N-1}$，它由迭代混沌 Logistic 映射产生。两个伪随机序列 $\{A_j\}_{j=0}^{N-1}$ 和 $\{D_j\}_{j=0}^{N-1}$ 由该序列进一步生成并用于控制加解密过程。CBSX-I 的整个加密过程包括以下几个步骤[①]。

**步骤 1**　令 $j=0, r=3$，并将 Logistic 映射从初始值 $x(0)$ 迭代 $N_0 = 250$ 次。

**步骤 2**　继续迭代 Logistic 映射 $N_1 = 70$ 次获得长度为 70 的混沌状态序列。然后，从每个混沌状态的二进制表示中提取第 $r$ 个比特，从而得到 70 个伪随机比特 $\{B_i\}_{i=70j}^{70j+69}$。

**步骤 3**　令 $A_j = \sum_{k=0}^{63}\left(B_{70j+k}\, 2^{63-k}\right)$，$D_j = \sum_{k=64}^{69}\left(B_{70j+k}\, 2^{69-k}\right)$，$j = j+1$。

**步骤 4**　如果 $j \leqslant N-1$，则继续迭代 Logistic 映射 $D_j$ 次并跳转到步骤 2；否则结束整个程序。

当两个伪随机序列 $\{A_j\}_{j=0}^{N-1}$ 和 $\{D_j\}_{j=0}^{N-1}$ 确定后，加密过程可以简述为

$$C_j = (P_j \lll_{64} D_j) \oplus A_j \tag{3.5}$$

相应地，解密过程变为

$$P_j = (C_j \oplus A_j) \ggg_{64} D_j \tag{3.6}$$

### 2. CBSX-II 的描述

与 CBSX-I 相比，CBSX-II 可描述如下。

(1) 所用混沌系统替换成含有 2 个神经元的 DCNN：

$$\begin{bmatrix} \dot{x}_1(t) \\ \dot{x}_2(t) \end{bmatrix} = -C \begin{bmatrix} x_1(t) \\ x_2(t) \end{bmatrix} + A \begin{bmatrix} \tanh(x_1(t)) \\ \tanh(x_2(t)) \end{bmatrix} + B \begin{bmatrix} \tanh(x_1(t-\tau(t))) \\ \tanh(x_2(t-\tau(t))) \end{bmatrix} \tag{3.7}$$

其中，$(x_1(t), x_2(t))^{\mathrm{T}} \in \mathbb{R}^2$ 是与两个神经元相关的状态向量；$\tau(t)$ 是一个时延函数；$C = \mathrm{diag}(c_1, c_2)$ 是对角矩阵；$A = [a_{i,j}]_{2\times 2}$ 和 $B = [b_{i,j}]_{2\times 2}$ 分别是连接加权矩阵和时延加权矩阵。

---

① 为使得算法描述更清晰简单，更改了文献 [136] 中一些符号。

本章的密码分析与这个混沌神经网络本身无关,更多关于这个 $n$ 维混沌系统的细节请参见文献 [137]。因为混沌神经网络是一个模拟动态系统,所以它只能用迭代步长为 $h$ 的数值算法逼近。

(2) 密钥包括以下各项信息:DCNN 的初始值和控制参数、步长 $h$、DCNN 的结构和实现 DCNN 的数值算法。

(3) 为加密每一个明文块,DCNN 的一个神经元被选来生成更短的 PRBS,即 $\{B_i\}_{i=0}^{38N-1}$。所用 PRBS 的生成过程改为如下过程,其中变量 $s$ 用作开关选择下一个明文块加密所用的神经元。

**步骤 1**　令 $j=0, r=4, s=1$,并将 DCNN 从初始条件开始迭代 $N_0 = 1000$ 次。

**步骤 2**　将 DCNN 迭代 $N_1 = 38$ 次。将第 $s$ 个神经元状态值的值域线性变换到单位区间 $[0,1]$,然后从其二进制表示中提取出第 $r$ 个比特,获得 38 个伪随机比特 $\{B_i\}_{i=38j}^{38j+37}$。

**步骤 3**　令 $A_j = \sum\limits_{k=0}^{31} \left(B_{38j+k}\, 2^{31-k}\right), D_j = \sum\limits_{k=32}^{36} \left(B_{38j+k}\, 2^{36-k}\right), s = B_{38j+37} + 1, j = j+1$。

**步骤 4**　如果 $j \leqslant N-1$,将 DCNN 迭代 $D_j$ 次后跳转到步骤 2;否则结束整个程序。

(4) 将一个额外的比特移动运算作用在 $A_j$ 上,使得加密过程变为

$$C_j = (P_j \lll_{32} D_j) \oplus (A_j \ggg_{32} D_j) \tag{3.8}$$

类似地,解密过程更改为

$$P_j = (C_j \oplus (A_j \ggg_{32} D_j)) \ggg_{32} D_j \tag{3.9}$$

### 3.2.3　随机控制加密算法

RCES 算法对明文图像逐块加密,每块含有 16 个相邻像素。为了简化描述,假设明文图像的尺寸为 $M$ 像素 $\times$ $N$ 像素,且 $MN$ 能被 16 整除。从上至下逐行扫描明文图像 $[f(x,y)]_{x=0,y=0}^{M-1,N-1}$,将其转化为一维有序像素序列 $\{f(l)\}_{l=0}^{MN-1}$。整幅明文图像能被分为 $MN/16$ 个图像块:

$$[f^{(16)}(0), f^{(16)}(1), \cdots, f^{(16)}(k), \cdots, f^{(16)}(MN/16 - 1)]$$

其中,

$$f^{(16)}(k) = [f(16k+0), f(16k+1), \cdots, f(16k+i), \cdots, f(16k+15)]$$

对第 $k$ 个像素块 $f^{(16)}(k)$ 而言，RCES 算法的工作机制可描述如下。

(1) 密钥：Logistic 映射 (2.1) 的控制参数 $\mu$ 和初始值 $x(0)$。

(2) 初始化：运行 Logistic 映射产生混沌序列 $\{x(i)\}_{i=0}^{MN/16-1}$，然后从 $x(i)$ 的二进制表示中提取小数点后 24 个比特生成 PRBS $\{b(i)\}_{i=0}^{3MN/2-1}$。值得注意的是，Logistic 映射通过 24 比特的定点运算来实现。

(3) 加密：生成两个随机种子 (seeds)，即

$$\text{Seed1}(k) = \sum_{i=0}^{7}(b(24k+i)2^{7-i})$$

$$\text{Seed2}(k) = \sum_{i=0}^{7}(b(24k+8+i)2^{7-i})$$

使用下面两个步骤来加密当前像素块。

① 伪随机地互换相邻两像素的位置：对 $i=0,1,\cdots,7$，执行

$$\text{Swap}_{b(24k+16+i)}(f(16k+2i), f(16k+2i+1)) \tag{3.10}$$

其中

$$\text{Swap}_w(a,b) = \begin{cases} (a,b), & w=0 \\ (b,a), & w=1 \end{cases}$$

② 使用两个伪随机种子对当前像素块进行掩模运算：对 $j=0,1,\cdots,15$，执行

$$f'(16k+j) = f(16k+j) \oplus \text{Seed}(16k+j)$$

其中

$$\text{Seed}(16k+j) = \begin{cases} \text{Seed1}(k), & B(k,j)=3 \\ \overline{\text{Seed1}(k)}, & B(k,j)=2 \\ \text{Seed2}(k), & B(k,j)=1 \\ \overline{\text{Seed2}(k)}, & B(k,j)=0 \end{cases} \tag{3.11}$$

$$B(k,j) = 2b(24k+j) + b(24k+j+1)$$

(4) 解密：与加密过程类似。不同的是先对像素块进行掩模运算，再进行互换 (swapping) 运算。

### 3.2.4　多级数据安全保护算法

在基于 HDSP 的 VoIP 系统中，音频编码器置于加密部分之前，解密部分放在音频解码器之前。因此，HDSP 算法的明文是经音频编解码器（codec）编码的比特流而不是原始声音信号。明文经过如下两个步骤获得相应的密文[63]：

(1) 帧间置换 (inter-frame interleaving)：将整个明文分为若干包含 $S_f$ 个字节的帧，伪随机地互换每 $S_g$ 个相邻帧的位置，从而改变它们的顺序（即每 $S_g$ 个帧构成一个置换组）。

(2) 帧内加密（比特互换和掩模运算）：对于每个输入的字节，随机地互换一些比特，并对 4 个奇数位比特进行异或运算。

帧和比特层面的交换以及比特掩模运算全都由迭代混沌 Logistic 映射 (2.1) 生成的混沌比特序列 $\{b(i)\}$ 控制。虽然设计者使用帧间置换的本意是避免连续数据包在传输过程中丢失，但是秘密混沌比特的使用使得它实际已成为整个加密算法的一部分[63]。

对于明文 $g = \{g(i)\}_{i=0}^{N-1}$，其中 $g(i)$ 表示 $g$ 的第 $i$ 个字节，HDSP 算法的工作机制可描述如下。

(1) 密钥：由混沌 Logistic 映射的控制参数 $\mu$ 和初始状态 $x(0)$ 构成，它们都由 16 比特二进制数表示。

(2) 初始化：将 Logistic 映射从初始值 $x(0)$ 开始迭代产生一个混沌序列 $x(i)_{i=0}^{\lceil L_b/16 \rceil - 1}$，其中 $L_b$ 表示下面加密过程中所需的比特数。从每个混沌状态 $x(i)$ 中提取 16 比特表示来获得 PRBS $\{b(i)\}_{i=0}^{L_b-1}$。

(3) 加密：由下面几个阶段组成。

① 帧间置换。

a. 将 $g$ 分成若干个含 $S_f$ 个字节的帧：$\{\mathrm{frame}(i)\}_{i=0}^{N_f-1}$，其中 $N_f = \lfloor N/S_f \rfloor$；

b. 进一步将 $g$ 分成若干个含有 $S_g$ 帧的组：$\{\mathrm{group}(i)\}_{i=0}^{N_g-1}$，其中，$N_g = \lfloor N_f/S_g \rfloor$；

c. 令 $L = \lfloor \log_2 S_g \rfloor$，$\Delta_L = S_g - 2^L$；

d. 对每组里的 $S_g$ 帧进行 $S_g$ 次伪随机交换运算：对 $i = 0, 1, \cdots, N_g - 1$，$j = 0, 1, \cdots, S_g - 1$，将 $\mathrm{frame}(iS_g + j)$ 和 $\mathrm{frame}(iS_g + j')$ 交换，其中

$$j' = \sum_{k=0}^{L-1} (2^k b(s+k)) + \sum_{k=0}^{\Delta_L - 1} (b(s+L+k)) \tag{3.12}$$

$s = (iS_g + j)L$。

值得注意的是，在这个阶段总共需要 $(N_g S_g L + \Delta_L)$ 个混沌比特，即 $b(0) \sim b(N_g S_g L + \Delta_L - 1)$。

② 帧内加密。

假设 $g^* = \{g^*(i)\}_{i=0}^{N-1}$ 是帧间置换阶段的输出结果，密文 $g' = \{g'(i)\}_{i=0}^{N-1}$ 由下面两个步骤决定。

a. 随机地互换每个字节 $g^*(i) = \sum_{k=0}^{7} (d_k^*(i)2^k)$ 的 4 个最高有效比特和 4 个最

低有效比特，得到中间字节 $g^{**}(i) = \sum_{k=0}^{7}(d_k^{**}(i)2^k)$：$\forall k = 0, 1, 2, 3$，执行

$$\left(d_k^{**}(i), d_{k+4}^{**}(i)\right) = \mathrm{Swap}_{b(4i+k)}\left(d_k^*(i), d_{k+4}^*(i)\right) \tag{3.13}$$

b. 对 $g^{**}(i)$ 的 4 个奇数位比特进行掩模运算获得密文字节 $g'(i) = \sum_{k=0}^{7}(d_k'(i) \cdot 2^k)$：$\forall k = 1, 3, 5, 7$，执行

$$d_k'(i) = d_k^{**}(i) \oplus b(4i+k) \tag{3.14}$$

在这个阶段共需要 $(4N+2)$ 个混沌比特：$b(0) \sim b(4N-1), b(4N+1), b(4N+3)$。注意，在整个加密过程中共需要 $\max(N_g S_g L + \Delta_L, 4N+2)$ 个混沌比特。因为最后一个所需混沌比特的序号是 $\max(N_g S_g L + \Delta_L - 1, 4N+3)$，所以 $L_b = \max(N_g S_g L + \Delta_L, 4N+4)$。

(4) 解密：是加密过程的逆过程，可简述如下。

① 逆向帧内解密（比特交换和掩模运算）。

a. 对每个密文字节 $g'(i) = \sum_{k=0}^{7}(d_k'(i)2^k)$ 的 4 个奇数位比特进行掩模恢复中间序列中的字节 $g^{**}(i)$。

b. 将每个字节 $g^{**}(i) = \sum_{k=0}^{7}(d_k^{**}(i)2^k)$ 的 4 个高位比特和 4 个低位比特伪随机互换，获得另一个中间字节 $g^*(i) = \sum_{k=0}^{7}(d_k^*(i)2^k)$。

② 相同的帧间置换以逆向的顺序作用在 $g^* = \{g^*(i)\}_{i=0}^{N-1}$ 上恢复明文 $g = \{g(i)\}_{i=0}^{N-1}$，其中 "逆向" 的含义是 $i = 0, 1, \cdots, N_g - 1$，$j = S_g - 1, S_g - 2, \cdots, 0$。

## 3.3　针对 IECCS 的密码分析

### 3.3.1　针对 IECCS 的差分攻击

在文献 [139] 中，作者声称 IECCS 可以有效抵抗选择明文攻击。然而，只需要三个选择明文即可完全攻击该加密算法。拟设计的攻击依赖以下事实：给定两幅明文图像 $I_1$、$I_2$ 和相应的密文图像 $I_1'$、$I_2'$，可以验证 $I_1'(i,j) \oplus I_2'(i,j) = I_1(i^*, j^*) \oplus I_2(i^*, j^*)$，其中 $j^* = (j - S_3(i)) \bmod N$，$i^* = (i - S_2(j^*)) \bmod M$。这意味着对于异或差分文件，异或替换运算失效，只剩下置换运算。根据 2.3 节给出的量化密码分析，唯置换加密算法不能抵抗明文攻击。对于一个置换域尺寸

为 $M \times N$ 的唯置换加密算法，只需要 $\lceil \log_{256}(MN) \rceil$ 对明密文图像就可获得完整的等价密钥。一旦置换部分被攻击，异或替换运算可以轻易地被攻击。这是一个典型的分而治之攻击，将不同的加密部分逐个击破。因为 IECCS 的置换运算是一个简单的 $N$ 行移动和 $M$ 列移动的组合，即使在 $\lceil \log_{256}(MN) \rceil > 2$ 的条件下，需要的差分明文图像数量也不会大于 2。这意味着仅需三幅选择的明文图像就足以实现这个攻击。具体攻击步骤描述如下。

1. 攻击 $\{S_3(i)\}_{i=1}^M$（垂直移动运算）

如果选择两幅明文图像 $I_1$ 和 $I_2$ 使得 $I_1 \oplus I_2$ 每行包含相同的像素值，则水平循环移动运算失效，只保留垂直移动运算。如果进一步选择 $I_1$ 和 $I_2$ 使得 $I_1 \oplus I_2$ 每一列有一个唯一的特征来识别 $S_3(i)$ 的值，那么垂直移动运算可被攻击。例如，可令 $I_1$ 和 $I_2$ 满足

$$I_1(:,j) \oplus I_2(:,j) = \begin{cases} 0, & j = 1 \\ 255, & 2 \leqslant j \leqslant N \end{cases} \tag{3.15}$$

在这种情况下，通过寻找在每列上单个黑色像素的新位置，可以立即推出 $\{S_3(i)\}_{i=1}^M$ 的所有值。

2. 攻击 $\{S_2(j)\}_{j=1}^N$（水平移动运算）

一旦所有垂直移动运算被攻击，则可以使用相同的策略攻击水平移动运算。为达到这个目的，需要选择 $I_1$ 和一幅新的明文图像 $I_3$ 使得 $I_1 \oplus I_3$ 的每列包含相同的像素值，每行有一个唯一的特征以便识别 $S_2(j)$ 的值。例如，可以使 $I_1$ 和 $I_3$ 满足

$$I_1(i,:) \oplus I_3(i,:) = \begin{cases} 0, & i = 1 \\ 255, & 2 \leqslant i \leqslant M \end{cases}$$

在这种情况下，通过寻找每一行上单个黑色像素移动置换后的位置，可立即得到 $\{S_2(j)\}_{j=1}^N$ 的所有值。

3. 攻击 $\{S_1(i)\}_{i=1}^{MN}$（异或值替换）

当恢复 $\{S_2(j)\}_{j=1}^N$ 和 $\{S_3(i)\}_{i=1}^M$ 之后，IECCS 变成一个简单的基于异或运算的流密码。所以，序列 $\{S_1(k)\}_{k=1}^{MN}$ 可以通过计算

$$S_1((j-1) \cdot M + i) = I_1(i,j) \oplus I_1'(i^*, j^*)$$

来恢复，其中，$i^* = (i + S_2(j)) \bmod M$，$j^* = (j + S_3(i^*)) \bmod N$。

为了验证上述攻击的有效性，对一些尺寸为 256 像素 × 256 像素的选择明文图像进行了一系列实验。这里给出 3.3.2 节中所用密钥条件下的典型实验结果。选择明文图像 "Peppers" 作为 $I_1$，选择第二幅明文图像使得差分图像 $I_1 \oplus I_2$ 满足式 (3.15)，选择第三幅明文图像使得 $I_1 \oplus I_3 = (I_1 \oplus I_2)^{\mathrm{T}}$。这三幅选择明文攻击图像和相应的密文图像在图 3.1 中给出。恢复的伪随机序列用于解密一幅新的密文图像 $I_4'$（图 3.1(d)），其结果如图 3.1(h) 所示，其所有明文像素都被正确解密。

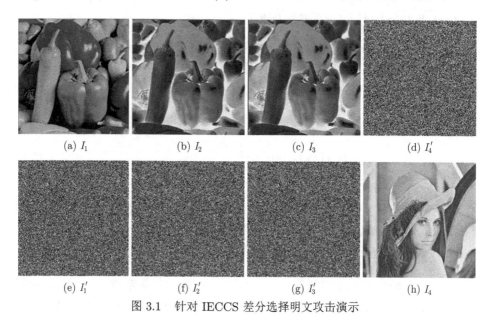

(a) $I_1$　　　　　(b) $I_2$　　　　　(c) $I_3$　　　　　(d) $I_4'$

(e) $I_1'$　　　　　(f) $I_2'$　　　　　(g) $I_3'$　　　　　(h) $I_4$

图 3.1　针对 IECCS 差分选择明文攻击演示

### 3.3.2　IECCS 的其他安全缺陷

从密码学角度看，文献 [139] 中设计的 IECCS 存在如下安全缺陷。

#### 1. 复合混沌序列的弱随机性

在文献 [139] 中，作者声称 3.2.1节中伪随机数生成器产生的复合混沌序列的随机性已通过 FIPS PUB140-2 [146] 中的四个随机测试。它们实际上使用的是 FIPS PUB 140-2 的中间版本（2001 年 10 月更新），这个版本已在 2002 年 12 月废止，而且这四个随机测试后来在相关出版物上删除（见变更通知 1 和 2，以及文献 [2] 的 54~58 页）①。即使对于 FIPS PUB140-2 中间版本中定义的四个随机测试，存在如下两点，该混沌序列的随机性能仍然会受到质疑。

---

① 文献 [139] 中引用文献 [2] 作为 FIPS PUB 140-2 的参考源。然而，文献 [2] 仅仅包含一份有关 FIPS PUB 140-2（FIPS PUB 140-2 的第一版）的介绍。通过将文献 [139] 中表 2 列出的区间要求和不同版本的 FIPS PUB 140 进行比较，可得出结论：文献 [139] 的作者使用的是 FIPS PUB 140-2（变更 1）。

(1) 文献 [139] 仅给出由密钥 $(x_0, y_0) = (0.32145645647836, 0.48124356788345)$ 生成的随机序列的实验结果。然而，为了验证随机数生成源的随机性能，应检测足够多数量的样本。

(2) 重复相同的实验，结果列于表 3.1，与文献 [139] 中表 2 的数据不符。在表 3.1中，关于行程测试的两项输出结果分别对应 0 比特行程和 1 比特行程。

表 3.1　由密钥 $(x_0, y_0) = (0.32145645647836, 0.48124356788345)$ 生成混沌复合序列的随机实验结果

| 测试项 | | 要求区间 | 输出值/s | 结果 |
|---|---|---|---|---|
| 单比特频率测试 | | $9725 \sim 10275$ | 9968 | 通过 |
| 行程测试 | $r = 1$ | $2315 \sim 2685$ | 2124, 2142 | 失败 |
| | $r = 2$ | $1114 \sim 1386$ | 962, 966 | 失败 |
| | $r = 3$ | $527 \sim 723$ | 537, 498 | 失败 |
| | $r = 4$ | $240 \sim 384$ | 266, 273 | 通过 |
| | $r = 5$ | $103 \sim 209$ | 153, 167 | 通过 |
| | $r \geqslant 6$ | $103 \sim 209$ | 301, 297 | 失败 |
| | $r \geqslant 26$ | $0 \sim 0$ | 3, 3 | 失败 |
| 扑克测试 | | $2.16 \sim 46.17$ | 799.37 | 失败 |

为检测迭代式 (3.1) 产生的混沌复合序列 $\{z_k\}_{k=1}^{MN}$ 的随机性水平，使用文献 [126] 设计的测试包对加密 100 幅 256 像素 × 256 像素图像所用二进制序列进行测试。这 100 个二进制序列的密钥是随机选择的。对于每次测试，采用默认显著性水平 0.01。结果在表 3.2中列出，可以看到复合混沌函数 (3.1) 并不能用作好的随机数生成器。

表 3.2　100 个随机产生的序列中就显著性水平 0.01 通过测试的序列数量

| 测试名称 | 通过的序列数 |
|---|---|
| 频率 | 91 |
| 块频率 $(m = 100)$ | 0 |
| 累积和 (前向) | 88 |
| 行程 | 0 |
| 秩 | 67 |
| 非重叠模板 $(m = 9, B = 101001100)$ | 48 |
| 系列 $(m = 16)$ | 0 |
| 近似熵 $(m = 10)$ | 0 |
| 快速傅里叶变换 | 0 |

## 2. IECCS 的弱密钥

对于 IECCS，存在一些密钥可使得部分甚至全部加密运算失效。这是因为所用混沌映射存在一些固定点，如 $f_0(1) = 1$、$f_1(1) = 1$、$f_1(0) = 0$、$f_1(-1) = -1$。

下面列出四类典型的弱密钥以及它们对混沌序列随机性的消极影响。

(1) $x_0 = 1$: $f(x_0) = 1 \Rightarrow S_2(j) \equiv M - 1$;

(2) $y_0 = 1$: $f_1(y_0) = 1$, 式(3.1)中迭代了 $f_1(y) \Rightarrow S_1(k) \equiv 255$, $S_3(i) \equiv N - 1$;

(3) $y_0 = -1$: $f_1(y_0) = -1 \Rightarrow S_3(i) \equiv 0$;

(4) $x_0 \geqslant 0$, $y_0 = 0$: $f_1(y_0) = 0$, 式(3.1)中迭代了 $f_1(y) \Rightarrow S_1(k) \equiv 128$, $S_3(i) \equiv N/2$。

通过结合以上条件，可以找到以下三个极端弱密钥。

(1) $x_0 = 1$, $y_0 = 1$: $S_1(k) \equiv 255$, $S_2(j) \equiv M - 1$, $S_3(i) \equiv N - 1$;

(2) $x_0 = 1$, $y_0 = -1$: $S_1(k) \equiv 0$, $S_2(j) \equiv M - 1$, $S_3(i) \equiv 0$;

(3) $x_0 = 1$, $y_0 = 0$: $S_1(k) \equiv 128$, $S_2(j) \equiv M - 1$, $S_3(i) \equiv N/2$。

此外，在迭代式(3.1)的过程中，只要密钥 $(x_{k_0}, y_{k_1})$ 满足上述条件中的一个，相应的密钥 $(x_0, y_0)$ 都是弱密钥。例如，从等式 $f_0(-1) = f_0(0) = 1$、$f_1(-0.5) = 1$ 和 $f_1(0.5) = -1$ 可以容易找到下面的例子：① $x_0 \in \{0, -1\}$；② $y_0 = -0.5$；③ $y_0 = 0.5$。从这些例子中，可以进一步发现一些极端弱密钥：

(1) $x_0 \in \{0, -1\}$, $y_0 \in \{-0.5, 1\}$: $S_1(k) \equiv 255$, $S_2(j) \equiv M - 1$, $S_3(i) \equiv N - 1$;

(2) $x_0 = 0$, $y_0 = 0.5$: $S_1(2) = 255$；当 $k \neq 2$ 时，$S_1(k) \equiv 0$, $S_2(j) \equiv M - 1$, $S_3(i) \equiv 0$;

(3) $x_0 = 0$, $y_0 = -1$ 或 $x_0 = -1$, $y_0 \in \{-1, 0.5\}$: $S_1(1) = 255$；当 $k \geqslant 2$ 时，$S_1(k) \equiv 0$, $S_2(j) \equiv M - 1$, $S_3(i) \equiv 0$;

(4) $x_0 = 0$, $y_0 = 0$: $S_1(k) \equiv 128$, $S_2(j) \equiv M - 1$, $S_3(i) \equiv N/2$;

(5) $x_0 = -1$, $y_0 = 0$: $S_1(1) = 255$；当 $k \geqslant 2$ 时，$S_1(k) \equiv 128$, $S_2(j) \equiv M - 1$；$S_3(i) \equiv N/2$。

### 3. IECCS 的等价密钥

等价密钥意味着对于任意给定的明文图像，一些不同的密钥却产生相同的密文图像，即它们彼此完全等价。从图 3.2(a) 可看到，函数 $f_0$ 可能在四个点有相同的函数值：$\pm x$, $\pm\sqrt{1 - x^2}$。从图 3.2(b) 可看到，函数 $f_1$ 可能在三个点有相同的函数值：$y$, $\dfrac{-y \pm \sqrt{3 - 3y^2}}{2}$。因为仅仅考虑有理数域，所以可以看到当 $|y_0| \geqslant |x_0|$ 时，$(x_0, y_0)$ 和 $(-x_0, y_0)$ 是等价的。

### 4. 针对明文变化的不敏感

Tong 和 Cui[139] 认为 IECCS 的加密结果对明文变化是敏感的，其实不尽然。由式 (3.2) 可以看到改变 $I(i^*, j^*)$ 的一个比特仅仅影响 $I'(i, j)$ 的同一个比特，注意这个低敏感性实际上是所有基于异或运算混沌加密算法的共同问题。但是，如果密钥不重复使用，这个问题就变得不重要了。在这种情况下，两个稍微不同的明文不能被同一个密钥流加密。

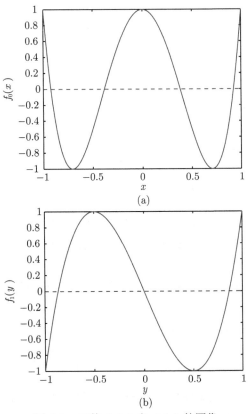

图 3.2 函数 $f_0(x)$ 和 $f_1(y)$ 的图像

5. 关于复合混沌映射的评论

文献 [139] 中提供了一些关于如下复合混沌映射的理论结果：

$$F(x) = \begin{cases} 8x^4 - 8x^2 + 1, & x < 0 \\ 4x^3 - 3x, & x \geqslant 0 \end{cases} \tag{3.16}$$

并提到 $F(x)$ 可以作为理想的序列密码。不幸的是，正如式(3.1)所示，在 IECCS 中实际采用的是两个分离（但不独立）的迭代混沌映射 $f_0$ 和 $f_1$ 的简单组合。这与上面的复合混沌映射(3.16)无关，也使得文献 [139] 所有的理论分析结果与本章中讨论的图像加密算法 IECCS 完全无关。

# 3.4　针对 CBSX 算法的密码分析

## 3.4.1　循环比特移动运算的特殊性质

为方便说明本章给出的密码分析，两种加密算法的加密过程首先统一表示为

$$C_j = (P_j \lll_L D_j) \oplus A'_j \tag{3.17}$$

其中，对于 CBSX-I 算法，$A'_j = A_j$，$L = 64$；对于 CBSX-II 算法，当 $A'_j = (A_j \ggg_L D_j)$ 时，$L = 32$。显然，如果两个序列 $\{D_j\}_{j=0}^{N-1}$ 和 $\{A'_j\}_{j=0}^{N-1}$ 可以重建，那么可用作等价密钥来解密使用相同密钥加密的任意密文的前 $N$ 个密文块，其过程如下：

$$P_j = (C_j \oplus A'_j) \ggg_L D_j \tag{3.18}$$

这可通过使用已知和选择明文攻击中循环比特移动运算的一些特殊的性质来完成。由于这个攻击思路完全独立于加密算法依赖的混沌系统，所以它对两种算法都有效。

下面给出循环运算的一些性质。它们可用来针对 CBSX-I 和 CBSX-II 算法展开有效的攻击。

**性质 3.1**　假定 $L, \tau \in \mathbb{Z}^+$，$x \in \mathbb{Z}$，$a^* \in \{0, 1, \cdots, 2^\tau - 1\}$ 和 $\tau \mid L$。如果 $a = \sum\limits_{i=0}^{L/\tau-1} (a^* 2^{\tau i})$ 且 $x \equiv 0 \pmod{\tau}$，那么 $(a \lll_L x) = (a \ggg_L x) = a$。

**证明**　这是 $L$ 比特左循环和右循环比特移动运算定义的一个直接结论。

**性质 3.2**　假定 $L \in \mathbb{Z}^+$，$x \in \mathbb{Z}$，$a, b \in \{0, 1, \cdots, 2^L - 1\}$，则有 $(a \lll_L x) \oplus (b \lll_L x) = (a \oplus b) \lll_L x$，$(a \ggg_L x) \oplus (b \ggg_L x) = (a \oplus b) \ggg_L x$。

**证明**　假定 $a = \sum\limits_{i=0}^{L-1} (a_i 2^i)$，$b = \sum\limits_{i=0}^{L-1} (b_i 2^i)$。那么，有

$$(a \lll_L x) \oplus (b \lll_L x) = \left( \sum_{i=0}^{L-1} (a_i 2^{(i+x) \bmod L}) \right) \oplus \left( \sum_{i=0}^{L-1} (b_i 2^{(i+x) \bmod L}) \right)$$

$$= \sum_{i=0}^{L-1} (a_i \oplus b_i)^{(i+x) \bmod L}$$

$$= (a \oplus b) \lll_L x$$

同理，也可证得 $(a \ggg_L x) \oplus (b \ggg_L x) = (a \oplus b) \ggg_L x$。

**性质 3.3** 假定 $L \in \mathbb{Z}^+ \backslash \{1\}$，$a = \sum_{i=0}^{L-1}(a_i 2^i) \in \{0, 1, \cdots, 2^L - 1\}$，其中 $a_i \in \{0, 1\}$。如果存在 $x \in \{1, 2, \cdots, L-1\}$ 使得 $a \lll_L x = a$，那么一定存在 $\tau \mid \gcd(L, x)$，$a^* \in \{0, 1, \cdots, 2^\tau - 1\}$ 使得 $a = \sum_{i=0}^{L/\tau - 1}(a^* 2^{\tau i})$。

**证明** 这个性质可以通过对 $x$ 数学归纳来证明。当 $x = 1$ 时，条件 $a \lll_L 1 = a$ 意味着 $a_0 = a_1, a_1 = a_2, \cdots, a_{L-1} = a_0$。这立即得出结论 $a_0 = a_1 = \cdots = a_{L-1}$。那么，令 $\tau = 1$，$a^* = a_0 = \cdots = a_{L-1}$，满足 $a = \sum_{i=0}^{L-1}(a^* 2^i) = \sum_{i=0}^{L/\tau - 1}(a^* 2^{\tau i})$，其中 $(\tau = 1) \mid \gcd(L, x)$。

现在假定对所有小于 $x$ 的整数该性质成立，其中 $x \geqslant 2$。下面证明该性质对于 $x$ 也成立。考虑下面两种情况。

C1 当 $x \mid L$ 时：根据条件 $a \lll_L x = a$，推得 $a$ 可以划分为 $L/x$ 个同样的片段，每个片段有 $x$ 比特。令 $\tau = x$，$a^* = \sum_{i=0}^{x-1}(a_i 2^i)$，有 $a = \sum_{i=0}^{L/x - 1}(a^* 2^{xi}) = \sum_{i=0}^{L/\tau - 1}(a^* 2^{\tau i})$，其中 $(\tau = x) \mid (\gcd(L, x) = x)$。

C2 当 $x \nmid L$ 时：将所有 $L$ 比特分为 $\lceil L/x \rceil$ 个比特片段，其中最后一个片段仅包含 $\hat{x} = (L \bmod x)$ 比特。换句话说，$a$ 可以表示为 $A \cdots A \hat{A}$，其中 $A = a_0 \cdots a_{x-1}$ 和 $\hat{A} = \hat{a}_0 \cdots \hat{a}_{\hat{x}-1}$。执行 $a \lll_L x$ 且与 $a$ 对比（注意 $a \lll_L x = a$），可以得到 $\forall i = 0, 1, \cdots, \hat{x} - 1$，$\hat{a}_i = a_i$。那么，$a$ 变成 $\hat{A} \breve{A} \cdots \hat{A} \breve{A} \hat{A}$，其中 $\hat{A} = a_0 \cdots a_{\hat{x}-1}$，$\breve{A} = a_{\hat{x}} \cdots a_{x-1}$，$A = \hat{A} \breve{A}$。然后，执行 $a \lll_L x$ 并再次与 $a$ 进行对比，可得 $\breve{A} \hat{A} = \hat{A} \breve{A} = A$。这意味着 $A \lll_x \hat{x} = A$。根据数学归纳的假定，因为 $\hat{x} < x$，所以存在 $\tau \in \mathbb{Z}$ 使得 $A = \sum_{i=0}^{x/\tau - 1}(a^* 2^{\tau i})$，其中 $\tau \mid \gcd(x, \hat{x})$，$a^* \in \{0, 1, \cdots, 2^\tau - 1\}$。

因为 $\tau \mid \hat{x}$ 也成立，所以有 $\hat{A} = \sum_{i=0}^{\hat{x}/\tau - 1}(a^* 2^{\tau i})$。因此，$a = \sum_{i=0}^{L/\tau - 1}(a^* 2^{\tau i})$。根据数学归纳法，该性质得证。

**说明 3.1** 在性质 3.3 中，如果将 $a \lll_L x = a$ 改为 $a = a \lll_L (L - x)$，那么 $\tau$ 的条件将变为 $\tau \mid \gcd(L, L - x)$。因为 $\gcd(L, x) = \gcd(L, L - x)$，这实际上等价于 $\tau \mid \gcd(L, x)$。

结合性质 3.1 和性质 3.3，易推得定理 3.1。其有如定理 3.2 所示的等价形式。

**定理 3.1** 假定 $L \in \mathbb{Z}^+ \backslash \{1\}$，$x \in \mathbb{Z}$ 和 $a, b \in \{0, 1, \cdots, 2^L - 1\}$。方程

$(a \lll_L x) = b$ ($x$ 为未知数) 有不止一个相对于模 $L$ 的解当且仅当存在 $\tau < L$,
$\tau \mid L$, $a^* \in \{0, 1, \cdots, 2^\tau - 1\}$ 使得 $a = \sum\limits_{i=0}^{L/\tau - 1} (a^* 2^{\tau i})$。

**证明**　定理中的充分和必要条件分别是性质 3.1 和性质 3.3 的直接结论。

**定理 3.2**　假定 $L \in \mathbb{Z}^+ \backslash \{1\}$、$x \in \mathbb{Z}$ 和 $a, b \in \{0, 1, \cdots, 2^L - 1\}$。关于 $x$ 的
方程 $(a \lll_L x) = b$ 有相对于模 $L$ 的唯一解当且仅当不存在 $\tau < L$、$\tau \mid L$ 和
$a^* \in \{0, 1, \cdots, 2^\tau - 1\}$ 满足 $a = \sum\limits_{i=0}^{L/\tau - 1} (a^* 2^{\tau i})$。

当 $\tau < L$, 有 $a = \sum\limits_{i=0}^{L/\tau - 1} (a^* 2^{\tau i})$。实际上意味着 $a$ 可通过重复比特模式表示。
例如, 当 $L = 8$, $\tau = 4$, $a^* = (1001)_2 = 9$, 有 $a = (10011001)_2 = 153$, 其中 $(\cdot)_2$
表示二进制形式。

### 3.4.2　针对 CBSX 算法的选择明文攻击

在这个选择明文攻击中, 可有意选择两个明文, 使得有序序列 $\{D_j\}$ 和 $\{A_j'\}$
中的所有元素能被唯一确定。通过选择一个明文满足 $P_j^{(1)} \in \{0, 2^L - 1\}$, 其中 $j = 0, 1, \cdots, N-1$, 可得 $(P_j^{(1)} \lll_L D_j) = P_j^{(1)}$。然后可进一步得到 $A_j' = P_j^{(1)} \oplus C_j^{(1)}$。
当恢复 $\{A_j'\}_{j=0}^{N-1}$ 之后, 可选择另一个明文使得每个 $P_j^{(2)}$ 不能通过重复比特模式
表示。例如, 当 $L = 8$ 时, 选择 $P_j^{(2)} = 152 = (10011000)_2$。由定理 3.2 可知, 通
过求解方程

$$(P_j^{(2)} \lll_L D_j) = C_j^{(2)} \oplus A_j'$$

可以唯一确定未知数 $D_j$ 的值。

### 3.4.3　针对 CBSX 算法的差分攻击

当两个明文 $\left\{P_j^{(1)}\right\}_{j=0}^{N-1}$ 和 $\left\{P_j^{(2)}\right\}_{j=0}^{N-1}$ 使用相同的密钥进行加密时, 由
式 (3.17) 和性质 3.2 可推得

$$C_j^{(1)} \oplus C_j^{(2)} = \left(P_j^{(1)} \lll_L D_j\right) \oplus \left(P_j^{(2)} \lll_L D_j\right)$$
$$= \left(P_j^{(1)} \oplus P_j^{(2)}\right) \lll_L D_j \tag{3.19}$$

式 (3.19) 意味着在差分攻击的条件下有序序列 $\{A_j'\}_{j=0}^{N-1}$ 完全被回避。那么,
可通过搜索所有小于 $L$ 的可能值确定 $D_j$ 的值。根据定理 3.2, 如果 $P_j^{(1)} \oplus P_j^{(2)}$
不能用重复的比特模式表示, 则 $D_j$ 的值可唯一确定。当获得 $D_j$ 之后, 可以进
一步得到 $A_j'$ 的值:

$$A'_j = \left( P_j^{(1)} \lll_L D_j \right) \oplus C_j^{(1)}$$

下面讨论通过求解式 (3.19) 不能唯一确定每个 $D_j$ 的值的概率,也就是 $P_j^{(1)} \oplus P_j^{(2)}$ 可表示为重复比特模式的概率。假定 $P_j^{(1)} \oplus P_j^{(2)}$ 均匀分布在集合 $\{0, 1, \cdots, 2^L - 1\}$ 上,并且任意两个差分值互相独立,可求得该概率为

$$p = \frac{1}{2^L} \sum_{\tau < L,\ \tau | L} 2^\tau$$

可以简单计算得到 $L = 32$, $p \approx 2^{-16}$;当 $L = 64$ 时,$p \approx 2^{-32}$。实际上,由于明文的非均匀分布和两个差分明文间相关性的存在,这个值一般大于理论值。然而,实验表明,在大多数情况下这个概率值仍然非常小,这对攻击者是很有利的。由于该概率值很小,所以仅由两个已知明文和对应的密文可以以很高概率唯一确定 $D_j$。

为了评估差分明文攻击的实际效果,选择若干幅自然图像作为明文,进行了一系列实验。以式 (3.7) 所示的包含 2 个神经元的 DCNN 为例,采用与 3.4.4 节中相同的配置。给定如图 3.3 所示的两幅明文图像和对应的密文图像,重构 $\{D_j\}_{j=0}^{16383}$

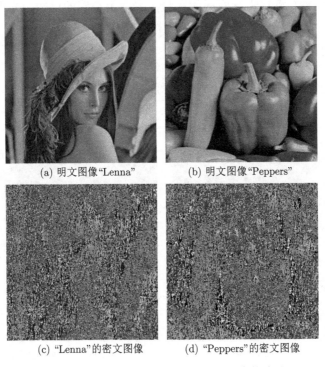

(a) 明文图像"Lenna"  (b) 明文图像"Peppers"

(c) "Lenna"的密文图像  (d) "Peppers"的密文图像

图 3.3 CBSX-II 算法加密典型明文图像的结果

和 $\{A_j'\}_{j=0}^{16383}$。在每个序列的所有 16384 个元素中，仅两个不能唯一确定，约占 $0.012\% \, (\approx 2^{-13})$。然后，这两个重构的序列 $\{D_j\}_{j=0}^{16383}$ 和 $\{A_j'\}_{j=0}^{16383}$ 用于恢复如图 3.4(a) 所示的密文图像 (对应于明文图像 "House")。恢复的明文图像如图 3.4(b) 所示。由图可以看到攻击效果几乎完美无瑕。

(a) 对应于明文图像"House"的密文图像　　　　　(b) 恢复的明文图像

图 3.4　针对 CBSX 算法的差分已知明文攻击结果

针对 CBSX-I 算法进行同样的实验，也使用相同的已知明文图像和对应的密文图像（图 3.5）。正如上面分析的那样，在此情形下，$D_j$ 和 $A_j'$ 的每个值不可唯一确定的概率为 $2^{-32}$。考虑到仅有 $256 \times 256/8 = 2^{13}$ 个明文分组，预计 $\{D_j\}_{j=0}^{8191}$ 和 $\{A_j'\}_{j=0}^{8191}$ 所有元素可被唯一确定的概率是很高的，因此可完美地恢复明文图像，实验结果与预期十分吻合。图 3.6 给出了针对明文图像 "House" 的攻击结果。

(a) "Lenna"的密文图像　　　　　　　(b) "Peppers"的密文图像

图 3.5　CBSX-I 算法加密明文图像 "Lenna" 和 "Peppers" 的结果

(a) 对应于明文图像"House"的密文图像  (b) 恢复的明文图像

图 3.6 针对 CBSX-I 算法的差分已知明文攻击结果

### 3.4.4 CBSX 算法的其他安全缺陷

从密码分析角度看，CBSX 算法还存在如下安全缺陷。

*1. 基于混沌的 PRBS 的弱随机性*

在 CBSX 算法的两个版本中，设计者都认为使用的 PRBS 有足够强的随机性可以保证高级别的安全水平。然而，正如下面所述，Logistic 映射和 DCNN 的混沌轨迹都不服从均匀分布，这导致由这些混沌轨迹产生的 PRBS 的随机性比较弱[89]。

对于 CBSX-I 算法使用的 Logistic 映射，将映射 (2.1) 在随机初始条件和控制参数下迭代 $10^5$ 次，分析产生的混沌轨迹的分布特征。由于所有的分布彼此接近，仅给出图 3.7 中所示样例加以说明。显然，混沌轨迹的非均匀分布将不可避免地弱化伪随机序列 $\{B_i\}$ 的随机性能[147]。为验证这一点，使用美国国家标准

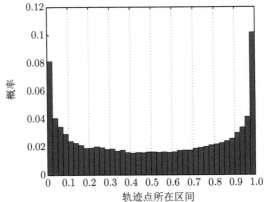

图 3.7 控制变量 $\mu = 3.999$ 时 Logistic 映射轨迹的典型分布

与技术研究所（National Institute of standards and Technology, NIST）定制的统计检验包[126]（它比文献 [148] 中的 TestU01 测试要弱），检测 100 个长度为 $\dfrac{256 \times 256}{8} \times 70 = 573440$（用于加密一幅 256 像素 × 256 像素明文灰度图像所用的比特数目）的二进制序列的随机性能。这 100 个二进制序列通过随机挑选的密钥产生。对于每次测试，采用默认显著性水平 0.01。结果如表 3.3 所示，从中可以看出伪随机序列 $\{B_i\}$ 不满足作为一个好的随机源的要求。

**表 3.3　对 100 个伪随机序列样本执行的 NIST 检测和通过各项测试的序列数**

| 测试项目 | 测试通过的序列数 |
|---|---|
| 频率 | 0 |
| 块频率 | 3 |
| 累积和 | 0 |
| 行程 | 0 |
| 秩 | 82 |
| 离散傅里叶变换 | 32 |
| 非重叠模板匹配 | 0 |
| 系列 | 0 |
| 近似熵 | 0 |

　　对于在文献 [137] 中用到的 DCNN，每个神经元对应的混沌轨迹的非一致性程度更严重，轨迹很少经过相空间的一些区域。下面进行了一些实验进一步分析这个问题①。图 3.8 显示了 DCNN 的两个神经元混沌状态的分布（622600 个混沌状态）。其设置如下：初始条件 $x(t \leqslant 0) = (0.4, 0.6)^{\mathrm{T}}$，$\tau(t) = 1 + 0.1 \sin t$，式 (3.7) 的三个矩阵设定为

$$A = \begin{bmatrix} 2 & -0.1 \\ -5 & 3 \end{bmatrix}, \quad B = \begin{bmatrix} -1.5 & -0.1 \\ -0.2 & -2.5 \end{bmatrix}, \quad C = \begin{bmatrix} 1 & 0 \\ 0 & 1 \end{bmatrix}$$

时间步长 $h = 0.01$ 用于仿真 DCNN 的数值求解。

　　图 3.8 显示的分布图意味着伪随机序列 $\{B_i\}$ 的随机性比 Logistic 映射生成的序列更弱。此外，存在另一个影响 DCNN 生成伪随机序列的随机性的严重问题：DCNN 是一个有连续轨迹的模拟 (analogue) 动力系统，这意味着通过一个数值仿真算法获得的任意两个相邻混沌状态总是强相关的。因此，产生于相邻混沌状态的混沌比特也是强相关的。而且，时间步长 $h$ 越小，这个相关性就越强。然而，3.4.3 节提到时间步长 $h$ 应该足够小以便充分逼近 DCNN 的真实动力学。换句话说，相邻比特之间的强相关性是使用像 DCNN 这样的模拟动力系统生成伪随机序列不可避免的缺陷。

---

　　① 实验中涉及的带时间延迟时滞微分方程的数值求解，采用文献 [149] 设计的逼近方法，并使用相同默认容忍度。

为了评估 DCNN 生成伪随机序列 $\{B_i\}$ 的实际随机性,对图 3.8 所示轨迹 $\{B_i\}$ 的前 20000 个比特进行了行程测试 (run test) [2],其中二进制序列行程的定义在文献 [126] 中给出:一个长度为 $k$ 的行程只包含 $k$ 个相同比特,其两端都以相反的比特为界。测试结果如图 3.9所示。作为对比,绘制了理想随机二进制序列中各长度行程数量的期望值的分布图。观察图 3.9 可发现,通过 DCNN 产生伪随机序列的随机性明显很弱。由于 $\{B_i\}$ 的弱随机性,预计 $\{A_j\}$ 和 $\{D_j\}$ 也远非随机,这可从图 3.10所示的 $\left\{\left\lfloor A_j/2^{22}\right\rfloor\right\}_{j=0}^{16383}$ 和 $\{D_j\}_{j=0}^{16383}$ 的分布图观察到。注意图 3.10 的两幅子图中仅绘制了存在于序列中的值的数量。

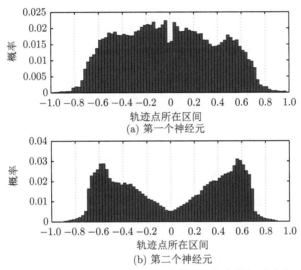

(a) 第一个神经元

(b) 第二个神经元

图 3.8　DCNN 方程 (3.7) 两个神经元状态的经验分布

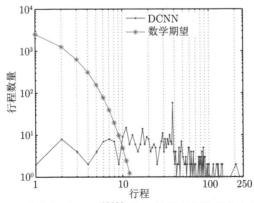

图 3.9　DCNN 生成序列 $\{B_i\}_{i=0}^{19999}$ 的 $k$ 比特行程数量分布与理想值对比

由于序列 $\{A_j\}$ 和 $\{D_j\}$ 的分布极不均匀, 基于 DCNN 的 CBSX-Ⅱ 算法的加密性能可能不尽如人意。如图 3.10 所示, $A_j = D_j = 0$ 的概率相对较高, 意味着在这种情况下加密完全失效。对于两幅经典图像 "Lenna" 和 "Peppers", CBSX-Ⅱ 算法的加密结果见图 3.3, 其中使用的密钥与图 3.8 中设置一致。由图可以看到密文图像泄露了一些有关明文图像的视觉信息。作为比较, 基于 Logistic 映射的 CBSX-Ⅰ 算法的加密结果如图 3.5 所示, 其中使用了文献 [136] 中采用的密钥: $x(0) = 0.1777$, $\mu = 3.9999995$。对比图 3.3 和图 3.5 可以发现, 基于 DCNN 的 CBSX-Ⅱ 算法的加密性能比基于 Logistic 映射的 CBSX-Ⅰ 算法更差。

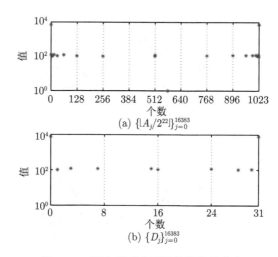

图 3.10　两个序列中不同值的数目分布

### 2. CBSX-Ⅱ 算法的不恰当子密钥

文献 [137] 规定每个神经元的转移/时间延迟函数和数值算法本身也是密钥的一部分。然而, 算法的细节一般嵌入在加解密码器的代码里, 所以可通过分析加解密码器逆向获取 [150]。因此, 它们不能确保所设计的密码系统的安全性能, 不适合用作密钥的一部分 [1]。

当然, 如果在密码系统中嵌入了多个候选算法, 那么可引入一个子密钥秘密地选择其中一个用于加密和解密。如果使用这个方法, 则子密钥空间的尺寸受限于候选算法的数目。由于这个密钥空间不足, 以至于该密码系统无法应用于实际操作中。

本算法中存在另一个有关其他子密钥的问题。当混沌神经系统的结构固定时, 需对控制参数的值施加一些限制以确保动力系统的混沌性能 [151]。为了逼近 DCNN 的真实动力学, 时间步长必须足够小。数值算法时间步长范围同样存在这个可用性问题, 这在某种程度上会缩小 CBSX-Ⅱ 算法的密钥空间。

3. 加密结果针对明文变化的低敏感度

正如密码学中普遍接受的要求：一个好的密码系统应对明文的细微变化足够敏感[152]。然而，文献 [136] 和 [137] 中设计的加密算法都不满足这个要求。如式 (3.5) 和式 (3.8) 所示，在使用相同密钥（即 $A_j$ 和 $D_j$ 都相同）加密的情况下，$P_j$ 中一个比特改变仅引起 $C_j$ 的一个比特发生改变。如果存在两个比特有不同的值，则它们之间的距离模 $L$ 后的值也将在加密前后保持不变。

## 3.5　针对 RCES 算法的密码分析

本节详细分析 RCES 算法的安全性能，并得到如下结果：① RCES 算法抵抗穷举攻击的安全性能被高估；② 所需明文图像的数目仅为 $O(1)$，实际上一幅或两幅明文图像便已足够攻击算法；③ 提出两种有效的已知明文攻击，它们可以组合起来构成近乎完美的攻击；④ 在选择明文攻击的场景下，针对 RCES 算法的攻击性能可进一步提高。

### 3.5.1　针对 RCES 算法的穷举攻击

在文献 [85] 和 [142] 中, 设计者认为所用伪随机序列 $\{b(i)\}_{i=0}^{3MN/2-1}$ 有 $3MN/2$ 个比特，RCES 算法抵抗穷举攻击的复杂度是 $O\left(2^{3MN/2}\right)$。然而，这个结论并不正确，因为这 $3MN/2$ 个比特由 Logistic 映射 (2.1) 的控制参量 $\mu$ 和初始条件 $x(0)$ 唯一确定，仅有 48 个秘密比特。这意味着 RCES 算法的密钥熵仅为 48。考虑到并不是所有的 $\mu$ 值都能使 Logistic 映射达到混沌状态，密钥熵应该小于 48。为了简化下面的分析，假定密钥熵 $K_\mu < 48$，因此穷举搜索所有可能密钥的总数仅为 $2^{K_\mu}$。按文献 [85] 分析，RCES 算法的时间复杂度为 $O(MN)$，所以抵抗穷举攻击的时间复杂度为 $O\left(2^{K_\mu}MN\right)$。假定 $K_\mu = 48$，对于一幅尺寸为 256 像素 × 256 像素的经典图像，复杂度约为 $O\left(2^{64}\right)$，这明显小于文献 [85] 和 [142] 中提到的抵抗穷举攻击的复杂度 $O\left(2^{3MN/2}\right) = O\left(2^{98304}\right)$。

注意，攻击者不知道明文图像的任何信息，不得不寻找方法自动验证每个猜测的密钥，可以通过计算相邻像素的差值分布来判断。如果待验证的密钥是错的，解密的结果如同噪声，其相邻像素的差值分布接近均匀分布；反之，解密结果是自然图像，其相邻像素差值的分布接近拉普拉斯分布。这个验证过程的时间复杂度也是 $O(MN)$。

### 3.5.2　已知明文攻击 1：使用掩模图像

给定已知明文图像和它对应的密文图像，很容易得到掩模图像 $f_m$。它可用作密钥 $(\mu, x(0))$ 的等价密钥解密任意使用相同密钥加密、尺寸不比 $f_m$ 大的密文图像。当已知两幅或者多幅明文图像时，可重建互换标志矩阵 $Q$ 以增强掩模图像 $f_m$ 的攻击性能。

1. 从一对已知明密文图像获取 $f_m$

假定攻击者已知一幅尺寸为 $M$ 像素 $\times N$ 像素的明文图像 $f_K$ 和对应的密文图像 $f'_K$，那么可以简单地对明文图像和密文图像逐像素进行 XOR 运算获得 $f_m$：$f_m(l) = f_K(l) \oplus f'_K(l)$，其中 $l = 0, 1, \cdots, MN - 1$。然后，攻击者可将掩模图像和密文图像逐像素进行异或运算以恢复明文图像：$f(l) = f'(l) \oplus f_m(l)$。如果像素 $f(l)$ 未被互换，则 $f(l) = f'(l) \oplus f_m(l)$ 成立；否则 $f(l) = f'(l) \oplus f_m(l)$ 一般不成立。假定式 (3.10) 使用的比特 $b(24k + 16 + i)$ 服从均匀分布[①]，预计大约一半的明文像素未被互换，可以被 $f_m \oplus f'$ 成功解密。直观上看，一半明文像素应该足够暴露明文图像的主要视觉信息和一些细节。

使用标准随机数生成函数 rand() 和密钥 $(\mu, x(0)) = (3.915264, 0.2526438)$ 进行实验，以验证掩模图像 $f_m$ 在此攻击中的真实性能。已知明文图像 $f_{\text{Lenna}}$ 和对应密文图像 $f'_{\text{Lenna}}$ 如图 3.11所示。获得的掩模图像 $f_m = f_{\text{Lenna}} \oplus f'_{\text{Lenna}}$ 如图 3.12 所示。对于一幅未知的明文图像 $f_{\text{Peppers}}$ (图 3.13(a))，使用掩模图像 $f_m$

(a) 已知明文图像 $f_{\text{Lenna}}$　　　　　　(b) 密文图像 $f'_{\text{Lenna}}$

图 3.11　已知明文图像 "Lenna" 和对应的密文图像

图 3.12　源自 $f_{\text{Lenna}}$ 和 $f'_{\text{Lenna}}$ 的掩模图像 $f_m$

---

① 由于自变量的密度函数不均匀，严格地说 Logistic 映射并不能保证每个生成比特的均衡分布[153]。不失一般性，理所当然地认同这个假定以便简化理论分析。

从密文图像 $f'_{\text{Peppers}}$ 恢复它。恢复结果 $f^*_{\text{Peppers}} = f_m \oplus f'_{\text{Peppers}}$ 以及与原图像之间的差值图像 $|f^*_{\text{Peppers}} - f_{\text{Peppers}}|$ 分别如图 3.14(a) 和图 3.14(b) 所示。意外地发现解密性能比预期好得多：看起来大部分（远大于 50%）的像素被成功恢复，而且恢复了几乎所有重要的视觉细节。

(a) 明文图像 $f_{\text{Peppers}}$     (b) 密文图像 $f'_{\text{Peppers}}$

图 3.13    攻击者未知的明文图像 "Peppers" (256 像素 × 256 像素) 及其密文图像

(a) 使用 $f_m$ 恢复的明文图像 $f^*_{\text{Peppers}}$     (b) 恢复误差 $|f^*_{\text{Peppers}} - f_{\text{Peppers}}|$

图 3.14    使用从 "Lenna" 获得的 $f_m$ 恢复的明文图像

观察图 3.14 显示的恢复误差 $|f^*_{\text{Peppers}} - f_{\text{Peppers}}|$，看起来已精确恢复大部分明文像素。但是，统计数据显示 $f^*_{\text{Peppers}} - f_{\text{Peppers}}$ 中有 33834 个像素的值不为零。也就是说，$33834/(256 \times 256) \times 100\% \approx 51.63\%$ 的像素没有被精确恢复。下面讨论使用 $f_m$ 解密仅获得一半像素就可以有效地在视觉上恢复明文图像的大部分像素的原因。考虑已知明文图像的两个相邻像素 $f(2i)$、$f(2i+1)$ 以及它们对应的密文像素 $f'(2i)$、$f'(2i+1)$，其中 $i = 0, 1, \cdots, MN/2-1$。在掩模图像 $f_m$ 中，这两个像

素对应的元素分别为 $f_m(2i) = f(2i) \oplus f'(2i)$ 和 $f_m(2i+1) = f(2i+1) \oplus f'(2i+1)$。因为所有的恢复错误都是由相邻明文像素发生位置互换的像素引起的，所以从理论上分析掩模图像 $f_m$ 的恢复性能只需考虑互换像素对应的元素。假定像素 $f(2i)$ 和 $f(2i+1)$ 在加密过程被互换，则有 $f'(2i) = f(2i+1) \oplus \text{Seed}(2i)$ 和 $f'(2i+1) = f(2i) \oplus \text{Seed}(2i+1)$。因此，有

$$f_m(2i) = f^{(\oplus)}(2i) \oplus \text{Seed}(2i) \tag{3.20}$$

$$f_m(2i+1) = f^{(\oplus)}(2i) \oplus \text{Seed}(2i+1) \tag{3.21}$$

其中，$f^{(\oplus)}(2i) = f(2i) \oplus f(2i+1)$。

考虑密文图像 $f_1'$ 和对应的明文图像 $f_1$。假定通过 $f_m$ 恢复的明文图像是 $f_1^*$，则恢复的明文像素 $f_1^*(2i)$ 和 $f_1^*(2i+1)$ 满足命题 3.1 和推论 3.1。

**命题 3.1**　公式 $f_1^*(2i) \oplus f_1(2i) = f_1^*(2i+1) \oplus f_1(2i+1) = f^{(\oplus)}(2i) \oplus f_1^{(\oplus)}(2i)$ 成立，其中 $i \in \{0, 1, \cdots, MN/2 - 1\}$。

**证明**　由式 (3.20) 和 $f_1'(2i) = f_1(2i+1) \oplus \text{Seed}(2i)$ 有

$$\begin{aligned} f_1^*(2i) &= f_m(2i) \oplus f_1'(2i) \\ &= \left(f^{(\oplus)}(2i) \oplus \text{Seed}(2i)\right) \oplus \left(f_1(2i+1) \oplus \text{Seed}(2i)\right) \\ &= f^{(\oplus)}(2i) \oplus f_1(2i+1) \end{aligned}$$

进一步，可得

$$\begin{aligned} f_1^*(2i) \oplus f_1(2i) &= f^{(\oplus)}(2i) \oplus f_1(2i+1) \oplus f_1(2i) \\ &= f^{(\oplus)}(2i) \oplus f_1^{(\oplus)}(2i) \end{aligned}$$

同理，可得 $f_1^*(2i+1) \oplus f_1(2i+1) = f^{(\oplus)}(2i) \oplus f_1^{(\oplus)}(2i)$。证毕。

**推论 3.1**　当 $f(2i) = f(2i+1)$ 时，有 $f_1^*(2i) = f_1(2i+1)$ 和 $f_1^*(2i+1) = f_1(2i)$。

**证明**　这个推论的结果是命题 3.1 在 $f^{(\oplus)}(2i) = 0$ 时的特例。

**引理 3.1**　如果 $a \oplus b = c$，那么 $|a - b| \leqslant c$。

**证明**　用如下二进制形式表示整数 $c$：

$$c = (0, \cdots, 0, c_{n-1} = 1, \cdots, c_i, \cdots, c_1, c_0)_2$$

类似地，将 $a$ 和 $b$ 表示成

$$a = (a_{N-1}, \cdots, a_{n-1}, \cdots, a_i, \cdots, a_1, a_0)_2$$

$$b = (b_{N-1}, \cdots, b_{n-1}, \cdots, b_i, \cdots, b_1, b_0)_2$$

从条件 $a \oplus b = c$，推得对任意 $j = n, n+1, \cdots, N-1$，有 $a_j = b_j$。因此，有

$$|a - b| = \left| \sum_{i=0}^{N-1} (a_i - b_i) 2^i \right|$$

$$= \left| \sum_{i=0}^{n-1} (a_i - b_i) 2^i \right|$$

$$\leqslant \sum_{i=0}^{n-1} (|a_i - b_i| 2^i)$$

因为 $|a_i - b_i| = a_i \oplus b_i = c_i$，所以 $|a - b| \leqslant \sum_{i=0}^{n-1} (c_i 2^i) = c$。该引理得证。

由命题 3.1 和引理 3.1 可以得到恢复误差 $|f_1^*(2i) - f_1(2i)|$ 和 $|f_1^*(2i+1) - f_1(2i+1)|$ 的一个上界，即

$$|f_1^*(2i) - f_1(2i)| \leqslant f^{(\oplus)}(2i) \oplus f_1^{(\oplus)}(2i) \tag{3.22}$$

$$|f_1^*(2i+1) - f_1(2i+1)| \leqslant f^{(\oplus)}(2i) \oplus f_1^{(\oplus)}(2i) \tag{3.23}$$

由于自然图像的相邻像素之间的强相关性，所以相邻像素间的差值满足类高斯分布。因此，$f^{(\oplus)}(2i)$ 也将服从单侧类高斯分布，这意味着通过 $f_m$ 恢复的每个明文像素的恢复误差也服从类高斯分布。恢复误差的类高斯分布实际上意味着大部分恢复像素接近于原明文像素的真实值。由此，图 3.14 中 $f_m$ 令人意外的恢复性能可得到合理解释。

针对明文图像 $f_{\text{Peppers}}$，绘制一些差分图像的直方图来论证上述理论结果。定义两幅尺寸为 $(M-1)$ 像素 $\times N$ 像素的差分图像 $f^{(-)}$ 和 $f^{(\oplus)}$：

$$f^{(-)}(x, y) = f(x, y) - f(x+1, y)$$

$$f^{(\oplus)}(x, y) = f(x, y) \oplus f(x+1, y)$$

其中，$x = 0, 1, \cdots, M-2$；$y = 0, 1, \cdots, N-1$。

对应这两个差分定义，图像 $f_{\text{Peppers}}$ 差分图像的直方图如图 3.15 所示。当 $f = f_{\text{Lenna}}$、$f_1 = f_{\text{Peppers}}$ 时，$f^{(\oplus)} \oplus f_1^{(\oplus)}$ 和 $|f_{\text{Peppers}}^* - f_{\text{Peppers}}|$ 的直方图见图 3.16。显然，图 3.16 与式 (3.22) 和式 (3.23) 十分吻合。上述关于恢复误差的理论分析只考虑发生互换的像素，$|f_{\text{Peppers}}^* - f_{\text{Peppers}}|$ 的直方图没有统计未发生互换的像素。

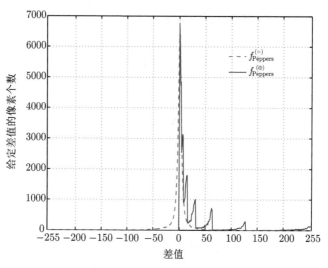

图 3.15  图像 $f_{\text{Peppers}}^{(-)}$ 和 $f_{\text{Peppers}}^{(\oplus)}$ 的直方图

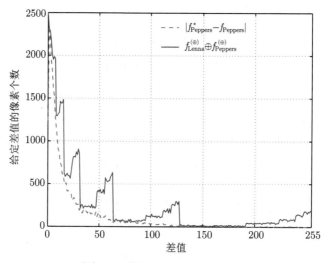

图 3.16  图像 $f_{\text{Lenna}}^{(\oplus)} \oplus f_{\text{Peppers}}^{(\oplus)}$ 和 $|f_{\text{Peppers}}^{*} - f_{\text{Peppers}}|$ 的直方图

因为所有的恢复误差都是由互换像素引发的，如果可识别一些互换像素，图像的恢复性能将更好。下面讨论攻击者通过两种方式来分辨发生位置互换的像素：手工检测可视噪声；对由不同已知明文图像获得的多幅掩模图像进行"求交"。

2. 使用更多的密文图像修补 $f_m$

假定一幅密文图像对应的明文图像不包含椒盐脉冲噪声，那么可以断定恢复明文图像中所有这类噪声所在位置的像素发生了位置互换。观察图 3.14(a) 所示

的恢复明文图像 $f_{\text{Peppers}}^*$，可以发现很多肉眼可分辨的噪声。它们对应已知明文图像 $f_{\text{Lenna}}$ 的强边缘（图 3.14(b)）。根据命题 3.1，强边缘意味着 $f^{(\oplus)}(x)$ 的值（上界）较大，因此产生了椒盐噪声。

一旦一些互换像素被分辨，可生成一个用于标记互换发生位置的 $(0,1)$-矩阵 $Q = [q_{i,j}]_{M \times N}$，其中 $q_{i,j} = 1$ 表示 $(i,j)$ 位置的像素发生了互换；否则 $q_{i,j} = 0$。类似地，$Q$ 可表示为一维形式：$Q = \{q(l)\}_{i=0}^{MN-1}$。使用互换矩阵，掩模图像 $f_m$ 可以进行修正，对 $i = 0, 1, \cdots, MN/2 - 1$，如果 $q(2i) = 1$ 或者 $q(2i+1) = 1$，$f_m(2i)$ 和 $f_m(2i+1)$ 的值可重新计算：$f_m(2i) = f(2i) \oplus f'(2i+1)$ 和 $f_m(2i+1) = f(2i+1) \oplus f'(2i)$；否则 $f_m(2i)$ 和 $f_m(2i+1)$ 保持不变。使用修正的 $f_m$ 和互换矩阵 $Q$，按如下两个步骤解密密文图像：

(1) 用 $f_m$ 异或密文图像以获取初始恢复的明文图像 $f^*$；

(2) 对 $i = 0, 1, \cdots, MN/2 - 1$，如果 $q(2i) = 1$ 或 $q(2i+1) = 1$，则互换两个相邻像素 $f^*(2i)$ 和 $f^*(2i+1)$。

如果攻击者可获得更多用相同密钥加密的密文图像，则可识别更多互换像素，并使用 $f_m$ 和 $Q$ 得到更好的恢复效果。这意味着从密文图像中可以更多地获得进一步改进攻击效果的信息。

3. 使用更多已知明文图像修补 $f_m$

如果有两幅或者更多幅用同一密钥加密的已知明文图像和对应的密文图像，则可成功识别大部分互换像素，从而达到几乎完美的恢复效果。给定 $n \geqslant 2$ 幅已知明文图像 $f_1, f_2, \cdots, f_n$ 和对应的密文图像 $f_1', f_2', \cdots, f_n'$，可得到 $n$ 幅掩模图像 $f_m^{(i)} = f_i \oplus f_i'$ $(i = 1, 2, \cdots, n)$。显然，如果第 $l$ 像素未被互换，则 $\forall i \neq j$，$f_m^{(i)}(l) = f_m^{(j)}(l)$。换言之，如果 $f_m^{(i)}(l) \neq f_m^{(j)}(l)$，则可以断定此位置的像素被互换。因此，通过比较 $n$ 幅掩模图像的元素，可以分辨一些互换像素对应的位置。按照上述同样的方法，可用获得的互换标记矩阵 $Q$ 修正 $f_m$。最后应用修正的 $f_m$ 和互换标记矩阵 $Q$，对密文图像施加异或运算和互换运算以获得明文图像。

由式 (3.20) 和式 (3.21) 可知，$f_m^{(i)}(l) \neq f_m^{(j)}(l)$ 与 $f_i^{(\oplus)}(2i) \neq f_j^{(\oplus)}(2i)$ 的发生概率相同，其中 $l \in \{2i, 2i+1\}$。假定 $n$ 幅掩模图像之间互相独立，每个元素都均匀分布在集合 $\{0, 1, \cdots, 255\}$ 上，则 $f_m^{(i)}(l) \neq f_m^{(j)}(l)$ 的概率将是 $1 - 256^{-1} \approx 0.996$。这意味着仅两幅掩模图像足以分辨几乎所有的互换像素。然而，因为掩模图像的元素一般不是相互独立的，$f_m(l)$ 不服从均匀分布，所以真实概率小于 $1 - 256^{-1}$。幸运的是，对于大部分自然图像，这个概率仍非常接近 $1 - 256^{-1}$，因此两幅已知明文图像仍足以分辨大部分互换像素。给定两幅已知明文图像 "Lenna"（图 3.11(a)）和 "Babarra"（图 3.17(a)），针对图像 "Peppers" 的攻击效果见图 3.17(b)。因此，可以看到恢复的明文图像几乎完美，只有 952 个（约占 1.45%）像素没有被精确恢复。

(a) 另一幅已知明文图像$f_{\text{Babarra}}$　　(b) 恢复的明文图像$f_{\text{Peppers}}^{**}$

图 3.17　使用两幅明密文图像针对图像 "Peppers" 的密文进行解密的效果

### 4. 使用图像处理技术优化恢复明文图像

为了改善恢复明文图像的视觉效果，可使用一些降噪技术减小恢复误差。对于图 3.14(a) 中恢复的明文图像 $f_{\text{Peppers}}^*$，采用 $3 \times 3$ 中值滤波进行增强，结果如图 3.18(a) 所示。它与原明文图像的差值图像 $|f_{\text{Peppers}}^* - f_{\text{Peppers}}|$ 如图 3.18(b) 所示。由图可以看到 $f_{\text{Peppers}}^*$ 的视觉质量显著增强。值得注意的是，一些更复杂的图像处理技术也可进一步增强恢复的明文图像，3.5.5 节将介绍一种特定方法。

(a) 增强后的效果　　　　(b) 增强后与原始明文图像间的差值

图 3.18　使用 $3 \times 3$ 中值滤波增强恢复的明文图像 $f_{\text{Peppers}}^*$

### 3.5.3　已知明文攻击 2：获取混沌映射的控制参数

在前面讨论的基于掩模图像的攻击中，假定 $f_m$ 的尺寸是 $M$ 像素 $\times$ $N$ 像素。显然，对于一幅较大的密文图像，只有前 $MN$ 像素可通过 $f_m$（可能还有 $Q$）恢复。为了解密更多像素，必须先获取秘密控制参数 $\mu$ 和 $x(MN/16-1)$ 之前的混

沌状态 $x(k)$，然后计算 $x(MN/16-1)$ 之后更多的混沌状态。换句话说，应该彻底找到该混沌映射。实际上，即使仅已知一幅明文图像，攻击者依然可能以高概率、充分小的复杂度实现这个目标。类似地，已知明文图像的数目越多，概率越趋近于 1，$k$ 值就越小，同时攻击复杂度也就越低。

1. 由 $f_m$ 猜测混沌状态 $x(k)$

在第 $k$ 个像素块中，对于任意未互换像素 $f(16k+j)$，有

$$f_m(16k+j) = f(16k+j) \oplus f'(16k+j) = \text{Seed}(16k+j)$$

它一定是集合

$$S_4 = \left\{ \text{Seed1}(k), \overline{\text{Seed1}(k)}, \text{Seed2}(k), \overline{\text{Seed2}(k)} \right\}$$

中的元素。因此，如果有足够多的未互换像素，$\text{Seed1}(k)$ 和 $\text{Seed2}(k)$ 的正确值可通过枚举 $f_m(16k+0) \sim f_m(16k+15)$ 中所有的 2-值和 1-值组合获得 [①]。为了剔除 $\text{Seed1}(k)$ 和 $\text{Seed2}(k)$ 的大部分错误值，下列信息可用作验证条件：

(1) $B(k,j)$ 和 $(\text{Seed1}(k), \text{Seed2}(k))$ 均由 $\{b(24k+j)\}_{j=0}^{15}$ 产生；

(2) $\text{Seed}(16k+j)$ 由 $B(k,j)$ 唯一确定且 $(\text{Seed1}(k), \text{Seed2}(k))$ 满足式 (3.11)。

对于每一个满足上述约束条件的穷举值，对应的混沌状态 $x(k) = 0.b(24k+0)b(24k+1)\cdots b(24k+23)$ 的推导过程如下。

(1) 从 $\text{Seed1}(k)$ 和 $\text{Seed2}(k)$ 获得 $\{b(24k+i)\}_{i=0}^{15}$；

(2) 根据以下规则重新构造 $\{b(24k+16+i)\}_{i=0}^{7}$：如果 $f_m(16k+2i) \in S_4$ 和 $f_m(16k+2i+1) \in S_4$ 都成立，则 $b(24k+16+i) = 0$，否则 $b(24k+16+i) = 1$。

注意 $\{b(24k+16+i)\}_{i=0}^{7}$ 中的最低 8 比特会产生一些额外错误，这将使得推出的混沌状态 $x(k)$ 出错。显然，该错误是由互换像素引起的，它们在 $f_m$ 中的对应元素属于 $S_4$。下面分析此类误差的发生概率 $p_{\text{se}} = \text{Prob}[f_m(l) \in S_4]$。对于第 $k$ 个像素块的任意互换像素 $f(l)$，根据式 (3.20) 和式 (3.21)，可得

$$p_{\text{se}} = \text{Prob}\left[ f^{(\oplus)}(l) \in S_4^{(\oplus)} \right]$$

其中，$l = 16k+0, 16k+1, \cdots, 16k+15$；$f^{(\oplus)}(l) = f(2\lfloor l/2 \rfloor) \oplus f(2\lfloor l/2 \rfloor + 1)$；$S_4^{(\oplus)} = \{\text{Seed1}(k) \oplus \text{Seed}(l), \overline{\text{Seed1}(k)} \oplus \text{Seed}(l), \text{Seed2}(k) \oplus \text{Seed}(l), \overline{\text{Seed2}(k)} \oplus \text{Seed}(l)\}$。

考虑到 $f^{(\oplus)}$ 的类高斯分布 (图 3.15) 和 $0 \in S_4^{(\oplus)}$，对于自然图像，$p_{\text{se}}$ 一般不能忽略。不失一般性，假定序列 $\{b(i)\}$ 中的每个比特在集合 $\{0,1\}$ 上均匀分布且任意两个比特互相独立，可得

---

① 因为 $\text{Seed1}(k) = \text{Seed2}(k)$ 会以较小的概率发生，所以包括单值组合。

$$P_1 = \text{Prob}[x(k) \text{ 正确}] = \sum_{i=0}^{8} (p_b(8, i) p_c^i)$$

其中，$p_b(8, i) = \binom{8}{i} \times 2^{-8}$ 表示存在 $i$ 对互换像素的概率；$p_c = 1 - p_{\text{se}}$。

关于概率 $P_1 = \text{Prob}[x(k)\text{正确}]$ 与 $p_c$ 的关系，如图 3.19所示。

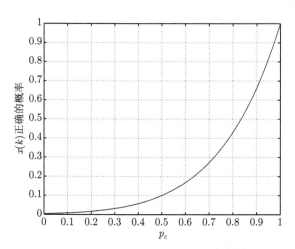

图 3.19 概率 $P_1 = \text{Prob}[x(k)\text{正确}]$ 与 $p_c$ 的关系

### 2. 由两个相邻混沌状态推导 $\mu$

给定两个相邻混沌状态 $x(k)$ 和 $x(k+1)$，秘密控制参量 $\mu$ 的估计值为 $\tilde{\mu}_k = \dfrac{x(k+1)}{x(k)(1-x(k))}$。由于量化误差的不良影响，一般情况下 $\tilde{\mu}_k \neq \mu$。众所周知，混沌映射对初始条件的波动非常敏感，因此使用 $\mu$ 的近似值作为控制参数将产生完全不同的混沌状态。这意味着 $\tilde{\mu}_k$ 不能替代 $\mu$ 直接作为密钥。幸运的是，根据定理 3.3 给出的关于 $\tilde{\mu}_k$ 的误差分析，当 $x(k+1) \geqslant 2^{-n} (n=1,2,\cdots,24)$ 时，$|\tilde{\mu}_k - \mu| < 2^{n+3} \times 2^{-24}$。特别地，当 $x(k+1) \geqslant 2^{-1} = 0.5$ 时，可在 $\tilde{\mu}_k$ 的邻域内穷举搜索 $2^{1+3} = 16$ 个可能值找到 $\mu$ 的正确值。为了验证 $\mu$ 的哪一个猜测值是正确的，先将 Logistic 映射从 $x(k+1)$ 迭代至 $x(MN/16-1)$，然后核对在 $f_m$ 中对应的元素是否符合计算得到的混沌状态。一旦有一个不吻合，则舍弃当前的猜测值，尝试下一个猜测值。为了尽可能减小验证复杂度，可仅检查序号离 $x(k+1)$ 足够大的若干混沌状态，这样能排除大部分甚至所有 $\tilde{\mu}_k$ 的错误值。最后对通过前期验证的少数可能值再检查 $x(k+2) \sim x(MN/16-1)$ 的所有混沌状态。

**定理 3.3** 假设 Logistic 映射 $x(k+1) = \mu \cdot x(k) \cdot (1-x(k))$ 使用 $L$ 比特

定点运算,则控制参数 $\mu$ 的估计误差 $\Delta\mu = \widetilde{\mu} - \mu$ 满足

$$|\Delta\mu| < \frac{1}{2^{L-3} \cdot x(k+1)}$$

其中,$\widetilde{\mu} = \dfrac{x(k+1)}{x(k) \cdot (1 - x(k))}$。

**证明** 显然,$\widetilde{\mu}$ 的估计误差是由向前混沌迭代 $x(k+1) = \mu \cdot x(k) \cdot (1 - x(k))$ 产生的量化误差 $\Delta x(k+1)$ 引起的。在 $L$ 比特定点有限精确度下,向上和向下取整的量化误差都不超过 $2^{-L}$,四舍五入取整的量化误差不超过 $2^{-(L+1)}$。因为在每次向前混沌迭代中存在两次 $L$ 比特数字乘法,满足

$$\overline{x(k+1)} = (\mu \cdot x(k) + \Delta_1 x(k+1)) \cdot (1 - x(k)) + \Delta_2 x(k+1)$$

$$= \mu \cdot x(k) \cdot (1 - x(k)) + \Delta_1 x(k+1) \cdot (1 - x(k)) + \Delta_2 x(k+1)$$

$$= x(k+1) + \Delta x(k+1)$$

其中,$\overline{x(k+1)}$ 是 $x(k+1)$ 的真实值;$\Delta x(k+1) = \Delta_1 x(k+1) \cdot (1 - x(k)) + \Delta_2 x(k+1)$。

然后可得 $|\Delta x(k+1)| \leqslant |\Delta_1 x(k+1)| + |\Delta_2 x(k+1)| < 2^{-L} + 2^{-L} = 2^{-(L-1)}$。根据这个结果,可估计量化误差

$$|\Delta\mu| = \left| \frac{\Delta x(k+1)}{x(k) \cdot (1 - x(k))} \right|$$

$$= \left| \frac{\Delta x(k+1)}{x(k+1)} \cdot \frac{x(k+1)}{x(k) \cdot (1 - x(k))} \right|$$

$$= \frac{|\Delta x(k+1)|}{x(k+1)} \cdot \mu$$

$$< \frac{2^{-(L-1)}}{x(k+1)} \cdot 4$$

$$= \frac{1}{2^{L-3} x(k+1)}$$

综合以上分析,寻找两个正确的相邻混沌状态 $x(k)$ 和 $x(k+1)$ 以及 $\mu$ 的正确值的总复杂度为

$$O\left( \frac{2\left( \binom{16}{2} + \binom{16}{1} \right)}{(0.5 P_1)^2} \times 2^{1+3} \right) = O\left( \frac{17408}{P_1^2} \right)$$

这一般比穷举搜索所有可能密钥的复杂度低得多。作为参考值,当 $p_c = 0.7$ 时,复杂度约为 $O\left( 2^{17.8} \right) \ll O\left( 2^{48} \right)$。

3. 猜测两个随机种子 (seeds) 的快速算法

根据上面讨论的搜索过程，找到的正确混沌状态 $x(k)$ 和 $x(k+1)$ 都接近于 $x(0)$。将两个大于 0.5 的混沌状态的相邻出现视为伯努利实验 (Bernoulli experiment)，可得 $k$ 的数学期望为 $\dfrac{1}{(0.5P_1)^2} = \dfrac{4}{P_1^2}$。这意味着攻击者仅需 10 余个已知明文像素就可以获取混沌映射的所有信息[①]。然而，一个明显的缺陷是搜索两个随机种子的复杂度在某种程度上是很大的。实际上，对于每个像素块，可仅测试少量两个值（或单值）的可能组合，而不是全部。如果该像素块不易猜测两个随机种子，则舍弃它转到下一个像素块。遵循这个思路，可设计一种寻找两个随机种子的快速算法。在该快速搜索算法中，找到的正确混沌状态 $x(k)$ 和 $x(k+1)$ 可能与 $x(0)$ 距离较大，所以掩模图像的尺寸必须比 $\dfrac{4}{P_1^2}$ 大得多。这种快速搜索算法基于如下观察：在第 $k$ 个像素块未互换像素越多，则序列 $\{f_m(16k+j)\}_{j=0}^{15}$ 中有更多元素属于集合 $S_4$。相应地，定义一个新的序列 $\left\{\widetilde{f}_m(16k+j)\right\}_{j=0}^{15}$：

$$\widetilde{f}_m(16k+j) = \min\left(f_m(16k+j), \overline{f_m(16k+j)}\right)$$

那么，在第 $k$ 个像素块中未互换像素越多，则 $\left\{\widetilde{f}_m(16k+j)\right\}_{j=0}^{15}$ 有更多元素属于 $S_2$，其中

$$S_2 = \left\{\min\left(\text{Seed1}(k), \overline{\text{Seed1}(k)}\right), \min\left(\text{Seed2}(k), \overline{\text{Seed2}(k)}\right)\right\}$$

因此，假定在第 $k$ 个像素块中有 $n_k$ 对像素没被互换，如果 $n_k$ 充分大，那么在 $\left\{\widetilde{f}_m(16k+j)\right\}_{j=0}^{15}$ 中两个出现频率最高的元素属于 $S_2$ 的概率越高。然而，何时可以说 $n_k$ 充分大呢？在总共 8 对元素中，在 $S_2$ 中平均配对数为 $N(S_2) = n_k + (8-n_k)p_{\text{se}}$，而其他对的数目为 $N(\overline{S_2}) = 8 - N(S_2) = (8-n_k)(1-p_{\text{se}})$。保守起见，令 $N(\overline{S_2}) < \dfrac{N(S_2)}{2}$，这确保了 $S_2$ 的每个元素的发生概率足够高且高于其他所有值。求解这个不等式，可以得到 $n_k \geqslant 6$，它满足 $N(\overline{S_2}) \leqslant 2 < 3 \leqslant \dfrac{N(S_2)}{2}$。

基于上述分析，快速搜索算法可描述如下：

**步骤 1**　生成新的序列 $\left\{\widetilde{f}_m(16k+j)\right\}_{j=0}^{15}$。

**步骤 2**　将 $\left\{\widetilde{f}_m(16k+j)\right\}_{j=0}^{15}$ 所有的值进行排序以寻找出现频率最高的两个值 value1 和 value2。假定它们的数目分别为 num1 和 num2。

---

① 例如，甚至尺寸为 10 像素 × 10 像素的"微小"图像也足够了。

**步骤 3** 如果 $\text{num1} + \text{num2} \geqslant 12$ 和 $\text{num1}, \text{num2} \geqslant 3$，继续下一步；否则令 $k = k + 1$，转而执行步骤 1。

**步骤 4** 在集合 $\widetilde{S}_4 = \left\{ \text{value1}, \overline{\text{value1}}, \text{value2}, \overline{\text{value2}} \right\}$ 中穷举搜索 $\text{Seed1}(k)$ 和 $\text{Seed2}(k)$。

如果 $\left\{ \widetilde{f}_m(16k + j) \right\}_{j=0}^{15}$ 中不止一个值出现频率相同，则这些值在步骤 2 和步骤 3 中都应作为 value1 和 value2 的候选值。在真实的攻击中，一些额外约束（如秘密比特重用）可进一步优化针对不同掩模图像的算法。因为那些不属于 $S_4$ 的值的分布一般未知，难以理论分析快速搜索算法的攻击复杂度。幸运的是，实验表明，复杂度比上述理论分析结果小得多。将快速搜索算法应用于恢复明文图像 $f^*_{\text{Peppers}}$，其结果见图 3.20，其中不同像素块用于提取混沌状态。注意，超过 40 个像素块符合条件可用于提取正确的混沌状态，这里随机选择三个作为示范。图 3.20(d) 给出了针对尺寸为 758 像素 $\times$ 1768 像素图像 "Lenna" 的攻击结果 $f^*_{\text{Peppers2}}$。

(a) 通过第7像素块恢复

(b) 通过第689像素块恢复

(c) 通过第1673像素块恢复

(d) 通过第1673像素块恢复的明文图像 $f^*_{\text{Peppers2}}$

图 3.20 快速搜索算法的演示 (其中 "Lenna" 是唯一已知的明文图像)

下面从理论上分析 $MN$ 至少得多大才能保证快速搜索算法的有效性，这可由满足步骤 2 和步骤 3 必要条件的两个相邻像素块的发生概率决定。假定在序列 $\{b(i)\}$ 中每个比特均匀分布在集合 $\{0,1\}$ 上，且任意两个比特互相独立。一个像素块要求的概率 $P_o$ 满足

$$P_o \geqslant \text{Prob}\left[S_4 = \widetilde{S}_4\right]$$

$$= \text{Prob}\left[\text{Seed1}(k)和\text{Seed2}(k)在 \left\{\widetilde{f}_m(16k+j)\right\}_{j=0}^{15} 至少出现 3 次\right]$$

$$\cdot \text{Prob}\left[\min\left(\text{Seed1}(k),\overline{\text{Seed1}(k)}\right) \neq \min\left(\text{Seed2}(k),\overline{\text{Seed2}(k)}\right)\right]$$

$$= \sum_{n_k=6}^{8}\left(\binom{8}{n_k}2^{-8}\left(1-\sum_{m=0}^{2}\binom{2n_k}{m}2^{-2n_k}\right)\left(1-128^{-1}\right)\right)$$

那么，两个相邻像素块满足要求的发生概率为

$$P_{o2} = P_o^2 \geqslant \text{Prob}\left[S_4 = \widetilde{S}_4\right]^2 = \left(\frac{4699}{2^{15}}\right)^2 \approx 0.02$$

从概率的角度看，这意味着在 $\dfrac{1}{P_{o2}} \approx 50$ 个像素块（约 800 像素）中存在满足要求的两个相邻像素块。因此，已知明文图像的尺寸应该大于 800（这甚至小于一幅 30 像素 × 30 像素图像的尺寸）。所以，这种快速搜索算法是非常有效的攻击。

4. 使用 $f_m$ 和 $Q$ 攻击混沌映射

所有上述算法全部基于仅已知一对明密文图像。当已知多于一对明密文图像时，构造的互换标志 $(0,1)$-矩阵 $Q$ 将十分有助于提高攻击的效率。如前面讨论的，掩模图像 $f_m$ 可根据 $Q$ 中存储的互换信息修正。由于 $f_m$ 中所有修正的元素也在 $S_4$ 中，显然快速搜索算法找到正确随机种子的效率将会提高。此外，互换矩阵 $Q$ 可用来唯一确定 $\{b(24k+16+i)\}_{i=0}^{7}$ 中的一些比特，而无须检查 $\{f_m(16k+2i), f_m(16k+2i+1)\} \subset S_4$。因此，找到正确混沌状态的总复杂度将会更小，攻击将更快成功。当已知两幅或者更多幅明文图像和密文图像时，可顺利分辨大部分互换像素。此时，将可轻易寻找出那些元素都属于 $S_4$ 的 $f_m$ 的像素块，这意味着通过穷举 $S_4$ 中的所有值可以快速猜测 $\text{Seed1}(k)$ 和 $\text{Seed2}(k)$，集合 $\{b(24k+16+i)\}_{i=0}^{7}$ 中的 8 个比特都可以完全确定。

### 3.5.4  针对 RCES 算法的组合已知明文攻击

上述两个已知明文攻击有各自的缺陷：第一种攻击不能解密尺寸大于 $MN$（$f_m$ 的尺寸）的密文图像；第二种攻击不能解密符合搜索条件的混沌状态的位置

之前的像素。可以组合这两种攻击方法构造出克服这些缺点的已知明文攻击方法：使用第一种攻击方法解密 $x(k_r)$ 之前的像素，再使用第二种攻击方法解密其余像素，其中 $k_r$ 为满足 3.5.3 节中搜索条件的 $x_k$ 的位置。图 3.21 给出了已知一幅明文图像条件下这种组合攻击的结果，其中第二种攻击方法恢复的混沌状态选 $x(1673)$（图 3.20(c) 和 (d)）。由于恢复正确率的差异，所以可清楚地看到两次攻击解密部分的边界。

(a) 恢复的明文图像 $f_{\text{Peppers}}$      (b) 恢复的更大明文图像 $f_{\text{Peppers2}}$ (768 像素×768 像素)

图 3.21　组合已知明文攻击的恢复效果

### 3.5.5　针对 RCES 算法的选择明文攻击

显然，所有上述三种已知明文攻击方法可以扩展为选择明文攻击。对于第一种已知明文攻击方法，通过选择一幅像素值固定为同一灰度值的明文图像，使用掩模图像 $f_m$ 可达到更好的恢复效果。给定此类明文图像，根据推论 3.1，任意恢复的明文像素将是明文像素本身或者它的相邻像素。恢复误差是以 $a_1 = f_1(16k + 2i) \oplus f_1(16k + 2i + 1)$ 为上界的。虽然其波动范围依然可能很大，但是可预计恢复明文图像的视觉质量可大幅提高，所有的椒盐脉冲噪声将会消失，边缘抖动效果将会出现。为验证这一点，使用图 3.22(a) 所示的选择明文图像，恢复的明文图像 $f^*_{\text{Peppers}}$ 如图 3.22(c) 所示。显然，恢复明文图像 $f^*_{\text{Peppers}}$ 的视觉质量比图 3.14(a) 中图像要好很多。

与已知明文攻击类似，应用一些图像处理技术，可将选择明文攻击中恢复的明文图像进一步增强，从而取得更好的视觉效果。现在的问题是，是否可用最优化算法来获得最佳视觉效果？答案是肯定的。实际上，已知一幅选择明文图像和对应的密文图像时，使用一种精妙设计的算法可几乎完美地去除所有抖动边缘，而且可重构包含部分互换信息的矩阵 $Q$。下面详细分析该算法的高效性和真实性能。

(a) 选择明文图像$f_{\text{Gray}}$　　　　　　　(b) 掩模图像$f_{\text{Gray},m}$

(c) 恢复的明文图像$f_{\text{Peppers}}^*$　　　　　(d) 差分图像$|f_{\text{Peppers}}^* - f_{\text{Peppers}}|$

图 3.22　选择明文攻击的恢复效果

该算法将图像划分成 $2n$ 像素块分别进行图像增强，其中 $2n$ 可整除 $M$。基本思路是穷举搜索所有像素的最优互换状态以获取最小"差分误差"。对于第 $m$ 个 $2n$ 像素块 $f_B(m) = [f(m \cdot 2n + i)]_{i=0}^{2n-1}$，该算法按如下步骤运行。

(1) 令 $\{b_s(i) = 0\}_{i=0}^{n-1}$，$\Delta_{\min} = 256(n-1)$。

(2) 对于 $(b_0, b_1, \cdots, b_{n-1}) = \overbrace{(0, \cdots, 0)}^{n} \sim \overbrace{(1, \cdots, 1)}^{n}$，执行如下步骤：

① 指定 $A = [a_0, a_1, \cdots, a_{2n-1}] = f_B(m)$；

② 对 $i = 0, 1, \cdots, n-1$，执行 $\text{Swap}_{b_i}(a_{2i}, a_{2i+1})$；

③ 计算 $\Delta A = |a_2 - a_1| + |a_4 - a_3| + \cdots + |a_{2i} - a_{2i-1}| + \cdots + |a_{2n-2} - a_{2n-3}|$；

④ 如果 $\Delta A < \Delta_{\min}$，那么令 $\Delta_{\min} = \Delta A$，$\{b_s(i) = b_i\}_{i=0}^{n-1}$。

(3) 对 $i = 0, 1, \cdots, n-1$，执行 $\text{Swap}_{b_s(i)}(f(m \cdot 2n + 2i), f(m \cdot 2n + 2i + 1))$。

(4) 令互换矩阵 $Q$ 中对应 $b_s(i) = 1$ 的元素为 1。

上面整个算法的复杂度是 $O(2^n MN)$。当 $M = N = 256$ 且 $n = 8$ 时，它小于

$2^{24}$，即使在个人计算机上也是可行的。对于图 3.22(c) 中恢复的明文图像 $f^*_{\text{Peppers}}$，对上面的增强算法使用参量 $n = 8$ 进行检测，所得结果见图 3.23(a) 和 (b)。虽然增强的明文图像有 14378 像素（约占 21.94%）与原始明文图像不同，但是它的视觉效果如此完美，以至于肉眼分辨不出任何图像视觉质量上的瑕疵。实际上，从某种程度上讲，由于前者的每个 $2n$ 像素块的累积差分误差达到了最小值，所以增强后的明文图像可以视为一个更好的原始版本。从这个角度看，该优化算法也可用于改善经已知明文攻击恢复的明文图像的视觉效果。对于图 3.14(a) 中恢复的明文图像，增强后的结果见图 3.23(c) 和 (d)。由图可以看到，在图 3.14(a) 中图像的抖动边缘已经被清除。

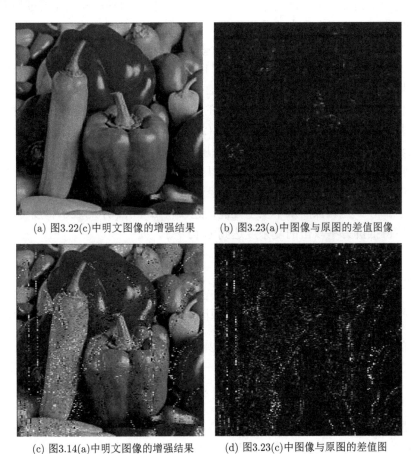

(a) 图3.22(c)中明文图像的增强结果     (b) 图3.23(a)中图像与原图的差值图像

(c) 图3.14(a)中明文图像的增强结果     (d) 图3.23(c)中图像与原图的差值图

图 3.23 当 $n = 8$ 时最优化算法的增强性能

在上面的图像增强算法中，大部分互换运算可通过对 $f_B(m)$ 的累积差分误差使用"最小检测规则"而识别。这意味着 $Q$ 中大部分元素是正确的，可用来恢复

互换指令比特序列 $\{b(24k+16+i)\}_{i=0}^{7}$ 的真实值。一旦发现 $Q$ 中有 32 个相邻正确的元素 (两个 16 像素块),与第二种已知明文攻击中的情形类似,可据此推导出 $\mu$ 和混沌状态 $x(k)$ 的值。

## 3.6　针对 HDSP 算法的密码分析

### 3.6.1　针对 HDSP 算法的穷举攻击

HDSP 算法的密钥是 $(\mu, x(0))$,用 $2 \times 16 = 32$ 个秘密比特表示。因此,一共有可能的密钥 $2^{32}$ 个。验证每一个密钥的复杂度是 HDSP 算法加密过程的复杂度 $O(N)^{[63]}$,所以穷举攻击的总复杂度是 $O\left(2^{32}N\right)$。

然而,不是所有 $\mu$ 值都可以保证 Logistic 映射的混沌性,实际有效的密钥个数小于 $2^{32}$,攻击的复杂度小于 $O\left(2^{32}N\right)$。因此,应注意以下两点:① 在已知明文攻击场景下,可以通过简单对比解密信号与已知明文来进行验证;② 在唯密文攻击的场景下,密钥必须通过一些明文的固有特征验证,这会在一定程度上增加攻击的复杂度,但复杂度一般不大于 $O\left(2^{32}N^2\right)$。为了确保有高水平的安全级别,至少要求数量级为 $O\left(2^{100}\right)$ 的攻击复杂度 [1]。显然,$O\left(2^{32}N\right)$ 远不能达到这个要求。假如 $N$ 不是很大,攻击者可以在几小时甚至几分钟内,使用一台配置主频 1GHz 的中央处理器的个人计算机便可轻易获得密钥;当 $N$ 过大时,可只检验明文的一小部分。为确保高水平安全性能,建议将 $\mu$ 和 $x(0)$ 的表示精度提高到 64 比特,使得抵抗穷举攻击的复杂度达到 $O\left(2^{128}\right)$。

### 3.6.2　HDSP 算法的性质

接下来将讨论 HDSP 算法的帧内加密阶段的一些重要性质,这是 HDSP 算法不能抵抗已知/选择明文攻击的本质原因。在 HDSP 算法的帧内加密阶段,输入信号的第 $i$ 个比特 $g^*(i) = \sum_{k=0}^{7}(d_k^*(i)2^k)$ 和输出信号(即密文)的第 $i$ 个比特 $g'(i) = \sum_{k=0}^{7}(d_k'(i)2^k)$ 满足性质 3.4、性质 3.5 和性质 3.6。

**性质 3.4**　对于 $k = 0, 2$:(a) $d_k^*(i) + d_{k+4}^*(i) \equiv d_k'(i) + d_{k+4}'(i)$ 对任意 $i$ 成立;(b) 当 $d_k^*(i) \neq d_{k+4}^*(i)$ 时,有 $b(4i+k) = d_k^*(i) \oplus d_k'(i) = d_{k+4}^*(i) \oplus d_{k+4}'(i)$。

**证明**　从式 (3.13) 和式 (3.14) 中可以看到 4 个偶数位比特被互换,且没有进行掩模运算。因此,对于 $k = 0, 2$,$d_k^*(i) + d_{k+4}^*(i)$ 在帧内加密前后保持不变,即 $d_k^*(i) + d_{k+4}^*(i) \equiv d_k'(i) + d_{k+4}'(i)$,$d_k^*(i) + d_{k+4}^*(i)$。当 $d_k^*(i) \neq d_{k+4}^*(i)$ 时,意味着 $d_k^*(i) = \overline{d_{k+4}^*(i)}$,$d_{k+4}^*(i) = \overline{d_k^*(i)}$,比特交换运算 $\text{Swap}_w(a, b)$ 变为

$$\mathrm{Swap}_w(a,b) = \begin{cases} (a,b) = (a\oplus 0, b\oplus 0) = (a\oplus w, b\oplus w), & w = 0 \\ (b,a) = (\bar{a},\bar{b}) = (a\oplus 1, b\oplus 1) = (a\oplus w, b\oplus w), & w = 1 \end{cases} \quad (3.24)$$

这就是说 $\mathrm{Swap}_w(a,b) \equiv (a\oplus w, b\oplus w)$。

然后，有 $d_k'(i) = d_k^*(i)\oplus b(4i+k)$，$d_{k+4}'(i) = d_{k+4}^*(i)\oplus b(4i+k)$，这就得出 $b(4i+k) = d_k^*(i)\oplus d_k'(i) = d_{k+4}^*(i)\oplus d_{k+4}'(i)$。证毕。

**性质3.5** 对于 $k=1,3$：(a) 当 $d_k^*(i) = d_{k+4}^*(i)$ 时，有 $b(4i+k) = d_k^*(i)\oplus d_k'(i)$，$b(4(i+1)+k) = d_{k+4}^*(i)\oplus d_{k+4}'(i)$；(b) 当 $d_k^*(i) \neq d_{k+4}^*(i)$ 时，有 $d_k'(i) \equiv d_k^*(i)$，$b(4i+k)\oplus b(4(i+1)+k) = d_{k+4}^*(i)\oplus d_{k+4}'(i)$。

**证明** 分别证明两种条件下的结果。

(a) 当 $d_k^*(i) = d_{k+4}^*(i)$ 时，比特互换运算失效，秘密比特仅有掩模运算：$d_k'(i) = d_k^*(i)\oplus b(4i+k)$，$d_{k+4}'(i) = d_{k+4}^*(i)\oplus b(4i+k+4)$。所以，$b(4i+k) = d_k^*(i)\oplus d_k'(i)$，$b(4(i+1)+k) = d_{k+4}^*(i)\oplus d_{k+4}'(i)$。

(b) 当 $d_k^*(i) \neq d_{k+4}^*(i)$ 时，从式 (3.24) 的 $\mathrm{Swap}_w(a,b) \equiv (a\oplus w, b\oplus w)$，可以得到 $d_k^{**}(i) = d_k^*(i)\oplus b(4i+k)$ 和 $d_{k+4}^{**}(i) = d_{k+4}^*(i)\oplus b(4i+k)$。

把这两个结果代入式 (3.14)，可得

$$\begin{aligned} d_k'(i) &= d_k^{**}(i)\oplus b(4i+k) \\ &= (d_k^*(i)\oplus b(4i+k))\oplus b(4i+k) \\ &= d_k^*(i) \end{aligned}$$

和

$$\begin{aligned} d_{k+4}'(i) &= d_{k+4}^{**}(i)\oplus b(4i+k+4) \\ &= \big(d_{k+4}^*(i)\oplus b(4i+k)\big)\oplus b(4i+k+4) \\ &= d_{k+4}^*(i)\oplus (b(4i+k)\oplus b(4i+k+4)) \end{aligned}$$

综合以上两个条件，性质 3.5 得证。

**性质 3.6** 对于 $k=1,3$，$\forall\, i = 0,1,\cdots,N-2$，如果 $d_k^*(i) = d_{k+4}^*(i)$ 且 $d_k^*(i+1) = d_{k+4}^*(i+1)$，那么 $b(4(i+1)+k) = d_{k+4}^*(i)\oplus d_{k+4}'(i) = d_k^*(i+1)\oplus d_k'(i+1)$。

**证明** 这个性质是性质 3.5(a) 的自然推论。

### 3.6.3 针对 HDSP 算法的已知明文攻击

在文献 [63] 中，作者声称 HDSP 算法可以有效抵抗已知明文攻击[1]。本节重新评估这个论点，结论是 HDSP 算法不能有效地抵抗已知明文攻击。一般而言，

---

[1] 在已知明文攻击的场景中，因为编码解码器 Codec 的细节在基于 HDSP 的 VoIP 系统中不是保密的，所以可以合理地假设攻击者能够从语音编码解码器获得明文输出。

给定 $n$ 对已知明密文，从概率角度看，大约 $\left(100 - \dfrac{50}{2^n}\right)\%$ 的混沌比特可被正确恢复，为获得整个等价密钥需穷举猜测的混沌比特仅占 $16/2^n$。即使 $n = 1$，获取密钥的复杂度也非常小，只需 $O(2^8)$。一旦密钥已知，HDSP 算法将被完全攻击。此外，因为 HDSP 算法类似于密码流运作，即使没有得到密钥，仍可以使用局部重建的混沌比特序列恢复部分（当 $n$ 相对较大时，几乎是全部）未知明文。

与 HDSP 算法的加密程序相似，已知明文攻击也分两个阶段进行：① 攻击帧间置换；② 攻击帧内加密。这两个阶段可使部分（甚至全部）秘密混沌比特重建，进而恢复整个密钥。一般来说，如果 $N$ 足够大，攻击者只需要一对已知明密文便足以恢复子密钥 $\mu$ 和另一子密钥 $x(0)$ 的等价密钥。另外，如果已知两个或者更多的长度为 $N$ 的明文，则可能可以正确恢复大部分混沌比特，这也可以直接作为密钥的替代品来解密使用相同密钥加密的密文（长度不大于 $N$）。3.5 节讨论的这些不安全性质是由 HDSP 算法加密程序的结构性缺陷引起的，与语音数据和语音编解码器的特性无关。为便于对攻击性能进行理论分析，假设明文（即语音编解码器的输出）是均匀分布的随机数据。当明文不满足均匀分布时，实验结果表明，所设计的攻击的性能或好或差。下面解释如何在实践中应用上述性质对 HDSP 算法开展已知明文攻击。

### 1. 帧间置换的攻击

在帧间置换阶段，帧间互换运算实际上相当于每个帧组内伪随机的帧间置换。可以用置换向量 $v(i) = [v(i, 0), \cdots, v(i, S_g - 1)]$ 表示组 $\mathrm{group}(i)$ 的置换，其中，$\forall\, j_1 \neq j_2,\ v(i, j_1) \neq v(i, j_2)$。使用置换向量，$\mathrm{group}(i)$ 的帧间置换可以描述为：$\forall\, j = 0, 1, \cdots, (S_g - 1)$，$\mathrm{group}(i)$ 中第 $j$ 帧被置换为第 $v(i, j)$ 帧，也就是 $\mathrm{frame}(iS_g + j)$ 被置换为 $\mathrm{frame}(iS_g + v(i, j))$。本质上，这个恢复阶段的目的就是恢复所有组的置换向量：$v(0) \sim v(N_g - 1)$。为了恢复这些置换向量，至少应该已知一个输入信号（即明文 $g$）和相应的输出信号（即 $g^*$）。然而，在已知明文攻击中，通常中间信号 $g^*$ 未知。幸运的是，由于上面证明的性质 3.4，$g^*$ 的一些信息可以从密文 $g'$ 获得，这一般足够恢复置换向量。然后，定义三个序列：$\widehat{g} = \{\widehat{g}(i)\}_{i=0}^{N-1}$、$\widehat{g}^* = \{\widehat{g}^*(i)\}_{i=0}^{N-1}$ 和 $\widehat{g}' = \{\widehat{g}'(i)\}_{i=0}^{N-1}$，其中

$$\widehat{g}(i) = 3(d_0(i) + d_4(i)) + (d_2(i) + d_6(i)) \in \{0, 1, \cdots, 8\}$$

$$\widehat{g}^*(i) = 3(d_0^*(i) + d_4^*(i)) + (d_2^*(i) + d_6^*(i)) \in \{0, 1, \cdots, 8\}$$

$$\widehat{g}'(i) = 3(d_0'(i) + d_4'(i)) + (d_2'(i) + d_6'(i)) \in \{0, 1, \cdots, 8\}$$

从性质 3.4(a) 可得 $\widehat{g}^* = \widehat{g}'$。考虑帧间置换阶段只改变所有帧位置而不改变它们的值，可使用 $\widehat{g}$ 和 $\widehat{g}'$ 来恢复置换向量。为了做到这点，使用与 HDSP 算法加

密步骤相同的方法，将 $\widehat{g}$ 和 $\widehat{g}'$ 都分成 $N_f$ 帧：$\left\{\widehat{\mathrm{frame}(i)}\right\}_{i=0}^{N_f-1}$、$\left\{\widehat{\mathrm{frame}'(i)}\right\}_{i=0}^{N_f-1}$，$N_g$ 组：$\left\{\widehat{\mathrm{group}(i)}\right\}_{i=0}^{N_g-1}$、$\left\{\widehat{\mathrm{group}'(i)}\right\}_{i=0}^{N_g-1}$。现在，对任意 $i = 0, 1, \cdots, N_g - 1$，组 group$(i)$ 的置换向量可以用如下方法估计 [①]。

**步骤 1**  对 $j = 0, 1, \cdots, S_g - 1$，计算 $R_f(i,j) = \sum_{k=0}^{S_f-1} (\widehat{g}_f(i,j,k)9^k)$ 和 $R'_f(i,j) = \sum_{k=0}^{S_f-1} (\widehat{g}'_f(i,j,k)9^k)$，其中 $\widehat{g}_f(i,j,k)$ 和 $\widehat{g}'_f(i,j,k)$ 分别表示在 $\widehat{\mathrm{group}(i)}$ 和 $\widehat{\mathrm{group}'(i)}$ 中第 $j$ 帧的第 $k$ 个字节。

**步骤 2**  比较 $R_f(i,0) \sim R_f(i, S_g - 1)$ 和 $R'_f(i,0) \sim R'_f(i, S_g - 1)$ 的值，得到指标集合 $S_g = \{0, 1, \cdots, S_g - 1\}$ 的两个划分：$\{\Lambda(k)\}_{k=0}^{K-1}$ 和 $\{\Lambda'(k)\}_{k=0}^{K-1}$，其中 $K$ 是集合

$$\{R_f(i,0), R_f(i,1), \cdots, R_f(i, S_g - 1)\} = \{R'_f(i,0), R'_f(i,1), \cdots, R'_f(i, S_g - 1)\}$$

中不同值的个数。对任意 $a, b \in \Lambda(k)$，$\forall\, a', b' \in \Lambda'(k)$，有 $R_f(i,a) = R_f(i,b) = R'_f(i,a') = R'_f(i,b')$。

**注解 1**  集合 $\{\Lambda(k)\}_{k=0}^{K-1}$ 和 $\{\Lambda'(k)\}_{k=0}^{K-1}$ 是 $S_g$ 的划分，这意味着 $\bigcup_{k=0}^{K-1} \Lambda(k) = \bigcup_{k=0}^{K-1} \Lambda'(k) = S_g$，$\forall\, k_1 \neq k_2$，$\Lambda(k_1) \cap \Lambda(k_2) = \Lambda'(k_1) \cap \Lambda'(k_2) = \varnothing$。

**注解 2**  因为帧置换运算不改变 $R_f(i,j)$ 的值，可知 $\forall\, k = 0, 1, \cdots, K - 1$，$\Lambda(k)$ 的基数（元素个数）等于 $\Lambda'(k)$ 的基数，即 $\#(\Lambda(k)) = \#(\Lambda'(k))$。

**步骤 3**  在以下两种条件下，对比 $\{\Lambda(k)\}_{k=0}^{K-1}$ 和 $\{\Lambda'(k)\}_{k=0}^{K-1}$ 获得组 group$(i)$ 的置换向量 $v(i)$ 的估计版本。

条件 1：如果 $\forall\, k \in \{0, 1, \cdots, K - 1\}$，$\Lambda(k)$ 仅仅包含一个元素，即 $\#(\Lambda(k)) = \#(\Lambda'(k)) = 1$ $(K = S_g)$，那么 group$(i)$ 的置换向量 $v(i)$ 可以唯一确定：对任意 $k = 0, 1, \cdots, (K - 1 = S_g - 1)$，将 $v(i, \Lambda(k))$ 设定为 $\Lambda'(k)$ 中的唯一元素。

条件 2：如果 $\exists\, k \in \{0, 1, \cdots, K - 1\}$，$\Lambda(k)$ 包含不止一个元素，即 $\#(\Lambda(k)) = \#(\Lambda'(k)) \geqslant 2$ $(K < S_g)$，那么置换向量 $v(i)$ 不能通过对比 $\{\Lambda(k)\}_{k=0}^{K-1}$ 和 $\{\Lambda'(k)\}_{k=0}^{K-1}$ 唯一确定，但是可以得到置换向量的估计版本 $\widetilde{v}(i) = [\widetilde{v}(i,0), \cdots, \widetilde{v}(i, S_g - 1)]$：

对 $k = 0, 1, \cdots, K - 1$，确定一一映射 $f_{\Lambda(k)} : \Lambda(k) \to \Lambda'(k)$。对任意 $a \in \Lambda(k)$，令 $\widetilde{v}(i,a) = f_{\Lambda(k)}(a)$。

---

① 关于使用一定数量的已知/选择明密文攻击秘密唯置换加密算法更一般性的讨论，参考 2.3 节。

在步骤 3 的条件 1 中，可以完全正确地推得置换向量。然而，在条件 2 中，估计的置换向量 $\tilde{v}$ 可能以不可忽略的概率发生错误。这是由以下原因造成的：对任意 $k = 0, 1, \cdots, K-1$，$f_{\Lambda(k)}$ 有 $(\#(\Lambda(k)))!$ 种可能映射，所以 $v(i)$ 的可能估计数有 $\prod_{k=0}^{K-1} (\#(\Lambda(k)))!$ 个，其中只有一个是正确的置换向量 $v$。现计算条件 2 的发生概率。假定 $R_f(i,j)$ 所有可能值的个数是 $N_{R_f}$，那么这个概率可以简算为

$$\text{Prob}[\text{条件 2 发生}] = 1 - \left(1 - \frac{0}{N_{R_f}}\right)\left(1 - \frac{1}{N_{R_f}}\right)\cdots\left(1 - \frac{S_g - 1}{N_{R_f}}\right)$$

由 $R_f$ 的定义，有 $N_{R_f} = 9^{S_f}$。在多数情况下，$9^{S_f}$ 比 $S_g$ 大得多，所以条件 2 发生的概率很小，在实际应用时可以忽略不计。当条件 2 不能忽略（即 $9^{S_f}$ 不比 $S_g$ 大得多）时，下面关于帧内加密阶段的约束条件可以用于检测错误的估计。

(1) 约束 1：当 $k = 1, 3$ 时，对任意 $i = 0, 1, \cdots, N-1$，如果 $d_k^*(i) \neq d_{k+4}^*(i)$，则有 $d_k'(i) = d_k^*(i)$。

(2) 约束 2：当 $k = 1, 3$ 时，对任意 $i = 0, 1, \cdots, N-2$，如果 $d_k^*(i) = d_{k+4}^*(i)$，$d_k^*(i+1) = d_{k+4}^*(i+1)$，则有 $d_{k+4}^*(i) \oplus d_{k+4}'(i) = d_k^*(i+1) \oplus d_k'(i+1) = b(4(i+1)+k)$。

(3) 约束 3：两个混沌比特序列 $\{b(4i+1)\}_{i=0}^N$ 和 $\{b(4i+3)\}_{i=0}^N$ 是完全相关的，即它们满足式 (3.25)。后面将会精确地解释怎样使用这个约束去除错误的置换向量。

上面三个约束条件从性质 3.5 和性质 3.6 中推导出来。一旦违反了其中任意一个约束条件，就可断言当前的置换向量是错误的。最后，注意如下事实：在条件 2 中，已知明文的数量越大，$\tilde{v}(i) \neq v(i)$ 发生的概率越小。给定 $n$ 个已知明文 $g_1 \sim g_n$，则 $R_{f,1}(i,j) \sim R_{f,n}(i,j)$ 的所有可能组合数为 $N_{R_f}^n = 9^{nS_f}$，这意味着条件 2 发生的概率随着 $n$ 递增而呈指数递减。换言之，得到一个错误的置换向量的概率将会呈指数递减。因此，当 $n$ 充分大时，这是可以忽略的[①]。

2. 帧内加密的攻击

一旦帧间置换被正确恢复，就可以成功地从明文 $g$ 获得中间信号 $g^* = \{g^*(i)\}_{i=0}^{N-1}$。在已知 $g^*$ 和密文 $g'$ 的条件下，帧内加密也可以部分甚至全部攻击。在这个攻击阶段，可以重建部分甚至全部秘密混沌比特，再用它们进一步推导密钥。下面 HDSP 算法的性质可被攻击者用于攻击帧内加密：

(1) 性质 3.4(b)：对 $k = 0, 2$，当 $d_k^*(i) \neq d_{k+4}^*(i)$ 时，有 $b(4i+k) = d_k^*(i) \oplus d_k'(i) = d_{k+4}^*(i) \oplus d_{k+4}'(i)$；

---

① 一般而言，如果 $n \gg (\log_9 S_g)/S_f$，则 $n$ 是"充分大"的，从而保证了 $9^{nS_f} \gg S_g$。

(2) 性质 3.5(a)：对 $k = 1, 3$，当 $d_k^*(i) = d_{k+4}^*(i)$ 时，有 $b(4i+k) = d_k^*(i) \oplus d_k'(i)$ 和 $b(4(i+1)+k) = d_{k+4}^*(i) \oplus d_{k+4}'(i)$；

(3) 性质 3.5(b)：对 $k = 1, 3$，当 $d_k^*(i) \neq d_{k+4}^*(i)$ 时，有 $b(4i+k) \oplus b(4(i+1)+k) = d_{k+4}^*(i) \oplus d_{k+4}'(i)$。

基于上述三个性质，可以估计在已知明文攻击中能够获得多少混沌比特。不失一般性，假定 $g^*(i)$ 和 $g'(i)$ 的每个比特在集合 $\{0, 1\}$ 上均匀分布且任意两个比特相互独立，可推得下述结果。

(1) 偶数位比特 ($k = 0, 2$，使用性质 3.4(b))。

① 仅有一对已知明文：$d_k^*(i) \neq d_{k+4}^*(i)$ 的概率是 $\frac{1}{2}$，因此大约 50% 的偶数位混沌比特可以正确恢复；

② 具有 $n > 1$ 对已知明密文：$d_k^*(i) \neq d_{k+4}^*(i)$ 对多于一对明密文成立，则比特 $b(4i+k)$ 可以正确恢复，从而推得上述事件的概率是 $1 - \left(\frac{1}{2}\right)^n$。

(2) 奇数位比特 ($k = 1, 3$，使用性质 3.5(a) 和 (b))。

① 仅有一对已知明密文：$\forall i = 0, 1, \cdots, N-1$, $b(4i+k) \oplus b(4(i+1)+k)$ 的值可以被正确地确定，即可以得到新的序列 $\{b_k^{\oplus}(i) = b(4i+k) \oplus b(4(i+1)+k)\}_{i=0}^{N-1}$。显然，如果只已知一个比特 $b(4i^*+k)$，则可以用确定性序列 $\{b_k^{\oplus}(i)\}_{i=0}^{N-1}$ 正确地恢复整个混沌比特序列 $\{b(4i+k)\}_{i=0}^{N}$：

$$b(4i^*+k) \begin{cases} \xrightarrow{\oplus b_k^{\oplus}(i^*-1)} b(4(i^*-1)+k) \xrightarrow{\oplus b_k^{\oplus}(i^*-2)} \cdots \xrightarrow{\oplus b_k^{\oplus}(0)} b(4 \times 0 + k) \\ \xrightarrow{\oplus b_k^{\oplus}(i^*)} b(4(i^*+1)+k) \xrightarrow{\oplus b_k^{\oplus}(i^*+1)} \cdots \xrightarrow{\oplus b_k^{\oplus}(N-1)} b(4N+k) \end{cases}$$

$$(3.25)$$

根据性质 3.5(a)，当 $d_k^*(i) = d_{k+4}^*(i)$ 时，两个比特 $b(4i+k)$ 和 $b(4(i+1)+k)$ 可以正确恢复。因此，可以推断在 $\{b(4i+k)\}_{i=0}^{N}$ 中至少有两个比特正确恢复的概率是

$$1 - \left(\text{Prob}[d_k^*(i) \neq d_{k+4}^*(i)]\right)^N = 1 - \frac{1}{2^N}$$

因为 $N$ 一般足够大，所以从概率上讲，几乎所有情况下奇数位比特都可以正确恢复。

注解 1 即使在极端条件下，没有中间字节 $g^*(i)$ 满足 $d_k^*(i) = d_{k+4}^*(i)$，也可以随机猜测任意比特 $b(4i+k)$ 的值，进而得到整个比特序列 $\{b(4i+k)\}_{i=0}^{N}$。在这种情况下，至多需要四次猜测（其中，两次对应 $k = 1$，另外两次对应 $k = 3$）来恢复所有奇数位比特。从这个意义上讲，所有的奇数位比特都可以正确恢复。

注解 2（约束 3 的精确解释） 假定有两个字节 $g^*(i_1)$ 和 $g^*(i_2)$ 满足等式 $d_k^*(i_1) = d_{k+4}^*(i_1)$ 和 $d_k^*(i_2) = d_{k+4}^*(i_2)$，且所有的中间字节 $g^*(i_1+1) \sim g^*(i_2-1)$

都不满足这个条件，其中 $i_2 \geqslant i_1 + 2$。因此，子序列 $\{b(4i+k)\}_{i=i_1+1}^{i_2-1}$ 可以通过两次使用式 (3.25) 唯一确定：

$$b(4i_1+k) \Rightarrow \quad b(4(i_1+1)+k) \to \cdots \to b(4(i_2-1)+k)$$
$$b(4(i_1+1)+k) \leftarrow \cdots \leftarrow b(4(i_2-1)+k) \quad \Leftarrow b(4i_2+k)$$

如果两个推得的子序列不相同，则可断言在 $g(i_1)$ 和 $g(i_2)$ 之间的帧 frame(s) 至少有一个置换是错误的，即在 $g(i_1)$ 和 $g(i_2)$ 之间，group(s) 的一个置换向量是错误的。当 $g(i_1)$ 和 $g(i_2)$ 之间仅有一个分组时，这个分组的置换向量一定是错误的。

② 具有 $n > 1$ 对已知明密文：序列 $\{b(4i+k)\}_{i=0}^{N}$ 中至少有两个比特可以正确恢复的概率是 $\left(1 - \dfrac{1}{2^{nN}}\right)$。

总而言之，当已知一对明密文时，50% 的偶数位比特和所有的奇数位比特可正确恢复，即 $\{b(i)\}_{i=0}^{4N-1}$ 中 75% 比特和最后两个比特 $b(4N+1)$、$b(4N+3)$ 可以正确恢复。此外，当已知 $n \geqslant 1$ 对明密文时，序列 $\{b(i)\}_{i=0}^{4N-1}$ 中正确恢复比特的比率为

$$\left(50 + 25 + \frac{25}{2} + \cdots + \frac{25}{2^{n-1}}\right) \% = \left(100 - \frac{50}{2^n}\right) \%$$

随着 $n$ 的增加，这个比率以指数形式趋于 100%。对于其余未恢复的混沌比特，可以随机猜测它们的值。平均一半的比特可以和真实值正确匹配。换言之，在 $\{b(i)\}_{i=0}^{4N-1}$ 中正确恢复的比特将达到 $\left(100 - \dfrac{50}{2^{n+1}}\right)\%$。即使当 $n = 1$ 时，这个比率已达 87.5%。总之，如果一些置换向量在攻击帧间置换阶段已经唯一确定，那么对应的穷举比特可以通过式 (3.12) 检验。这样，正确恢复的比特甚至可以更多。另外，因为错误的比特在整个比特序列内随机分布，而人耳对音频噪声具有很强的容忍度，所以它们对于声音数据质量的消极影响可能不大。后面的实验验证了这一点。

最后分析当只有一对明密文（即 $n = 1$）时，使用部分重建混沌比特序列 $b(0) \sim b(4N-1)$、$b(4N+1)$、$b(4N+3)$ 解密成功的概率。因为对应于明文字节 $g(i)$ 的两个偶数位比特 $b(4i)$、$b(4i+2)$ 以概率 $\left(\dfrac{1}{2}\right)^2 = \dfrac{1}{4}$ 正确恢复，所以正确解密未知明文字节 $\widetilde{g}(i) = \sum_{k=0}^{7}(\widetilde{d}_k(i)2^k)$ 的概率也应该是 $\dfrac{1}{4}$。然而，这个"直觉"并不正确，因为这个概率实际上是下列四个概率之和：

(1) $b(4i)$、$b(4i+2)$ 都正确的概率是 $\dfrac{1}{4}$；

(2) $b(4i)$ 正确、$b(4i+2)$ 不正确，且 $\widetilde{d}_2^*(i) = \widetilde{d}_6^*(i)$ 的概率是 $\dfrac{1}{2} \times \dfrac{1}{2} \times \dfrac{1}{2} = \dfrac{1}{8}$；

(3) $b(4i)$ 不正确、$b(4i+2)$ 正确，且 $\widetilde{d}_0^*(i) = \widetilde{d}_4^*(i)$ 的概率也是 $\dfrac{1}{2} \times \dfrac{1}{2} \times \dfrac{1}{2} = \dfrac{1}{8}$；

(4) $b(4i)$ 和 $b(4i+2)$ 都不正确、$\widetilde{d}_0^*(i) = \widetilde{d}_4^*(i)$ 和 $\widetilde{d}_2^*(i) = \widetilde{d}_6^*(i)$ 同时成立的概率为 $\dfrac{1}{2} \times \dfrac{1}{2} \times \dfrac{1}{2} \times \dfrac{1}{2} = \dfrac{1}{16}$。

因此，正确解密一个明文字节的最终概率为 $\dfrac{1}{4} + \dfrac{1}{8} + \dfrac{1}{8} + \dfrac{1}{16} = \dfrac{9}{16}$。类似地，可以计算给定 $n(\geqslant 1)$ 对已知明密文条件下的正确解密概率为

$$
\begin{aligned}
P(n) &= \left(1 - \frac{1}{2^n}\right)^2 + \left(1 - \frac{1}{2^n}\right)\frac{1}{2^n}\frac{1}{2} + \frac{1}{2^n}\left(1 - \frac{1}{2^n}\right)\frac{1}{2} + \frac{1}{2^n}\frac{1}{2^n}\frac{1}{2}\frac{1}{2} \\
&= 1 - \frac{1}{2^n} + \frac{1}{2^{2n+2}} \\
&= 1 - \frac{2}{2^{n+1}} + \left(\frac{1}{2^{n+1}}\right)^2 \\
&= \left(1 - \frac{1}{2^{n+1}}\right)^2
\end{aligned}
$$

考虑到每个未确定混沌比特与原比特一致的概率为 $\dfrac{1}{2}$，有：

(1) $\text{Prob}[b(4i)\text{不正确}] = \text{Prob}[b(4i+2)\text{不正确}] = \dfrac{1}{2} \times \dfrac{1}{2^n} = \dfrac{1}{2^{n+1}}$；

(2) $\text{Prob}[b(4i)\text{正确}] = \text{Prob}[b(4i+2)\text{正确}] = 1 - \dfrac{1}{2^{n+1}}$。

在真实的攻击中，正确解密一个明文字节的概率为 $P'(n) = P(n+1) = \left(1 - \dfrac{1}{2^{n+2}}\right)^2$。这个结果和实验结果非常吻合（表 3.5）。

3. 密钥的获取

使用重建的置换向量 $v(0) \sim v(N_g - 1)$ 和部分还原的混沌比特序列 $b(0) \sim b(4N - 1)$、$b(4N + 1)$、$b(4N + 3)$，按如下步骤解密密文 $g'$ 获得明文的估计值 $\widetilde{g} = \{\widetilde{g}(i)\}_{i=0}^{N-1}$：

(1) 使用部分重建的混沌比特取消帧内加密；

(2) 求得每个置换组的逆置换向量，用其取消帧间置换。

在 3.3.1 节中，已讨论当只已知一对明密文时，约占 25% 的明文比特不能正确解密，其攻击效果不令人满意。虽然随着已知明文数量的增加，解密性能可以

呈指数提高，但是上述程序不能解密第 $N$ 个元素之后的明文比特。因此，为了彻底地攻击 HDSP 算法，必须获取密钥本身。下面将说明怎样从一些恢复的部分重建混沌比特获取密钥。

1) 获取初始条件 $x(0)$ 或者序列 $\{x(i)\}$

回顾 HDSP 算法初始化程序中混沌比特的产生过程，可知每个混沌状态 $x(i)$ 可以用二进制形式 $0.b(16i+0)b(16i+1)\cdots b(16i+15)$ 表示。因此，如果前 16 个混沌比特都正确还原，则可直接得到初始条件 $x(0)=0.b(0)b(1)\cdots b(15)$。

然而，根据前面的讨论，$b(0)\sim b(15)$ 中的偶数位比特不是都能确定。为了确定这些未知比特，必须猜测它们的值。假定未确定比特的数目是 $m\in\{0,1,\cdots,8\}$，猜测的复杂度是 $O(2^m)$。一般而言，$m=\frac{1}{4}\times 16=4$，搜索复杂度是 $O(2^4)$。这实际上对个人计算机来说也是很小的。即使在最坏的情况下，$m=8$，猜测的复杂度仅为 $O(2^8)$。当 $x(0)$ 改用 $B>16$ 个比特表示时，抽取所有 $B'\leqslant B$ 个比特以产生混沌比特序列 $\{b(i)\}$。在最坏的情况下，猜测的复杂度将为 $O(2^{\frac{B'}{2}}2^{B-B'})=O(2^{B-\frac{B'}{2}})$。如果 $\left(B-\frac{B'}{2}\right)$ 足够大①，则在个人计算机上穷举猜测 $x(0)$ 的复杂度太大。在这种情形下，放弃猜测 $x(0)$，寻找另一个混沌状态 $x(i)=0.b(iB')\cdots b(iB'+(B'-1))$ 作为子密钥 $x(0)$ 的等价物，其中未确定比特的数目 $m$ 小于 $B'/4$，从而将猜测复杂度减小到不大于 $O(2^{B-B'+m})\left(<O(2^{B-\frac{3B'}{4}})\right)$。使用 $x(i)$ 和推得的 $\mu$，可以准确重建位置 $(iB')$ 之后的所有混沌比特，然后从用第 $(iB')$ 个混沌比特加密的明文字节之后的第一组开始，恢复所有的明文比特。显然，对于原始版本的 HDSP 算法，有 $B=B'=16$，这种减小复杂度的方法也是可行的（但意义不大）。当然，该猜测方法的复杂度的下界为 $O(2^{B-B'})$。这是穷举猜测混沌比特序列中不会出现的 $(B-B')$ 个比特的复杂度。

2) 获取控制变量 $\mu$

给定 32 个相邻混沌比特 $b(16i+0)b(16i+1)\sim b(16i+31)$，可以确定两个相邻混沌状态：$x(i)=0.b(16i)b(16i+1)\cdots b(16i+15)$ 和 $x(i+1)=0.b(16i+16)b(16i+17)\cdots b(16i+31)$。然后，根据 3.5.3 节所示方法获得子密钥 $\mu$ 的近似值。所有 $b(16i+31)$ 之后正确还原的混沌比特可以用于验证 $\mu$ 的穷举值是否正确。正如上面讨论的，$b(16i+0)\sim b(16i+31)$ 中一般有不能确定的比特。这些比特的平均数是 $\frac{1}{4}\times 32=8$，最大数是 16。这意味着必须穷举搜索未确定比特值以计算 $\tilde{\mu}$ 的许多可能值。

可以看到时间复杂度约为 $O(2^8)$，在最坏的情况下是 $O(2^{16})$。为了进一步减

---

① 例如，当 $B=80$、$B'=16$ 时，有 $B-\frac{B'}{2}=72$，这可以认为是充分大。

小搜索复杂度，可以试图寻找两个相邻的未确定比特的混沌状态 [①]。此事件发生的概率是 $p(m) = \sum_{i=0}^{m} \binom{16}{i} \left(\frac{1}{2}\right)^{16}$，而且它首次发生的平均位置是 $1/p(m) = 2^{16} / \sum_{i=0}^{m} \binom{16}{i}$。在表 3.4 中，对 $m = 0, 1, \cdots, 8$，给出了 $p(m)$ 和 $1/p(m)$ 的值。如果明文不满足均匀分布，$d_k^*(i) \neq d_{k+4}^*(i)$ 成立的概率可能不是 $1/2$，那么 $p(m)$ 的概率可能与理论值不同（比较表 3.4 和表 3.6）。

**表 3.4　32 个相邻比特中未确定比特小于 $m$ 的发生概率和此类比特首次发生的平均位置**

| $m$ | 0 | 1 | 2 | 3 | 4 | 5 | 6 | 7 | 8 |
|---|---|---|---|---|---|---|---|---|---|
| $p(m) \approx$ | 0.0000153 | 0.000259 | 0.00209 | 0.0106 | 0.0384 | 0.105 | 0.227 | 0.402 | 0.598 |
| $\lceil 1/p(m) \rceil$ | 65536 | 3856 | 479 | 95 | 27 | 10 | 5 | 3 | 2 |

### 3.6.4　针对 HDSP 算法的选择明文攻击

在前面提到的已知明文攻击中，混沌序列中的偶数位比特未确认归因于以下几点：对于许多明文比特（占 25%），$d_0(i) = d_4(i)$ 或者 $d_2(i) = d_6(i)$，即 $d_0^*(i) = d_4^*(i)$ 或 $d_2^*(i) = d_6^*(i)$ 对相应的中间字节成立。在选择明文攻击中，可以按如下方式构建明文 $g = \{g(i)\}_{i=0}^{N-1}$：对任意 $i = 0, 1, \cdots, N-1$，令 $d_0(i) \neq d_4(i)$ 且 $d_2(i) \neq d_6(i)$。使用这样的明文和它的密文 $g'$，所有的混沌比特都可以唯一确定。因此，秘密子密钥 $x(0) = 0.b(0)b(1) \cdots b(15)$ 将是准确的，另一子密钥 $\mu$ 可以按 3.5.3 节所示方法从任意两个相邻混沌状态 $x(i)$ 和 $x(i+1)$ 中精确获取。总之，HDSP 算法抵抗选择明文攻击的能力非常弱。

### 3.6.5　攻击 HDSP 算法的实验

本节给出一些实验结果验证有关已知明文攻击的理论分析 [②]。在实验中使用的参数为 $N = 65536$，$S_f = 32$，$S_g = 16$，密钥为 $x(0) = 16326/2^{16} \approx 0.249$，$\mu = 259752/2^{16} \approx 3.96$。$x(0)$ 和 $\mu$ 的值均通过标准随机函数 rand() 随机产生，没有特意选择以使得攻击效果最大化。八个涉及的明文如图 3.24 所示，自上至下分别用 $g_0 \sim g_7$ 表示。其中，前七个是已知明文的候选者，最后一个用作显示攻击性能。八个明文的对应密文分别用 $g_0' \sim g_7'$ 表示。因为它们类似无意义的噪声信号，所以这里不列出。

为了简化实验过程，将语音编译码从整个基于 HDSP 的 VoIP 系统中删除，并直接使用无压缩的原始数据作为明文。这个简化不会对从恢复的混沌序列中获取密钥产生任何影响。对于已知明文攻击，当部分恢复混沌比特序列直接用于解

① 与条件 $x(0)$ 相似，当 $B > 16$ 个比特用于表示混沌状态时，这个策略将非常有用。

② 因为选择明文攻击只是已知明文攻击的一个特例，此处略去。

密一个密文时, 语音编码器的存在可能在解码音频信号时增大恢复误差。如果此类放大很严重, 恢复音频信号的可理解性将被破坏, 则攻击者可以寻求获取密钥, 从而完美地攻击 HDSP 算法。

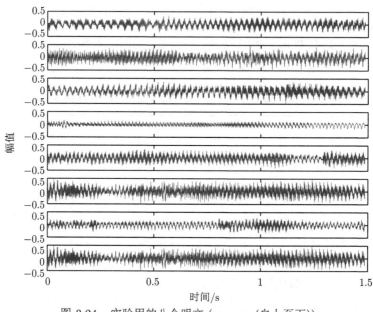

图 3.24　实验用的八个明文 $(g_0 \sim g_7$ (自上至下))

### 1. 重建部分混沌比特序列

当明文 $g_0, \cdots, g_{n-1}$ 和它们的密文 $g'_0, \cdots, g'_{n-1}$ 已知时 $(n = 1, 2, \cdots, 7)$, 使用 3.6.3 节的攻击程序获取混沌在比特序列的部分元素, 用其直接解密密文 $g'_7$ 以测试攻击性能。表 3.5 给出了对于不同 $n$ 值下未确定混沌比特的比率。由表可看出, 未确定比特和未确定字节的比率都接近于各自的理论预期: $\dfrac{1}{2^{n+1}}$ 和 $1 - P'(n) = 1 - \left(1 - \dfrac{1}{2^{n+2}}\right)^2$。

表 3.5　当已知 $n$ 个明文时部分重建混沌比特序列中未确定比特比率 $\mathrm{Per}_1$ 与 $g_7$ 中未正确解密字节的比率 $\mathrm{Per}_2$

| $n$ | 1 | 2 | 3 | 4 | 5 | 6 | 7 |
|---|---|---|---|---|---|---|---|
| $\mathrm{Per}_1$ | 26.4% | 13.8% | 7.23% | 4.23% | 2.28% | 1.17% | 0.640% |
| $\dfrac{1}{2^{n+1}}$ | 25.0% | 12.5% | 6.25% | 3.13% | 1.56% | 0.781% | 0.391% |
| $\mathrm{Per}_2$ | 24.5% | 13.1% | 6.90% | 3.92% | 2.05% | 1.06% | 0.591% |
| $1 - P'(n) = 1 - \left(1 - \dfrac{1}{2^{n+2}}\right)^2$ | 23.4% | 12.1% | 6.15% | 3.10% | 1.55% | 0.780% | 0.390% |

对所有的未确定比特随机分配值，用部分重建比特序列解密密文 $g_7'$ 得到明文 $g_7$ 的近似版本。不同 $n$ 值下的解密结果如图 3.25 所示。恢复明文和原始明文 $g_7$ 之间的解密误差在图 3.26 中给出，解密错误的比率在表 3.5 最后一行给出。当 $n=1$ 时，虽然恢复错误用肉眼看起来相当大，但是恢复的明文仍然可由人耳识别。其原因是几乎所有的频域信息仍在恢复的明文中。当 $n=1,2,\cdots,7$ 时，原始明文 $g_7$ 和七个恢复明文的功率能量谱进行比较，如图 3.27 所示。很明显，所有的重要频率峰值仍然存在于所有七个恢复明文的频谱中（但是幅值更大）。因此，即使在

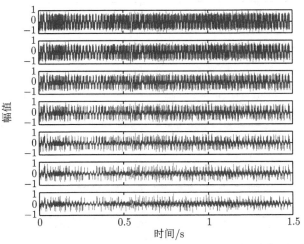

图 3.25　当第 $n=1,2,\cdots,7$ 个明文（自上至下）已知时使用局部重建混沌比特序列解密密文 $g_7'$

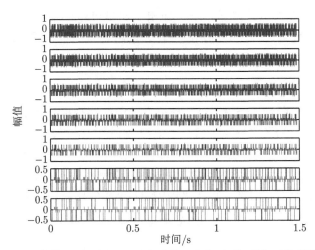

图 3.26　当第 $n=1,2,\cdots,7$ 个明文（自上而下）已知时恢复明文和原始明文 $g_7$ 间的解密误差

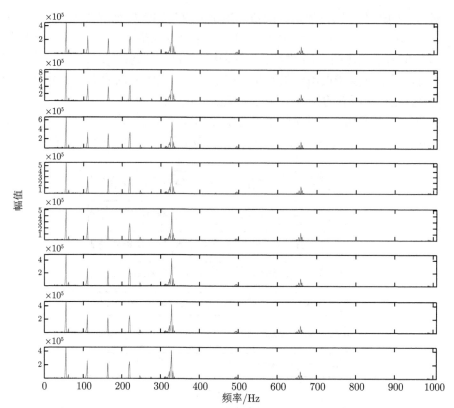

图 3.27　当第 $n = 1, 2, \cdots, 7$ 个明文（从第二行到最后一行）已知时原始明文 $g_7$（第一行）
的功率能谱和恢复明文的频谱

密钥不能推导的条件下，仅需一个已知明文就足以将秘密声频信号信息恢复至
可理解的状态。此外，使用好的消噪算法，解密信号的音频质量可以进一步得到
提高。

## 2. 密钥的获取

正如上述分析所示，一般可以从部分重建混沌序列推导密钥 $x(0)$（或者其等
价物 $x(i)$）和 $\mu$。为了实现这个目标，需要找到 32 个相邻混沌比特，其中未确
定比特少于 $m$ 个。当只有明文 $g_0$ 已知时，对于不同 $m$ 值，所有满足上述要求
的 32 比特组合的数目在表 3.6 列出。由表可以看到即使对于 $m = 0$，也有足够的
位置供推导密钥使用。通过从首次出现的 32 个相邻比特成功推导混沌状态 $x(i)$
和 $\mu$ 的值，可以从 $x(i)$ 后的第一组解密任意密文，即从位置 $\left\lceil \dfrac{4i}{S_g S_f} \right\rceil (S_g S_f)$ 开
始。当 $g_0$ 已知时，在 $x(163)$ 首次出现了 32 个相邻比特满足 $m = 0$。这可用于
推导 $\mu$，然后解密 $g'_7$。解密的明文和恢复错误在图 3.28 给出。由图可以看到，从

$$g\left(\left\lceil\frac{4163}{1632}\right\rceil\times1632\right)=g(1024)\ \text{开始所有明文比特都被精确地恢复。}$$

**表 3.6** 含有 $m\leqslant8$ 个未确定比特的 **32** 个相邻混沌比特的数目和出现频率

| $m$ | 0 | 1 | 2 | 3 | 4 | 5 | 6 | 7 | 8 |
|---|---|---|---|---|---|---|---|---|---|
| $N(m)$ | 72 | 185 | 464 | 888 | 1574 | 2537 | 4106 | 6113 | 8715 |
| $\text{Freq}[N(m)]$ | 0.0045 | 0.0113 | 0.0283 | 0.0542 | 0.0961 | 0.155 | 0.251 | 0.373 | 0.532 |

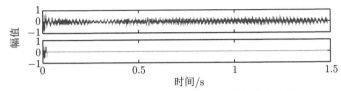

**图 3.28** 密文 $g_7'$ 的解密结果以及与对应明文的差异

### 3. 改善 HDSP 算法

正如 3.6.5 节所示,HDSP 算法抵抗已知/选择明文攻击的不安全性归因于 3.6.2 节证明的关于 HDSP 算法的一些性质。在第一阶段攻击帧间置换中,使用了性质 3.4(a)、性质 3.5(a)、性质 3.5(b) 和性质 3.6;在第二阶段攻击帧内加密中,利用了性质 3.4(b)、性质 3.5(a) 和性质 3.5(b),而且第二阶段的攻击依赖第一阶段,因为未经过第一阶段,将不能得到中间信号 $g^*$。这意味着这些不安全性质在已知/选择明文攻击中扮演了不同的角色,并可描述如下:

$$\left.\begin{array}{c}g\ \xrightarrow[\text{性质 }3.5(a)\text{、性质 }3.5(b)]{\text{性质 }3.4(a)\text{、性质 }3.6}\ g^*\\[2mm]g\end{array}\right\}\ \xrightarrow[\text{性质 }3.5(a)\text{ 和性质 }3.5(b)]{\text{性质 }3.4(b),}\ \{b(i)\}$$

$$\rightarrow\left\{\begin{array}{l}x(0)\\x(i),x(i+1)\rightarrow\mu\end{array}\right.$$

可以看出,性质 3.4 是整个攻击的基础,因为性质 3.5(a)、性质 3.5(b) 和性质 3.6 仅用于检测错误的置换向量。如果通过剔除性质 3.4(a) 以改进 HDSP 算法,则它抵抗已知/选择明文攻击的安全性会加强。然而,如果 $S_g$ 太小,则攻击者可穷举搜索所有 $S_g!$ 个可能置换向量,以完成攻击的第一阶段。

因此,从密码学的观点看,应该移除 HDSP 算法的所有不符合安全要求的安全性质以提高安全水平。另外,为了抵抗其他潜在的攻击,所有已知安全缺陷都应该剔除。下面将讨论如何修补原始 HDSP 算法以获得更好的加密效果。

(1) 性质 3.4(a) 由没有偶数位比特被秘密混沌比特掩模所致,而且性质 3.4(b) 也存在这个缺陷。为了弥补这个缺陷,建议掩模所有比特,包括奇数位比特和偶数位比特。

　　(2) 性质 3.4(b)、性质 3.5(a) 和性质 3.6 是由互换运算的失效引起的。性质 3.5(a) 和性质 3.6 在某种程度上也是由异或运算的可逆性引起的。可以通过改变比特置换和掩模运算为更复杂的运算破坏这些性质，例如，在两个比特置换之前嵌入一个额外的掩模运算，或者更改比特置换运算为不同的比特函数。

　　(3) 性质 3.5(b) 由两个缺陷引起：① 当 $a \neq b$ 时，掩模运算和置换运算 $\mathrm{Swap}_w(a, b)$ 等价，参考式 (3.24)；② 重复使用所有奇数位比特：对 $k = 1, 3$，$\forall i = 1, 2, \cdots, N - 1$，三次使用每个比特 $b(4i + k)$ ——一次用于置换运算 $d_k^*(i)$，另两次用于掩模运算 $d_{k+4}^*(i - 1)$ 和 $d_k^*(i)$；同理，当 $i = 0$ 时，针对 $d_k^*(0)$ 的置换运算和掩模运算，比特 $b(k)$ 使用两次。以上两个缺陷不仅使得加密运算对于一些比特失效，而且使得两个混沌比特序列 $\{b(4i + 1)\}_{i=0}^N$ 和 $\{b(4i + 3)\}_{i=0}^N$ 完全相关。同理，第一个缺陷可以通过消除性质 3.5(a) 而弥补，第二个缺陷可以通过避免重复使用混沌比特来弥补，这意味着对于每个明文字节的加密至少需要 $4 + 8 = 12$ 个混沌比特（如果置换运算和掩模运算没有替换为其他函数）。

## 3.7　本章小结

　　本章详细分析了基于位置置换和异或运算单轮组合的四种混沌加密算法的安全性能。它们的结构高度相似，主要区别在于位置置换的生成机制和所用伪随机数发生器的不同。IECCS 在像素层面进行行列位置平移；CBSX 算法在明文比特层面进行位置移动；RCES 算法对相邻像素进行随机位置互换；HDSP 算法则是像素组间置换与比特随机位置互换的级联。结构上的些许差异使得算法的具体密码分析过程完全不同，针对 RCES 和 HDSP 算法的分析稍微复杂。然而，采取的攻击策略是相同的：都是采取分而治之策略依次攻击各个基本加密组成部分或其等价物。所用伪随机数发生器都或多或少地使用了混沌系统，但没考虑混沌系统在计算机中实现时的退化问题，因而都存在弱密钥、等价密钥、无效密钥，进而使得有效密钥空间不够大。虽然这四种混沌加密算法都引入了异或运算，但是抵抗已知明文攻击和选择明文攻击的能力依然很弱。与各自没有这个运算的版本相比，安全性能差别不大。

# 第 4 章　基于置换与模和运算混沌加密算法的密码分析

## 4.1　引　　言

为增强唯置换加密算法抵抗明文攻击的能力，另一种可供使用的简单运算就是模和运算（将两数相加再取模）。文献 [154] 和 [155] 分别使用二维超混沌系统和 Logistic 映射生成伪随机序列来控制这两个基本运算的组合。前者在本章中称为基于中国剩余定理的图像加密压缩算法 (image encryption compression scheme using Chinese remainder theorem, IECRT)，它是因为中国剩余定理 (Chinese remainder theorem, CRT) 而自然使用模和运算。由于 CRT 在密码编码中的广泛应用，自 2001 年以来有多种基于 CRT 的对称加密算法被提出。在文献 [156]~ [159] 设计的加密算法中，都将明文像素的灰度值作为余数 (remainder)、以 CRT 中解的形式计算密文元素，其中模数序列用作密钥或密钥流。与之相反，文献 [160] 中的算法将一些明文像素值组合成一个大除数，而把较小的余数作为密文元素存储。文献 [161] 继续发展这个设计思路，进一步用流密码模式对这些余数进行加密。2013 年，朱和贵等设计了 IECRT，首先在图像空域进行位置置换，然后采用文献 [156]~ [159] 中的方法生成密文元素 [154]。在文献 [154] 和 [158] 中，设计者声称各自的加密算法同时具有加密和压缩功能。

从结构上看，IECRT 是这类基于 CRT 对称加密算法的典型代表，而且它具有其他加密算法的所有安全缺陷。利用 CRT 中一些模数的乘积、一组特殊余数对应的被除数 (dividend) 和所有除数的乘积之间的关系，可证明只需用一对选择明文/密文便可获得灰度值替换部分的等价密钥（位置置换可被自然忽略）。然后，IECRT 就变成第 2 章中的密码分析对象。此外，IECRT 还存在如下安全缺陷：① 压缩效果非常有限甚至无效；② 加密结果对明文的变化不敏感；③ CRT 的模数不适合作为子密钥使用 [162]。

文献 [155] 中设计的混沌加密算法使用一个三值随机序列来控制彩色图像三个颜色分量的加密，本章称其为彩色图像加密算法 (colour image encryption algorithm, CIEA)。它先对明文图像进行行方向和列方向的位置置换，然后使用模和运算建立前一个密文像素、当前加密像素和伪随机序列的关联机制，从而实现密文反馈。然而，CIEA 的三个基本加密运算都是密钥可逆的 (key-invertible)，即控制加密运算的信息可从其输入和输出直接推导出来[163]。而且，三个基本的加密运算各自独立执行，整体可分离。攻击者可使用一些选择明文图像使得其中两个运算失效，从而获取另一个运算的等价密钥。理论分析和实验结果均证明了该选择明文攻击的有效性。

本章余下部分按如下结构组织。4.2 节简要地介绍中国剩余定理、IECRT 和 CIEA 的加解密过程。4.3 节和 4.4 节分别对 IECRT 和 CIEA 进行密码分析，并给出相应的理论支撑和实验结果。4.5 节总结基于置换与模和运算混沌加密算法的安全问题。

## 4.2   两种基于置换与模和运算的混沌加密算法

### 4.2.1   中国剩余定理

关于中国剩余定理的例子最早可追溯到在春秋时期出版的《孙子算经》。1247年，中国数学家秦九韶在《数学九章》中将这些例子推广为关于同余方程组的表述并给出了完整的解结构[164]。中国数学家最早对这个同余问题的研究（也许同时因为中国古代数学家对数学贡献的稀少）使得这个命题的完整形式被称为中国剩余定理。作为数论中的一个基本定理，中国剩余定理广泛用于信息安全的不同领域，如密钥共享[165]和安全码[166]。关于中国剩余定理在密码学中应用的综述，可参见文献 [167]。

中国剩余定理[168]可将一个非常大的数（被除数）表示成一组来自给定小域中的数（余数）。它将大整数的加法、减法和乘法运算转换成小整数的简单计算。另外，该转换为并行计算快速处理不同模数下的平行运算提供了基础。由于这些优点，自 2001 年开始一系列基于中国剩余定理的对称加密算法被相继提出。IECRT 的核心依赖于中国剩余定理（见定理 4.1）。

**定理 4.1**   线性同余方程组

$$\begin{cases} x \equiv q_1 \pmod{m_1} \\ x \equiv q_2 \pmod{m_2} \\ \quad \vdots \\ x \equiv q_t \pmod{m_t} \end{cases} \tag{4.1}$$

存在唯一解

$$x \equiv \sum_{i=1}^{t} e_i \tilde{m}_i q_i \pmod{m} \tag{4.2}$$

其中, $m_1, m_2, \cdots, m_t$ 是 $t$ 个互质的整数; $\tilde{m}_i = m/m_i$; $m = \prod_{i=1}^{t} m_i$; $(e_i \tilde{m}_i) \equiv 1$ $(\mod m_i)$; $\{q_i\}_{i=1}^{t} \subset \mathbb{Z}$, 且 $t$ 为大于等于 2 的整数。

### 4.2.2 基于中国剩余定理的混沌图像加密压缩算法

将明文图像和密文图像分别表示为有序序列 $P = \{p_i\}_{i=1}^{L}$ 和 $C = \{c_i\}_{i=1}^{L/k}$, 其中 $L$ 为明密文图像中的像素数量, $k$ 为每次加密像素点的个数。不失一般性, 假设 $k$ 能整除 $L$。将文献 [117] 中提出的 IECRT 的工作机制描述如下①。

(1) 密钥: 包括 $k$ 个互质的整数构成的集合 $N' = \{n_i\}_{i=1}^{k}$, 二维超混沌系统

$$\begin{cases} x_{n+1} = a_1 x_n + a_2 y_n \\ y_{n+1} = b_1 + b_2 x_n^2 + b_3 y_n \end{cases} \tag{4.3}$$

的初始条件 $(x_0, y_0)$ 和控制参数 $(a_1, a_2, b_1, b_2, b_3)$, 其中 $n_i \geqslant 256$。

(2) 初始化。

① 以 $(x_0, y_0)$ 为初值、$(a_1, a_2, b_1, b_2, b_3)$ 为控制参数, 将混沌系统 (4.3) 迭代 $500 + L$ 次。丢弃前 500 个值, 从而得到两个序列 $X = \{x_i\}_{i=1}^{L}$ 和 $Y = \{y_i\}_{i=1}^{L}$;

② 按升序排列 $X$ 和 $Y$, 对比排序前后的序列得到两个中间置换向量 $U = \{u(i)\}_{i=1}^{L}$ 和 $V = \{v(i)\}_{i=1}^{L}$, 其中 $x_{u(i)}$ 和 $y_{v(i)}$ 分别表示 $X$ 和 $Y$ 中第 $i$ 个最小的值;

③ 将向量 $U$ 和 $V$ 级联组合, 得到置换关系向量（关于明文元素位置的双射）$W = \{w(i)\}_{i=1}^{L}$, 其中 $w(i) = v(u(i))$。

(3) 加密: 包括两个步骤。

① 置换: 对 $i = 1, 2, \cdots, L$, 令

$$h_i = p_{w(i)}$$

② 灰度值替换: 对 $j = 1, 2, \cdots, L/k$, 令 $c_j$ 为线性同余方程组

$$\begin{cases} x \equiv h_{(j-1)k+1} \pmod{n_1} \\ x \equiv h_{(j-1)k+2} \pmod{n_2} \\ \quad\vdots \\ x \equiv h_{(j-1)k+k} \pmod{n_k} \end{cases} \tag{4.4}$$

---

① 为使加密算法表述完整, 在 IECRT 的本质结构保持不变的前提下修改了原文 [117] 的一些符号。

的解。根据中国剩余定理，可以求得

$$c_j = \sum_{i=1}^{k} e_i \cdot \tilde{n}_i \cdot p_{w((j-1)k+i)} \bmod n \tag{4.5}$$

其中，$n = \prod_{r=1}^{k} n_r$；$\tilde{n}_i = n/n_i$；$(e_i \cdot \tilde{n}_i) \equiv 1 \pmod{n_i}$。

(4) 解密：为加密过程的逆过程，包括如下两个步骤。

① 灰度值逆替换：对 $i = 1, 2, \cdots, L$，令

$$h_i = c_{(\lfloor (i-1)/k \rfloor + 1)} \bmod n_{((i-1) \bmod k + 1)} \tag{4.6}$$

② 逆置换：对 $i = 1, 2, \cdots, L$，令

$$p_{w(i)} = h_i$$

### 4.2.3　基于混沌映射的彩色图像加密算法

CIEA 的加密对象是一幅尺寸为 $M$ 像素 $\times N$ 像素的彩色数字图像。它的所有像素值可表示成一个 $M \times N \times 3$ 的矩阵 $I = [I(i,j,k)]_{i=0,j=0,k=0}^{M-1,N-1,2} = [(R(i,j),\ G(i,j),\ B(i,j))]_{i=0,j=0}^{M-1,N-1}$。类似地，相应的密文图像由 $I' = [I'(i,j,k)]_{i=0,j=0,k=0}^{M-1,N-1,2} = [(R'(i,j),\ G'(i,j),\ B'(i,j))]_{i=0,j=0}^{M-1,N-1}$ 表示。为使算法的表达更加简洁完整，在算法核心思想保持不变的情况下对文献 [155] 中的一些符号进行了调整。基于此，CIEA 的工作机制描述如下。

(1) 密钥：两个正整数 $m_1$、$m_2$；两组 Logistic 映射 (2.1) 的初始条件和控制参数 $(x_0, \mu_0)$ 和 $(x_0^*, \mu_0^*)$，其中，$x_0, x_0^* \in (0,1)$，$\mu_0, \mu_0^* \in (3.5699456, 4)$。

(2) 初始化。

**步骤 1**　设定 Logistic 映射 (2.1) 的控制参数和初始条件分别为 $\mu_0$ 和 $x_0$，迭代该映射 $m_1 + 3M$ 次。将后面的 $3M$ 个状态存储为 $\{X_l\}_{l=0}^{3M-1}$。再将其排序，对比排序前后的序列得到置换序列 $\{T_l\}_{l=0}^{3M-1}$，其中 $X_{T_l}$ 是序列 $\{X_l\}_{l=0}^{3M-1}$ 中第 $l$ 个最大的元素。

**步骤 2**　设定 Logistic 映射 (2.1) 的控制参数和初始条件分别为 $\mu_0^*$ 和 $x_0^*$，迭代 Logistic 映射 $m_2 + 3MN$ 次。将后面的 $3MN$ 个状态依次存储在序列 $\{X_l^*\}_{l=0}^{3MN-1}$ 中。对 $i = 0, 1, \cdots, M-1$，将序列 $\{X_{3iN+l}^*\}_{l=0}^{3N-1}$ 排序后与原序列进行对比，得到置换序列 $\{T_{i,l}^*\}_{l=0}^{3N-1}$，其中 $X_{3iN+T_{i,l}^*}^*$ 是序列 $\{X_{3iN+l}^*\}_{l=0}^{3N-1}$ 中第 $l$ 个最大的元素。

**步骤 3**　通过变换 $Y_l = \lfloor 10^{14} X_l^* \rfloor \bmod 3$ 将序列 $\{X_l^*\}_{l=0}^{3MN-1}$ 转换成 $\{Y_l\}_{l=0}^{3MN-1}$，其中 $(a \bmod b) = a - b\lfloor a/b \rfloor$，$b \neq 0$。

**步骤 4** 为了使得 $\{Y_l\}_{l=0}^{3MN-1}$ 中 0、1 和 2 的个数都等于 $MN$，按如下方式更新 $\{Y_l\}_{l=0}^{3MN-1}$：对 $l = 1, 2, \cdots, 3MN-1$，令

$$
Y_l = \begin{cases}
1, & Y_l = 0, n_0 \geqslant MN \text{且} n_1 < MN \\
2, & Y_l = 0, n_0 \geqslant MN \text{且} n_1 \geqslant MN \\
2, & Y_l = 1, n_1 \geqslant MN \text{且} n_2 < MN \\
0, & Y_l = 1, n_1 \geqslant MN \text{且} n_2 \geqslant MN \\
0, & Y_l = 2, n_2 \geqslant MN \text{且} n_0 < MN \\
1, & Y_l = 2, n_2 \geqslant MN \text{且} n_0 \geqslant MN
\end{cases}
$$

其中，$n_0$、$n_1$ 和 $n_2$ 分别表示 $\{Y_i\}_{i=0}^{l-1}$ 中 0、1 和 2 的个数。

**步骤 5** 将序列 $\{X_l^*\}_{l=0}^{3MN-1}$ 变换成另一个伪随机序列 $\{Z_l\}_{l=0}^{3MN-1}$：对 $l = 0, 1, \cdots, 3MN-1$，令 $Z_l = \lfloor 10^{14} X_l^* \rfloor \bmod 256$。

(3) 加密：由如下三个加密步骤简单级联而成。

**步骤 1** 行置换。对 $i = 0, 1, \cdots, M-1$, $j = 0, 1, \cdots, N-1$, $k = 0, 1, 2$，令

$$
I^*(i, j, k) = I(i^*, j, k^*)
$$

其中，$i^* = T_{kM+i} \bmod M$；$k^* = \lfloor T_{kM+i}/M \rfloor$。

**步骤 2** 列置换。对 $i = 0, 1, \cdots, M-1$, $j = 0, 1, \cdots, N-1$, $k = 0, 1, 2$，令

$$
I^{**}(i, j, k) = I^*(i, j^{**}, k^{**})
$$

其中，$j^{**} = T_{i,kN+j}^* \bmod N$；$k^{**} = \lfloor T_{i,kN+j}^*/N \rfloor$。

**步骤 3** 灰度值替换。

首先令

$$
I'(0, 0, Y_0) = (I^{**}(0, 0, Y_0) + Z_0) \bmod 256 \tag{4.7}
$$

然后，根据伪随机序列 $\{Y_l\}_{l=1}^{3MN-1}$ 从中间图像 $I^{**} = [I^{**}(i, j, k)]_{i=0, j=0, k=0}^{M-1, N-1, 2}$ 依次迭代地选择某颜色分量中某位置上的一个像素。被选中的像素被伪随机序列 $\{Z_l\}_{l=0}^{3MN-1}$、上一个选中的像素和其对应的密文像素加密：对 $l = 1, 2, \cdots, 3MN-1$，令

$$
I'(i, j, k) = (I^{**}(i, j, k) + I^{**}(i', j', k') + I'(i', j', k') + Z_l) \bmod 256 \tag{4.8}
$$

其中

$$
i = \lfloor n_k/N \rfloor, \quad j = n_k \bmod N, \quad k = Y_l
$$

$$
i' = \lfloor n_{k'}/N \rfloor, \quad j' = n_{k'} \bmod N, \quad k' = Y_{l-1}
$$

$n_k$ 和 $n_{k'}$ 分别表示 $\{Y_t\}_{t=0}^{l}$ 和 $\{Y_t\}_{t=0}^{l-1}$ 中 $k$ 和 $k'$ 的个数。

（4）解密：与加密过程相似，只有以下几点不同。① 将以上各加密步骤以相反的顺序执行；② 将置换序列 $\{T_l\}_{l=0}^{3M-1}$ 和 $\{T_{i,l}^*\}_{i=0,l=0}^{M-1,3N-1}$ 替换成它们的逆；③ 将式 (4.7) 和式 (4.8) 分别替换为

$$I^{**}(0,0,Y_0) = (I'(0,0,Y_0) - Z_0) \bmod 256$$

和

$$I^{**}(i',j',k') = (I'(i',j',k') - I^{**}(i,j,k) - I'(i,j,k) - Z_l) \bmod 256$$

## 4.3　针对 IECRT 的密码分析

本节首先讨论中国剩余定理的一些性质，然后用其对 IECRT 开展有效的选择明文攻击。

### 4.3.1　中国剩余定理的一些性质

**定理 4.2**　给定集合 $\{s_i\}_{i=1}^{r} \subset \{1,2,\cdots,t\}$，则有

$$\prod_{i=1}^{r} m_{s_i} = \gcd\left(\sum_{i=1}^{r}(e_{s_i}\tilde{m}_{s_i}) - 1, m\right) \tag{4.9}$$

$$\prod_{i=1}^{t-r} m_{t_i} = \gcd\left(\sum_{i=1}^{r}(e_{s_i}\tilde{m}_{s_i}), \prod_{i=1}^{t-r} m_{t_i}\right) \tag{4.10}$$

其中，$\{t_i\}_{i=1}^{t-r} = \{1,2,\cdots,t\} - \{s_i\}_{i=1}^{r}$。

**证明**　给定 $i \in \{1,2,\cdots,r\}$，根据中国剩余定理 4.1，有 $(e_{s_i}\tilde{m}_{s_i}) \equiv 1 \pmod{m_{s_i}}$，可得

$$\gcd(e_{s_i}\tilde{m}_{s_i} - 1, m_{s_i}) = m_{s_i} \tag{4.11}$$

对任意 $j \in \{1,2,\cdots,r\}$ 且 $j \neq i$，有 $\gcd(e_{s_j}\tilde{m}_{s_j}, m_{s_i}) = m_{s_i}$。因此，得到

$$\gcd\left(\sum_{j=1,j\neq i}^{r}(e_{s_j}\tilde{m}_{s_j}), m_{s_i}\right) = m_{s_i} \tag{4.12}$$

结合式 (4.11) 和式 (4.12)，进一步得到

$$\gcd\left(\sum_{j=1}^{r}(e_{s_j}\tilde{m}_{s_j}) - 1, m_{s_i}\right) = m_{s_i}$$

根据事实 4.1，可推得

$$\prod_{i=1}^{r} m_{s_i} = \prod_{i=1}^{r} \gcd\left(\sum_{j=1}^{r}(e_{s_j}\tilde{m}_{s_j}) - 1, m_{s_i}\right)$$

$$= \gcd\left(\sum_{i=1}^{r}(e_{s_i}\tilde{m}_{s_i}) - 1, \prod_{i=1}^{r} m_{s_i}\right) \tag{4.13}$$

因为 $\sum_{j=1}^{r}\left(e_{s_j}\tilde{m}_{s_j}\right) = \sum_{j=1}^{r}\left(e_{s_j}\dfrac{\prod_{i=1}^{r} m_{s_i}}{m_{s_j}}\dfrac{m}{\prod_{i=1}^{r} m_{s_i}}\right)$，所以可得

$$\frac{m}{\prod\limits_{i=1}^{r} m_{s_i}} = \gcd\left(\sum_{j=1}^{r}(e_{s_j}\cdot\tilde{m}_{s_j}), \frac{m}{\prod\limits_{i=1}^{r} m_{s_i}}\right)$$

它与式 (4.10) 相同。根据命题 4.1，由上式可得

$$\gcd\left(\sum_{i=1}^{r}(e_{s_i}\tilde{m}_{s_i}) - 1, \frac{m}{\prod\limits_{i=1}^{r} m_{s_i}}\right) = 1 \tag{4.14}$$

将式 (4.13) 和式 (4.14) 的两边分别相乘，有

$$\prod_{i=1}^{r} m_{s_i} = \gcd\left(\sum_{i=1}^{r}(e_{s_i}\tilde{m}_{s_i}) - 1, \prod_{i=1}^{r} m_{s_i}\right)$$

$$\cdot \gcd\left(\sum_{i=1}^{r}(e_{s_i}\tilde{m}_{s_i}) - 1, \frac{m}{\prod\limits_{i=1}^{r} m_{s_i}}\right)$$

$$= \gcd\left(\sum_{i=1}^{r}(e_{s_i}\tilde{m}_{s_i}) - 1, m\right)$$

**事实 4.1** 给定 $a$、$b$ 和 $c$ 三个整数，如果 $\gcd(b,c)=1$，则有 $\gcd(a,bc)=\gcd(a,b)\cdot\gcd(a,c)$。

**命题 4.1** 给定两个整数 $a$ 和 $b$，且满足 $|a|+|b|\neq 0$。如果 $\gcd(a,b)=b$，则 $\gcd(a-1,b)=1$。

**证明**　因为 $\gcd(a,b)=b$，所以存在一个整数 $k$ 使得 $a=kb$ 成立。然后可得 $\gcd(a-1,b)=\gcd(kb-1,b)=\gcd((k-1)b+(b-1),b)=\gcd(b-1,b)=\gcd(b-1,(b-1)+1)=\gcd(b-1,1)=1$，命题得证。

**性质 4.1**　中国剩余定理 4.1中的系数 $\{e_i\}_{i=1}^t$ 和 $\{\tilde{m}_i\}_{i=1}^t$ 满足

$$\sum_{i=1}^t e_i \tilde{m}_i \equiv 1 \pmod{m} \tag{4.15}$$

**证明**　在线性同余方程组 (4.1) 中，对 $i=1,2,\cdots,t$，令 $q_i=1$，则有 $x=1$。由于解是唯一的，通过设置式 (4.2) 中 $x$ 和 $\{q_i\}_{i=1}^t$ 的值，可得式 (4.15)。

**性质 4.2**　式 (4.1) 和式 (4.2) 确定 $\mathbb{Z}_m$ 和集合 $\{(q_1,q_2,\cdots,q_t)\}$ 之间的一对互反的双射，其中对 $i=1,2,\cdots,t$，$q_i$ 遍历 $\mathbb{Z}_m$。

**证明**　显然，式 (4.1) 确定了 $\mathbb{Z}_m$ 和 $\{(q_1,q_2,\cdots,q_t)\}$ 之间的双射关系。由于式 (4.2) 的解是唯一的，可以确定式 (4.2) 决定的映射与式 (4.1) 决定的双射互反（"原像"和"像"反置）。

### 4.3.2　针对 IECRT 的选择明文攻击

在选择明文攻击的场景下，利用 IECRT 本身的性质，可先构造明文获得灰度值替换部分的等价密钥，然后使用第 2 章讨论的选择明文攻击方法获取置换部分的等价密钥。

**1. 确定乘积 $n=\prod_{i=1}^k n_i$**

假设密文中的元素在 $Z_n$ 上服从均匀分布，则有

$$\mathrm{Prob}\left(\max\left(\{c_i\}_{i=1}^{MN/k}\right) \neq (n-1)\right) = (1-1/n)^{MN/k}$$

因为函数 $f(n)=(1-1/n)^n$ 是单调递增的，所以当 $n>3$ 时，有 $0.31<f(n)<\lim_{n\to\infty}(1-1/n)^n=\mathrm{e}^{-1}$。通常情况下 $(L/k)\ll n$，所以 $0.31<f(n)<(1-1/n)^{L/k}$。因此，模数 $n$ 不等于 $\max\left(\{c_i\}_{i=1}^{MN/k}\right)+1$ 的概率很小。

模数 $n$ 的值可从上述近似值来猜测，然后用后续攻击中获得的 $n$ 的因子来验证。除此之外，还可从特定模式的选择明文或已知明文对应的密文获取 $n$ 的值，如二值明文图像。如果选择的明文为 $P=\{p_i\}_{i=1}^L$，其中 $p_i \in \{0,1\}$。由式 (4.5) 可知 $1 \leqslant S \leqslant 2^k$，其中 $S$ 为集合 $B$ 的基数，$B$ 是对应密文中不同数字构成的集合。将 $B$ 中任意两个元素相加得到数组 $\widehat{B}$，其最大尺寸为 $\binom{2^k}{2}=2^{k-1}(2^k-1)$。由性质 4.2 可知，在 $\widehat{B}$ 中最多有一个元素等于 1。由性质 4.1 可知，$\widehat{B}$ 中大约

$S/2-1$ 个元素等于 $(n+1) \in (1, 2n-2]$，所以 $\widehat{B}$ 中出现频率最高的数字为 $n+1$。当 $S$ 的值接近 $2^k$ 时，其他数字的出现概率远小于 $(S/2-1)/\binom{S}{2} = \dfrac{S-2}{S(S-1)}$。所以，$n$ 的值可以通过上述三种方法之一求得。

**2. 获取无序集合 $\{n_i\}_{i=1}^k$**

一旦 $n$ 的值被确定，集合 $N'$ 中的元素就可以通过分解其因子来求得。然而，当 $n$ 充分大时分解其因子的时间复杂度异常大。幸运的是，可通过比较上述选择明文和对应的密文来有效获取集合 $N'$。对于二值图像明文，可从式 (4.5) 和定理 4.2 得到命题 4.2。

**命题 4.2** 当明文 $P = \{p_i\}_{i=1}^L$ 的任意像素都满足 $p_i \in \{0,1\}$ 时，其相应的密文 $C = \{c_i\}_{i=1}^L$ 满足

$$\gcd(c_j - 1, n) = \prod_{i=1}^r n_{s_i}$$

和

$$\gcd(c_j, n) = \frac{n}{\displaystyle\prod_{i=1}^r n_{s_i}} \cdot d$$

其中

$$\{s_i\}_{i=1}^r = \{i \mid p_{w((j-1)k+i)} = 1, i = 1, 2, \cdots, k\} \tag{4.16}$$

$d \mid n$, $j = 1, 2, \cdots, L/k$。

由命题 4.2 可知，集合 $\widehat{N'}$ 的所有元素都来自 $\{n_i\}_{i=1}^k$ 中的元素或其乘积（可能是其自身的幂），其中 $\widehat{N'} = \{\gcd(c_j - 1, n), \gcd(c_j, n), n/\gcd(c_j, n)\}_{j=1}^{L/k}$。利用 $\widehat{N'}$ 的性质，可使用如下步骤恢复集合 $\{n_i\}_{i=1}^k$。

**步骤 1** 将集合 $\widehat{N'}$ 中的最少互素元素置入 $\widetilde{N'}$。如果 $\widetilde{N'}$ 的基数等于 $k$，则 $\widetilde{N'} = \{n_i\}_{i=1}^k$（两集合相同），并停止搜索。

**步骤 2** 对于 $\widehat{N}$ 中的任意两个元素，如果它们的最大公因子不等于 1，则将该最大公因子添加到集合 $\widehat{N}$ 中。

**步骤 3** 检查 $\widehat{N}$ 中的任意两个元素，如果其中一个是另一个的倍数，则将它们的商添加到集合 $\widehat{N}$ 中。然后跳转至步骤 1。

显然，如果两个明文的差分中任意元素都属于 $\{0,1\}$，且对应的密文已知，则同样可以用以上方法求得集合 $\{n_i\}_{i=1}^k$。

**3. 攻击置换部分**

由命题 4.3 可知，就 IECRT 的解密功能而言，$\widehat{N'}$ 和 $N'$ 是等价的。也就是说，一旦无序集合 $\widehat{N'}$ 被恢复，IECRT 就退化为一个唯置换加密算法。根据

2.7 节讨论的针对唯置换加密算法的优化选择明文攻击方法，构造 $\lceil (\log_2 L)/l \rceil$ 对选择明文图像，使用基于多叉树的方法以 $O(L)$ 时间复杂度获取 IECRT 置换部分的等价密钥，其中 $L$ 表示明文像素的比特数。注意，也可利用上面使用的二值明文图像使用式 (4.16) 验证一些置换关系。

**命题 4.3**　集合 $\{n_i\}_{i=1}^k$ 中元素的顺序对 IECRT 的解密过程没有影响。

**证明**　一旦集合 $\{n_i\}_{i=1}^k$ 被获得，按任意顺序排列集合 $N'$ 中的元素可获得 $N'$ 的近似版本 $N'^*$，即 $N'^* = N'T$，其中 $T$ 是一个大小为 $k \times k$ 的置换矩阵。对 $j = 1, 2, \cdots, L/k$，根据式 (4.6)，可得 $\{h_i\}_{i=1}^k$ 对应于 $T$ 的近似版本：

$$\left[ h^*_{(j-1)k+i} \right]_{i=1}^k = \left[ h_{(j-1)k+i} \right]_{i=1}^k \cdot T = \left[ p_{w((j-1)k+i)} \right]_{i=1}^k T \tag{4.17}$$

令 $\widetilde{W} = W\widehat{T}$，其中 $\widehat{T} = \mathrm{diag}(T, \cdots, T)$ 是一个大小为 $L \times L$ 的置换矩阵，其主对角线上的子块都为矩阵 $T$。很明显，有

$$\widetilde{W}^{-1} = W^{-1}\widehat{T}^{-1}$$

$$= W^{-1}\mathrm{diag}(T^{-1}, \cdots, T^{-1})$$

结合上式和式 (4.17)，可知 $T$ 对 IECRT 的解密过程没有任何影响。

4. 实验结果

为了验证上面提出的选择明文攻击方法的有效性能，对不同尺寸的图像进行了大量实验。这里仅列出一个典型的例子。在该实验中采用文献 [154] 中使用的密钥：$(n_1, n_2, n_3, n_4) = (311, 313, 317, 293)$，$(a_1, a_2, b_1, b_2, b_3) = (-0.95, -1.3, -0.45, 2.4, 1.05)$。为恢复灰度值替换部分的子密钥，选择图 4.1(a) 所示的尺寸为 512 像素 × 512 像素的二值图像 "Bricks" 作为明文，输入 IECRT，得到图 4.1(b) 所示的密文图像。

如图 4.2 所示，数组 $\widehat{B}$ 中元素值的分布并不均匀，且有一个元素出现的概率远大于其他元素，这也正符合之前的理论分析。为了进一步验证这一点，当 $k = 4, 6, 8, 10$ 时，数组 $\widehat{B}$ 中元素分布也在图 4.2 中给出，其中 $\{n_i\}_{i=1}^6 = (419, 323, 649, 501, 302, 449)$，$\{n_i\}_{i=1}^8 = (573, 593, 443, 577, 341, 428, 293, 541)$，$\{n_i\}_{i=1}^{10} = (323, 273, 263, 349, 625, 409, 436, 451, 389, 479)$。首先求得 $n = 311 \times 313 \times 317 \times 293 = 9041315183$。然后可以得到 $\widehat{N'} = \{30857731, 91709, 98587, 29071753, 28885991, 28521499, 92881, 91123, 99221, 311, 97343, 317, 313, 293\}$。

在该例子中，集合 $\{n_i\}_{i=1}^4$ 在第一步中即被求得。最后按文献 [28]、[76] 和 [113] 中提出的方法选择 $\lceil \log_2(512 \times 512)/8 \rceil = 3$ 幅明文图像来获取置换部分的等价密钥。

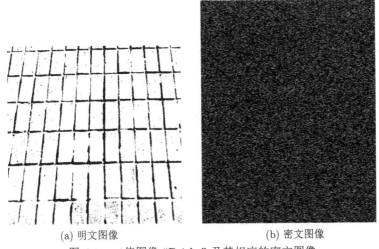

(a) 明文图像            (b) 密文图像

图 4.1 二值图像 "Bricks" 及其相应的密文图像

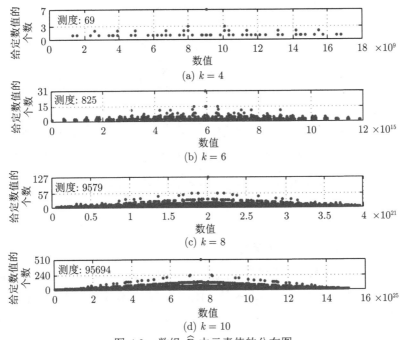

(a) $k = 4$

(b) $k = 6$

(c) $k = 8$

(d) $k = 10$

图 4.2 数组 $\widehat{B}$ 中元素值的分布图

### 4.3.3 IECRT 的其他安全缺陷

显然，IECRT 将固定值的明文加密成常数值的密文，特别是它不能加密零值常数明文。此外，IECRT 还有如下缺陷。

## 1. IECRT 算法不能起到压缩作用

根据性质 4.2，可以发现由中国剩余定理定义的加密函数是双射的。实际上，每一种无损压缩算法都是建立编码和字码 (codeword) 之间的双射函数。压缩运算是通过提取出原信息中冗余的信息使得信息域的尺寸大幅减小。然而，IECRT 中并没有类似的压缩运算。根据式 (4.5)，可以计算第 $j$ 个密文元素的位长 (bit length) 与相应的明文元素的位长之间的比值：

$$\frac{\lceil \log_2 n \rceil}{\displaystyle\sum_{i=1}^{k} \lceil \log_2 p_{w((j-1)k+i)} \rceil} \geqslant \frac{\lceil \displaystyle\sum_{i=1}^{k} \log_2 n_i \rceil}{\displaystyle\sum_{i=1}^{k} \lceil \log_2(n_i) \rceil}$$

$$\geqslant \frac{\displaystyle\sum_{i=1}^{k} \lceil \log_2 n_i \rceil - (k-1)}{\displaystyle\sum_{i=1}^{k} \lceil \log_2 n_i \rceil}$$

$$= 1 - \frac{k-1}{\displaystyle\sum_{i=1}^{k} \lceil \log_2 n_i \rceil}$$

由于 $n_i \geqslant 256$，以上比值大于等于 $\dfrac{7+(1/k)}{8}$。也就是说，IECRT 很难起到压缩作用。更糟的是，密文数据的位长甚至比明文数据的位长更大。对于图 4.1(b) 的密文图像，可计算其膨胀率为 $\dfrac{\lceil \log_2(311) \rceil + \lceil \log_2(313) \rceil + \lceil \log_2(317) \rceil + \lceil \log_2(293) \rceil}{4.8} = \dfrac{9+9+9+9}{32} = 9/8$。

## 2. 加密结果对明文变化不敏感

一种安全的加密算法应该具有雪崩效应，即明文的微小变化都会引起密文比特的值以 50% 的概率改变。不幸的是，IECRT 完全不具有该性质。假设两幅明文图像 $P = \{p_i\}_{i=1}^{L}$ 和 $P^* = \{p_i^*\}_{i=1}^{L}$ 满足 $p_{w((j-1)k+i)} - p_{w((j-1)k+i)}^* \equiv d \bmod n$，则可得到它们相应的密文元素满足 $(c_j - c_j^*) = \displaystyle\sum_{i=1}^{k}(e_i \tilde{n}_i)d \bmod n = d \bmod n$，其中 $j \in \{1, 2, \cdots, L\}$。文献 [169] 中证明了使用中国剩余定理从余数恢复大整数的结果对余数的变化 (或误差) 不敏感，这也说明了 IECRT 针对明文变化的敏感度低。

3. 中国剩余定理的模数不适合用作子密钥

文献 [168] 指出，当中国剩余定理的模数是固定参数时，它们可简单地设置为 2 的幂减 1。然而，当它们是变化的参数时，模数的设置变得非常复杂。任意 $k$ 个正整数互质的概率为 $A_k = \prod_p \left(1 - \dfrac{1}{p}\right)^{k-1} \left(1 + \dfrac{k-1}{p}\right)$，其中 $p$ 为素数 [170]。概率 $A_k$ 值随着 $k$ 的增大呈指数递减，其中 $A_3 \approx 0.286$，$A_8 \approx 0.001$，$A_{10} < 10^{-4}$。由式 (4.5) 可以看到，对于给定密钥，IECRT 最多产生 $2^k$ 个不同密文元素。当明文是灰度图像时，$k$ 值不应该小于 8。因此，不得不寻找一种在密钥的控制下产生一组互素整数的有效算法；否则，在搜索和验证有效子密钥环节将消耗大量的计算。另外，$n_i$ 的改变最多只影响 $1/k$ 明文元素的解密，这很难满足强安全加密算法的要求。例如，密钥的微小改变应造成解密密文的每个比特以 $50\%$ 的概率改变 [171]。

## 4.4  针对 CIEA 的密码分析

CIEA 的设计者基于以下两点论据声称它可以抵抗选择明文攻击 [155]：① 算法使用的伪随机序列 $\{Y_l\}_{l=0}^{3MN-1}$ 和 $\{Z_l\}_{l=0}^{3MN-1}$ 对密钥变化敏感；② 灰度值替换函数 (4.8) 具有反馈机制。本节将证明这些论点是无效的。本质上，CIEA 由三个独立加密操作组成，整个位置置换部分和像素值替换部分的等价密钥可分别获取。

### 4.4.1  针对 CIEA 的选择明文攻击

对于像素值固定的明文图像，行置换和列置换都变得失效，只有像素值替换部分有效。假设攻击者拥有两个选择明文图像 $I_1 = \{I_1(i,j,k) \equiv d_1\}$ 和 $I_2 = \{I_2(i,j,k) \equiv d_2\}$。此时，整个加密算法仅由灰度替换运算构成。从而，由式 (4.7) 可得

$$I_1'(0,0,Y_0) = (I_1(0,0,Y_0) + Z_0) \bmod 256 \tag{4.18}$$

和

$$I_2'(0,0,Y_0) = (I_2(0,0,Y_0) + Z_0) \bmod 256 \tag{4.19}$$

将式 (4.18) 减去式 (4.19)，有

$$(I_1'(0,0,Y_0) - I_2'(0,0,Y_0)) \in \{D, D-256, D+256\} \tag{4.20}$$

其中，$D = d_1 - d_2$。

由式 (4.8)，对任意 $l = 1, 2, \cdots, 3MN-1$，有

$$I_1'(i,j,k) = (I_1(i,j,k) + I_1(i',j',k') + I_1'(i',j',k') + Z_l) \bmod 256 \tag{4.21}$$

$$I_2'(i,j,k) = (I_2(i,j,k) + I_2(i',j',k') + I_2'(i',j',k') + Z_l) \bmod 256 \quad (4.22)$$

其中，$(i,j,k)$ 和 $(i',j',k')$ 如 4.2.3 节所述，分别由有序序列 $\{Y_t\}_{t=0}^{l}$ 和 $\{Y_t\}_{t=0}^{l-1}$ 决定。

将式 (4.21) 减去式 (4.22)，可得

$$(I_1' - I_2')(i,j,k) \equiv (2D + (I_1' - I_2')(i',j',k')) \pmod{256} \quad (4.23)$$

其中，$(I_1' - I_2')(i,j,k) = I_1'(i,j,k) - I_2'(i,j,k)$；$(I_1' - I_2')(i',j',k') = I_1'(i',j',k') - I_2'(i',j',k')$。

基于上面的推导过程，性质 4.3 给出了关于差分密文 $(I_1' - I_2')$ 的性质。

**性质 4.3**　选择明文 $I_1$、$I_2$ 对应的密文之间的差异满足

$$(I_1' - I_2')(i,j,Y_l) \equiv ((2l+1)D) \pmod{256} \quad (4.24)$$

其中，$l = 0,1,\cdots,3MN-1$，当 $l=0$ 时，$(i,j)=(0,0)$；当 $l \neq 0$ 时，$(i,j) = (\lfloor (n_{Y_i}+1)/N \rfloor, (n_{Y_i}+1) \bmod N)$，$n_{Y_i}$ 表示序列 $\{Y_t\}_{t=0}^{l-1}$ 中值为 $Y_l$ 的元素的个数。

**证明**　可对 $l$ 进行归纳来证明该性质。当 $l=0$ 时，由式 (4.20) 容易得到

$$(I_1' - I_2')(0,0,Y_0) \equiv D \pmod{256}$$

也就是说，当 $l=0$ 时式 (4.24) 成立。假设当 $l=l^*$ 时式 (4.24) 也成立，即

$$(I_1' - I_2')(i,j,Y_{l^*}) \equiv ((2l^*+1)D) \pmod{256}$$

其中，$l^* \leqslant 3MN-1$。

下面证明当 $l=(l^*+1)$ 时式 (4.24) 仍然成立。由式 (4.23) 可得

$$(I_1' - I_2')(i,j,Y_{l^*+1}) \equiv (2D + (I_1' - I_2')(i,j,Y_{l^*})) \pmod{256}$$
$$= ((2(l^*+1)+1)D) \pmod{256}$$

由数学归纳法，该性质得证。

根据性质 4.3，可按照下列方式得到 $Y_0$ 的估计值：

$$\widehat{Y_0} = \begin{cases} 0, & (I_1' - I_2')(0,0,0) \equiv D \pmod{256} \\ 1, & (I_1' - I_2')(0,0,1) \equiv D \pmod{256} \\ 2, & (I_1' - I_2')(0,0,2) \equiv D \pmod{256} \end{cases} \quad (4.25)$$

其中，$D \neq 128$。

当

$$\#(\{k \mid (I_1' - I_2')(0, 0, k) \equiv D \pmod{256}\}) = 1 \tag{4.26}$$

时可以肯定 $\widehat{Y}_0 = Y_0$，其中 $\#(\cdot)$ 代表集合的基数。一旦 $Y_0$ 的值被确定，$\{Y_l\}_{l=1}^{3MN-1}$ 的估计值 $\{\widehat{Y}_l\}_{l=1}^{3MN-1}$ 可以使用类似的方法依次获得，即对 $l = 1, 2, \cdots, 3MN-1$，如果 $(I_1' - I_2')(i_k, j_k, k) \equiv ((2l+1)D) \pmod{256}$，则令

$$\widehat{Y}_l = k$$

其中，$i_k = \lfloor (n_k + 1)/N \rfloor$；$j_k = (n_k + 1) \bmod N$；$n_k$ 表示序列 $\{\widehat{Y}_t\}_{t=0}^{l-1}$ 中元素 $k$ 的个数。

根据文献 [172]，序列 $\{(2l+1)D \bmod 256\}_{l=0}^{3MN-1}$ 的周期 $T = \dfrac{256}{2 \times \gcd(D, 256)} = \dfrac{128}{\gcd(D, 256)}$。为了计算以上攻击方法的成功率，性质 4.4 给出了差分 $(I_1' - I_2')$ 的另一个性质。

**性质 4.4** 不等式

$$\#(\{k \mid (I_1' - I_2')(i_k, j_k, k) \equiv ((2l^* + 1)D) \pmod{256}\}) > 1$$

成立当且仅当

$$Y_{l^*+S} \notin \{Y_l\}_{l=l^*}^{l^*+S-1} \tag{4.27}$$

其中，$(S \bmod T) = 0$；$i_k = \lfloor (n_k + 1)/N \rfloor$；$j_k = (n_k + 1) \bmod N$，$n_k$ 表示序列 $\{Y_t\}_{t=0}^{l^*-1}$ 中元素 $k$ 的个数。

**证明** 该性质可以使用反证法证明。

假设存在某个 $l^*$ 使得 $Y_{l^*+S} \notin \{Y_l\}_{l=l^*}^{l^*+S-1}$ 且满足

$$\#(\{k \mid (I_1' - I_2')(i_k, j_k, k) \equiv ((2l^* + 1)D) \pmod{256}\}) = 1$$

由性质 4.3 和假设，可以得到

$$(2l^* + 1)D \neq 2(l^* + S) + 1)D \pmod{256}$$

从而有

$$0 \neq 2SD \pmod{256}$$

因此，可以推出

$$(S \bmod T) = S \bmod \frac{128}{\gcd(D, 256)}$$

$$
= (2SD) \bmod \frac{2D \times 128}{\gcd(D, 256)}
$$
$$
= (2SD) \bmod \left( 256 \times \frac{D}{\gcd(D, 256)} \right)
$$
$$
\neq 0
$$

这显然和已知条件 $(S \bmod T)$ 矛盾，故该性质的充分部分得证。

如果条件 (4.27) 不成立，则存在整数 $S = sT$ 满足条件 (4.27)，即

$$
Y_{l^*+S} \in \{Y_l\}_{l=l^*}^{l^*+S-1}
$$

其中，$(l + sT) < 3MN$。

此时，可得

$$
0 \notin \{|l_1 - l_0| \bmod T, |l_2 - l_0| \bmod T, |l_2 - l_1| \bmod T\}
$$

这意味着

$$
\#(\{k \mid (I_1' - I_2')(i_k, j_k, k) \equiv ((2l^* + 1)D) \pmod{256}\}) = 1
$$

因此，该性质的必要部分得证。

为简化分析，不妨假设 $\{Y_l\}_{l=1}^{3MN-1}$ 中的元素在集合 $\{0, 1, 2\}$ 上均匀分布。对于给定的 $l$ 和 $T$，性质 4.4 中条件 (4.27) 成立的概率为

$$
\mathrm{Prob}\left[Y_{l+S} \notin \{Y_t\}_{t=l}^{l+S-1}\right] = \binom{3}{2}\left(\frac{2}{3}\right)^S \frac{1}{3} = \left(\frac{2}{3}\right)^S
$$

其中，$(S \bmod T) = 0$。

然后，可计算条件 (4.27) 成立概率的上界：

$$
\mathrm{Prob}(MN) = \sum_{k=1}^{\lfloor 2MN/T \rfloor} (3MN - kT)\left(\frac{2}{3}\right)^{kT}
$$

当周期 $T = 128$ 时，对于一幅尺寸为 2272 像素 × 1704 像素的图像，对应的概率上界 $\mathrm{Prob}(2272 \times 1704) \approx 1.1173 \times 10^{-16}$。对于尺寸相对小的明文图像，由于以下因素同时作用，所以攻击的成功率比 $(1 - 1.12 \times 10^{-16})$ 大。

(1) 概率函数 $\mathrm{Prob}(MN)$ 关于 $MN$ 严格单调递增；

(2) 即使式 (4.27) 成立，$\widehat{Y_l}^* = Y_l$ 依然以 1/2 或 1/3 的概率成立；

(3) 计算概率上界 $\mathrm{Prob}(MN)$ 时，将很多有关联事件当成独立事件处理，计算结果小于实际概率。

基于以上分析，可以断言以上攻击方法能以很高的成功率获取灰度值替换部分的等价密钥。一旦获取决定灰度替换运算的等价密钥 $\{Y_l\}_{l=0}^{3MN-1}$ 和 $\{Z_l\}_{l=0}^{3MN-1}$，CIEA 就变成针对灰度图像依次进行行置换和列置换的唯置换加密算法。考虑到每一像素的可能置换位置是 $3MN$，选择明文图像中每一像素的位长应该是 $\lceil \log_2(3MN) \rceil$ 以确保所有被置换像素彼此不同。因为常规灰度图像的像素使用 8 比特存储，所以需要 $\lceil \log_2(3MN)/8 \rceil$ 对选择明文图像就可得到序列 $\{Z_l\}_{l=0}^{3M-1}$ 和 $\{T_{i,l}^*\}_{i=0,l=0}^{M-1,3N-1}$ 相对于置换部分的等价物。根据 2.7 节给出的关于唯置换加密算法的优化攻击方法，攻击 CIEA 的位置置换过程所需消耗的时间复杂度仅为 $O(3MN)$。

### 4.4.2 攻击 CIEA 的实验

为了验证上面提出的攻击方法的有效性能，采用随机产生的密钥对尺寸为 512 像素 × 512 像素的彩色图像进行了大量实验。首先，当 $\mu_0 = 4.0$、$x_0 = 0.123456789764$、$m_1 = 1000$、$\mu_0^* = 3.999999$、$x_0^* = 0.567891234567$ 和 $m_2 = 2000$ 时，构造了如图 4.3(a) 和 (b) 所示的明文图像来获取伪随机序列 $\{Y_l\}_{l=0}^{3MN-1}$。随后，通过构建

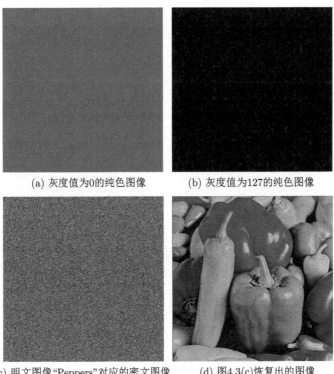

(a) 灰度值为0的纯色图像　　(b) 灰度值为127的纯色图像

(c) 明文图像"Peppers"对应的密文图像　　(d) 图4.3(c)恢复出的图像

图 4.3　选择明文攻击实验

$\lceil (\log_2(3 \times 2^9 \times 2^9))/8 \rceil = 3$ 对明文图像，可以获得控制唯置换运算部分的等价子密钥。最后，将这些等价子密钥用于解密如图 4.3(c) 所示的密文图像，恢复出来的图像如图 4.3(d) 所示。经过测试发现，图 4.3(d) 与对应的明文图像是一致的。

## 4.5　本 章 小 结

本章简单分析了两种基于位置置换与模和运算的混沌加密算法 (IECRT 和 CIEA) 的安全性能。位置置换部分以完全不同的方式移除：对于 IECRT，可使用普通的二值 (0, 1) 明文图像或者二值差分图像来获取模和运算部分的等价密钥，置换部分对其解密功效和获取过程完全不构成影响；对于 CIEA，使用固定值图像使置换运算失效，利用差分图像在 CIEA 加密过程中的特别性质成功恢复模和运算部分的等价密钥。在选择明文的条件下求解 IECRT 灰度替换部分的等价密钥的推动下，发现并证明了中国剩余定理中部分模数的乘积、特殊余数对应的被除数和所有除数的乘积之间的关系。由于两种运算的简单级联方式，引入模和运算并未大幅提高加密算法抵抗常规攻击的能力。

# 第 5 章  基于异或与模和运算混沌加密算法的密码分析

## 5.1  引    言

由于生成位置的置换关系往往具有较高的复杂度，所以一些混沌加密算法只采用了异或与模和两种基本运算。本章选取其中有代表性的四种算法进行密码分析。

美国心理学家 F. Rosenblatt 于 1957 年设计了单层人工神经网络模型感知机 (perceptron)。文献 [18] 使用该模型来设计基于感知机模型的混沌图像加密算法 (chaotic image encryption algorithm based on perceptron mode, CIEAP)。在给定密钥控制的初始状态下，从 Lorenz 系统的量化轨迹获得两个伪随机序列，然后用来控制感知机模型对输入的明文图像进行处理，输出密文图像。然而，可以证明这个表面上看似复杂的图像加密算法实际上等价于基于异或运算的流密码 [173]。因此，其等价密钥可从一对明密文图像轻易获取。另外，CIEAP 还存在其他混沌密码普遍存在的安全缺陷：加密结果对明文图像变化不敏感；使用的伪随机序列的随机性能较弱。

文献 [174] 提出了基于一种剪枝神经网络的混沌加密算法 (encryption scheme based on a clipped neural network，ESCNN)。使用混沌伪随机信号和 8 元胞剪枝神经网络的输出信号对明文进行掩模，采用的基本运算是模和运算、异或运算。该神经网络的演化也是通过混沌伪随机信号来控制的。设计者希望通过这样复杂的组合结构使得 ESCNN 能抵抗选择明文攻击。但不幸的是，分析表明，这种算法对选择明文攻击来说依然是不安全的。仅选择两个明文，再获得相应的密文，便可得到 ESCNN 的等价密钥 [175]。

2000 年，Yen 等设计了基于混沌密钥的加密算法 (CKBA)，对每个明文像素采用四种可能运算：从两个预先设定的子密钥选择一个进行逻辑异或非（NOR）或者异或运算，而执行的运算由迭代 Logistic 映射生成的伪随机序列来决定 [143]。2002 年，李树钧等使用一对明密文图像获得 CKBA 的等价密钥 [144]。为此，Socek 等 [176] 采用四种方法来改进 CKBA：① 用分段线性混沌映射（piecewise linear chaotic map, PWLCM）替换 Logistic 映射；② 将密钥的位长度提高到 128；③ 增加模和与异或运算；④ 执行所有的基本加密函数多次。为了在高加密复杂度和强安全性之间取得平衡, 2007 年 Rao 等提出了 CKBA 的改进版本——改进的基于混沌密钥的加密算法 (modified chaotic key-based algorithm, MCKBA)[177]。与文献 [176] 中算法类似, MCKBA 使用了模和运算。为进一步提高 MCKBA 抵抗暴力攻击的安全水平, 2010 年 Gangadhar 等 [178] 设计了基于超混沌密钥的加密算法 (hyper chaotic-key based algorithm, HCKBA), 用文献 [179] 中设计的简单超混沌生成器替换 Logistic 映射。

MCKBA 和 HCKBA 的结构相同, 文献 [180] 对它们进行了分析并指出如下问题:

(1) MCKBA/HCKBA 的等价密钥可从四对选择明密文获取;

(2) MCKBA/HCKBA 的加密结果对明文图像的变化不敏感;

(3) MCKBA 的加密结果对两个子密钥的变化不敏感;

(4) 选择明文攻击条件下获取等价密钥最终归结为关于自变量 $x$ 的方程

$$y = (\alpha \boxplus x) \oplus (\beta \boxplus x) \tag{5.1}$$

的求解, 其中 $\alpha$、$\beta$ 和 $x$ 都为 $n$ 比特整数; $\boxplus$ 代表模和运算: $a \boxplus b = (a+b) \bmod 2^n$。

更复杂形式的模和异或方程的求解问题, 可参考文献 [141]、[181] 和 [182]。文献 [183] 在如下三个方面进一步改进了针对 MCKBA/HCKBA 的密码分析:

(1) 利用函数(5.1)的性质, 给出了求解它的具体算法;

(2) 给定两对明密文图像, 可正确解密绝大部分像素;

(3) 改进了针对 HCKBA 的选择明文攻击, 将所需选择明文数量降为 2。

文献 [184] 提出了基于改进超混沌序列的图像加密算法 (image encryption scheme based on improved hyper chaotic sequence, IESHC), 使用由四维超混沌系统生成的伪随机数序列控制模和运算、按位异或运算。随后, Fatih 等 [185] 使用一对选择明密文图像来验证针对 IESHC 等价密钥的穷举。

重新评估 IESHC 的安全性能后, 发现其存在如下安全问题: ① 已知一对明文图像和密文图像时, 可大幅缩小等价密钥的可能值范围; ② 已知两对已知明文图像和密文图像时, 可直接确定等价密钥; ③ 加密结果对明文图像和密钥的改变不敏感 [186]。

本章余下部分按如下结构组织: 5.2 节介绍四种基于异或与模和运算的混沌加密算法 (CIEAP、ESCNN、MCKBA、IESHC) 的加解密过程。5.3 节和 5.4 节分别对两种基于神经网络的混沌加密算法 (CIEAP 和 ESCNN) 进行密码分析。5.5 节和 5.6 节分别给出针对 MCKBA 和 IESHC 的密码分析。5.7 节对本章工作进行总结。

## 5.2　四种基于异或与模和运算的混沌加密算法

### 5.2.1　基于感知机模型的混沌图像加密算法

CIEAP 的加密对象是灰度图像。不失一般性，将其按光栅顺序扫描得到一维 8 比特序列 $P = \{p_n\}_{n=0}^{N-1}$。相应地，将密文图像表示为 $P' = \{p_n'\}_{n=0}^{N-1}$。CIEAP 的核心是阈值函数：

$$f(x) = \begin{cases} 1, & x \geqslant 0 \\ 0, & \text{其他} \end{cases} \tag{5.2}$$

文献 [18] 建议使用该函数作为单层感知机模型 Perceptron 的简单变种。该模型使用 $m$ 个输入变量 $s_0, s_1, \cdots, s_{m-1}$，输出 $m$ 个变量 $g(s_0), g(s_1), \cdots, g(s_{m-1})$，其中

$$g(s_i) = \begin{cases} 1, & \left( \sum_{j=0}^{m-1} s_i w_{ij} - \theta_i \right) \geqslant 0 \\ 0, & \text{其他} \end{cases} \tag{5.3}$$

$w_{ij}$ 为第 $i$ 个输入元素对于第 $j$ 个神经元的权重；$\theta_j$ 为第 $j$ 个神经元的阈值。

为使算法的表述更加简洁完整，修改了文献 [18] 采用的符号。在不影响算法安全性能的前提下，修正了算法的一些细节。基于此，CIEAP 的工作机制可描述如下。

(1) 密钥：Lorenz 系统

$$\begin{cases} \dot{x} = ay - ax \\ \dot{y} = cx - xz - y \\ \dot{z} = xy - bz \end{cases} \tag{5.4}$$

的初始状态 $(x_0^*, y_0^*, z_0^*)$ 和使用龙格-库塔 (Runge-Kutta) 方法求解 Lorenz 系统(5.4)的迭代步长 $h$，其中系统参数 $(a, b, c) = (10, 8/3, 28)$。

(2) 初始化。

**步骤 1**　在双精度浮点运算模式下，以 $(x_0^*, y_0^*, z_0^*)$ 为初始状态，使用步长为 $h$ 的四阶龙格-库塔方法迭代地求解 Lorenz 系统(5.4) 3001 次，得到当前状态 $(x_0, y_0, z_0)$。

**步骤 2**　从当前状态出发，继续求解 Lorenz 系统 7 次，得到 $\{(x_j, y_j, z_j)\}_{j=1}^{7}$。对 $j = 1, 2, \cdots, 7$，令

$$
w_j = \begin{cases} 1, & (x_j - x_{\min})/(x_{\max} - x_{\min}) \geqslant 0.5 \\ -1, & \text{其他} \end{cases}
$$

$$
\widetilde{w}_j = \begin{cases} 1, & (y_j - y_{\min})/(y_{\max} - y_{\min}) \geqslant 0.5 \\ -1, & \text{其他} \end{cases}
$$

其中，$x_{\max} = \max(\{x_j\}_{j=0}^{7})$；$x_{\min} = \min(\{x_j\}_{j=0}^{7})$；$y_{\max} = \max(\{y_j\}_{j=0}^{7})$；$y_{\min} = \min(\{y_j\}_{j=0}^{7})$。

**步骤 3**　重置 Lorenz 系统的当前逼近状态为

$$
\begin{cases} x_0 = x_{\min} + (x_7 - x_{\min})(\phi_x \oplus r)/256 \\ y_0 = y_{\min} + (y_7 - y_{\min})(\phi_y \oplus r)/256 \\ z_0 = z_7 \end{cases}
$$

其中，$\phi_x = \sum_{j=0}^{7} \left( \dfrac{w_j + 1}{2} \cdot 2^j \right)$；$\phi_y = \sum_{j=0}^{7} \left( \dfrac{\widetilde{w}_j + 1}{2} \cdot 2^j \right)$；$r = \lfloor (z_7 - \lfloor z_7 \rfloor) \cdot 256 \rfloor$。

**步骤 4**　将步骤 2 和步骤 3 重复 $N-1$ 次，可获得两个伪随机序列：$\{w_k\}_{k=0}^{8N-1}$ 和 $\{\widehat{w}_k\}_{k=0}^{8N-1}$。

(3) 加密：对第 $n$ 个明文字节 $p_n = \sum_{j=0}^{7} p_{n,j} 2^i$，计算

$$
p'_{n,i} = \begin{cases} f(p_{n,i} w_k + c_k \widetilde{w}_k - \theta_k), & w_k = 1 \\ f(p_{n,i} w_k - c_k \widetilde{w}_k + \theta_k), & \text{其他} \end{cases} \tag{5.5}
$$

获得相应的密文字节 $p'_n = \sum_{j=0}^{7} p'_{n,j} 2^i$，其中，$c_k = -w_k/2$，$\theta_k = ((w_k + 1)/2) \oplus ((\widetilde{w}_k + 1)/2)$，$k = 8n + i$。

(4) 解密：与加密过程类似，只需将式 (5.5) 中的 $p_{n,i}$ 和 $p'_{n,i}$ 位置交换即可。

### 5.2.2　基于裁剪神经网络的混沌加密算法

本节首先介绍文献 [174] 采用的混沌神经网络 (chaotic neural network, CNN)。它包含八个神经节点：$S_0, S_1, \cdots, S_7 \in \{1, -1\}$，每个神经节点与其他八个神经节点相连，连接权重为 $w_{ij} \in \{1, 0, -1\}$，其中有三个边权重非零。两个相邻神经节

点间的有向权重相等: $\forall\, i, j = 0, 1, \cdots, 7,\ w_{ij} = w_{ji}$。该神经网络通过下列机制演化: $\forall\, i = 0, 1, \cdots, 7$, 有

$$f(S_i) = \operatorname{sign}\left(\widetilde{S}_i\right) = \begin{cases} 1, & \widetilde{S}_i > 0 \\ -1, & \widetilde{S}_i < 0 \end{cases}$$

其中, $\widetilde{S}_i = \sum\limits_{j=0}^{7} w_{ij} S_j$。注意 $\widetilde{S}_i \neq 0$ 始终成立。

ESCNN 使用上述 CNN 进行加密。不失一般性,令 $I = \{I(i)\}_{i=0}^{MN-1}$ 表示明文信号,其中 $I(i)$ 表示第 $i$ 个明文字节且 $MN$ 为该明文中字节的数量。相应地,用 $I' = \{I'(i)\}_{i=0}^{MN-1}$ 来表示密文,其中 $I'(i)$ 是与明文字节 $I(i)$ 相对应的双精度浮点数 (密文字节的存储形式)。然后,ESCNN 的工作机制可精简地描述如下。

(1) 密钥: 包括 CNN 中八个神经节点的初始状态 $S_0(0), S_1(0), \cdots, S_7(0)$,初始状态 $x(0)$ 和 Tent 映射

$$T(x) = \begin{cases} rx, & 0 < x \leqslant 0.5 \\ r(1-x), & 0.5 < x < 1 \end{cases} \tag{5.6}$$

的控制参数 $r$,其中 $r$ 应接近于 2 以确保 Tent 映射具有混沌性质。

(2) 初始化: ① 在加密开始之前,在双精度浮点运算模式下以 $x(0)$ 为初始值将 Tent 映射 (5.6) 迭代 128 次; ② 将 CNN 运行 $128/8 = 16$ 次 (如加密过程步骤 5 所述,CNN 受 Tent 映射的输出所控制); ③ 分别设置 Tent 映射和 CNN 的新初始状态为 $x(0)$ 和 $S_0(0), S_1(0), \cdots, S_7(0)$。

(3) 加密: 对于第 $i$ 个明文字节 $I(i)$,执行下列步骤。

**步骤 1** 演化 CNN 一步得到新状态: $S_0(i), S_1(i), \cdots, S_7(i)$。

**步骤 2** 在双精度浮点计算模式下,迭代混沌 Tent 映射八次得到八个混沌状态: $x(8i+0), x(8i+1), \cdots, x(8i+7)$。

**步骤 3** 提取步骤 2 所得混沌状态小数点后的第四个二进制比特生成八个比特: $b(8i+0), b(8i+1), \cdots, b(8i+7)$。然后对任意 $j = 0, 1, \cdots, 7$,令 $E_j = 2b(8i+j) - 1$。

**步骤 4** 将 $I(i)$ 加密为

$$I'(i) = \left(\frac{I(i) \oplus B(i)}{256} + x(8i+7)\right) \bmod 1 \tag{5.7}$$

其中, $B(i) = (b(8i+0), b(8i+1), \cdots, b(8i+7))_2 = \sum\limits_{j=0}^{7} b(8i+j) 2^{7-j}$①; $\oplus$ 代表

---

① 在文献 [174] 中, $x(8i+7)$ 被误写成 $x(8)$。

异或运算。

**步骤 5**　对任意 $i = 0, 1, \cdots, 7$，如果 $S_i \neq E_i$，则更新第 $i$ 个神经节点的三个非零权重和其镜像权重：$w_{ij} = -w_{ij}$，$w_{ji} = -w_{ji}$。

(4) 解密：与上述加密过程类似。核心解密函数为

$$I(i) = (256((I'(i) - x(8i+7)) \bmod 1)) \oplus B(i) \tag{5.8}$$

### 5.2.3　CKBA 的改进版本 MCKBA

MCKBA 加密的对象是尺寸为 $M$ 像素 $\times$ $N$ 像素的灰度图像。首先，使用光栅顺序扫描明文图像，将其表示为一维信号 $I = \{I(i)\}_{i=0}^{MN-1}$。然后，构造二进制序列 $I_b = \{I_b(l)\}_{l=0}^{8MN-1}$，对于任意 $i \in \{0, 1, \cdots, MN-1\}$，有 $\sum_{j=0}^{7}(I_b(l)2^j) = I(i)$，$l = 8i+j$。给定一个整数参数 $n$，生成一个 $n$ 比特整数序列 $J = \{J(i)\}_{i=0}^{\lceil 8MN/n \rceil - 1}$，其中 $J(i) = \sum_{j=0}^{n-1}(I_b(ni+j)2^j)$。如果 $n$ 不能整除 $8MN$，则可以在序列 $I_b$ 后补充若干个 0。不失一般性，这里假设 $n$ 能整除 $8MN$。MCKBA 在序列 $J$ 上执行加密运算，得到 $J' = \{J'(i)\}_{i=0}^{8MN/n-1}$，其中 $J'(i) = \sum_{j=0}^{n-1}(I_b'(ni+j)2^j)$。最后，得到密文图像 $I' = \{I'(i)\}_{i=0}^{MN-1}$，其中 $I'(i) = \sum_{j=0}^{7}(I_b'(8i+j)2^j)$。

为使算法描述更为简洁一致，修改了文献 [177] 中的一些符号，并且增补了实现细节。

基于上述表述，MCKBA 的工作机制可以描述如下。

(1) 密钥：两个随机整数 $\mathrm{key}_1$, $\mathrm{key}_2 \in \{0, 1, \cdots, 2^n - 1\}$ 和 Logistic 映射 (2.1) 的初始状态 $x(0) \in (0, 1)$，其中，$\sum_{j=0}^{n-1}(\mathrm{key}_{1,j} \oplus \mathrm{key}_{2,j}) = \lceil n/2 \rceil$，$\mathrm{key}_1 = \sum_{j=0}^{n-1}(\mathrm{key}_{1,j}2^j)$，$\mathrm{key}_2 = \sum_{j=0}^{n-1}(\mathrm{key}_{2,j}2^j)$。

(2) 初始化：迭代 Logistic 映射 (2.1) 产生混沌序列 $\{x(i)\}_{i=0}^{MN/(2n)-1}$。进一步，从 $x(i) = \sum_{j=1}^{32}(b(32i+j-1)2^{-j})$ 的二进制表示中得到 PRBS $\{b(l)\}_{l=0}^{16MN/n-1}$。

(3) 加密：对 $i = 0, 1, \cdots, 8MN/n-1$，将第 $i$ 个明文元素 $J(i)$ 按如下规则加密成相应的密文元素 $J'(i)$：

$$J'(i) = \begin{cases} (J(i) \boxplus \text{key}_1) \oplus \text{key}_1, & B(i) = 3 \\ (J(i) \boxplus \text{key}_1) \odot \text{key}_1, & B(i) = 2 \\ (J(i) \boxplus \text{key}_2) \oplus \text{key}_2, & B(i) = 1 \\ (J(i) \boxplus \text{key}_2) \odot \text{key}_2, & B(i) = 0 \end{cases} \tag{5.9}$$

其中，$B(i) = 2b(2i) + b(2i+1)$；$\odot$ 代表 "异或非" 运算。

因为 $a \odot b = \overline{a \oplus b} = a \oplus \bar{b}$，所以式 (5.9) 等价于

$$J'(i) = \begin{cases} (J(i) \boxplus \text{key}_1) \oplus \text{key}_1, & B(i) = 3 \\ (J(i) \boxplus \text{key}_1) \oplus \overline{\text{key}_1}, & B(i) = 2 \\ (J(i) \boxplus \text{key}_2) \oplus \text{key}_2, & B(i) = 1 \\ (J(i) \boxplus \text{key}_2) \oplus \overline{\text{key}_2}, & B(i) = 0 \end{cases} \tag{5.10}$$

(4) 解密：与上述加密过程非常类似。主要区别是式 (5.10) 替换为

$$J(i) = \begin{cases} (J'(i) \oplus \text{key}_1) \boxminus \text{key}_1, & B(i) = 3 \\ (J'(i) \oplus \overline{\text{key}_1}) \boxminus \text{key}_1, & B(i) = 2 \\ (J'(i) \oplus \text{key}_2) \boxminus \text{key}_2, & B(i) = 1 \\ (J'(i) \oplus \overline{\text{key}_2}) \boxminus \text{key}_2, & B(i) = 0 \end{cases} \tag{5.11}$$

其中，$a \boxminus b = (a - b + 2^n) \bmod 2^n$。

### 5.2.4 基于改进超混沌序列的图像加密算法

IESHC 处理的明文也是灰度图像[184]。不失一般性，假定 $MN$ 是 4 的倍数，并将二维明文图像以光栅顺序扫描成一维 8 比特整数序列 $I = \{I(i)\}_{i=1}^{MN}$，其中 $MN$ 表示明文图像中的像素点个数。相应地，将密文图像表示为 $I' = \{I'(i)\}_{i=1}^{MN}$。IESHC 的工作机制可描述如下。

(1) 密钥：文献 [187] 提出的超混沌系统的初始状态 $(x(0), y(0), z(0), w(0))$，其表达式为

$$\begin{cases} \dot{x} = a(y - x) + yz \\ \dot{y} = cx - y - xz + w \\ \dot{z} = xy - bz \\ \dot{w} = dw - xz \end{cases} \tag{5.12}$$

其中，$(a, b, c, d) = (35, 8/3, 55, 1.3)$。

(2) 初始化。

① 以 $(x(0), y(0), z(0), w(0))$ 为初始状态，使用固定步长为 $h = 0.001$ 的四阶龙格-库塔方法，在双精度浮点运算模式下迭代地逼近方程 (5.12) $N_0$ 次，其中 $N_0 > 500$。

② 继续重复上述量化过程 $MN/4$ 步，得到四维状态序列 $\{(x(i), y(i), z(i), w(i))\}_{i=1}^{MN/4}$。

③ 生成伪随机序列 $K = \{k(i)\}_{i=1}^{MN}$：对 $l = 1, 2, \cdots, MN/4$ 时，令 $k(4l-3) = F(x(l))$，$k(4l-2) = F(y(l))$，$k(4l-1) = z(x(l))$，$k(4l) = F(w(l))$，其中

$$F(x) = \left(\lfloor (|G(x)| - \lfloor |G(x)| \rfloor) \times 10^{14} \rfloor\right) \bmod 256 \tag{5.13}$$

$G(x) = x \times 10^2 - [x \times 10^2]$；函数 $|x|$、$[x]$ 和 $\lfloor x \rfloor$ 分别为 $x$ 的绝对值、最接近 $x$ 的整数和小于等于 $x$ 的最大整数。因为 $\lfloor |G(x)| \rfloor \equiv 0$，所以有

$$F(x) = (|x \times 10^2 - [x \times 10^2]| \times 10^{14}) \bmod 256$$

(3) 加密：包括两轮混淆步骤。

**步骤 1**　对 $i = 2, 3, \cdots, MN$，计算

$$t(i) = I(i) \oplus k(i-1) \oplus (t(i-1) \boxplus k(i)) \tag{5.14}$$

其中

$$t(1) = I(1) \oplus k(1) \oplus (c(0) \boxplus k(1)) \tag{5.15}$$

$c(0)$ 是处于区间 $[1, 255]$ 中的一个预定整数。

**步骤 2**　对 $i = 2, 3 \cdots, MN$，计算

$$I'(i) = t(i) \oplus k(i-1) \oplus (c(i-1) \boxplus k(i)) \tag{5.16}$$

其中

$$I'(1) = t(1) \oplus k(1) \oplus (t(MN) \boxplus k(1)) \tag{5.17}$$

(4) 解密：与加密过程类似，只需修改以下地方。① 执行步骤 2；② 以相反的顺序执行这两个步骤中对每个元素的加密运算；③ 互换式 (5.14) 中变量 $t(i)$ 和 $I(i)$ 的位置；交换式 (5.16) 中变量 $I'(i)$ 和 $t(i)$ 的位置。

## 5.3　针对 CIEAP 的密码分析

### 5.3.1　针对 CIEAP 的已知明文攻击

在本节中，主要讨论如何在已知一对明密文的条件下获取 CIEAP 的等价密钥。

观察定理 5.1，可得

$$I'(i)_j = I(i)_j \oplus \overline{w'_k} \tag{5.18}$$

其中，$w'_k = (w_k + 1)/2$。

**定理 5.1**　对 $n = 0, 1, \cdots, N-1$，$i = 0, 1, \cdots, 7$，有

$$I'(i)_j = \begin{cases} I(i)_j, & w_k = 1 \\ \overline{I(i)_j}, & \text{其他} \end{cases} \tag{5.19}$$

其中，$k = 8i + j$；$\overline{x} = (x \oplus 1)$。

**证明**　为证明此定理，考虑 $(w_k, I(i)_j)$ 的如下四种可能组合情况。

(1) $(w_k, I(i)_j) = (1, 1)$。

$$\begin{aligned} I'(i)_j &= f(I(i)_j w_k + c_k \widetilde{w}_k - \theta_k) \\ &= f(1 + (-1/2)\widetilde{w}_k - \theta_k) \\ &= \begin{cases} f(1 - 1/2 - 0), & \widetilde{w}_k = 1 \\ f(1 + 1/2 - 1), & \text{其他} \end{cases} \\ &= f(1/2) \\ &= 1 \end{aligned}$$

(2) $(w_k, I(i)_j) = (1, 0)$。

$$\begin{aligned} I'(i)_j &= f(I(i)_j w_k + c_k \widetilde{w}_k - \theta_k) \\ &= f(0 + (-1/2)\widetilde{w}_k - \theta_k) \\ &= \begin{cases} f(0 - 1/2 - 0), & \widetilde{w}_k = 1 \\ f(0 + 1/2 - 1), & \text{其他} \end{cases} \\ &= f(-1/2) \\ &= 0 \end{aligned}$$

(3) $(w_k, I(i)_j) = (-1, 1)$。

$$\begin{aligned} I'(i)_j &= f(I(i)_j w_k - c_k \widetilde{w}_k + \theta_k) \\ &= f(-1 - 1/2\widetilde{w}_k + \theta_k) \end{aligned}$$

$$= \begin{cases} f(-1-1/2+1), & \widetilde{w}_k = 1 \\ f(-1+1/2+0), & \text{其他} \end{cases}$$

$$= f(-1/2)$$

$$= 0$$

(4) $(w_k, I(i)_j) = (-1, 0)$。

$$I'(i)_j = f(I(i)_j w_k - c_k \widetilde{w}_k + \theta_k)$$

$$= f(0 - 1/2 \widetilde{w}_k + \theta_k)$$

$$= \begin{cases} f(0-1/2+1), & \widetilde{w}_k = 1 \\ f(0+1/2+0), & \text{其他} \end{cases}$$

$$= f(1/2)$$

$$= 1$$

综合以上四种情况，可得

$$I'(i)_j = \begin{cases} 1, & I(i)_j = 1\text{且}w_k = 1 \\ 0, & I(i)_j = 0\text{且}w_k = 1 \\ 0, & I(i)_j = 1\text{且}w_k = -1 \\ 1, & I(i)_j = 0\text{且}w_k = -1 \end{cases}$$

即

$$I'(i)_j = \begin{cases} I(i)_j, & w_k = 1 \\ \overline{I(i)_j}, & \text{其他} \end{cases}$$

故该定理得证。

由式 (5.18) 可得

$$(I(i) \oplus I'(i)) = \eta_i$$

其中，$\eta_i = \sum_{j=0}^{7} \overline{w'_{8i+j}} 2^j,\ i = 0, 1, \cdots, N-1$。

对于任意使用相同密钥生成的密文图像 $Q' = \{q'_n\}_{n=0}^{N-1}$，其对应的明文图像 $Q = \{q_n\}_{n=0}^{N-1}$ 可通过对 $n = 0, 1, \cdots, N-1$ 计算

$$q_n = q'_n \oplus \eta_n$$

得到。也就是说，掩模图像 $H = \{\eta_n\}_{n=0}^{N-1}$ 可以承担等价密钥的角色。

　为验证上述攻击方法的实际性能，进行了一些仿真实验。图 5.1 展示了尺寸为 256 像素 × 256 像素的已知明文图像 "Lenna" 及其在密钥 $(x_0^*, y_0^*, z_0^*) = (1, 1, 0)$、$h = 10^{-1}$ 下的加密结果。对图 5.1(a) 和图 5.1(b) 中的图像数据逐字节地进行异或运算，可得到图 5.2(a) 显示的掩模图像 $H$。使用 $H$ 解密图 5.2(b) 所示的密文图像，如图 5.2(c) 所示，得到了与明文图像完全一致的解密结果。

(a) 明文图像　　　　　　　　　　(b) 密文图像

图 5.1　一对明密文图像

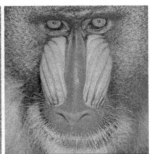

(a) 掩模图像 $H$　　　　(b) 密文图像　　　　(c) 图5.2(b)恢复出的图像

图 5.2　针对 CIEAP 的已知明文攻击

### 5.3.2　CIEAP 的其他安全缺陷

　本节进一步分析 CIEAP 的一些其他安全缺陷。

#### 1. 加密结果对明文变化不敏感

　如果一种加密算法的加密结果对明文的变化不够敏感，那么攻击者可以从密文的统计信息对其对应明文的信息进行预测。在密码学中，使用 "雪崩效应" 描述生成密文对于明文或者密钥变化的敏感性。由于使用者可能同时对图像及其水印版本（通常与原图只有微小差别）进行加密，然后通过网络发送给接收方或服务器。因此，具有良好的雪崩效应对于数字图像加密算法显得尤为重要。雪崩效应可通过计算一个明文比特的改变导致密文中比特发生变化的数量来衡量。对于 CIEAP，一个明文比特的改变只能引起对应密文中相同位置的比特发生变化。显然，这远不能达到雪崩效应的要求。

2. 使用的伪随机数发生器的随机性不足

混沌系统在无限连续精度的数学域中能表现出非常复杂的动力学性质，故被认为可以用作伪随机数发生器。然而，在计算机、智能手机这样的数字设备中，任何对象都是以有限的精度存储的 [89]。即使对于双精度浮点型 Binary64（小数位 52 比特、指数位 11 比特），其最小精度为 $2^{-(52+2^{11-1}-2)} = 2^{-1074}$。因此，在数字域内实现的混沌系统的动力学特性一定会发生不同程度的退化 [188]。此外，一些连续混沌系统需要使用数值逼近方法求解，使用的数值方法和采用的参数也会对数字设备中所得的数字混沌系统的动力学特性造成不同程度的影响。

CIEAP 使用的 Lorenz 系统的轨道是连续的，也就是说任意的两个逼近解是高度相关的。相应地，从相邻状态提取出来的比特也应该是紧密关联的，而且使用的迭代步长 $h$ 越小，其相关性就越强 [127]。另外，为了更加逼近真实解，使用的迭代步长 $h$ 应当足够小（注意龙格-库塔方法的累积误差为 $O(h^4)$）。为了证明这一点，使用美国国家标准与技术研究院（NIST）在文献 [126] 中发布的伪随机序列测试套件，对长度为 2097152 的比特数据流（用来加密尺寸为 512 像素 × 512 像素的图像所使用序列 $\{w_k'\}$ 的比特数目）进行测试。在给定步长 $h$ 下，使用随机的初始状态 $(x_0^*, y_0^*, z_0^*)$ 获取 100 组数据流。每次测试采用的默认显著性水平都为 0.01。

图 5.3 展示了在不同迭代步长 $h$ 下，每 100 组数据流通过二值矩阵秩测试的

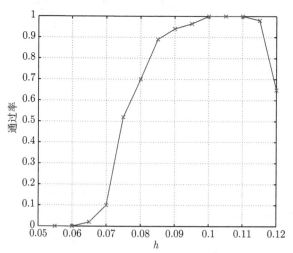

图 5.3　不同迭代步长 $h$ 下二值矩阵秩测试的通过率

比率。NIST 测试套件中的该项测试计算整个序列的分离子矩阵的秩，检查序列中固定长度子序列之间的线性相关性。由图 5.3 可以看到，步长越小，相关性就越强，这与前面的分析吻合。进一步的实验证明，即使选择的步长 $h$ 可使生成的序列通过二值矩阵秩测试，也可能通不过 NIST 测试套件中的其他大多数测试。当 $h = 0.1$ 时，表 5.1 给出了相应的测试结果。所以，CIEAP 中使用的伪随机数生成器的随机性能不理想。

**表 5.1 显著性水平为 0.01 时 100 组伪随机序列通过 NIST 各项测试的数目**

| 测试项目 | 通过的序列数目 |
| --- | --- |
| 频率 | 93 |
| 块频率 ($m = 128$) | 100 |
| 累积和 (前向) | 94 |
| 行程 | 0 |
| 秩 | 100 |
| 系列 ($m = 16$) | 0 |
| 谱测试 | 0 |
| 随机浮程 ($x = 1$) | 0 |
| 近似熵 ($m = 10$) | 0 |
| 最大行程 ($m = 10000$) | 0 |
| 非重叠模板 ($m = 9, B = 000000001$) | 0 |

## 5.4 针对 ESCNN 的密码分析

### 5.4.1 针对 ESCNN 的选择明文攻击

尽管在文献 [174] 中设计者声称 ESCNN 能够抵御选择明文攻击，但是接下来的分析表明这个论点是不正确的。选择两个明文 $I_1$ 和 $I_2$ 使其满足 $\forall \, i = 0, 1, \cdots, N-1, I_1(i) = \overline{I_2(i)}$，攻击者可以得到两个掩模序列，并可用其作为解密用的等价密钥[175]。

在介绍选择明文攻击方法之前，先给出三个引理，并讨论关于整数模和运算的性质。

**引理 5.1** 对于任意 $a, b, c \in \mathbb{R}$，$c \neq 0$ 和 $n \in \mathbb{Z}^+$，如果 $a = b \mod c$，则 $an = (bn) \mod (cn)$。

**证明** 由 $a = b \mod c$ 可知，存在 $k \in \mathbb{Z}$，使得 $b = ck + a$ 和 $0 \leqslant a < c$。因此，$\forall \, n \in \mathbb{Z}^+$，有 $bn = cnk + an$ 和 $0 \leqslant an < cn$。这意味着 $an = (bn) \mod (cn)$，证毕。

**引理 5.2** 对于任意 $a, b, c, n \in \mathbb{R}$，如果 $0 \leqslant a, b < n$，$c = (a - b) \mod n$，则有 $a - b \in \{c, c - n\}$。

**证明**　该引理可分为以下两种情况讨论。① 当 $a \geqslant b$ 时，显然有 $(a-b)$ $\bmod n = a - b = c$；② 当 $a < b$ 时，$(a-b) \bmod n = (n+a-b) \bmod n$。因为 $-n < a - b < 0$，所以可得 $0 < n + a - b < n$，即 $(a-b) \bmod n = n + a - b = c$。也就是说，$a - b = c - n$。结合这两种情况，该引理可证。

**引理 5.3**　假设 $a$、$b$ 都为 8 比特整数。如果 $a = b \oplus 128$，则 $a \equiv (b+128)$ $(\bmod\ 256)$。

**证明**　该引理可分为以下两种情况讨论。① 当 $0 \leqslant a < 128$ 时，$b = a \oplus 128 = a + 128$，故 $b = a \oplus 128 = a + 128$；② 当 $128 \leqslant a \leqslant 255$ 时，$b = a \oplus 128 = a - 128$，故 $a \equiv (b-128) \equiv (b+128)\ (\bmod\ 256)$。

根据引理 5.1，将加密函数 (5.7) 改为

$$256I'(i) = ((I(i) \oplus B(i)) + 256x(8i+7)) \bmod 256$$

已知两个明文字节 $I_1(i)$、$I_2(i)(I_1(i) \neq I_2(i))$ 和对应的密文块 $I'_1(i)$、$I'_2(i)$，可得

$$256(I'_1(i) - I'_2(i)) \equiv ((I_1(i) \oplus B(i)) - (I_2(i) \oplus B(i)))\ (\bmod\ 256)$$

不失一般性，假设 $I'_1(i) > I'_2(i)$，$\Delta_{f_{1,2}} = 256(I'_1(i) - I'_2(i))$。因为 $0 < \Delta_{f_{1,2}} < 256$，所以

$$\Delta_{f_{1,2}} = ((I_1(i) \oplus B(i)) - (I_2(i) \oplus B(i))) \bmod 256$$

因为 $I_1(i) \oplus B(i)$ 和 $I_2(i) \oplus B(i)$ 都为 8 比特整数且 $\Delta_{f_{1,2}} \neq 0$，根据引理 5.2，式 (5.20) 中的两个公式总有一个成立：

$$(I_1(i) \oplus B(i)) - (I_2(i) \oplus B(i)) = \Delta_{f_{1,2}} \in \{1, 2, \cdots, 255\} \tag{5.20a}$$

$$(I_2(i) \oplus B(i)) - (I_1(i) \oplus B(i)) = (256 - \Delta_{f_{1,2}}) \in \{1, 2, \cdots, 255\} \tag{5.20b}$$

当以上两个方程满足条件 $I_1(i) = \overline{I_2(i)}$ 时，根据定理 5.2，可确定 $B(i)$ 的两个可能值。

**定理 5.2**　假设 $a$、$b$、$c$、$x$ 都为 8 比特整数，$c > 0$。如果 $a = \bar{b}$，则方程

$$(a \oplus x) - (b \oplus x) = c \tag{5.21}$$

有唯一解 $x = a \oplus (1, c_7, c_6, \cdots, c_1)_2$，其中 $c = (c_7, c_6, \cdots, c_0)_2 = \sum_{i=0}^{7}(c_i 2^i)$。

**证明**　因为 $a = \bar{b}$，所以 $b \oplus x = \overline{a \oplus x}$。将 $y = a \oplus x$ 和 $\bar{y} = \overline{a \oplus x} = b \oplus x$ 代入方程 (5.21)，可得 $y - \bar{y} = c$，这等价于 $y = \bar{y} + c$。令 $y = \sum_{i=0}^{7}(y_i 2^i)$，分别考虑以下三种情况。

(1) 当 $i=0$ 时，根据 $y_0 \equiv (\overline{y_0} + c_0) \pmod 2$ 可得 $c_0 = 1$。注意两个事实：① 当 $y_0 = 0$, $\overline{y_0} + c_0 = 2$ 时，下一比特将产生进位，故 $y_1 \equiv (\bar{y}_1 + c_1 + 1) \pmod 2$，$c_1 = 0$；② 当 $y_0 = 1$, $\overline{y_0} + c_0 = 1$ 时，无进位产生，故 $y_1 \equiv (\bar{y}_1 + c_1) \pmod 2$，$c_1 = 1$。显然，$y_0 = c_1$ 总是成立。当 $c_1 = 0$ 时，进位将产生。

(2) 当 $i=1$ 时，如果存在进位，则令 $c'_1 = c_1 + 1 \in \{1, 2\}$；否则令 $c'_1 = c_1 \in \{0, 1\}$。根据 $y_1 \equiv (\bar{y}_1 + c'_1) \pmod 2$，可得 $c'_1 = 1$。然后，使用和情况 (1) 相同的方法可得 $y_1 = c_2$，并且可知当 $i=2$ 时是否产生进位。对 $i = 2, 3, \cdots, 6$ 重复以上步骤，可唯一确定 $y_i = c_{i+1}$。

(3) 当 $i=7$ 时，进位总是不会产生，故 $c'_7 = 1$, $y_7 \equiv 1$。

结合这三种情况可得 $y = (1, c_7, c_6, \cdots, c_1)_2$，这导致 $x = a \oplus (1, c_7, \cdots, c_1)_2$。

假设 $B(i)$ 的两个可能值 $B_1(i)$ 和 $B_2(i)$ 分别可由方程 (5.20a) 和方程 (5.20b) 计算得到。从推论 5.1 可知，这两个值之间存在一个特定的关系：$B_2(i) = B_1(i) \oplus 128$。

**推论 5.1** 假设 $a, b, c, x$ 都为 8 比特整数，$a = \bar{b}$, $c > 0$。给定两个方程 $(a \oplus x) - (b \oplus x) = c$ 和 $(b \oplus x') - (a \oplus x') = c'$，如果 $c' = 256 - c$，则 $x' = x \oplus 128$。

**证明** 因为 $c + \bar{c} = 255$，所以可得 $c' = 256 - c = \bar{c} + 1$。令 $c = \sum_{i=0}^{7} (c_i 2^i)$。观察定理 5.2 证明过程中分析的第一种情况，可得 $c_0 = 1$，故 $c'_0 = \bar{c}_0 + 1 = 1$。因为没有进位，所以可推断对于任意 $i = 1, 2, \cdots, 7$，有 $c'_i = \bar{c}_i$。对方程 $(a \oplus x) - (b \oplus x) = c$ 应用定理 5.2，可得 $x = a \oplus (1, c_7, c_6, \cdots, c_1)_2$。然后，对方程 $(b \oplus x') - (a \oplus x') = c'$ 应用定理 5.2，可得 $x' = b \oplus (1, c'_7, c'_6, \cdots, c'_1)_2 = \bar{a} \oplus (1, \bar{c}_7, \bar{c}_6, \cdots, \bar{c}_1)_2 = (a_7, \bar{a}_6 \oplus \bar{c}_7, \bar{a}_5 \oplus \bar{c}_6, \cdots, \bar{a}_0 \oplus \bar{c}_1)_2 = (a_7, a_6 \oplus c_7, a_5 \oplus c_6, \cdots, a_0 \oplus c_1)_2 = a \oplus (1, c_7, c_6, \cdots, c_1)_2 \oplus (1, 0, 0, \cdots, 0)_2 = x \oplus 128$。证毕。

对于 $B(i)$ 两个候选值中的一个，进一步可从 $B(i)$、$I(i)$ 和 $I'(i)$ 中得到等价混沌状态 $\hat{x}(8i + 7)$：

$$\hat{x}(8i + 7) = 256I'(i) - (I(i) \oplus B(i)) \equiv 256x(8i + 7) \pmod{256} \tag{5.22}$$

使用 $B(i)$ 和 $\hat{x}(8i + 7)$，加密式 (5.7) 变为

$$I'(i) = \frac{((I(i) \oplus B(i)) + \hat{x}(8i + 7)) \bmod 256}{256} \tag{5.23}$$

解密式 (5.8) 变为

$$I(i) = ((256 \cdot I'(i) - \hat{x}(8i + 7)) \bmod 256) \oplus B(i) \tag{5.24}$$

假设 $\hat{x}_1(8i+7)$ 和 $\hat{x}_2(8i+7)$ 可分别由 $B_1(i)$ 和 $B_2(i)$ 经式 (5.22) 得到。由两个选择明文 $I_1$ 和 $I_2 = \bar{f}_1$ 可得到两个序列：$\{B_1(i), \hat{x}_1(8i+7)\}_{i=0}^{N-1}$ 和 $\{B_2(i), \hat{x}_2(8i+$

$7)\}_{i=0}^{N-1}$。给定密文 $I' = \{I'(i)\}_{i=0}^{N-1}$,由命题 5.1 可知,对于任意 $i = 0, 1, \cdots, N-1$,可用 $(B_1(i), \hat{x}_1(8i + 7))$ 或者 $(B_2(i), \hat{x}_2(8i + 7))$ 中的任意一个作为解密第 $i$ 个明文字节 $I(i)$ 的等价密钥。因此,ESCNN 在选择明文攻击的场景下安全性能非常低。

**命题 5.1**　虽然两个数组 $(B_1(i), \hat{x}_1(8i + 7))$ 和 $(B_2(i), \hat{x}_2(8i + 7))$ 中只有一个是由 ESCNN 的密钥生成的,但是它们对加密函数 (3.8) 而言是等价的,即

$$((I(i) \oplus B_1(i)) + \hat{x}_1(8i + 7)) \equiv ((I(i) \oplus B_2(i)) + \hat{x}_2(8i + 7)) \quad (\text{mod } 256)$$

**证明**　由 $B_1(i) = B_2(i) \oplus 128$,可得 $I(i) \oplus B_1(i) = (I(i) \oplus B_2(i) \oplus 128)$。根据引理 5.3,可知

$$(I(i) \oplus B_1(i)) \equiv ((I(i) \oplus B_2(i)) + 128) \quad (\text{mod } 256) \qquad (5.25)$$

由此可推得

$$\hat{x}_1(8i + 7) = (256I'(i) - (I(i) \oplus B_1(i)))$$

$$\equiv (256I'(i) - ((I(i) \oplus B_2(i)) - 128)) \quad (\text{mod } 256)$$

$$\equiv (\hat{x}_2(8i + 7) + 128) \quad (\text{mod } 256)$$

结合上式和式 (5.25),可得 $(I(i) \oplus B_1(i) + \hat{x}_1(8i+7)) \equiv I(i) \oplus B_2(i) + \hat{x}_2(8i+7))$ (mod 256)。命题证毕。

考虑到加密和解密过程的对称性,可由命题 5.1 得到结论:两个数组 $(B_1(i), \hat{x}_1(8i + 7))$ 和 $(B_2(i), \hat{x}_2(8i + 7))$ 对于核心解密函数 (3.9) 也是等价的。

### 5.4.2　攻击 ESCNN 的实验

为验证上述选择明文攻击方法的可行性,随机地选择密钥,对不同尺寸的图像进行实验。

作为样例,选择密钥 $r = 1.99$,$x(0) = 0.41$,$[S_0(0), S_1(0), \cdots, S_7(0)] = [1, -1, 1, -1, 1, -1, 1, -1]$。给定一幅尺寸为 256 像素 × 256 像素的图像 "Lenna" 作为明文图像 $I_1$,而另一幅明文图像由攻击者生成 $I_2 = \bar{f}_1$。图 5.4 展示了这两幅明文图像和对应的密文图像。使用这两幅选择明文图像,利用上述选择明文攻击方法获得两个序列 $\{B_1(i), \hat{x}_1(8i + 7)\}_{i=0}^{256 \times 256 - 1}$ 和 $\{B_2(i), \hat{x}_2(8i + 7)\}_{i=0}^{256 \times 256 - 1}$。表 5.2 列出了这两个序列的前 10 个元素。对于任意 $i = 0, 1, \cdots, (256 \times 256 - 1)$,$(B_1(i), \hat{x}_1(8i + 7))$ 或者 $(B_2(i), \hat{x}_2(8i + 7))$ 可用于恢复明文字节 $I(i)$。结果如图 5.4(f) 所示,整幅明文图像(这里使用图像 "Peppers")可被完全正确恢复。

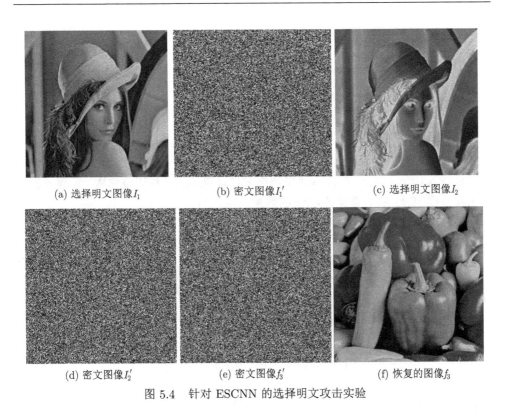

(a) 选择明文图像$I_1$　　　　(b) 密文图像$I_1'$　　　　(c) 选择明文图像$I_2$

(d) 密文图像$I_2'$　　　　(e) 密文图像$f_3'$　　　　(f) 恢复的图像$f_3$

图 5.4　针对 ESCNN 的选择明文攻击实验

表 5.2　序列 $\{B_1(i), \hat{x}_1(8i+7)\}_{i=0}^{256\times256-1}$ 和 $\{B_2(i), \hat{x}_2(8i+7)\}_{i=0}^{256\times256-1}$ 的前 10 个元素

| $i$ | 0 | 1 | 2 | 3 | 4 | 5 | 6 | 7 | 8 | 9 |
|---|---|---|---|---|---|---|---|---|---|---|
| $B_1(i)$ | 146 | 231 | 54 | 202 | 59 | 243 | 166 | 173 | 233 | 82 |
| $B_2(i)$ | 18 | 103 | 182 | 74 | 187 | 115 | 38 | 45 | 105 | 210 |
| $\hat{x}_1(8i+7)$ | 242.40 | 38.63 | 242.62 | 222.09 | 81.03 | 214.73 | 240.91 | 203.59 | 138.20 | 9.33 |
| $\hat{x}_2(8i+7)$ | 114.40 | 166.63 | 114.62 | 94.09 | 209.03 | 86.73 | 112.91 | 75.59 | 10.20 | 137.33 |

# 5.5　针对 MCKBA 的密码分析

## 5.5.1　针对 MCKBA 的选择明文攻击

在文献 [177] 和 [178] 中, 密码设计者都声称 MCKBA 针对选择明文攻击具有很强的抵抗能力。然而, 这个结论是不正确的。下面讨论如何使用四幅选择明文图像和对应的密文图像获取 MCKBA 的等价密钥。

因为明文图像和中间序列 $J$ 可以在不需要任何密钥的情况下互相取得, 两者择一便可。如果两个中间序列 $J_1 = \{J_1(i)\}_{i=0}^{8MN/n-1}$ 和 $J_2 = \{J_2(i)\}_{i=0}^{8MN/n-1}$ 都使用同一密钥加密，相应的加密序列 $J_1' = \{J_1'(i)\}_{i=0}^{8MN/n-1}$ 和 $J_2' = \{J_2'(i)\}_{i=0}^{8MN/n-1}$ 满足

$$J_1'(i) \oplus J_2'(i) = \begin{cases} (J_1(i) \boxplus \mathrm{key}_1) \oplus (J_2(i) \boxplus \mathrm{key}_1), & B(i) \in \{2,3\} \\ (J_1(i) \boxplus \mathrm{key}_2) \oplus (J_2(i) \boxplus \mathrm{key}_2), & B(i) \in \{0,1\} \end{cases} \quad (5.26)$$

不管 $B(i)$ 取值如何，$(J_1'(i) \oplus J_2'(i))$ 都可以表示成方程 (5.1) 的形式。

性质 5.1 给出方程 (5.1) 逐比特层面等价计算形式。利用该性质，定理 5.3 讨论求解方程 (5.1) 所需查验 $(\alpha, \beta)$ 的数量。

**性质 5.1**　方程 (5.1) 的等价形式

$$\tilde{y} = y \oplus \alpha \oplus \beta = (\alpha \boxplus x) \oplus (\beta \boxplus x) \oplus \alpha \oplus \beta \quad (5.27)$$

可表示为迭代形式：

$$\begin{cases} \tilde{y}_{i+1} = c_{i+1} \oplus \tilde{c}_{i+1} \\ c_{i+1} = (x_i \alpha_i) \oplus (x_i c_i) \oplus (\alpha_i c_i) \\ \tilde{c}_{i+1} = (x_i \beta_i) \oplus (x_i \tilde{c}_i) \oplus (\beta_i \tilde{c}_i) \end{cases} \quad (5.28)$$

其中，$c_0 \equiv 0$; $\tilde{c}_0 \equiv 0$; $x = \sum\limits_{i=0}^{n-1}(x_i 2^i)$; $\alpha = \sum\limits_{i=0}^{n-1}(\alpha_i 2^i)$; $\beta = \sum\limits_{i=0}^{n-1}(\beta_i 2^i)$; $\tilde{y} = \sum\limits_{i=0}^{n-1}(\tilde{y}_i 2^i)$。

**证明**　令 $c_{i+1}$ 表示 $x$ 和 $\alpha$ 的模和运算在第 $i$ 个位平面上产生的进位。设 $c_0 = 0$，从 $c_i$ 和 $\alpha_i$ 计算得到

$$c_{i+1} = (x_i \alpha_i) \oplus (x_i c_i) \oplus (\alpha_i c_i) \quad (5.29)$$

其中，$i = 0, 1, \cdots, n - 2$。

类似地，令 $\tilde{c}_{i+1}$ 表示 $x$ 和 $\beta$ 的模和运算在第 $i$ 个位平面上产生的进位。设 $\tilde{c}_0 = 0$，对 $i = 0, 1, \cdots, n - 2$，可得

$$\tilde{c}_{i+1} = (x_i \beta_i) \oplus (x_i \tilde{c}_i) \oplus (\beta_i \tilde{c}_i)$$

显然，$\tilde{y}_0 = (\alpha_0 \oplus x_0) \oplus (\beta_0 \oplus x_0) \oplus \alpha_0 \oplus \beta_0 \equiv 0$。从而，方程 (5.27) 在第 $(i+1)$ 个位平面的计算可表示为

$$\tilde{y}_{i+1} = (\alpha_{i+1} \oplus c_{i+1} \oplus x_{i+1}) \oplus (\beta_{i+1} \oplus \tilde{c}_{i+1} \oplus x_{i+1}) \oplus \alpha_{i+1} \oplus \beta_{i+1}$$

$$= c_{i+1} \oplus \tilde{c}_{i+1}$$

其中，$i = 0, 1, \cdots, n - 2$。

因此，对于 $i = 0, 1, \cdots, n - 2$，可根据式 (5.28) 迭代地计算 $\tilde{y}_{i+1}$ 的值。表 5.3 列出了 $\alpha_i$、$\beta_i$、$\tilde{y}_i$、$x_i$ 和 $c_i$ 的所有可能组合情况下 $\tilde{y}_{i+1}$ 的值。该性质得证。

表 5.3　不同 $(\alpha_i, \beta_i, \tilde{y}_i, x_i, c_i)$ 的值和其对应 $\tilde{y}_{i+1}$ 的值

| $(x_i, c_i)$ | $(\alpha_i, \beta_i, \tilde{y}_i)$ | | | | | | | |
|---|---|---|---|---|---|---|---|---|
| | $(0,0,0)$ | $(0,0,1)$ | $(0,1,0)$ | $(0,1,1)$ | $(1,0,0)$ | $(1,0,1)$ | $(1,1,0)$ | $(1,1,1)$ |
| $(0,0)$ | 0 | 0 | 0 | 1 | 0 | 0 | 0 | 1 |
| $(0,1)$ | 0 | 0 | 1 | 0 | 1 | 1 | 0 | 1 |
| $(1,0)$ | 0 | 1 | 1 | 1 | 1 | 0 | 0 | 0 |
| $(1,1)$ | 0 | 1 | 0 | 0 | 0 | 1 | 0 | 0 |

**定理 5.3**　假设 $\alpha$、$\beta$、$x$ 都为 $n$ 比特整数，则对任意 $x$ 求解方程 (5.1) 所需查验 $(\alpha, \beta)$ 数量的下界是

$$n_x = \begin{cases} 0, & n = 1 \\ 1, & n = 2 \\ 2, & n = 3 \\ 3, & n \geqslant 4 \end{cases} \tag{5.30}$$

**证明**　根据性质 5.1，方程 (5.1) 的计算可如式 (5.28) 所示使用各级进位迭代地进行。查阅表 5.3 可知，未知比特 $x_i$ 的值能被确定当且仅当 $(\alpha_i, \beta_i, \tilde{y}_i)$ 落在第 1、2、4、7 列（序号从零开始），即

$$(\alpha_i + \beta_i \cdot 2 + \tilde{y}_i \cdot 2^2) \in \{1, 2, 4, 7\} \tag{5.31}$$

当 $n = 1$ 时，式 (5.27) 转化为 $\tilde{y} \equiv 0$。因此，不需要根据 $(\alpha, \beta)$ 查验 $x$ 的值。因为 $\tilde{y}_{n-1}$ 与 $x_{n-1}$ 无关，所以对于 $n$ 的其他值，只需讨论如何获取 $x$ 的 $(n-1)$ 个最低有效比特：

(1) $n = 2$：由于 $\tilde{y}_0 = 0$，$c_0 = 0$，令 $(\alpha_0, \beta_0) = (1, 0)$，可得 $x_0 = \tilde{y}_1$。

(2) $n = 3$：不管 $(\alpha_0, \beta_0)$ 的值如何，$y_1 \in \{0, 1\}$。因此，对于任意 $x$，仅凭 $(\alpha_1, \beta_1)$ 不可能确定 $x_1$ 的值。选择合适的 $(\alpha, \beta)$ 使其满足 $(\alpha_0, \beta_0) = (1, 0)$，如 $n = 2$ 时一样能得到 $x_0$ 的值。令 $(\alpha_1, \beta_1) = (1, 0)$，如果 $y_1 = 0$，则可以确定 $x_1$；否则只能求助于另一组查询 $(\alpha', \beta')$。令 $\tilde{y}' = \sum_{j=0}^{n-1}(\tilde{y}'_j 2^j)$ 表示式 (5.27) 在查询 $(\alpha', \beta')$ 时（即令 $(\alpha, \beta) = (\alpha', \beta')$）的输出。如果 $y_1 = 1$，令 $(\alpha'_0, \beta'_0) = (\alpha_0, \beta_0)$，$(\alpha'_1, \beta'_1) = (1, 1)$，可得 $x_1 = \overline{y'_2}$。

(3) $n \geqslant 4$：此时，$(\tilde{y}_1, \tilde{y}_2)$ 和 $(\tilde{y}_1', \tilde{y}_2')$ 可以为任意值。观察表 5.3，可以验证任意的 $(\alpha, \beta)$ 和 $(\alpha', \beta')$ 都不能满足式 (5.31)，也不能满足

$$(\alpha_i' + \beta_i' \cdot 2 + \tilde{y}_i' \cdot 2^2) \in \{1, 2, 4, 7\}$$

其中，$i = 1, 2$。这意味着 $x_2$ 不能总是被确定。因此，需要另一个查询 ($\alpha^* = \sum_{j=0}^{n-1}(\alpha_j^* 2^j), \beta^* = \sum_{j=0}^{n-1}(\beta_j^* 2^j)$)。令 $\tilde{y}^* = \sum_{j=0}^{n-1}(\tilde{y}_j^* 2^j)$ 表示其关于方程 (5.27) 对应的解。给定一组 $(\alpha_{i+k}, \beta_{i+k}, \alpha_{i+k}', \beta_{i+k}', \alpha_{i+k}^*, \beta_{i+k}^*)$，结合 $(c_{i+k}, \tilde{y}_{i+k}, c_{i+k}', \tilde{y}_{i+k}', c_{i+k}^*, \tilde{y}_{i+k}^*)$ 和 $x_{i+k}$，可得 $(c_{i+k+1}, \tilde{y}_{i+k+1}, c_{i+k+1}', \tilde{y}_{i+k+1}', c_{i+k+1}^*, \tilde{y}_{i+k+1}^*)$，其中 $i, k \in \mathbb{Z}$。

分别用普通箭头和倒 V 形箭头表示 $x_{i+k} = 0$ 和 $x_{i+k} = 1$ 的情况。图 5.5 展示了 $(c_{i+k}, \tilde{y}_{i+k}, c_{i+k}', \tilde{y}_{i+k}', c_{i+k}^*, \tilde{y}_{i+k}^*)$ 和 $(c_{i+k+1}, \tilde{y}_{i+k+1}, c_{i+k+1}', \tilde{y}_{i+k+1}', c_{i+k+1}^*, \tilde{y}_{i+k+1}^*)$ 之间的映射关系，其中 $k = 0, 1, 2$。因为 $(c_0, \tilde{y}_0, c_0', \tilde{y}_0', c_0^*, \tilde{y}_0^*) \equiv (0, 0, 0, 0, 0, 0)$，图 5.5 中的虚线箭头描述了式 (5.28) 对于三组 $(\alpha, \beta)$ 的映射关系。注意，图 5.5 中第四列的数据与第一列完全相同。因此，如果将图 5.5 中的变量 $i$ 遍历 $3t$，图 5.5 可以展示方程 (5.27) 在所有比特层面上的计算，其中 $t = 0, 1, \cdots, \lfloor n/3 \rfloor$，$i + k \leqslant n - 1$。通过图 5.5 可以验证

$$\{\alpha_{i+k} + \beta_{i+k} \cdot 2 + \tilde{y}_{i+k} \cdot 2^2, \alpha_{i+k}' + \beta_{i+k}' \cdot 2 + \tilde{y}_{i+k}' \cdot 2^2, \alpha_{i+k}^*$$
$$+ \beta_{i+k}^* \cdot 2 + \tilde{y}_{i+k}^* \cdot 2^2\} \cap \{1, 2, 4, 7\} \neq \varnothing$$

总是成立，即 $x_{i+k}$ 的值可以从表 5.3 求得。该定理得证。

**推论 5.2**　将方程 (5.1) 中的 $(\alpha, \beta)$ 依次设置成如下三组值：

$$\left\{ \left( \sum_{j=0}^{\lceil n/3 \rceil - 1}(100)_2 \cdot 8^j \right) \bmod 2^n, \left( \sum_{j=0}^{\lceil n/3 \rceil - 1}(111)_2 \cdot 8^j \right) \bmod 2^n \right\}$$

$$\left\{ \left( \sum_{j=0}^{\lceil n/3 \rceil - 1}(100)_2 \cdot 8^j \right) \bmod 2^n, \left( \sum_{j=0}^{\lceil n/3 \rceil - 1}(001)_2 \cdot 8^j \right) \bmod 2^n \right\}$$

$$\left\{ \left( \sum_{j=0}^{\lceil n/3 \rceil - 1}(011)_2 \cdot 8^j \right) \bmod 2^n, \left( \sum_{j=0}^{\lceil n/3 \rceil - 1}(001)_2 \cdot 8^j \right) \bmod 2^n \right\}$$

并验证相应的 $\tilde{y} = y \oplus \alpha \oplus \beta$，可唯一确定变量 $x$ 的 $(n-1)$ 个最低有效比特。

**证明**　从定理 5.3 可直接得到推论 5.2。

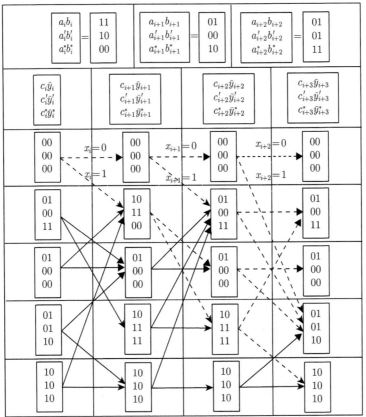

图 5.5　给定 $(\alpha_{i+k}, \beta_{i+k}, \alpha'_{i+k}, \beta'_{i+k}, \alpha^*_{i+k}, \beta^*_{i+k})$ 值时 $(c_{i+k}, \tilde{y}_{i+k}, c'_{i+k}, \tilde{y}'_{i+k}, c^*_{i+k}, \tilde{y}^*_{i+k})$ 和 $(c_{i+k+1}, \tilde{y}_{i+k+1}, c'_{i+k+1}, \tilde{y}'_{i+k+1}, c^*_{i+k+1}, \tilde{y}^*_{i+k+1})$ 之间的映射关系 $(k=0,1,2)$

**命题 5.2** 假设 $\alpha$ 和 $x$ 都是 $n$ 比特整数（$n \in \mathbb{Z}^+$），则有

$$(\alpha \oplus x) \boxminus x = (\alpha \oplus x \oplus 2^{n-1}) \boxminus (x \oplus 2^{n-1}) \tag{5.32}$$

$$(\alpha \oplus \overline{x}) \boxminus x = (\alpha \oplus \overline{x \oplus 2^{n-1}}) \boxminus (x \oplus 2^{n-1}) \tag{5.33}$$

**证明** 式 (5.32) 可分为如下四种情况来证明。① 当 $(\alpha \oplus x) \geqslant 2^{n-1}$，$x \geqslant 2^{n-1}$ 时：$(\alpha \oplus x \oplus 2^{n-1}) \boxminus (x \oplus 2^{n-1}) = ((\alpha \oplus x) - 2^{n-1}) \boxminus (x - 2^{n-1}) = (((\alpha \oplus x) - 2^{n-1}) - (x - 2^{n-1}) + 2^n) \bmod 2^n = (\alpha \oplus x) \boxminus x$；② 当 $(\alpha \oplus x) \geqslant 2^{n-1}$，$x < 2^{n-1}$ 时：$(\alpha \oplus x \oplus 2^{n-1}) \boxminus (x \oplus 2^{n-1}) = ((\alpha \oplus x) - 2^{n-1}) \boxminus (x + 2^{n-1}) = (((\alpha \oplus x) - 2^{n-1}) - (x + 2^{n-1}) + 2^n) \bmod 2^n = (\alpha \oplus x) \boxminus x$；③ 当 $(\alpha \oplus x) < 2^{n-1}$，$x \geqslant 2^{n-1}$ 时：$(\alpha \oplus x \oplus 2^{n-1}) \boxminus (x \oplus 2^{n-1}) = ((\alpha \oplus x) + 2^{n-1}) \boxminus (x - 2^{n-1}) = (\alpha \oplus x) \boxminus x$；④ 当 $(\alpha \oplus x) < 2^{n-1}$，$x < 2^{n-1}$ 时：$(\alpha \oplus x \oplus 2^{n-1}) \boxminus (x \oplus 2^{n-1}) = ((\alpha \oplus x) + 2^{n-1}) \boxminus (x + 2^{n-1}) = (\alpha \oplus x) \boxminus x$。类似地，可证明式 (5.33) 也成立。

推论 5.2 表明，只需选取四个中间序列 $J_0$、$J_1$、$J_2$ 和 $J_3$ 就可以获得 MCKBA 的等价密钥，其中

$$
\begin{cases}
J_0(i) \equiv \left( \displaystyle\sum_{j=0}^{\lceil n/3 \rceil - 1} 1 \times 8^j \right) \bmod 2^n \\[4mm]
J_1(i) \equiv \left( \displaystyle\sum_{j=0}^{\lceil n/3 \rceil - 1} 7 \times 8^j \right) \bmod 2^n \\[4mm]
J_2(i) \equiv \left( \displaystyle\sum_{j=0}^{\lceil n/3 \rceil - 1} 4 \times 8^j \right) \bmod 2^n \\[4mm]
J_3(i) \equiv \left( \displaystyle\sum_{j=0}^{\lceil n/3 \rceil - 1} 6 \times 8^j \right) \bmod 2^n
\end{cases}
\tag{5.34}
$$

对于 5.2.3 节所述二维图像的一维表示，$J_0$、$J_1$、$J_2$ 和 $J_3$ 的相应灰度图像的基本重复模式分别为 $[73, 146, 36]$、$[255, 255, 255]$、$[36, 73, 146]$ 和 $[182, 109, 219]$。如命题 5.2 所示，子密钥 $\mathrm{key}_1$ 和 $\mathrm{key}_2$ 的未知最高比特都对 MCKBA 的加密过程没有影响，故恢复它们时无须考虑最高有效比特。令 $\mathrm{key}^*(i)$ 表示式 (5.26) 的计算结果，其中 $i = 0, 1, \cdots, MN/(2n) - 1$，则序列 $\{\mathrm{key}^*(i)\}_{i=0}^{MN/(2n)-1}$ 可以作为等价密钥解密任意使用相同密钥加密的密文图像。当然它们的尺寸必须比已知明文图像要小。

该差分攻击的时间复杂度主要消耗在查询表 5.3 的操作上，通过该表可以验证 $\{\mathrm{key}^*(i)\}_{i=0}^{MN/(2n)-1}$ 中每个元素的 $(n-1)$ 个比特，故攻击复杂度与明文图像的尺寸呈线性比关系。

## 5.5.2　获取 MCKBA 的密钥

5.5.1 节所述的差分攻击只得到一个等价密钥，只能用于解密其他比选择明文图像的尺寸更小的密文图像。为了解密使用相同密钥加密的任意其他密文图像，需要得到该密钥。这里讨论如何从等效密钥进一步推得 MCKBA 的密钥。

假设伪随机序列 $\{b(l)\}$ 中的元素均匀分布在集合 $\{0, 1\}$ 上，事件 $\mathrm{key}_1 \notin \{\mathrm{key}^*(i)\}_{i=0}^{8MN/n-1}$ 或者 $\mathrm{key}_2 \notin \{\mathrm{key}^*(i)\}_{i=0}^{8MN/n-1}$ 的概率为 $(1/2)^{8MN/n}$。因此，有很高概率 $1 - (1/2)^{8MN/n-1}$ 获得集合 $\{\mathrm{key}_1, \mathrm{key}_2\}$。因为 $\displaystyle\sum_{j=0}^{n-2} (\mathrm{key}_{1,j} \cdot 2^j) \neq$

$\sum_{j=0}^{n-2}(\text{key}_{2,j} \cdot 2^j)$，所以可缩小式 (5.26) 中 $B(i)$ 的取值范围：

$$\begin{cases} B(i) \in \{2,3\}, & \sum_{j=0}^{n-2}(\text{key}^*(i)_j \cdot 2^j) = \sum_{j=0}^{n-2}(\text{key}_{1,j} \cdot 2^j) \\ B(i) \in \{0,1\}, & \sum_{j=0}^{n-2}(\text{key}^*(i)_j \cdot 2^j) = \sum_{j=0}^{n-2}(\text{key}_{2,j} \cdot 2^j) \end{cases} \tag{5.35}$$

其中，$\text{key}^*(i) = \sum_{j=0}^{n-1}(\text{key}^*(i)_j \cdot 2^j)$。

**命题 5.3** 假设 $\alpha$ 和 $x$ 都为 $n$ 比特整数（$n \in \mathbb{Z}^+$），如果 $\alpha$ 为奇数，则 $p = ((\alpha \boxplus x) \oplus x)$ 始终为奇数且 $q = ((\alpha \boxplus x) \odot x)$ 始终为偶数。

**证明** 该性质可由如下两个等式证明：

$$((1 + x_0) \bmod 2) \oplus x_0 \equiv 1$$

$$((1 + x_0) \bmod 2) \odot x_0 \equiv 0$$

根据性质 5.3 和式 (5.9)，可缩小 $B(i)$ 的范围。同时也可采用式 (5.34) 中第二个选择的中间序列，根据其加密结果来缩小 $B(i)$ 的范围：

$$\begin{cases} B(i) \in \{1,3\}, & J_1'(i) \text{ 为奇数} \\ B(i) \in \{0,2\}, & J_1'(i) \text{ 为偶数} \end{cases} \tag{5.36}$$

一旦确定 $\text{key}_1$ 和 $\text{key}_2$，就可从式 (5.35) 和式 (5.36) 确定 $B(i)$ 的值，其中 $i = 0, 1, \cdots, 8MN/n - 1$。只存在两种 $\text{key}_1$ 和 $\text{key}_2$ 可能的组合方式。如果穷举的组合正确，那么可以成功构造 $\{B(i)\}_{i=0}^{8MN/n-1}$。令 $\{B^\star(i)\}_{i=0}^{8MN/n-1}$ 和 $\{B^*(i)\}_{i=0}^{8MN/n-1}$ 分别表示子密钥 $\text{key}_1$ 和 $\text{key}_2$ 两种组合情况下获得的 $\{B(i)\}_{i=0}^{8MN/n-1}$。因为式 (5.36) 与 $\text{key}_1$ 和 $\text{key}_2$ 无关，所以可以确定 $B^\star(i) = B^*(i) \oplus 2$，即 $b^\star(2i) = 1 - b^*(2i)$ 和 $b^\star(2i+1) = b^*(2i+1)$，其中 $i = 0, 1, \cdots, 8MN/n - 1$。构造序列 $\{x^\star(i)\}_{i=0}^{MN/(2n)-1}$ 和 $\{x^*(i)\}_{i=0}^{MN/(2n)-1}$，其中 $x^\star(i) = \sum_{j=1}^{32}(b^\star(32i + j - 1)2^{-j})$，$x^*(i) = \sum_{j=1}^{32}(b^*(32i + j - 1)2^{-j})$。

由于 $\{x(i)\}_{i=0}^{MN/(2n)-1}$ 来自迭代 Logistic 映射产生的相邻混沌状态，可通过检查其中任何两个相邻元素是否满足特定的相关性，来识别 $\{x^\star(i)\}_{i=0}^{MN/(2n)-1}$ 或 $\{x^*(i)\}_{i=0}^{MN/(2n)-1}$ 是否是控制加密过程的正确序列，并且验证相应的 $\text{key}_1$ 和 $\text{key}_2$。式 (2.1) 是通过 32 位定点运算精度实现的，故 MCKBA 满足命题 5.2 中

$MN = 32$ 时的情况 [177]。MCKBA 的整个密钥可以通过检查 $\{x^\star(i)\}_{i=0}^{MN/(2n)-1}$ 和 $\{x^*(i)\}_{i=0}^{MN/(2n)-1}$ 是否有相邻的元素满足式 (5.37) 来验证。最后，$\text{key}_1$、$\text{key}_2$ 和 $x(0) = \sum_{j=1}^{32}(b(j-1)2^j)$ 可被恢复。对于 HCKBA，密钥验证方法改为检查序列分布是否匹配文献 [178] 所示的混沌状态值分布特征。

**性质 5.2**    假设 Logistic 映射 $x(k+1) = \mu x(k)(1-x(k))$ 使用 $L$ 比特定点运算且 $x(k+1) \geqslant 2^{-m}$，其中 $1 \leqslant m \leqslant L$。有不等式

$$|\mu - \tilde{\mu}_k| \leqslant 2^{m+3}/2^L \tag{5.37}$$

其中，$\tilde{\mu}_k = \dfrac{x(k+1)}{x(k)(1-x(k))}$。

**证明**    这是定理 3.3 的直接推论。

为验证上述分析的实际效果，选择 $n = 32$ 和一些尺寸为 512 像素 × 512 像素的明文图像进行实验。当 $x_0 = 319684607/2^{32}$、$\text{key}_1 = 3835288501$ 和 $\text{key}_2 = 1437224678$ 时，图 5.6 中四幅选择明文图像的加密结果如图 5.7 所示。等价密钥 $\{\text{key}^*(i)\}_{i=0}^{MN/(2n)-1}$ 用于解密图 5.8(a) 所示的密文图像，其恢复的结果如图 5.8(b)

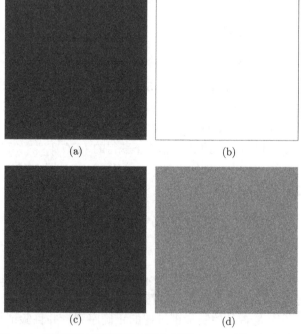

图 5.6    四幅选择明文图像（不包括图 5.6(b) 的黑色边界）

所示。此时，只需检查 $\{x^{\star}(i)\}_{i=0}^{MN/(2n)-1}$ 和 $\{x^{*}(i)\}_{i=0}^{MN/(2n)-1}$ 中一对相邻的元素便可以验证整个密钥的三个子密钥：$x(0)$ 的 32 个比特、$\mathrm{key}_1$ 和 $\mathrm{key}_2$。

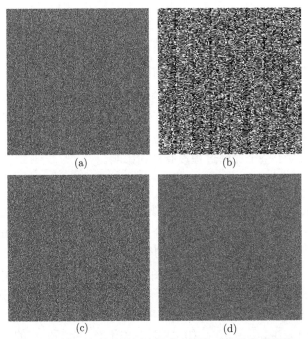

(a)　(b)　(c)　(d)

图 5.7　图 5.6 所示四幅选择明文图像对应的密文图像

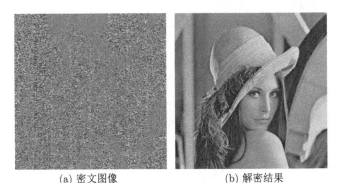

(a) 密文图像　(b) 解密结果

图 5.8　另一幅经相同密钥加密的密文图像的解密结果

### 5.5.3　针对 MCKBA 的性能评价

1. 伪随机序列 $\{b(l)\}$ 的随机性不足

由迭代 Logistic 映射产生的混沌序列的分布不均匀，使得衍生的二进制比特序列的随机性能非常差。这一点已在文献 [127] 和 [189] 中被定量证实。

**2. 加密结果对于明文图像的变化不敏感**

因为图像及其水印版本常同时加解密和存储，这一缺陷可对任何 "强安全" 图像加密算法产生威胁。由式 (5.9) 可知，$J(i)$ 的第 $m$ 个比特可能只改变 $J'(i)$ 的第 $m \sim (n-1)$ 个比特，其中 $0 \leqslant m < n$。这意味着对于 MCKBA，明文图像的一个比特的变化最多只能影响对应密文图像的 $n$ 个比特。

**3. 加密结果对于两个子密钥的变化不敏感**

显然，任何安全加密算法都应避免这一缺陷。但不幸的是，MCKBA 在这方面显得尤为脆弱。由式 (5.9) 可知，$\text{key}_1$ 或者 $\text{key}_2$ 的第 $m$ 个比特的变化只影响对应密文像素的第 $m \sim (n-1)$ 个有效位。根据性质 5.2，$\text{key}_1$ 或者 $\text{key}_2$ 的最高有效比特的变化对于整个加密过程没有任何影响。

### 5.5.4　模和异或方程的一些性质

在性质 5.1 的基础上，进一步总结核心方程 (5.1) 的一些性质。它们可用来改进针对 MCKBA 的选择明文攻击：分别使用两幅已知明密文图像和两幅选择明密文图像来获取 MCKBA/HCKBA 的等价密钥的信息。

**性质 5.3**　给定 $(\alpha_i, \beta_i, \tilde{y}_i, \tilde{y}_{i+1})$，当且仅当 $(4\alpha_i + 2\beta_i + \tilde{y}_i) \in \{0, 6\}$ 时，有关 $x_i$、$c_i$ 和 $\tilde{c}_i$ 的任何信息不能从式 (5.1) 获得（注意 $c_0$ 和 $\tilde{c}_0$ 是预先定义的常量）。

**证明**　因为表 5.3 中只有第 0 列（序号从零开始计）和第 6 列的数据相同，所以当且仅当 $(4\alpha_i + 2\beta_i + \tilde{y}_i) \in \{0, 6\}$ 时，关于 $x_i$、$c_i$ 和 $\tilde{c}_i$ 的任何信息不能从 $(\alpha_i, \beta_i, \tilde{y}_i, \tilde{y}_{i+1})$ 获得。

**性质 5.4**　给定 $(\alpha_i, \beta_i, \tilde{y}_i, \tilde{y}_{i+1})$，当且仅当 $(4\alpha_i + 2\beta_i + \tilde{y}_i) \in \{1, 7\}$ 时，通过 $x_i = \alpha_i \oplus \tilde{y}_{i+1}$ 可确定未知比特 $x_i$。

**证明**　只有在表 5.3 中第 1 列和第 7 列所示的情况下，方可通过 $(\alpha_i, \beta_i, \tilde{y}_i, \tilde{y}_{i+1})$ 确定 $x_i$ 的值，而且不需要知道 $c_i$ 的值。可验证 $x_i = \alpha_i \oplus \tilde{y}_{i+1}$ 在数值上成立。

**性质 5.5**　给定 $(\alpha_i, \beta_i, \tilde{y}_i, \tilde{y}_{i+1})$，当且仅当 $(4\alpha_i + 2\beta_i + \tilde{y}_i) \in \{3, 5\}$ 时，进位 $c_i$ 和 $\tilde{c}_i$ 可通过 $c_i = \beta_i \oplus \tilde{y}_{i+1}$ 和 $\tilde{c}_i = \beta_i \oplus \tilde{y}_{i+1} \oplus \tilde{y}_i$ 确定。

**证明**　只有在表 5.3 中第 3 列和第 5 列所示的情况下，方可通过 $(\alpha_i, \beta_i, \tilde{y}_i, \tilde{y}_{i+1})$ 确定 $c_i$ 的值，而且不需要知道 $x_i$ 的值。容易验证 $c_i = \beta_i \oplus \tilde{y}_{i+1}$ 在数值上成立。又因 $\tilde{c}_i = c_i \oplus \tilde{y}_i$，从而可得 $\tilde{c}_i = \beta_i \oplus \tilde{y}_{i+1} \oplus \tilde{y}_i$。

**性质 5.6**　给定 $(\alpha_i, \beta_i, \tilde{y}_i, \tilde{y}_{i+1})$，当且仅当 $(4\alpha_i + 2\beta_i + \tilde{y}_i) \in \{2, 4\}$ 时，未知比特 $x_i$、$c_i$ 的可能值范围可使用下式缩小：

$$(x_i, c_i) \in \begin{cases} \{(0,0), (1,1)\}, & \tilde{y}_{i+1} = 0 \\ \{(0,1), (1,0)\}, & \tilde{y}_{i+1} = 1 \end{cases} \tag{5.38}$$

**证明** 参考表 5.3 中第 2 列和第 4 列所示的情况, 根据 $\tilde{y}_{i+1}$ 的值可缩小 $(x_i, c_i)$ 的可能值范围。从表 5.3 中可得式 (5.38)。因此, 充分性得证。注意, $(4\alpha_i + 2\beta_i + \tilde{y}_i)$ 可能值只有八种情况, 而其他六种可能情况下获取 $x_i$ 和 $c_i$ 的信息已经在性质 5.3、性质 5.4、性质 5.5 中讨论。因此, 必要性得证。

**性质 5.7** 如果 $(\alpha_{i-1} \oplus \beta_{i-1}) = 1$, $\tilde{y}_i = 1$, 那么有 $c_i = \alpha_{i-1}$, 其中 $i \in \{1, 2, \cdots, n-2\}$。

**证明** 当 $(\alpha_{i-1}, \beta_{i-1}) = (1, 0)$, 且 $\tilde{y}_i = 1$ 时, 无论 $x_{i-1}$ 的值是多少, 都可从式 (5.28) 获得 $c_i = 1$。类似地, 当 $(\alpha_{i-1}, \beta_{i-1}) = (0, 1)$, 且 $\tilde{y}_i = 1$ 时, 可得 $c_i = 0$。该性质得证。

**性质 5.8** 给定 $\alpha$、$\beta$、$\tilde{y}$, 方程 (5.27) 中变量 $x$ 的改变可造成式 (5.27) 不成立, $x$ 的 $(n-1)$ 个最低有效比特可从最低比特位到最高比特位逐层依次确定。

**证明** 求解方程 (5.1) 和确定进位的具体方法可分为以下两类运算。

(1) 获取 $x_0$ 和 $c_1$ 的信息: 根据从 $x_0$ 和 $c_1$ 中获取的信息量, 将 $(\alpha_0, \beta_0, \tilde{y}_0)$ 进一步分成以下两类。

① $(4\alpha_0 + 2\beta_0 + \tilde{y}_0) \in \{0, 6\}$: 根据性质 5.3, 在这种情况下 $x_0$ 不能被确定, 但如果 $\alpha_0 = 0$, 可得 $c_1 = 0$。

② $(4\alpha_0 + 2\beta_0 + \tilde{y}_0) \in \{2, 4\}$: 因 $c_0 = 0$, 故根据式 (5.38) 可得

$$x_0 = \begin{cases} 0, & \tilde{y}_1 = 0 \\ 1, & \tilde{y}_1 = 1 \end{cases} \tag{5.39}$$

更进一步可得

$$c_1 = \begin{cases} 0, & \tilde{y}_1 = 0 \\ 1, & \alpha_0 = 1 \text{ 且} \tilde{y}_1 = 1 \\ 0, & \beta_0 = 1 \text{ 且} \tilde{y}_1 = 1 \end{cases}$$

(2) 对 $i = 1, 2, \cdots, n-2$, 获取 $x_i$、$x_{i-1}$、$c_i$ 和 $c_{i+1}$ 的信息。

根据通过检验 $(\alpha_i, \beta_i, \tilde{y}_i)$ 可获取 $x_i$、$x_{i-1}$、$c_i$ 和 $c_{i+1}$ 的信息量, 以及对 $i = 1, 2, \cdots, n-2$, 能依次获取 $c_i$ 的信息量, $(\alpha_i, \beta_i, \tilde{y}_i)$ 可分为以下四类 (因为确认 $c_i$ 也就意味着确认了 $\tilde{c}_i$, 所以不再提及后者的获取)。

① $(4\alpha_i + 2\beta_i + \tilde{y}_i) \in \{0, 6\}$: 根据性质 5.3, 此时不能获取 $x$ 的任何信息。如果 $(c_i + \alpha_i) \in \{0, 2\}$ 已知, 则 $c_{i+1}$ 的值可以由式 (5.29) 确定。

② $(4\alpha_i + 2\beta_i + \tilde{y}_i) \in \{1, 7\}$: 根据性质 5.4, 有

$$x_i = \alpha_i \oplus \tilde{y}_{i+1} \tag{5.40}$$

如果 $c_i$ 已知，则可得 $c_{i+1}$。即使在 $c_i$ 未知的情况下，如果 $(\alpha_i + x_i) = 0$ 或者 $(\alpha_i + x_i) = 2$ 已知，则也可通过式 (5.29) 确定 $c_{i+1}$。

③ $(4\alpha_i + 2\beta_i + \tilde{y}_i) \in \{2, 4\}$：如果 $c_i$ 已确定，则基于性质 5.6 可得

$$x_i = \begin{cases} 1 - \tilde{y}_{i+1}, & c_i = 1 \\ \tilde{y}_{i+1}, & c_i = 0 \end{cases} \tag{5.41}$$

并进一步可确定 $c_{i+1}$ 的值。

④ $(4\alpha_i + 2\beta_i + \tilde{y}_i) \in \{3, 5\}$：根据性质 5.5 可得 $c_i = \beta_i \oplus \tilde{y}_{i+1}$。如果 $x_{i-1}$ 未知但 $c_{i-1}$ 已知，则可得

$$x_{i-1} = \begin{cases} 1, & c_i = 1 \text{且} (c_{i-1} + \alpha_{i-1}) = 1 \text{已知} \\ 1, & \tilde{c}_i = 1 \text{且} (\tilde{c}_{i-1} + \beta_{i-1}) = 1 \text{已知} \\ 0, & c_i = 0 \text{且} (c_{i-1} + \alpha_{i-1}) = 1 \text{已知} \\ 0, & \tilde{c}_i = 0 \text{且} (\tilde{c}_{i-1} + \beta_{i-1}) = 1 \text{已知} \end{cases} \tag{5.42}$$

### 5.5.5  针对 MCKBA 已知明文攻击的改进

在已知明文攻击的情景下，攻击 MCKBA 就是求解函数 (5.26)，从而获得等效密钥 $\text{key}_1$、$\text{key}_2$ 和 $\{B(k)\}_{k=0}^{8MN/n-1}$。由性质 5.8 可知，对于任意的 $k \in \{0, 1, \cdots, 8MN/n - 1\}$，利用式 (5.26) 可以求得 $\text{key}_1$ 和 $\text{key}_2$ 的部分比特的值。未被确定比特的值可设为 0。令 $\text{key}(k)$ 表示式 (5.26) 的解，$s(k, i)$ 表示 $\text{key}(k)_i$ 是否被确定：如果从式 (5.39)、式 (5.40) 或者式 (5.42) 中可以求得 $\text{key}(k)_i$ 的值，则令 $s(k, i) = 1$；否则 $\text{key}(k)_i = 0$，其中 $\text{key}(k) = \sum_{i=0}^{n-1} (\text{key}(k)_i \cdot 2^i)$，$k = 0, 1, \cdots, 8MN/n - 1$。然后，通过识别和组合对应于同一个数字的已确定比特，攻击者可以从序列 $\{\text{key}(k)\}_{k=0}^{8MN/n-1}$ 和 $\{s(k, i)\}_{k=0, i=0}^{8MN/n-1, n-2}$ 恢复集合 $\{\text{key}1, \text{key}2\}$。具体步骤如下。

**步骤 1**    令 $K = \{\text{key}(0), \text{key}(1), \cdots, \text{key}(8MN/n - 1)\}$。删除 $K$ 中一些元素以确保 $K$ 中每对元素至少有一个不同的确定比特。

**步骤 2**    寻找 $K$ 中被确定比特数目最多且确定比特不完全相同的两个元素。令 $\text{Seed}(0)$ 和 $\text{Seed}(1)$ 表示这两个元素，将它们从 $K$ 中删除。

**步骤 3**    依次检测集合 $K$ 中的每一个元素，如果它有确定的比特与 $\text{Seed}(i)$ 不同，则进行如下两个操作：① 将这个元素所有确定比特赋值给 $\text{Seed}(1 - i)$ 中对应的比特位；② 从 $K$ 删除该元素，其中 $i \in \{0, 1\}$。

**步骤 4** 迭代地重复步骤 3 直到 Seed(0) 和 Seed(1) 中被确定的比特数目不再增加。

**步骤 5** 如果 Seed(0) 和 Seed(1) 中所有比特都被确定, 则结束整个过程; 否则重复步骤 2 至步骤 4 直到 $K$ 中的元素个数小于 2。

假设 $\alpha$、$\beta$ 和 $x$ 在集合 $\{0, 1, \cdots, 2^n - 1\}$ 上均匀分布, 分析使用一对 $\alpha$、$\beta$ 和 $\tilde{y}$ 获取 $x_i$ 和 $c_i$ 的概率。首先, 对 $i = 1, 2, \cdots, n-1$, 有 $\text{Prob}(c_0 = 1) = 0$ 和 $\text{Prob}(c_i = 1) = \dfrac{3}{4}\text{Prob}(c_{i-1} = 1) + \dfrac{1}{4}\text{Prob}(c_{i-1} = 0)$。解析这个迭代函数, 可得 $\text{Prob}(c_i = 1) = \dfrac{2^i - 1}{2^{i+1}}$。观察表 5.3, 对 $i = 1, 2, \cdots, n-1$, 有 $\text{Prob}(\tilde{y}_0 = 0) = 1$ 和

$$
\begin{aligned}
\text{Prob}(\tilde{y}_i = 0) = {} & \text{Prob}(\tilde{y}_{i-1} = 0)\left(\text{Prob}(c_{i-1} = 0)\left(\frac{1}{2} \times 1 + \frac{1}{2} \times \frac{1}{2}\right)\right. \\
& \left. + \text{Prob}(c_{i-1} = 1)\left(\frac{1}{2} \times \frac{1}{2} + \frac{1}{2} \times 1\right)\right) \\
& + \text{Prob}(\tilde{y}_{i-1} = 1)\left(\text{Prob}(c_{i-1} = 0)\left(\frac{1}{2} \times \frac{1}{2} + \frac{1}{2} \times \frac{1}{2}\right)\right. \\
& \left. + \text{Prob}(c_{i-1} = 1)\left(\frac{1}{2} \times \frac{1}{2} + \frac{1}{2} \times \frac{1}{2}\right)\right) \\
= {} & \frac{3}{4}\text{Prob}(\tilde{y}_{i-1} = 0) + \frac{1}{2}\text{Prob}(\tilde{y}_{i-1} = 1)
\end{aligned}
$$

解这个迭代等式, 可得

$$
\text{Prob}(\tilde{y}_i = 0) = \frac{2}{3} + \frac{1}{3 \times 4^i} \tag{5.43}
$$

由性质 5.8 的证明过程, 可先计算 $\text{Prob}[c_0] = 1$、$\text{Prob}[c_1] = \text{Prob}((4\alpha_0 + 2\beta_0 + \tilde{y}_0) \in \{0, 6\}) \times \dfrac{1}{2} + \text{Prob}((4\alpha_0 + 2\beta_0 + \tilde{y}_0) \in \{2, 4\}) \times 1 = \dfrac{1}{4} + \dfrac{1}{2} = \dfrac{3}{4}$ 和

$$
\begin{aligned}
\text{Prob}[c_i] = {} & \text{Prob}((4\alpha_i + 2\beta_i) \in \{0, 6\})\text{Prob}(\tilde{y}_{i-1} = 0) \\
& \cdot \text{Prob}[c_{i-1}]\text{Prob}((c_i + \alpha_i) \in \{0, 2\}\text{已知}) \\
& + \text{Prob}((4\alpha_i + 2\beta_i) \in \{0, 6\})\text{Prob}(\tilde{y}_{i-1} = 1)\left(\text{Prob}[c_{i-1}]\right. \\
& + (1 - \text{Prob}[c_{i-1}])\text{Prob}((\alpha_i + x_i) \in \{0, 2\})) \\
& + \text{Prob}((4\alpha_i + 2\beta_i) \in \{2, 4\})\text{Prob}(\tilde{y}_{i-1} = 0)\text{Prob}[c_{i-1}] \\
& + \text{Prob}((4\alpha_i + 2\beta_i) \in \{2, 4\})\text{Prob}(\tilde{y}_{i-1} = 1)
\end{aligned}
$$

$$
\begin{aligned}
&= \frac{1}{2}\mathrm{Prob}(\tilde{y}_{i-1}=0)\mathrm{Prob}[c_{i-1}]\frac{1}{2} + \frac{1}{2}\mathrm{Prob}(\tilde{y}_{i-1}=1) \\
&\quad\cdot\left(\mathrm{Prob}[c_{i-1}] + (1-\mathrm{Prob}[c_{i-1}])\frac{1}{2}\right) \\
&\quad + \frac{1}{2}\mathrm{Prob}(\tilde{y}_{i-1}=0)\mathrm{Prob}[c_{i-1}] + \frac{1}{2}\mathrm{Prob}(\tilde{y}_{i-1}=1) \\
&= \mathrm{Prob}[c_{i-1}]\left(\frac{1}{2}\mathrm{Prob}(\tilde{y}_{i-1}=0) + \frac{1}{4}\right) + \frac{3}{4}\mathrm{Prob}(\tilde{y}_{i-1}=1) \\
&= \mathrm{Prob}[c_{i-1}]\left(\frac{7}{12} + \frac{1}{6\times 4^{i-1}}\right) + \frac{1}{4} - \frac{1}{4^i}
\end{aligned}
\tag{5.44}
$$

其中，$i=2,3,\cdots,n-1$；$\mathrm{Prob}[a]$ 表示比特 $a$ 被确定的概率。

最终可得 $\mathrm{Prob}[x_0]=\dfrac{1}{2}$ 和

$$
\mathrm{Prob}[x_i] = \frac{1}{2}\mathrm{Prob}(\tilde{y}_i=1) + \frac{1}{2}\mathrm{Prob}(\tilde{y}_i=0)\mathrm{Prob}[c_i]
\tag{5.45}
$$

其中，$i=1,2,\cdots,n-2$。

将式 (5.43) 和式 (5.44) 代入式 (5.45)，可得 $\mathrm{Prob}[x_0]=0.5$, $\mathrm{Prob}[x_1]=0.4062$, $\mathrm{Prob}[x_2]=0.3818$, $\mathrm{Prob}[x_i]\approx 0.37(i\geqslant 3)$。可计算子密钥 $\mathrm{key}_{1i}$ 和 $\mathrm{key}_{2i}$ 不能确定的概率分别小于等于 $(1-0.37)^{n_0}=0.63^{n_0}$ 和 $0.63^{8MN/n-n_0}$，其中 $n_0$ 是集合 $\{k\mid B(k)\in\{2,3\}, k=0,1,\cdots,8MN/n-1\}$ 的元素个数。注意，方程 (5.1) 中 $x$ 的比特确定是由 $\alpha$、$\beta$ 和未知的自变量 $x$ 决定的。有些情况下任何比特都不能被确定（表 5.4）。另外，对于从自然图像中选择的明文，$\alpha$ 服从高斯分布。然而，因为 $n_0$ 和 $8MN/n-n_0$ 一般都非常大，所以可以认定集合 $\{\mathrm{key}_1,\mathrm{key}_2\}$ 能以非常高的概率正确恢复。

命题 5.4 对命题 5.3 的讨论范围进行了扩展。由命题 5.4 和式 (5.9)，可得 $B(k)$ 的范围：

$$
\mathbb{B}(k) = \begin{cases} \{1,3\}, & (J_1'(k)\oplus J_1(k))\bmod 2 = 0 \\ \{0,2\}, & \text{其他} \end{cases}
\tag{5.46}
$$

其中，$k=0,1,\cdots,8MN/n-1$。

**命题 5.4**　假设 $a$ 和 $x$ 都为 $n$ 比特整数且 $n\in\mathbb{Z}^+$，$((a\boxplus x)\oplus x)$ 拥有与 $a$ 相同的奇偶性且 $((a\boxplus x)\odot x)$ 拥有与 $a$ 相反的奇偶性。

**表 5.4**　当 $n = 8$ 时给定 $(\alpha, \beta, x)$ 方程 (5.1) 中 $x$ 的确定比特数量

| $x$ | $(\alpha, \beta)$ | | | | | | | |
|---|---|---|---|---|---|---|---|---|
| | $(0, 1)$ | $(17, 54)$ | $(31, 102)$ | $(44, 93)$ | $(51, 95)$ | $(73, 79)$ | $(87, 122)$ | $(125, 126)$ |
| 7 | 4 | 1 | 3 | 4 | 1 | 0 | 6 | 1 |
| 8 | 1 | 3 | 1 | 1 | 1 | 0 | 3 | 2 |
| 9 | 2 | 1 | 3 | 2 | 1 | 1 | 3 | 1 |
| 28 | 1 | 7 | 1 | 1 | 2 | 1 | 2 | 2 |
| 59 | 3 | 4 | 6 | 7 | 3 | 1 | 3 | 1 |
| 71 | 8 | 1 | 3 | 4 | 1 | 0 | 6 | 1 |
| 76 | 1 | 6 | 1 | 1 | 1 | 1 | 2 | 2 |
| 95 | 6 | 2 | 5 | 5 | 0 | 0 | 6 | 1 |
| 99 | 3 | 3 | 3 | 4 | 1 | 2 | 4 | 1 |
| 111 | 5 | 1 | 4 | 1 | 0 | 0 | 5 | 1 |
| 125 | 2 | 4 | 7 | 2 | 0 | 1 | 2 | 1 |
| 127 | 7 | 1 | 6 | 6 | 0 | 0 | 5 | 1 |

**证明**　四个等式

$$((1 + x_0) \bmod 2) \oplus x_0 \equiv 1$$
$$((0 + x_0) \bmod 2) \oplus x_0 \equiv 0$$
$$((1 + x_0) \bmod 2) \odot x_0 \equiv 0$$
$$((0 + x_0) \bmod 2) \odot x_0 \equiv 1$$

是否成立与 $x_0$ 无关，故命题 5.4 得证。

根据预先定义的条件 $\text{key}_1 \neq \text{key}_2$，只有两种 $\text{key}_1$ 和 $\text{key}_2$ 的可能组合。令 $(\text{key}_1^*, \text{key}_2^*)$ 表示 $(\text{key}_1, \text{key}_2)$ 的搜索版本。命题 5.2 说明 $\text{key}_1^* = \sum\limits_{j=0}^{n-1}(\text{key}_{1j}^* \cdot 2^j)$ 和 $\text{key}_2^* = \sum\limits_{j=0}^{n-1}(\text{key}_{2j}^* \cdot 2^j)$ 的最高有效比特对 MCKBA 的加解密没有影响。然后，使用如下两种方法可进一步获得 $\text{key}_1$ 和 $\text{key}_2$ 的最低 $n-1$ 有效比特和 $B(k)$ 的近似值 $B^*(k)$。

(1) W1：对 $k = 0, 1, \cdots, 8MN/n - 1$，有

$$B^*(k) = \begin{cases} 3, & F(\text{key}_1^*, J_1(k), J_1'(k)) = 0, F(\text{key}_2^*, J_1(k), J_1'(k)) \neq 0 \\ & \text{或} F(\text{key}_1^*, J_2(k), J_2'(k)) = 0, F(\text{key}_2^*, J_2(k), J_2'(k)) \neq 0 \\ 2, & G(\text{key}_1^*, J_1(k), J_1'(k)) = 0, G(\text{key}_2^*, J_1(k), J_1'(k)) \neq 0 \\ & \text{或} G(\text{key}_1^*, J_2(k), J_2'(k)) = 0, G(\text{key}_2^*, J_2(k), J_2'(k)) \neq 0 \\ 1, & F(\text{key}_1^*, J_1(k), J_1'(k)) \neq 0, F(\text{key}_2^*, J_1(k), J_1'(k)) = 0 \\ & \text{或} F(\text{key}_1^*, J_2(k), J_2'(k)) \neq 0, F(\text{key}_2^*, J_2(k), J_2'(k)) = 0 \\ 0, & G(\text{key}_1^*, J_1(k), J_1'(k)) \neq, G(\text{key}_2^*, J_1(k)^*, J_1'(k)) = 0 \\ & \text{或} G(\text{key}_1^*, J_2(k), J_2'(k)) \neq 0, G(\text{key}_2^*, J_2(k), J_2'(k)) = 0 \end{cases} \quad (5.47)$$

其中，$F(x, \alpha, y) = y - ((\alpha \dotplus x) \oplus x)$；$G(x, \alpha, y) = y - ((\alpha \dotplus x) \odot x)$。

注意，式 (5.46) 使得只需要验证式 (5.47) 中的两个条件。显然，可以肯定

$$\sum_{j=0}^{n-2}(\mathrm{key}_{1,j}^* \cdot 2^j) = \sum_{j=0}^{n-2}(\mathrm{key}_{1,j} \cdot 2^j), \quad \sum_{j=0}^{n-2}(\mathrm{key}_{2,j}^* \cdot 2^j) = \sum_{j=0}^{n-2}(\mathrm{key}_{2,j} \cdot 2^j)。$$

(2) W2：当存在 $i \in \{0, 1, \cdots, n-2\}$ 满足 $s(k, i) = 1$，可得

$$\mathbb{B}^*(k) = \begin{cases} \{2, 3\}, & \mathrm{key}(k)_i \neq \mathrm{key}_{2i}^* \\ \{0, 1\}, & \mathrm{key}(k)_i \neq \mathrm{key}_{1i}^* \end{cases} \tag{5.48}$$

其中，$k = 0, 1, \cdots, 8MN/n-1$。然后，对 $k = 0, 1, \cdots, 8MN/n-1$，令 $B^*(k) = \mathbb{B}^*(k) \cap \mathbb{B}(k)$，可得 $B(k)$ 的值。

总之，由于 $(\mathrm{key}_1, \mathrm{key}_2, B(k)) = (a, b, c)$ 和 $(\mathrm{key}_1, \mathrm{key}_2, B(k)) = (b, a, (c+2) \bmod 4)$ 对于式 (5.11) 是等价的，$(\mathrm{key}_1^*, \mathrm{key}_2^*) = \left( \sum_{i=0}^{n-2}(\mathrm{key}_{1i}^* \cdot 2^i), \sum_{i=0}^{n-2}(\mathrm{key}_{2i}^* \cdot 2^i) \right)$ 和 $\{B^*(k)\}_{k=0}^{8MN/n-1}$ 可用作 MCKBA 的等价密钥。

现在分析上面两种方法的成功率。

方法 $W1$ 能否成功依赖式 (5.47) 中 8 个条件是否有 1 个成立。因为 $F(x, \alpha, y) = 0$ 当且仅当 $G(x, \alpha, y \oplus (2^n - 1)) = 0$，所以只需考虑这两个方程中的一个。显然，有

$$\begin{cases} F(x, 0, y) \equiv y \\ F(x, 2^{n-1}, y) \equiv y - 2^{n-1} \end{cases} \tag{5.49}$$

因此，当 $J_1(k) \in \{0, 2^{n-1}\}$ 和 $J_2(k) \in \{0, 2^{n-1}\}$ 同时成立时，$B(k)$ 可通过式 (5.47) 确定。理论上估算其他情况的概率非常困难。作为替代，可通过仿真来获得 $F(x_1, \alpha, y) = F(x_2, \alpha, y) = 0$ 的概率，其中

$$\sum_{j=0}^{n-1}(x_{1,j} \oplus x_{2,j}) = \lceil n/2 \rceil \tag{5.50}$$

$$x_1 = \sum_{j=0}^{n-1}(x_{1,j} 2^j), \quad x_2 = \sum_{j=0}^{n-1}(x_{2,j} 2^j)。$$

假设子密钥 $\mathrm{key}_1$、$\mathrm{key}_2$ 为均匀分布，图 5.9 列出了各种 $\alpha$ 值和部分 $n$ 值下 $F(\mathrm{key}_1, \alpha, y) = F(\mathrm{key}_2, \alpha, y) = 0$ 成立的概率。

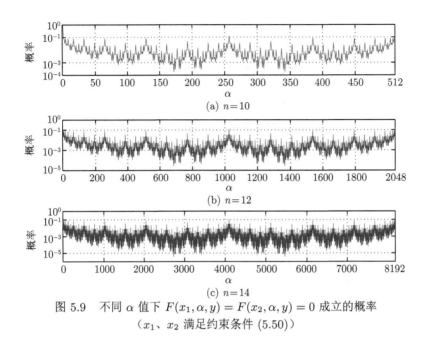

图 5.9 不同 $\alpha$ 值下 $F(x_1, \alpha, y) = F(x_2, \alpha, y) = 0$ 成立的概率
（$x_1$、$x_2$ 满足约束条件 (5.50)）

方法 W2 的成功率可分析如下。

假设 $\mathrm{key}_1$、$\mathrm{key}_2$ 为均匀分布，可得 $\mathrm{key}(k)$ 至少有一个比特（排除最高有效比特）满足 $s(k, i) = 1$ 和式 (5.48) 中的一个条件的概率为

$$
\begin{aligned}
\mathrm{Prob}[式(5.48)成立] &= 1 - \sum_{i=0}^{n-1} \binom{n-1}{i} \left(\mathrm{Prob}[x_i]\right)^i \left(1 - \mathrm{Prob}[x_i]\right)^{n-1-i} \left(\frac{1}{2}\right)^i \\
&\geqslant 1 - \sum_{i=0}^{n-1} \binom{n-1}{i} \left(\frac{1}{2}\right)^i \left(1 - \frac{1}{2}\right)^{n-1-i} \left(\frac{1}{2}\right)^i \\
&= 1 - \left(\frac{1}{2}\right)^{n-1} \sum_{i=0}^{n-1} \binom{n-1}{i} \left(\frac{1}{2}\right)^i \\
&= 1 - \left(\frac{3}{4}\right)^{n-1}
\end{aligned}
\tag{5.51}
$$

由上面的分析可知，对任意 $k = 0, 1, \cdots, 8MN/n - 1$，假设 $\alpha$、$\beta$ 和式 (5.1) 中的 $x$ 均匀分布，$B(k)$ 可以以大于 $1 - \left(\frac{3}{4}\right)^{n-1}$ 的概率确定。确定 $B(k)$ 只需要一个比特满足式 (5.48) 中的条件。虽然自然图像的像素值满足高斯分布，式 (5.26) 中的 $J_1(k)$ 和 $J_2(k)$ 也不满足均匀分布，但是依然可以确定这种方法的成功率非常高，特别是当 $n$ 比较大时。

为了验证上述理论攻击分析的实际效果，令 $n=32$，对一些尺寸为 512 像素 × 512 像素的明文图像，使用方法 W1 进行了一系列实验。当 $x_0 = 319684607/2^{32}$、$\text{key}_1 = 3835288501$ 和 $\text{key}_2 = 1437224678$ 时，使用 MCKBA 对两幅明文图像 "Peppers" 和 "Baboon" 进行加密。等价密钥 $\text{key}_1^*$、$\text{key}_2^*$ 和 $\{B^*(k)\}_{k=0}^{8MN/n-1}$ 用于解密图 5.8(a) 中另一密文图像，其恢复的结果与图 5.8(b) 所示图像相同。实验中发现当 $n \leqslant 28$ 时，只有少数像素不能正确恢复。对于尺寸为 512 像素 × 512 像素的明文图像，只有不到 10 个恢复的像素出现错误。这符合理论预期：当 $n$ 越小时，式 (5.47) 和条件 (5.49) 中的条件都不满足的概率就越大。

### 5.5.6 针对 MCKBA 选择明文攻击的改进

在选择明文攻击的场景下，使用 5.5.5 节讨论的方法，可对 5.5.1节中的攻击做进一步改进。定理 5.4 是对定理 5.3 的改进。基于此，5.5 节中针对 MCKBA 的选择明文攻击也可以进一步优化。

**定理 5.4** 假设 $\alpha$、$\beta$、$x$ 都为 $n$ 比特整数，则对任意 $x$，求解方程 (5.1) 所需查验 $(\alpha, \beta)$ 数量的下界是

$$n_x = \begin{cases} 1, & n = 2 \\ 2, & n > 2 \end{cases} \tag{5.52}$$

**证明** 当 $n = 2$ 时，选择 $(\alpha_0, \beta_0) = (1, 0)$ 可得 $x_0 = \tilde{y}_1$。当 $n > 2$ 时，无论 $(\alpha_0, \beta_0)$ 取值如何，$\tilde{y}_1$ 的取值可能为 0 或 1。这意味着对于任意 $x$ 都不可能满足性质 5.4 中的条件，所以需要另外一组查询 $(\alpha', \beta')$。令 $\alpha'_i$、$\beta'_i$、$y'_i$、$\tilde{y}'_i$ 和 $c'_i$ 分别表示 $\alpha_i$、$\beta_i$、$y_i$、$\tilde{y}_i$ 和 $c_i$ 对应于 $(\alpha', \beta')$ 的值。给定 $(\alpha_{i+k}, \beta_{i+k})$ 和 $(\alpha'_{i+k}, \beta'_{i+k})$，从 $(c_{i+k}, \tilde{y}_{i+k})$ 和 $(c'_{i+k}, \tilde{y}'_{i+k})$ 分别可得 $(c_{i+k+1}, \tilde{y}_{i+k+1})$ 和 $(c'_{i+k+1}, \tilde{y}'_{i+k+1})$，其中 $i$、$k$ 是非负整数。与图 5.5 一样，分别用普通箭头和倒 V 形箭头表示 $x_{i+k} = 0$ 和 $x_{i+k} = 1$ 的情况。在给定 $(\alpha_{i+k}, \beta_{i+k}, \alpha'_{i+k}, \beta'_{i+k})$ 的前提下，图 5.10 展示了 $(c_{i+k}, \tilde{y}_{i+k}, c'_{i+k}, \tilde{y}'_{i+k})$ 和 $(c_{i+k+1}, \tilde{y}_{i+k+1}, c'_{i+k+1}, \tilde{y}'_{i+k+1})$ 之间的映射关系，其中 $k = 0, 1$。因为 $(c_0, \tilde{y}_0, c'_0, \tilde{y}'_0) \equiv (0, 0, 0, 0)$，所以图 5.10 中的虚线描述了方程 (5.27) 在最低 2 个位平面上对应 2 组 $(\alpha, \beta)$ 的运算。注意，第 3 列的数据与第 1 列完全相同。因此，使变量 $i$ 遍历 $2t$，图 5.10 可以展示方程 (5.27) 在所有位平面上的运算，其中 $t = 0, 1, \cdots, \lfloor n/2 \rfloor$，$i + k \leqslant n - 1$。观察图 5.10，可以验证 $1 \in \{y_i, y'_i\}$ 总是成立。这意味着 $x_i$ 可从表 5.3 获取。

在选择明文攻击的场景下，可以选择明文使得 $\{(J_1(k), J_2(k)) \mid B(k) \in \{0, 1\}\}$ 中至少有一个元素在第 $i$ 比特平面上满足性质 5.4 中的条件。对 $\{(J_1(k), J_2(k)) \mid B(k) \in \{2, 3\}\}$ 同样如此。将 $(J_1(k), J_2(k))$ 设置为推论 5.3 中两组数字，该期待的选择明文可以以高概率获得。相比于已知明文攻击，选择明文攻击有以下两

个优势：① 以更小的复杂度和更高的准确率求得集合 $\{\mathrm{key}_1, \mathrm{key}_2\}$；② 对 $k = 0, 1, \cdots, 8MN/n - 1$，能以相对略高的概率确定 $\mathrm{key}(k)$ 的比特。

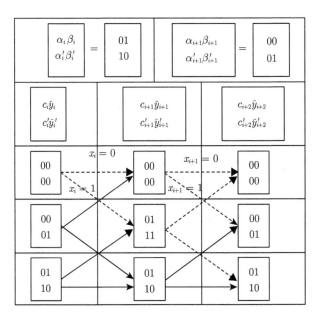

图 5.10 给定 $(\alpha_{i+k}, \beta_{i+k}, \alpha'_{i+k}, \beta'_{i+k})$ 条件下 $(c_{i+k}, \tilde{y}_{i+k}, c'_{i+k}, \tilde{y}'_{i+k})$ 和 $(c_{i+k+1}, \tilde{y}_{i+k+1}, c'_{i+k+1}, \tilde{y}'_{i+k+1})$ 之间的映射关系

**推论 5.3** 式 (5.1) 中 $x$ 的低 $(n-1)$ 比特可以通过设置以下两组 $(\alpha, \beta)$ 并验证相应的 $\tilde{y} = y \oplus \alpha \oplus \beta$ 来确定：

$$\left\{ \left( \sum_{j=0}^{\lceil n/2 \rceil - 1} ((00)_2 4^j) \right) \bmod 2^n, \left( \sum_{j=0}^{\lceil n/2 \rceil - 1} ((10)_2 4^j) \right) \bmod 2^n \right\}$$

$$\left\{ \left( \sum_{j=0}^{\lceil n/2 \rceil - 1} ((10)_2 4^j) \right) \bmod 2^n, \left( \sum_{j=0}^{\lceil n/2 \rceil - 1} ((01)_2 4^j) \right) \bmod 2^n \right\}$$

## 5.6 针对 IESHC 的密码分析

为使本章针对 IESHC 的密码分析更加完整，先回顾和分析 Fatih 等[185] 提出的针对 IESHC 的穷举攻击方法。

### 5.6.1　使用 Fatih 等的方法攻击 IESHC

将式 (5.15) 和式 (5.14) 分别代入式 (5.17) 和式 (5.16)，可得

$$
\begin{aligned}
I'(1) &= I(1) \oplus k(1) \oplus (c(0) \boxplus k(1)) \oplus k(1) \oplus (t(MN) \boxplus k(1)) \\
&= I(1) \oplus (c(0) \boxplus k(1)) \oplus (t(MN) \boxplus k(1))
\end{aligned}
\tag{5.53}
$$

和

$$
\begin{aligned}
I'(i) &= I(i) \oplus k(i-1) \oplus (t(i-1) \boxplus k(i)) \oplus k(i-1) \\
&\quad \oplus (c(i-1) \boxplus k(i)) \\
&= I(i) \oplus (t(i-1) \boxplus k(i)) \oplus (c(i-1) \boxplus k(i))
\end{aligned}
\tag{5.54}
$$

其中，$i = 2, 3, \cdots, MN$。

Fatih 等提出的攻击思路是：穷举 $(t(MN), k(1))$ 和 $(t(i-1), k(i))$ 的可能值，分别使用式 (5.53) 和式 (5.54) 中的约束关系来验证，其中 $i = 2, 3, \cdots, MN$。在文献 [185] 中，攻击者选择一幅固定值为零的明文图像，即 $I(i) \equiv 0$。该攻击方法的成功依赖 $\alpha$ 和 $y$ 的已知值能否验证方程 $y = (\alpha \boxplus x) \oplus (\beta \boxplus x)$ 中 $\beta$ 和 $x$ 的组合，其中 $\alpha$、$\beta$、$x$ 和 $y$ 都为 8 比特整数，且 $(\alpha \boxplus x) = (\alpha + x) \bmod 2^8$。由文献 [183] 可知，理论估计确保该攻击成功所需明文图像的数量是非常困难的。另外，该攻击方法的时间复杂度是 $O(MN \times 256 \times 256 \times 4 \times 4) = O(2^{20}MN)$。也就是说，当 $MN$ 特别大时该攻击方法的时间复杂度比较高。

### 5.6.2　使用一对已知明密文图像攻击 IESHC

在文献 [184] 中，设计者声称 IESHC 对于已知/选择明文攻击具有很强的抵抗能力。然而，本节发现只需要一对已知明密文图像就能获取该加密算法的部分或全部等价密钥，它们可用来从密文图像中获取重要的明文视觉信息。

**性质 5.9**　给定已知明文图像 $P = \{I(i)\}_{i=1}^{MN}$ 和对应的密文图像 $C = \{I'(i)\}_{i=1}^{MN}$，则未知序列 $\{t(i)\}_{i=1}^{MN}$ 和 $\{k(i)\}_{i=1}^{MN-2}$ 仅由 $k(MN-1)$ 和 $k(MN)$ 的值确定。

**证明**　给定 $k(MN-1)$ 和 $k(MN)$ 的值，根据式 (5.16) 可得

$$
t(MN) = c(MN) \oplus k(MN-1) \oplus (c(MN-1) \boxplus k(MN))
\tag{5.55}
$$

将式 (5.14) 代入式 (5.16)，可得

$$
t(MN-1) = (t(MN) \oplus p(MN) \oplus k(MN-1)) \boxminus k(MN)
\tag{5.56}
$$

其中，$a \boxminus b = (a - b + 256) \bmod 256$。

然后可得

$$k(MN-2) = c(MN-1) \oplus t(MN-1) \oplus (c(MN-2) \boxplus k(MN-1))$$

类似地，对 $i = MN-2, MN-1, \cdots, 2$，有

$$\begin{cases} t(i) = (t(i+1) \oplus p(i+1) \oplus k(i)) \boxminus k(i+1) \\ k(i-1) = I'(i) \oplus t(i) \oplus (c(i-1) \boxplus k(i)) \end{cases}$$

$$t(1) = (t(2) \oplus p(2) \oplus k(1)) \boxminus k(2)$$

因此，该性质得证。

由性质 5.9 可知，当已知一对明密文时，ESCHS 的等价密钥 $\{t(i)\}_{i=1}^{MN}$ 和 $\{k(i)\}_{i=1}^{MN}$ 只由 $k(MN-1)$ 和 $k(MN)$ 的值确定。通过式 (5.55)、$k(MN-1)$ 和 $k(MN)$ 可确定 $t(MN)$ 的值，并可以通过上述迭代形式生成 $t(1)$ 和 $k(1)$。式 (5.1)、式 (5.15) 和式 (5.17) 中两个独立的等式可用于验证这种小范围穷举。这种攻击方法能否成功依赖 $(k(MN-1), k(MN))$ 的错误版本生成的 $(t(1), t(MN), k(1))$ 的值能否通过式 (5.15) 和式 (5.17) 的验证。假设 $t(1)$、$t(MN)$ 和 $k(1)$ 满足均匀分布，这三个值通过式 (5.15) 和式 (5.17) 验证的概率都是 1/256。因此，只有少数的 $k(MN-1)$ 和 $k(MN)$ 可通过验证。如 5.6.4 节所示，对于 IESHC 的加解密过程（排除最高位平面），$\{k(i)\}_{i=1}^{MN}$ 和 $\{k(i) \oplus 128\}_{i=1}^{MN}$ 是等价的。

注意，$\{I'(i)\}_{i=1}^{MN}$、$\{k(i)\}_{i=1}^{MN}$ 和 $MN$ 对验证过程均有影响，故成功率难以估计。为了说明这个问题，选择尺寸为 512 像素 × 512 像素的图像 "Peppers" 作为已知明文图像，对于 100 个随机选择的密钥，可通过验证的不同版本 $\{k(i)\}_{i=1}^{MN}$ 的数量如图 5.11 所示。对于其中 5% 的随机密钥，其等价密钥肯定可以确定。至于其中 70% 的随机密钥，其等价密钥的可能值个数小于 6。当 $(x(0), y(0), z(0), w(0)) = (5, 10, 5, 10)$、$N_0 = 1000$、$c(0) = 3$（这也是文献 [184] 中使用的密钥) 时，一组通过

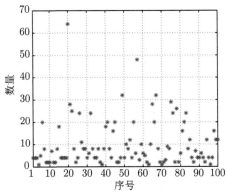

图 5.11 给定一组随机密钥后通过验证的 $\{k(i)\}_{i=1}^{MN}$ 可能版本数量

验证的 $\{k(i)\}_{i=1}^{MN}$ 的可能值用来解密图 5.12 所示的密文, 得到的结果如图 5.12(d) 所示。统计发现, 图 5.12(d) 中的图像有 60.13% 的像素是正确的。这说明即使是 $\{k(i)\}_{i=1}^{MN}$ 的错误版本也能恢复一些明文图像的视觉信息。由性质 5.10 可知, $(k(MN-1), k(MN)) = (a, b)$ 和 $(k(MN-1), k(MN)) = (a, b \oplus 128)$ 对于式 (5.56) 是等价的。因此, 这种攻击方法的时间复杂度约为 $O(256 \times 128 \times MN \times 2 \times 3) = O(2^{17} MN)$。

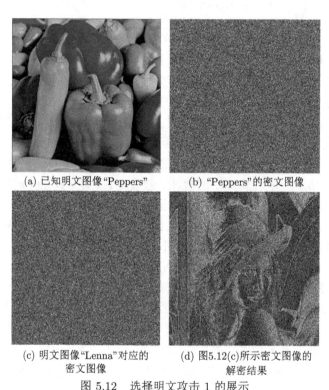

(a) 已知明文图像"Peppers"　　　　(b) "Peppers"的密文图像

(c) 明文图像"Lenna"对应的　　　　(d) 图5.12(c)所示密文图像的
　　密文图像　　　　　　　　　　　　　解密结果

图 5.12　选择明文攻击 1 的展示

**性质 5.10**　假设 $\alpha$ 和 $\beta$ 都为 $n$ 比特非负整数, 则

$$(\alpha \oplus 2^{n-1}) \boxplus \beta = (\alpha \boxplus \beta) \oplus 2^{n-1}$$

**证明**　首先, $\alpha \oplus 2^{n-1} = \alpha \boxplus 2^{n-1}$ 可分如下两种情况来证明: ① 当 $\alpha \geqslant 2^{n-1}$ 时, 有 $\alpha \oplus 2^{n-1} = \alpha - 2^{n-1} = \alpha \boxplus 2^{n-1}$; ② 当 $\alpha < 2^{n-1}$ 时, 有 $\alpha \oplus 2^{n-1} = \alpha + 2^{n-1} = \alpha \boxplus 2^{n-1}$。因此, $(\alpha \oplus 2^{n-1}) \boxplus \beta = (\alpha \boxplus \beta) \boxplus 2^{n-1} = (\alpha \boxplus \beta) \oplus 2^{n-1}$。

### 5.6.3　使用两对已知明密文图像攻击 IESHC

当已知两幅明文图像 $P_1 = \{p_1(i)\}_{i=1}^{MN}$、$P_2 = \{p_2(i)\}_{i=1}^{MN}$ 和对应的密文图像 $C_1 = \{c_1(i)\}_{i=1}^{MN}$、$C_2 = \{c_2(i)\}_{i=1}^{MN}$ 时, 可获得两个版本的 $\{k(i)\}_{i=MN-2}^{1}$。比较它们

的各个元素的值实际上是检查 $MN-2$ 个独立条件来验证 $(k(MN-1), k(MN))$ 的穷举。因此，获得等价密钥的成功率可以大幅提高，同时可很大程度上减小攻击的复杂度。这种攻击方法的具体步骤如下。

**步骤 1** 令 $i = MN - 1$，设置 $(k(MN-1), k(MN))$ 为一组可能值，可得

$$t_1(MN) = c_1(MN) \oplus k(MN-1) \oplus (c_1(MN-1) \boxplus k(MN))$$

和

$$t_2(MN) = c_2(MN) \oplus k(MN-1) \oplus (c_2(MN-1) \boxplus k(MN))$$

**步骤 2** 令 $i = i - 1$。如果 $i > 1$，则

$$c_1(i) \oplus t_1(i) \oplus (c_1(i-1) \boxplus k(i)) = c_2(i) \oplus t_2(i) \oplus (c_2(i-1) \boxplus k(i)) \quad (5.57)$$

重复步骤 2；否则跳转步骤 1，其中

$$\begin{cases} t_1(i) = (t_1(i+1) \oplus p_1(i+1) \oplus k(i)) \boxminus k(i+1) \\ t_2(i) = (t_2(i+1) \oplus p_2(i+1) \oplus k(i)) \boxminus k(i+1) \end{cases}$$

**步骤 3** 如果 $i = 1$，则

$$c_1(1) = t_1(1) \oplus k(1) \oplus (t_1(MN) \boxplus k(1)) \quad (5.58)$$

或者

$$c_2(1) = t_2(1) \oplus k(1) \oplus (t_2(MN) \boxplus k(1)) \quad (5.59)$$

输出 $(k(MN-1), k(MN))$ 的值；否则跳转至步骤 1。

现在分析上述攻击方法的性能。观察式 (5.57)，可得

$$\mathrm{Prob}(t) = \prod_{i=MN-2}^{t} \mathrm{Prob}(i)$$

其中，$\mathrm{Prob}(i)$ 表示满足条件 (5.57) 的概率，$t \in \{MN-2, MN-3, \cdots, 1\}$。

显然，式 (5.57) 可视为符合式 (5.1) 所示一般形式的函数。假定 $\alpha$、$\beta$、$x$、$y$ 的值服从均匀分布，式 (5.1) 成立的概率为 $1/256$。假设 $\{t(i)\}_{i=1}^{MN}$、$\{I'(i)\}_{i=1}^{MN}$ 和 $\{k(i)\}_{i=1}^{MN}$ 都服从均匀分布，可得 $\mathrm{Prob}(t) = (1/256)^{MN-1-t}$。因此，当步骤 3 中 $i$ 的值达到 $MN-5$ 时，可以肯定 $\{k(i)\}_{i=1}^{MN-1}$、$\{t_1(i)\}_{i=1}^{MN}$ 和 $\{t_2(i)\}_{i=1}^{MN}$ 能以极高的概率确定。一旦 $t_1(1)$、$t_1(MN)$、$t_2(1)$、$t_2(MN)$、$k(1)$ 的值被确定，$k(MN)$ 剩下的值可进一步由条件 (5.58) 或条件 (5.59) 确定。另外，式 (5.17) 同样可用于

验证。总之，当 $MN \geqslant 5$ 时，能以极高的概率确定 $\{k(i)\}_{i=1}^{MN-1}$。这种攻击方法的时间复杂度为 $O(256 \times 128 \times 5 \times (3 \times 2 + 7) + MN \times 2 \times 3) = O(2^{21} + 6MN)$。相比 Fatih 等提出的穷举攻击方法，这种方法的时间复杂度要小得多。

为了验证上述分析结果，进行了一些仿真实验。下面列出使用的两对明密文图像及其解密结果。第一对已知明密文图像如图 5.12 所示。图 5.13(a) 和图 5.13(b) 分别显示的是另一幅明文图像 "Babarra" 和它的密文图像。所获得的等价密钥用于解密图 5.12(c) 中的密文图像，所得结果如图 5.13(c) 所示。它与原版明文图像完全相同。

(a) 第二幅已知明文图像"Babarra"　　(b) 明文图像"Babarra"的　　(c) 图5.12(c)的解密结果
　　　　　　　　　　　　　　　　　密文图像

图 5.13　已知明文攻击 2 的展示

### 5.6.4　IESHC 的其他两个安全缺陷

本节讨论 IESHC 存在的另外两个安全缺陷。

1. 对密钥变化不敏感

在文献 [184] 中，设计者对一些选择密钥进行了实验，得出的结论是 IESHC 的加密结果对于密钥的变化是敏感的。然而，这一结论并不可靠。假设有另一密钥生成了伪随机序列 $\{k'(i)\}_{i=1}^{MN}$，其中 $\{k(i) \oplus k'(i)\}_{i=1}^{MN} = \{0, 128\}$。令 $\{t'(i)\}_{i=1}^{MN}$ 和 $\{c'(i)\}_{i=1}^{MN}$ 分别表示对应的中间序列和密文图像。根据式 (5.14) 和性质 5.10，可得 $t'(1) = t(1)$，且

$$t'(i) = \begin{cases} t(i), & S(i) = 0 \\ t(i) \oplus 128, & \text{其他} \end{cases}$$

其中，$i = 2, 3, \cdots, MN$，

$$S(i) = \begin{cases} 0, & (k(1) \oplus k'(1) \oplus k(i) \oplus k'(i)) = 0 \\ 1, & \text{其他} \end{cases}$$

对 $i = 1, 2$，进一步可得

$$c'(i) = \begin{cases} I'(i), & S(MN) = 1 \\ I'(i) \oplus 128, & \text{其他} \end{cases}$$

基于数学推理，可得

$$c'(i) = \begin{cases} I'(i), & (S(MN) + \sum_{j=2}^{i-1} S(j)) \text{为偶数} \\ I'(i) \oplus 128, & \text{其他} \end{cases}$$

其中，$i = 3, 4, \cdots, MN$。

基于上述分析，可知 $K' = \{k'(i)\}_{i=1}^{MN}$ 和 $K = \{k(i)\}_{i=1}^{MN}$ 对于明文图像中除最高位平面之外的其他 7 个位平面的加解密过程都是等价的，其中 $k'(i) \in \{k(i), k(i) \oplus 128\}$。因此，对于 IESHC 的每个密钥，至少存在 $2^{MN}$ 个等价密钥。这个严重缺陷也在很多其他使用异或与模和运算的加密算法中存在[150,190,191]。

### 2. 对明文图像的变化不敏感

众所周知，加密结果对已知明文变化的敏感性是衡量强加密算法的安全性方面的一个重要指标。这个指标对于图像加密的安全性尤为重要，理由有以下两方面：① 未压缩明文图像相邻像素间存在强冗余；② 一幅明文图像和稍经修改的水印版本经常同时被存储和加密。在文献 [184] 中，设计者注意到这个性质的重要性，并声称 IESHC 对明文图像的变化很敏感。然而，这一说法存在问题。原因如下：① 整个加密算法中不存在非线性运算，如 S 盒（substitution-box）替换运算；② 整个算法中没有产生向低位进位的运算，所以明文图像中某一比特的变化只会影响到对应密文图像中更高位平面上的比特。当然，这个缺陷广泛存在于混沌图像加密算法中[191]。

## 5.7　本 章 小 结

本章对四种基于异或与模和运算的混沌加密算法进行了详细的密码分析。其中，前两种加密算法都使用神经网络模型进行值替换运算。然而，由于它们的本质结构非常简单，其等价密钥可从不多于两幅选择图像及其对应的密文图像获得，而且所需消耗的时间复杂度也非常低。后两种加密算法使用混沌伪随机序列对明文像素进行异或与模和运算。在已知或选择明文攻击条件下针对等价密钥的获取可归结为如文献 [141] 中讨论的一般性异或与模和方程的求解。本章分析的四种加密算法选用动力学性质复杂的 Lorenz 系统和超混沌系统作为伪随机数生成源，然而无论是生成序列本身的随机性还是所支撑加密算法的安全性都比较弱，而且它们消耗的计算量也非常大。从本章的密码分析可知，安全的加密算法应该建立在良好的加密运算的基本结构上，而不是复杂理论上。

# 第 6 章　基于置换、异或与模和运算混沌加密算法的密码分析

## 6.1　引　　言

为取得更好的安全性能，一些混沌加密算法采用了位置置换、比特异或与模和三种基本运算。以算法结构的复杂度为序，本章依次分析三种使用这三种运算的混沌加密算法，其中，取模运算采用高德纳 (Knuth) 的定义使得余数和除数正负号一致：$a \bmod n = r$，其中 $r = a - n \cdot \lfloor a/n \rfloor$。

文献 [192] 设计了基于复合函数的混沌加密算法 (chaotic encryption scheme based on composition maps, CESCM)，其中两个复合多项式函数用作伪随机数生成器。它们生成的伪随机序列控制位置置换、异或与模和运算的使用与组合。CESCM 以整个明文为处理单位，三个基本加密步骤相互独立，是文献 [193] 和 [194] 中加密算法的改进版本。经密码分析，发现如下安全问题：① CESCM 的等价密钥可由差分攻击获取；② 所用伪随机数发生器的随机性能不足；③ 加密结果对明文的变化不敏感 [195]。

文献 [196] 采用基于广义猫映射和单向耦合映射格子 (one-way coupled map lattice, OCML)，设计了具有交替结构的图像加密算法 (image encryption algorithm with an alternate structure, IEAS)。这两个映射分别用于实现和控制位置置换与值替换。IEAS 的交替结构本质上属于 Feistel 网络，即一种此轮输入由上一轮输出决定的迭代分组密码 [2,197]。文献 [198] 给出了在计算机中广义猫映射的可能周期及其对应的所有控制参数。本章对 IEAS 进行安全分析且发现如下安全问题：① 当整数参数为偶数时，IEAS 的一些性质可用于差分攻击，使用少量的明密文图像来获取等价密钥；② 对于轮数小于等于 4 的 IEAS，详细地给出了差分攻击的具体论证过程；③ 发现了 IEAS 的一些其他安全缺陷，如关于明文图像变化不敏感和密钥空间不足 [199]。

香农在文献 [10] 中提到 "Good mixing transformations are often formed by repeated products of two simple non-commuting operations"。受此启发，纽约州立大学宾汉姆顿分校 Fridrich[29] 试图从一般性角度探讨混沌与密码系统之间的关系。他以面包师映射 (baker map) 在三维空间中的离散化为主要研究对象，利用连续混沌系统生成可逆的位置置换矩阵；然后提出了一个位置置换与值替换函

数交替结合多轮的加密算法框架，其中值替换部分采用非线性反馈移位寄存器来实现密文反馈；但是，并未明确地提出一种确切具体的加密算法。本章不考虑使用的混沌映射等实现细节，称它为 Fridrich 混沌图像加密算法 (Fridrich's chaotic image encryption scheme, FCIE)。文献 [15] 和 [132] 按此框架完善了各部分的实现细节。之后，众多研究人员受该加密框架影响，试图通过修改伪随机数生成器和密文反馈函数来取得更好的加密性能。一些密码分析工作力求揭示这类加密算法的安全缺陷。文献 [75] 讨论了如何从置换矩阵获取三维离散猫映射的控制参数。文献 [75]、[190] 和 [200] 讨论了文献 [15] 和 [132] 中混沌加密算法的安全缺陷，如加密结果对明文变化的不敏感性。在文献 [39] 中，Solak 等创造性地提出了在选择密文的场景下利用密文元素变化对明文像素的影响，来获取 FCIE 的秘密置换矩阵。本章使用矩阵理论重新分析 Solak 等针对 FCIE 提出的选择密文攻击方法，并给出实际攻击性能的理论分析和实验结果 [201]。

　　本章余下部分按如下结构组织。6.2 节介绍三种基于置换、异或与模和运算的混沌加密算法（CESCM、IEAS、FCIE）的加解密过程。6.3 节和 6.4 节分别讨论针对 CESCM 和 IEAS 的差分攻击。6.5 节讨论针对 FCIE 的选择密文攻击。6.6 节对全章的密码分析内容进行总结。

## 6.2　三种基于置换、异或与模和运算的混沌加密算法

### 6.2.1　基于复合函数的混沌加密算法

　　文献 [192] 没有明确给出 CESCM 的明文对象的数据结构。不失一般性，使用尺寸为 $M \times N$ 的二维字节矩阵 $I = [I(i,j)]_{i=0,j=0}^{M,N}$ 表示明文。与其对应的密文为 $I' = [I'(i,j)]_{i=0,j=0}^{M,N}$。采用光栅顺序扫描明文，转换成一维有序序列 $\{I(k)\}_{k=1}^{MN}$。与处理其他加密算法的描述一样，为使算法表述简洁完整，修改了文献 [192] 中的一些符号并补充和纠正了一些实现细节 [195]。CESCM 的工作机制可描述如下。

　　(1) 密钥：包括复合函数

$$f(x) = \frac{1}{\alpha_2{}^2} \tan^2 \left( 5 \arctan \left( \frac{\tan(3 \arctan(\sqrt{x}))}{\alpha_1} \right) \right) \tag{6.1}$$

的三组初始条件和控制参数 $(x_0, \alpha_1, \alpha_2)$、$(x_0', \alpha_1', \alpha_2')$、$(x_0^*, \alpha_1^*, \alpha_2^*)$；另一个复合函数

$$g(y) = \frac{1}{\alpha_4{}^2} \cot^2 \left( 8 \arctan \left( \alpha_3 \tan \left( 4 \arctan \left( \frac{1}{\sqrt{y}} \right) \right) \right) \right) \tag{6.2}$$

的一组初始条件和控制参数 $(y_0, \alpha_3, \alpha_4)$；一个秘密数字 $S \in \{0, 1, \cdots, 255\}$。

(2) 初始化。

① 将函数 (6.1) 的初始条件和控制参数依次设置为 $(x_0, \alpha_1, \alpha_2)$、$(x_0', \alpha_1', \alpha_2')$、$(x_0^*, \alpha_1^*, \alpha_2^*)$，迭代 $MN$ 次后分别得到三个状态序列 $\{\psi_1(k)\}_{k=1}^{MN}$、$\{\psi_2(k)\}_{k=1}^{MN}$ 和 $\{\psi_4(k)\}_{k=1}^{MN}$。

② 将初始状态和控制参数设置为 $(y_0, \alpha_3, \alpha_4)$，迭代混沌映射 (6.2) $MN$ 次得到状态序列 $\{\psi_3(k)\}_{k=1}^{MN}$。

③ 生成四个伪随机序列 $\{\phi_1(k)\}_{k=1}^{MN}$、$\{\phi_2(k)\}_{k=1}^{MN}$、$\{\phi_3(k)\}_{k=1}^{MN}$、$\{\phi_4(k)\}_{k=1}^{MN}$，其中，$\phi_1(k) = \lfloor \psi_1(k)10^{14} \rfloor \bmod M$，$\phi_2(k) = \lfloor \psi_2(k)10^{14} \rfloor \bmod N$，$\phi_3(k) = \lfloor \psi_3(k)10^{14} \rfloor \bmod 256$，$\phi_4(k) = \lfloor \psi_4(k)10^{14} \rfloor \bmod 256$。

(3) 加密。

① 置换：对 $k = 1, 2, \cdots, MN$，交换 $I(k)$ 和 $I(\phi_1(k) \cdot N + \phi_2(k))$ 这两个字节的位置。将置换后的明文表示为 $I^* = [I^*(i,j)]_{i=1,j=1}^{M,N}$。

② 混淆 I：对 $k = 1, 2, \cdots, MN$，令

$$I^*(k) = \phi_3(k) \oplus (I^*(k) \boxplus \phi_3(k)) \oplus I^*(k-1) \tag{6.3}$$

其中，$I^*(0) = S$；$\alpha \boxplus \beta = (\alpha + \beta) \bmod 256$，$\alpha, \beta \in \{0, 1, \cdots, 255\}$。

③ 混淆 II：对 $k = 1, 2, \cdots, MN$，计算

$$I'(k) = I^*(k) \oplus \phi_4(k) \tag{6.4}$$

(4) 解密：与加密过程非常类似，只需进行如下修改。① 三个主要的加密步骤、置换步骤和混淆 I 中的运算都应以相反的顺序执行；② 将式 (6.3) 替换成

$$I^*(k) = ((I^*(k) \oplus I^*(k-1) \oplus \phi_3(k)) - \phi_3(k)) \bmod 256$$

### 6.2.2 具有交替结构的图像加密算法

IEAS 的加密对象为一幅尺寸为 $N$ 像素 $\times 2N$ 像素的灰度图，被表示为一个尺寸为 $N \times 2N$ 数域 $\mathbb{Z}_{256}$ 中的矩阵。首先，将明文图像分为两个尺寸相同的部分：$L = [L(i,j)]_{i=0,j=0}^{N-1,N-1}$ 和 $R = [R(i,j)]_{i=0,j=0}^{N-1,N-1}$。其对应的密文图像同样由两部分组成：$l = [l(i,j)]_{i=0,j=0}^{N-1,N-1}$ 和 $r = [r(i,j)]_{i=0,j=0}^{N-1,N-1}$。为使表述更加简洁完整，在不影响算法安全性的前提下，对文献 [196] 中的一些符号进行了修改，并修正了该算法的一些实现细节：

(1) 密钥：包括迭代轮数 $T$、Logistic 映射 (2.1) 的初始条件 $K_0 \in (0,1)$。

(2) 初始化。

① 使用固定的控制参数 $\mu = 4$，将 Logistic 映射 (2.1) 从 $K_0$ 开始迭代 $T+2$ 次，并把所获得的混沌状态置入长度为 $T+2$ 的序列 $\{x_l\}_{l=0}^{T+1}$ 中。然后，从 $\{x_l\}_{l=0}^{T+1}$

计算得到 $\{K_l\}_{l=0}^{T+1}$，其中

$$K_l = \lfloor x_l \cdot (2^{32} - 1) \rfloor$$

② 通过查表 6.1，置换并扩展 $\{K_l\}_{l=0}^{T+1}$ 中每个元素的 32 个比特，由此得到 50 比特整数序列 $\{K_l^*\}_{l=0}^{T+1}$，其中，$K_l^*$ 的第 $i$ 个比特来自 $K_l$ 的第 $E(i)$ 个比特，$E(i)$ 为表 6.1 的第 $i$ 个元素（按行计）的值。

**表 6.1　扩展与置换表**

| 32 | 1  | 2  | 3  | 4  | 5  | 4  | 5  | 6  | 7  |
|----|----|----|----|----|----|----|----|----|----|
| 8  | 9  | 8  | 9  | 10 | 11 | 12 | 13 | 14 | 15 |
| 16 | 17 | 16 | 17 | 15 | 16 | 17 | 18 | 19 | 20 |
| 21 | 20 | 21 | 22 | 23 | 24 | 25 | 24 | 25 | 26 |
| 27 | 28 | 29 | 28 | 29 | 30 | 31 | 32 | 1  | 31 |

③ 生成 $T$ 个置换矩阵 $P_0 \sim P_{T-1}$，它的每个元素表示该位置上的像素置换后的位置。对 $l = 0, 1, \cdots, T-1$，$i = 0, 1, \cdots, N-1$，$j = 0, 1, \cdots, N-1$，执行

$$P_l(i, j) = C_l \begin{pmatrix} i \\ j \end{pmatrix} \bmod N \tag{6.5}$$

其中，$C_l$ 是矩阵集合

$$\left\{ \begin{bmatrix} 1 & a \\ b & ab+1 \end{bmatrix}, \begin{bmatrix} ab+1 & a \\ b & 1 \end{bmatrix}, \begin{bmatrix} a & 1 \\ ab-1 & b \end{bmatrix}, \begin{bmatrix} a & ab-1 \\ 1 & b \end{bmatrix} \right\} \tag{6.6}$$

中的第 $t$ 个元素，$t = \sum_{k=0}^{1}(2^k K_{l,k}^*)$，$a = \sum_{k=0}^{7}(2^k K_{l,k+2}^*)$，$b = \sum_{k=0}^{7}(2^k K_{l,k+10}^*)$，$K_l^* = \sum_{k=0}^{49}(2^k K_{l,k}^*)$。

④ 由以下两步得到 $T+2$ 个 $N \times N$ 的掩码矩阵 $V_0 \sim V_{T+1}$。

**步骤 1**　利用 OCML 模型生成 $T+2$ 个 $N \times N$ 的伪随机矩阵 $W_0 \sim W_{T+1}$。对 $i = 0, 1, \cdots, N-1$，计算

$$W_l(i, j) = (1 - \varepsilon)f(W_l(i, j-1)) + \varepsilon f(W_l(i-1, j-1))$$

其中，$\varepsilon = 0.875$，边界条件 $W_l(-1, -1) \sim W_l(-1, N-1)$ 和 $W_l(0, -1) \sim W_l(N-2, -1)$ 由从初始条件 $\left( \sum_{k=0}^{31}(2^k K_{l,k+18}^*) \right) / 2^{32}$ 迭代 Logistic 映射 $2N$ 次得到的混沌序列依次设置。

**步骤 2** 将 $W_0 \sim W_{T+1}$ 离散化为 $V_0 \sim V_{T+1}$。对 $i = 0, 1, \cdots, N-1$，$j = 0 \sim N-1$，计算

$$V_l(i,j) = \lfloor W_l(i,j)256 \rfloor \tag{6.7}$$

(3) 加密：由以下五个主要步骤重复 $T$ 轮构成。令 $L_l$ 和 $R_l$ 分别表示第 $l$ 轮加密时中间数据的左半部分和右半部分。图 6.1 给出了 IEAS 的总体结构。令 $l = 0$、$L_l = L$ 和 $R_l = R$，然后迭代地执行以下五个步骤。

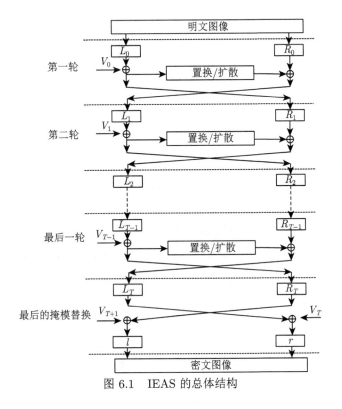

图 6.1 IEAS 的总体结构

**步骤 1** 对当前加密轮的左半部分进行掩模替代。令 $l = l+1$；对 $i = 0, 1, \cdots, N-1$，$j = 0, 1, \cdots, N-1$，计算

$$R_l(i,j) = V_{l-1}(i,j) \oplus L_{l-1}(i,j) \tag{6.8}$$

**步骤 2** 在下一轮加密中对右半部分进行置换。对 $i = 0, 1, \cdots, N-1$，$j = 0, 1, \cdots, N-1$，执行

$$\widetilde{R}_l(i,j) = R_l(P_{l-1}(i,j)) \tag{6.9}$$

简单起见，令 $R_l(P_{l-1})$ 在后面中表示式 (6.9) 中的运算。

**步骤 3**　对已置换的右半部分进行值替代运算：对 $k = 1, 2, \cdots, N^2 - 1$，执行

$$L_l(i,j) = R_{l-1}(i,j) \oplus g\left(\widetilde{R}_l(i,j), \widetilde{R}_l(i',j')\right) \tag{6.10}$$

其中，$L_l(0,0) = R_{l-1}(0,0) \oplus \widetilde{R}_l(0,0); i = \lfloor k/N \rfloor; j = \operatorname{mod}(k,N); i' = \lfloor k-1/N \rfloor; j' = \operatorname{mod}(k-1, N)$，

$$g(x,y) = (x + Ay) \bmod 256 \tag{6.11}$$

**步骤 4**　将步骤 1 ～ 步骤 3 重复 $T - 1$ 次。

**步骤 5**　掩模值替代运算。根据以下两个运算生成密文图像的左右两半部分：

$$r = V_T \oplus L_T \tag{6.12}$$

和

$$l = V_{T+1} \oplus R_T \tag{6.13}$$

其中，两个矩阵之间的异或运算按逐个元素依次计算（下同）。

(4) 解密：与加密过程类似。只有两点需要修改：① 先执行步骤 5；② 倒序执行各轮加密过程。

### 6.2.3　Fridrich 设计的混沌图像加密算法

FCIE 的加密对象是一幅尺寸为 $M$ 像素 × $N$ 像素的灰度值图像（后面用 $MN$ 表示 $M \times N$）[29]。与其他相当多混沌图像加密算法一样，按扫描顺序将二维图像空域数据转换成数域 $\mathbb{Z}_{256}$ 中长度为 $MN$ 的序列 $I = \{I(i)\}_{i=0}^{MN-1}$。相应的密文图像是 $I' = \{I'(i)\}_{i=0}^{MN-1}$。FCIE 的基本框架可以描述如下。

(1) 加密。

① 位置置换：对 $i = 0, 1, \cdots, MN - 1$，计算

$$I^*(w(i)) = I(i) \tag{6.14}$$

其中，置换矩阵 $W = [w(i)]_{i=0}^{MN-1}$ 对任意 $i_1 \neq i_2$ 满足 $w(i_1) \neq w(i_2)$。

② 值替换：对 $i = 0, 1, \cdots, MN - 1$，执行替换函数

$$I'(i) = I^*(i) \boxplus g(I'(i-1)) \boxplus h(i) \tag{6.15}$$

其中，$a \boxplus b = (a + b) \bmod 256$；$g\colon \mathbb{Z}_{256} \to \mathbb{Z}_{256}$ 是一个固定的非线性函数；$H = \{h(i)\}_{i=0}^{MN-1}$ 是伪随机序列；$I'(-1) = c$ 是一个预先定义的参数。

③ 重复：令 $I = I'$，并重复上面两个步骤 $r - 1$ 次，其中 $r$ 是一个预先定义的正整数。

(2) 解密: 与加密过程相似, 只有三点差异: ① 两个主加密步骤以相反顺序执行; ② 将置换矩阵 $W$ 更换为它的逆; ③ 将式 (6.15) 替换成

$$I^*(i) = I'(i) \boxminus g(I'(i-1)) \boxminus h(i) \tag{6.16}$$

其中, $a \boxminus b = (a-b) \bmod 256$。

将式 (6.14) 代入式 (6.15), 可得

$$I'(i) = I(w^{-1}(i)) \boxplus g(I'(i-1)) \boxplus h(i) \tag{6.17}$$

其中, $W^{-1} = [w^{-1}(i)]_{i=0}^{MN-1}$ 是 $W$ 的逆。

结合式 (6.14) 和式 (6.16), 有

$$I(i) = I'(w(i)) \boxminus g(I'(w(i)-1)) \boxminus h(w(i)) \tag{6.18}$$

自从文献 [29] 发表以来, 许多研究人员从各种角度来修改 FCIE 这个框架的元素, 如采用新的方法 (特别是新的混沌系统) 生成置换矩阵、定义式 (6.15) 中新的具体函数、改变值替换函数中的运算等。

## 6.3 针对 CESCM 的密码分析

### 6.3.1 针对 CESCM 的差分攻击

差分攻击是指攻击者通过观察明文之间的差分在加密过程中的演化规律, 从而获得密钥或者明文的信息。在文献 [192] 中, 设计者声称 CESCM 可以有效地抵抗差分攻击。然而, 事实并非如此。具体的差分攻击包括以下三个步骤。

(1) 攻击混淆 I。

如果两个明文 $I_1 = \{I_1(k)\}_{k=1}^{MN}$ 和 $I_2 = \{I_2(k)\}_{k=1}^{MN}$ 被相同密钥加密, 则有

$$
\begin{aligned}
I_1'(k) \oplus I_2'(k) &= I_1^*(k) \oplus \phi_4(k) \oplus I_2^*(k) \oplus \phi_4(k) \\
&= I_1^*(k) \oplus I_2^*(k) \\
&= \phi_3(k) \oplus (I_1^*(k) \boxplus \phi_3(k)) \oplus I_1^*(k-1) \oplus \phi_3(k) \\
&\quad \oplus (I_2^*(k) \boxplus \phi_3(k)) \oplus I_2^*(k-1) \\
&= (I_1^*(k) \boxplus \phi_3(k)) \oplus (I_2^*(k) \boxplus \phi_3(k)) \oplus (I_1^*(k-1) \oplus I_2^*(k-1)) \\
&= (I_1^*(k) \boxplus \phi_3(k)) \oplus (I_2^*(k) \boxplus \phi_3(k)) \oplus (I_1'(k-1) \oplus I_2'(k-1))
\end{aligned}
\tag{6.19}
$$

更进一步, 如果明文 $I_1$ 和 $I_2$ 的元素都为常量, 可得 $I_1^* = I_1$、$I_2^* = I_2$ 和

$$(I_1'(k) \oplus I_2'(k)) \oplus (I_1'(k-1) \oplus I_2'(k-1)) = (I_1(k) \boxplus \phi_3(k)) \oplus (I_2(k) \boxplus \phi_3(k)) \tag{6.20}$$

在式 (6.20) 中，整个等式左边部分、$I_1(k)$ 和 $I_2(k)$ 都已知，只有 $\phi_3(k)$ 未知。分别用 $y$、$\alpha$、$\beta$ 和 $x$ 替代它们，则式 (6.20) 可简化为

$$y = (\alpha \boxplus x) \oplus (\beta \boxplus x) \tag{6.21}$$

其中，$\alpha, \beta, x \in \{0, 1, \cdots, 255\}$。函数 (6.21) 是 $n = 8$ 时函数 (5.1) 的特例。

**事实 6.1**  对任意 $\alpha \in \mathbb{Z}$，有 $\alpha \boxplus 128 = \alpha \oplus 128$。

**证明**  即引理 5.3 的等价形式。

通过编程实验，可以验证函数 (6.21) 中 $x$ 的七个最低有效比特可由三组不同的 $(\alpha, \beta)$ 来确定。例如，$(9, 127)$、$(1, 52)$、$(33, 65)$。由事实 6.1 可以看出，$x$ 的最高有效比特对于等式是否成立没有影响。也就是说，$\phi_3(k)$ 关于加密运算等价于 $\phi_3(k) \oplus 128$，即

$$I^*(k) = ((I^*(k) \oplus I^*(k-1) \oplus \phi_3(k)) - \phi_3(k) + 256) \bmod 256$$
$$= ((I^*(k) \oplus I^*(k-1) \oplus (\phi_3(k) \oplus 128)) - (\phi_3(k) \oplus 128) + 256) \bmod 256$$

因此，使用六个元素值固定的选择明文，可以确定攻击混淆 I 的等价密钥 $\{\tilde{\phi}_3(k)\}_{k=1}^{MN}$，其中 $\tilde{\phi}_3(k) \in \{\phi_3(k), \phi_3(k) \oplus 128\}$。

(2) 攻击混淆 II。

当 $\{\tilde{\phi}_3(k)\}_{k=1}^{MN}$ 被恢复后，对于元素值恒等的明文 $I_1$，加密步骤只剩下混淆 II，可获得 $I_1^*(k)$。然后，对 $k = 1, 2, \cdots, MN$，计算

$$\phi_4(k) = I_1'(k) \oplus I_1^*(k)$$

(3) 攻击置换步骤。

当步骤混淆 I 和步骤混淆 II 的等价密钥均已获取时，对明文而言加密过程只剩下置换部分。如 2.3 节所述，任意唯置换加密算法可以表示成置换矩阵

$$W = [w(i, j) = (i', j') \in M' \times N']_{M \times N}$$

其中，$M' = [0, 1, \cdots, M-1]$；$N' = [0, 1, \cdots, N-1]$。对任意 $(i_1, j_1) \neq (i_2, j_2)$，$w(i_1, j_1) \neq w(i_2, j_2)$。只需要 $O\lceil \log_L(MN) \rceil$ 已知或选择明文便可有效地重构置换矩阵，其中 $L$ 为明文中不同元素的个数。

为验证上述攻击方法的真实性能，对一些尺寸为 512 像素 × 512 像素的明文图像进行了实验。采用文献 [192] 中使用过的密钥：$(x_0, \alpha_1, \alpha_2) = (25.687, 2.10155, 3.56922)$，$(x_0', \alpha_1', \alpha_2') = (574.461, 1.8874, 4.23562)$，$(x_0^*, \alpha_1^*, \alpha_2^*) = (814.217217, 2.8912, 3.89954)$，$(y_0, \alpha_3, \alpha_4) = (79.82, 61.522, 257.26223)$。文献 [192] 没有提到子密钥 $S$，这里令 $S = 33$。采用图 6.2 所示的灰度值分别为 9、127、1、52、33 和 65 的六幅选择明文图像和图 6.3 所示的相应密文图像，便可得到 $\{\tilde{\phi}_3(k)\}$。

然后，将图 6.2(a) 所示的明文图像和对应的密文图像用于恢复 $\{\phi_4(k)\}$。最后，使用图 6.4 所示的 $\lceil \log_{256}(512 \times 512)\rceil = 3$ 幅特殊明文图像重构置换矩阵 $W$。这三个部分一起可作为 CESCM 的等价密钥。用它们解密如图 6.5(a) 所示的另一幅密文图像，其结果如图 6.5(b) 所示。该解密图像与对应的原始图像完全相同。

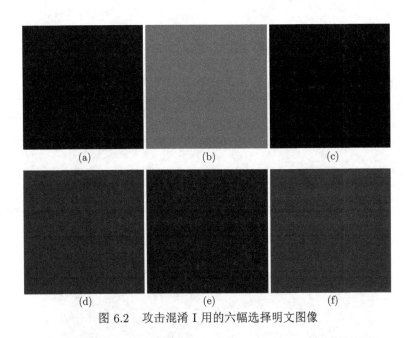

(a)        (b)        (c)

(d)        (e)        (f)

图 6.2 攻击混淆 I 用的六幅选择明文图像

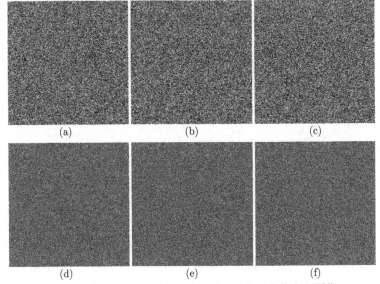

(a)        (b)        (c)

(d)        (e)        (f)

图 6.3 图 6.2 所示的六幅选择明文图像对应的密文图像

图 6.4　攻击位置置换的三幅选择明文图像与对应的密文图像

图 6.5　使用攻击获得的等价密钥解密另一幅密文图像

## 6.3.2　CESCM 的其他安全缺陷

从密码分析者的角度看，CESCM 还存在其他安全缺陷。

(1) 关于密钥的问题。

文献 [150] 中规则 5 指出，安全加密算法的密钥空间应该被精确地定义。对于混沌加密算法，应该避免忽视所用映射的不满足混沌定义的定义域。然而，即使使用文献 [192] 中采用的基数，许多密钥都应该被排除在 CESCM 的密钥空间之外（图 6.6）。

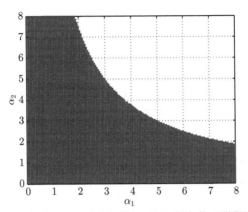

图 6.6 对应正李雅普诺夫指数的 $f(x)$ 的参数（阴影区域）

(2) 伪随机序列 $\{\phi_1(k)\}$、$\{\phi_2(k)\}$、$\{\phi_3(k)\}$ 和 $\{\phi_4(k)\}$ 的随机性能不足。

为分析函数 $f(x)$ 和函数 $g(x)$ 的动力学性质，绘制了它们在大量随机参数下的"图像"。由于各图的相似性，图 6.7 只展示了当 $(\alpha_1, \alpha_2) = (2.10155, 3.56922)$、$(\alpha_3, \alpha_4) = (61.522, 257.26223)$ 时 $f(x)$ 和 $g(x)$ 的图像。迭代系统的轨道可通过不断地在 $y = x$ 与 $f(x)$ 和 $g(x)$ 的图像之间画直线来获得[118]。由图 6.7(a) 可知，$f(x)$ 的值以高概率属于区间 $[10^{-10}, 1]$；而且，在区间 $[10^{-14}, 10^{-0.5}]$ 上函数 $f(x)$ 的图像与直线 $y = x$ 几乎平行。因此，通过迭代等式 $f(x)$ 得到的状态序列的随机性很弱。由图 6.7(b) 可知，函数 $g(x)$ 的随机性能相对要好一些。

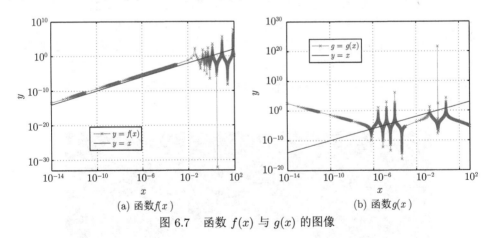

(a) 函数 $f(x)$      (b) 函数 $g(x)$

图 6.7 函数 $f(x)$ 与 $g(x)$ 的图像

为了更进一步测试使用函数 (6.1) 和 (6.2) 生成的序列的随机性能，使用文献 [126] 所提出的 NIST 测试包进行检测。因为三个序列 $\{\phi_1(k)\}$、$\{\phi_2(k)\}$ 和 $\{\phi_4(k)\}$ 由相同的函数得到，所以只需测试 $\{\phi_3(k)\}$ 和 $\{\phi_4(k)\}$ 的随机性。对于每个生成的序列，选用 100 个长度为 $512 \times 512/8 = 32768$（用于加密尺寸为 512

像素 × 512 像素灰度明文图像所需的比特数量)、由随机密钥生成的序列作为检测样本。每次测试使用默认的显著性水平 0.01。检测结果如表 6.2 所示，从中可得出结论：这两个函数都不能胜任理想的随机数生成器。

表 6.2　100 个随机生成的序列中通过 NIST 各项测试的数量 (显著性水平为 0.01)

| 测试名称 | 通过测试的序列数量 | |
| --- | --- | --- |
| | $f(x)$ | $g(x)$ |
| 频率 | 6 | 2 |
| 块频率 ($m = 100$) | 10 | 6 |
| 累积和 (前向) | 6 | 3 |
| 行程 | 8 | 3 |
| 秩 | 68 | 99 |
| 非重叠模板 ($m = 9, B = 110001000$) | 76 | 64 |
| 系列 ($m = 16$) | 6 | 9 |
| 近似值 ($m = 10$) | 8 | 6 |
| 快速傅里叶变换 | 65 | 49 |

(3) 对明文变化不敏感。

在文献 [192] 中，加密算法设计者提到了加密结果对于明文变化敏感的重要性。然而，CESCM 的性能与期望水平差距很大。在密码学中，关于敏感度的最理想状态是明文中单个比特的变化将使得对应密文中的任意比特以 50% 的概率发生改变。显然，由以下原因可知 CESCM 不可能具备这个性质：

① 整个算法中不涉及非线性运算，如 S 盒；

② 明文的一个比特的变化只能影响密文中更高位平面上的比特；

③ 明文的单像素点不能以一致模式影响对应密文的其他像素。

为了充分地说明这个缺陷，改变图 6.4(c) 中尺寸为 512 像素 × 512 像素的明文图像的单个比特来观察影响结果，发现只有一个位平面中的比特发生了变化。图 6.8 给出了发生变化的比特的位置，其中白色的点表示发生变化，黑色的点表示保持不变。

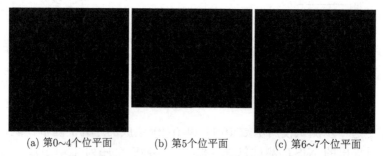

(a) 第0~4个位平面　　　(b) 第5个位平面　　　(c) 第6~7个位平面

图 6.8　当明文图像中坐标为 (256, 256) 的像素点的第五个比特改变时
相应密文图像中的发生变化比特的位置

## 6.4 针对 IEAS 的差分攻击

差分攻击的目标是通过观察明文之间的 "差异" 如何影响对应密文之间差异的变化, 从而获得加密算法的密钥的信息。一般来说, 这个差异是相对于异或运算定义的。接下来, 介绍 IEAS 的一些性质, 它们是针对不同加密轮数的 IEAS 开展差分攻击的基础[199]。

### 6.4.1 IEAS 的性质

**性质 6.1** 给定 $R_l$ 的两个矩阵位置 $(i_1,j_1)$ 和 $(i_2,j_2)$, 令 $(\tilde{i}_1,\tilde{j}_1)$ 和 $(\tilde{i}_2,\tilde{j}_2)$ 分别表示它们在 $\tilde{R}_l$ 中的相应位置。如果原来的两个位置满足

$$\gcd(\Delta, N) = 1 \tag{6.22}$$

则有

$$C_l = \begin{bmatrix} s & u \\ v & t \end{bmatrix}$$

其中

$$\begin{bmatrix} s \\ u \\ v \\ t \end{bmatrix} = \begin{bmatrix} \Delta^{-1}(\tilde{i}_1 j_2 - \tilde{i}_2 j_1) \\ \Delta^{-1}(\tilde{i}_2 i_1 - \tilde{i}_1 i_2) \\ \Delta^{-1}(\tilde{j}_1 j_2 - \tilde{j}_2 j_1) \\ \Delta^{-1}(\tilde{j}_2 i_1 - \tilde{j}_1 i_2) \end{bmatrix} \mod N$$

$\Delta = i_1 j_2 - i_2 j_1$; $\Delta \cdot \Delta^{-1} = 1 \mod N$。

**证明** 显然 $(i_1,j_1)$、$(i_2,j_2)$、$(\tilde{i}_1,\tilde{j}_1)$ 和 $(\tilde{i}_2,\tilde{j}_2)$ 满足

$$\begin{bmatrix} si_1 + uj_1 \\ si_2 + uj_2 \end{bmatrix} \mod N = \begin{bmatrix} \tilde{i}_1 \\ \tilde{i}_2 \end{bmatrix}$$

也就是说

$$\begin{bmatrix} i_1 & j_1 \\ i_2 & j_2 \end{bmatrix}\begin{bmatrix} s \\ u \end{bmatrix} = \begin{bmatrix} \tilde{i}_1 + K_1 N \\ \tilde{i}_2 + K_2 N \end{bmatrix}$$

其中, $K_1, K_2 \in \mathbb{Z}$。

利用高斯消元法, 可得

$$\begin{bmatrix} i_1 & j_1 \\ 0 & i_1 j_2 - i_2 j_1 \end{bmatrix}\begin{bmatrix} s \\ u \end{bmatrix} = \begin{bmatrix} \tilde{i}_1 + K_1 N \\ i_1\tilde{i}_2 - i_2\tilde{i}_1 + N(K_2 i_1 - K_1 i_2) \end{bmatrix}$$

根据克拉默法则 (Cramer's rule)，当 $\gcd(\Delta, N) = 1$ 时，上述等式有且只有一个解。因此，有

$$s = \Delta^{-1}(\tilde{i}_1 j_2 - \tilde{i}_2 j_1) \bmod N$$

$$u = \Delta^{-1}(\tilde{i}_2 i_1 - \tilde{i}_1 i_2) \bmod N$$

类似地，可求得 $v$、$t$ 的值。

**性质 6.2**   如果 $2^n$ $(1 \leqslant n \leqslant 7)$ 整除式 (6.11) 中的变量 $A$，则值替换函数 $g(x, y)$ 对 $x$ 的 $n$ 个最低有效比特没有影响，即式 (6.10) 变为

$$L_{l,k}(i, j) = R_{l-1,k}(i, j) \oplus \widetilde{R}_{l,k}(i, j) \tag{6.23}$$

其中，$k \in \{1, 2, \cdots, n\}$；$L_{l,k}$、$R_{l-1,k}$ 和 $\widetilde{R}_{l,k}$ 分别表示 $L_l$、$R_{l-1}$ 和 $\widetilde{R}_l$ 的第 $k$ 个最低位平面。

**证明**   通过计算如下等式容易证明该性质：

$$g(x, y) = x + A \sum_{i=0}^{7} y_i 2^i \bmod 256$$

$$= x + (A/2^n) \sum_{i=n}^{7} y_i 2^i \bmod 256$$

令 $L_l'$、$R_l'(P_{l-1})$ 和 $R_{l-1}'$ 分别表示 $L_l$、$R_l(P_{l-1})$ 和 $R_{l-1}$ 的两个不同版本的差分。观察图 6.9 中不同轮数下中间数据的结构，可得性质 6.3。

**性质 6.3**   如果 $2^n$ $(1 \leqslant n \leqslant 7)$ 整除式 (6.11) 中的变量 $A$，则

$$\begin{cases} R_l' = L_{l-1}' \\ L_{l,k}' = R_{l-1,k}' \oplus R_{l,k}'(P_{l-1}) \end{cases} \tag{6.24}$$

其中，$k \in \{1, 2, \cdots, n\}$；$L_{l,k}'$、$R_{l-1,k}'$ 和 $R_{l,k}'(P_{l-1})$ 分别表示 $L_l'$、$R_{l-1}'$ 和 $R_l'(P_{l-1})$ 的第 $k$ 个最低位平面。

**证明**   性质 6.3 通过对 $l$ 进行数学归纳来证明。当 $l = 1$ 时，有

$$R_1' = R_1 \oplus R_1^*$$

$$= (L_0 \oplus V_0) \oplus (L_0^* \oplus V_0)$$

$$= L_0'$$

$$L_{1,k}' = (R_{0,k} \oplus R_{1,k}(P_0)) \oplus (R_{0,k}^* \oplus R_{1,k}^*(P_0))$$

$$= R_{0,k}' \oplus R_{1,k}'(P_0)$$

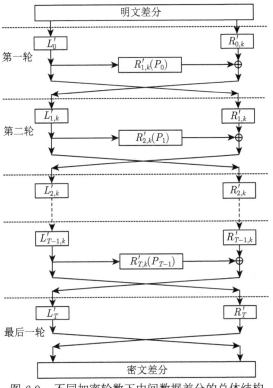

图 6.9 不同加密轮数下中间数据差分的总体结构

因此，性质 6.3 对 $l = 1$ 成立。假设性质 6.3 对 $l = n$ $(n < T)$ 成立。下面证明当 $l = n + 1$ 时该性质也成立：可得

$$
\begin{aligned}
R'_{n+1} &= (L_n \oplus V_n) \oplus (L_n^* \oplus V_n) \\
&= L'_n \\
L'_{n+1,k} &= (R_{n,k} \oplus R_{n+1,k}(P_n)) \oplus (R_{n,k}^* \oplus R_{n+1,k}^*(P_n)) \\
&= R'_{n,k} \oplus R'_{n+1,k}(P_n)
\end{aligned}
$$

根据数学归纳法，性质 6.3 得证。

### 6.4.2 针对 1 轮 IEAS 的攻击

给定两幅已知/选择明文图像 $[L_0, R_0]$ 和 $[L_0^*, R_0^*]$ 与对应的密文图像 $[l, r]$ 和 $[l^*, r^*]$，可得

$$
\begin{cases}
L'_0 = L_0 \oplus L_0^* \\
R'_0 = R_0 \oplus R_0^*
\end{cases}
$$

和

$$\begin{cases} L_1' = r \oplus r^* \\ R_1' = l \oplus l^* \end{cases}$$

由性质 6.3, 可得

$$\begin{cases} R_1' = L_0' \\ R_{1,k}'(P_0) = L_{1,k}' \oplus R_{0,k}' \end{cases} \tag{6.25}$$

其中, $k \in \{1, 2, \cdots, n\}$, $2^n$ $(1 \leqslant n \leqslant 7)$ 整除式 (6.11) 中的参数 $A$。

对比 $\{R_{1,k}'\}_{k=1}^n$ 和 $\{R_{1,k}'(P_0)\}_{k=1}^n$, 可以发现在 $R_1'$ 和 $R_1'(P_0)$ 中坐标满足条件 (6.22) 的两对元素。然后, 生成相关置换矩阵 $P_0$ 的变换矩阵 $C_0$ 可根据性质 6.1 求解。如果搜寻所需的元素失败, 则可以求助于观察更多明密文图像或者从更多的选择明文图像中构造特殊的差分图像[28]。如 2.6.3 节所述, $\lceil 2 \log_2(N) \rceil$ 幅特别的二值明文图像已足够获取执行在尺寸为 $N$ 像素 $\times N$ 像素的二值明文图像上的唯置换加密算法的等价密钥。关于如何从更多已知/选择明密文图像确定置换矩阵, 可参考 2.3 节。一旦确定了 $C_0$, 可容易得到相关矩阵 $P_0$。

参考式 (6.8) 和式 (6.13), 可得

$$V_2 \oplus V_0 = L_0 \oplus l \tag{6.26}$$

结合式 (6.12) 和式 (6.10), 有

$$r_k = V_{1,k} \oplus R_{0,k} \oplus R_{1,k}(P_0) \tag{6.27}$$

其中, $r_k$ 是 $r$ 的第 $k$ 个最低位平面。

由于异或运算关于位置置换是线性的, 所以由式 (6.8) 可得

$$R_{1,k}(P_0) = V_{0,k}(P_0) \oplus L_{0,k}(P_0)$$

将由上述等式得到的 $R_{1,k}(P_0)$ 代入式 (6.27), 进一步可得

$$V_{1,k} \oplus V_{0,k}(P_0) = r_k \oplus R_{0,k} \oplus L_{0,k}(P_0) \tag{6.28}$$

因为式 (6.26) 和式 (6.28) 都对明文图像和对应的密文图像没有要求, 所以可以恢复其他使用相同密钥加密的密文图像的部分信息:

$$\begin{cases} L_0^\dagger = l^\dagger \oplus M_1 \\ R_{0,k}^\dagger = r_k^\dagger \oplus L_{0,k}^\dagger(P_0) \oplus N_{1,k} \end{cases}$$

其中

$$\begin{cases} M_1 = L_0 \oplus l \\ N_{1,k} = r_k \oplus R_{0,k} \oplus L_{0,k}(P_0) \end{cases}$$

现在，可以看到 $M_1$、$\{N_{1,k}\}_{k=1}^n$ 和 $P_0$ 可一起用于恢复 $l^\dagger$ 的整个左半部分和 $r^\dagger$ 的右半部分的 $n$ 个最低位平面 $\{R_{0,k}^\dagger\}_{k=1}^n$。

为验证上述分析，对一些尺寸为 256 像素 × 512 像素的明文图像进行了大量实验。两幅标准图像 "Lenna" 和 "Baboon" 的裁剪版本用作已知明文图像，如图 6.10(a) 和 (b) 所示。当密钥为 $K_0 = 1234567/(2^{32} - 1)$、$T = 1$ 且参数为 $A = 64$ 时，这两幅已知明文图像对应的密文图像分别在图 6.10(c) 和 (d) 给出。针对密钥的估计信息被用于解密图 6.10(e) 所示的密文图像，其结果如图 6.10(f) 所示。图 6.10(f) 中图像的整个左半部分和右半部分的 6 个最低位平面与对应明文图像的相同位置上的信息相同，这与预期结果一致。

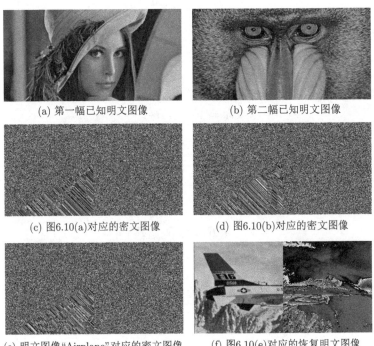

(a) 第一幅已知明文图像　　　　　(b) 第二幅已知明文图像

(c) 图6.10(a)对应的密文图像　　　　(d) 图6.10(b)对应的密文图像

(e) 明文图像"Airplane"对应的密文图像　　(f) 图6.10(e)对应的恢复明文图像

图 6.10　针对 $T = 1$ 轮 IEAS 的差分攻击

### 6.4.3　针对 2 轮 IEAS 的攻击

此时，密文图像的差分为

$$\begin{cases} L_2' = r \oplus r^* \\ R_2' = l \oplus l^* \end{cases} \tag{6.29}$$

由性质 6.3 可得

$$\begin{cases} R'_1 = L'_0 \\ R'_{1,k}(P_0) = R'_{2,k} \oplus R'_{0,k} \end{cases}$$

其中，$R'_{2,k}$ 是 $R'_2$ 的第 $k$ 个最低位平面。

通过对比 $\{R'_{1,k}\}_{k=1}^n$ 和 $\{R'_{1,k}(P_0)\}_{k=1}^n$ 可获取生成相关置换矩阵 $P_0$ 的变换矩阵 $R'_2$。

再次使用性质 6.3，可得

$$\begin{aligned} R'_{2,k}(P_1) &= L'_{2,k} \oplus R'_{1,k} \\ &= L'_{2,k} \oplus L'_{0,k} \end{aligned}$$

类似地，可通过对比 $\{R'_{2,k}\}_{k=1}^n$ 和 $\{R'_{2,k}(P_1)\}_{k=1}^n$ 推得变换矩阵 $C_1$ 和置换矩阵 $P_1$。

参考式 (6.13)，可得

$$l_k = V_{3,k} \oplus R_{2,k} \tag{6.30}$$

其中，$l_k$ 是 $l$ 的第 $k$ 个最低位平面。

结合式 (6.8)、式 (6.9) 和式 (6.12)，可得

$$\begin{aligned} r_k &= V_{2,k} \oplus L_{2,k} \\ &= V_{2,k} \oplus R_{1,k} \oplus R_{2,k}(P_1) \\ &= V_{2,k} \oplus V_{0,k} \oplus L_{0,k} \oplus R_{2,k}(P_1) \end{aligned}$$

将由式 (6.30) 得到的 $R_{2,k}$ 代入上式，便有

$$V_{3,k}(P_1) \oplus V_{2,k} \oplus V_{0,k} = l_k(P_1) \oplus r_k \oplus L_{0,k} \tag{6.31}$$

结合式 (6.8) 和性质 6.2，可得

$$\begin{aligned} R_{2,k} &= V_{1,k} \oplus L_{1,k} \\ &= V_{1,k} \oplus R_{0,k} \oplus R_{1,k}(P_0) \\ &= V_{1,k} \oplus R_{0,k} \oplus V_{0,k}(P_0) \oplus L_{0,k}(P_0) \end{aligned} \tag{6.32}$$

故式 (6.30) 变为

$$V_{3,k} \oplus V_{1,k} \oplus V_{0,k}(P_0) = l_k \oplus L_{0,k}(P_0) \oplus R_{0,k} \tag{6.33}$$

因为式 (6.31) 和式 (6.33) 对于任意一组明文图像和它们经相同密钥加密得到的密文图像都成立，所以可得

$$
\begin{cases}
L_{0,k}^{\dagger} = l_k^{\dagger}(P_1) \oplus r_k^{\dagger} \oplus M_{2,k} \\
R_{0,k}^{\dagger} = l_k^{\dagger} \oplus L_{0,k}^{\dagger}(P_0) \oplus N_{2,k}
\end{cases}
$$

其中

$$
\begin{cases}
M_{2,k} = l_k(P_1) \oplus r_k \oplus L_{0,k} \\
N_{2,k} = l_k \oplus L_{0,k}(P_0) \oplus R_{0,k}
\end{cases}
$$

上述等式意味着 $M_{2,k}$、$N_{2,k}$ 和 $\{P_l\}_{l=0}^{1}$ 可一起用作等价密钥，来恢复任意使用相同密钥加密的其他密文图像的第 $k$ 个最低位平面 $[L_{0,k}^{\dagger}, R_{0,k}^{\dagger}]$，其中 $k \in \{1, 2, \cdots, n\}$。

为验证上述理论分析，进行了大量针对性实验。当密钥 $K_0 = 1234567/(2^{32} - 1)$、$T = 2$ 且参数为 $A = 64$ 时，图 6.10(a) 和 (b) 中明文图像对应的密文图像分别如图 6.11(a) 和 (b) 所示。从两对明密文图像获得的等价密钥的信息被用于解密图 6.11(c) 所示密文图像，所得结果如图 6.11(d) 所示。经统计，图 6.11(d) 中的 6 个最低位平面与对应的明文图像中相同位置上的信息完全一致。

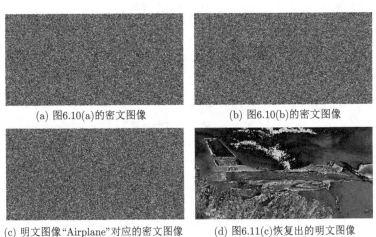

(a) 图6.10(a)的密文图像　　　　　(b) 图6.10(b)的密文图像

(c) 明文图像"Airplane"对应的密文图像　　(d) 图6.11(c)恢复出的明文图像

图 6.11　针对 $T = 2$ 轮 IEAS 的差分攻击

### 6.4.4 针对 3 轮 IEAS 的攻击

本节讨论如何用不少于三幅选择明文图像来获取 3 轮 IEAS 的等价密钥的信息。

此时，密文图像的差分为

$$\begin{cases} L'_3 = r \oplus r^* \\ R'_3 = l \oplus l^* \end{cases}$$

根据性质 6.3，可得

$$\begin{aligned} L'_{3,k} &= R'_{3,k}(P_2) \oplus R'_{2,k} \\ &= R'_{3,k}(P_2) \oplus R'_{0,k} \oplus R'_{1,k}(P_0) \\ &= R'_{3,k}(P_2) \oplus R'_{0,k} \oplus L'_{0,k}(P_0) \end{aligned} \tag{6.34}$$

如果将 $L'_{0,k}$ 选择为元素值固定的二值矩阵，则

$$L'_{0,k}(P_0) = L'_{0,k} \tag{6.35}$$

此时，可从式 (6.34) 求得 $R'_{3,k}(P_2)$。使用上述相同方法，通过比较 $\{R'_{3,k}\}_{k=1}^n$ 和 $\{R'_{3,k}(P_2)\}_{k=1}^n$ 可得 $P_2$。

对于满足式 (6.35) 的差分图像，也有

$$\begin{aligned} R'_{2,k} &= R'_{3,k}(P_2) \oplus L'_{3,k} \\ &= R'_{0,k} \oplus L'_{0,k}(P_0) \\ &= R'_{0,k} \oplus L'_{0,k} \end{aligned} \tag{6.36}$$

注意

$$\begin{aligned} R'_{3,k} &= L'_{2,k} \\ &= R'_{1,k} \oplus R'_{2,k}(P_1) \end{aligned}$$

将式 (6.36) 代入上式，可得

$$\begin{aligned} R'_{3,k} &= R'_{1,k} \oplus R'_{0,k}(P_1) \oplus L'_{0,k}(P_1) \\ &= L'_{0,k} \oplus R'_{0,k}(P_1) \oplus L'_{0,k} \\ &= R'_{0,k}(P_1) \end{aligned}$$

此时，可从上式得到 $R'_{0,k}(P_1)$。通过比较 $\{R'_{0,k}\}_{k=1}^n$ 和 $\{R'_{0,k}(P_1)\}_{k=1}^n$ 可得到 $P_1$。

一旦恢复了 $P_2$，$L'_{0,k}(P_0)$ 便可由式 (6.34) 获得。然后，通过对比 $\{L'_{0,k}\}_{k=1}^n$ 和 $\{L'_{0,k}(P_0)\}_{k=1}^n$ 可得到 $P_0$。之前提到需要一对或者多对明密文图像来寻找 $L'_{0,k}$

和 $L'_{0,k}(P_0)$ 的两对像素（元素），而它们的坐标满足条件 (6.22)。根据式 (6.13)，有

$$l_k = V_{4,k} \oplus R_{3,k} \tag{6.37}$$

其中，$R_{3,k}$ 为 $R_3$ 的第 $k$ 个最低位平面。

结合式 (6.8)、式 (6.10) 和式 (6.12)，可得

$$
\begin{aligned}
r_k &= V_{3,k} \oplus L_{3,k} \\
&= V_{3,k} \oplus R_{2,k} \oplus R_{3,k}(P_2) \\
&= V_{3,k} \oplus V_{1,k} \oplus L_{1,k} \oplus R_{3,k}(P_2) \\
&= V_{3,k} \oplus V_{1,k} \oplus R_{0,k} \oplus R_{1,k}(P_0) \oplus R_{3,k}(P_2) \\
&= V_{3,k} \oplus V_{1,k} \oplus R_{0,k} \oplus V_{0,k}(P_0) \oplus L_{0,k}(P_0) \oplus R_{3,k}(P_2)
\end{aligned}
$$

将由式 (6.37) 得到的 $R_{3,k}$ 代入上式，有

$$V_{4,k}(P_2) \oplus V_{3,k} \oplus V_{1,k} \oplus V_{0,k}(P_0) = l_k(P_2) \oplus r_k \oplus R_{0,k} \oplus L_{0,k}(P_0) \tag{6.38}$$

参考式 (6.8) 和式 (6.32)，可得

$$
\begin{aligned}
R_{3,k} &= V_{2,k} \oplus L_{2,k} \\
&= V_{2,k} \oplus R_{1,k} \oplus R_2(P_1) \\
&= V_{2,k} \oplus V_{0,k} \oplus L_{0,k} \oplus V_{1,k}(P_1) \oplus R_{0,k}(P_1) \\
&\quad \oplus V_{0,k}(P_0 P_1) \oplus L_{0,k}(P_0 P_1)
\end{aligned} \tag{6.39}
$$

因此，式 (6.37) 可以改写成

$$
\begin{aligned}
l_k &= V_{4,k} \oplus V_{2,k} \oplus V_{0,k} \oplus L_{0,k} \oplus V_{1,k}(P_1) \oplus R_{0,k}(P_1) \\
&\quad \oplus V_{0,k}(P_0 P_1) \oplus L_{0,k}(P_0 P_1)
\end{aligned}
$$

将由式 (6.38) 得到的 $L_{0,k}(P_0)$ 代入上式，可得

$$V_{4,k}(P_2 P_1) \oplus V_{3,k}(P_1) \oplus V_{4,k} \oplus V_{2,k} \oplus V_{0,k} = l_k(P_2 P_1) \oplus r_k(P_1) \oplus l_k \oplus L_{0,k} \tag{6.40}$$

因为式 (6.38) 和式 (6.40) 适用于任意一对明密文图像，所以容易验证

$$
\begin{cases}
L_{0,k}^{\dagger} = l_k^{\dagger}(P_2 P_1) \oplus r_k^{\dagger}(P_1) \oplus l_k^{\dagger} \oplus M_{3,k} \\
R_{0,k}^{\dagger} = l_k^{\dagger}(P_2) \oplus r_k^{\dagger} \oplus L_{0,k}^{\dagger}(P_0) \oplus N_{3,k}
\end{cases}
$$

其中

$$\begin{cases} M_{3,k} = l_k(P_2 P_1) \oplus r_k(P_1) \oplus l_k \oplus L_{0,k} \\ N_{3,k} = l_k(P_2) \oplus r_k \oplus R_{0,k} \oplus L_{0,k}(P_0) \end{cases}$$

上式表明，$M_{3,k}$、$N_{3,k}$ 和 $\{P_l\}_{l=0}^2$ 可一起用于恢复使用相同密钥加密的任意密文图像的第 $k$ 个最低位平面 $[L_{0,k}^{\dagger}, R_{0,k}^{\dagger}]$（$k = 1, 2, \cdots, n$）。

为了验证上述理论分析，使用密钥 $K_0 = 1234567/(2^{32} - 1)$、$T = 3$、$A = 64$ 对多幅图像进行了实验。

首先，一幅选择明文图像是由图 6.10(a) 中图像的左半部分和图 6.10(b) 的右半部分组成的，这样就生成了一个满足式 (6.35) 的特殊差分。然后，使用相同密钥对图 6.10(a)、(b) 和图 6.12(a) 所示的三幅明文图像以及明文图像 "Airplane" 进行加密，加密结果分别如图 6.12(b)、(c)、(d)、(e) 所示。在这三对明密文图像（明文图像 "Airplane" 用于验证解密效果）的条件下，可获得一些密钥的信息并用来解密图 6.12(e) 所示的密文图像，解密结果如图 6.12(f) 所示。统计发现，图 6.12(f) 所示图像的 6 个最低位平面与对应明文图像中相同位平面上的信息相同。

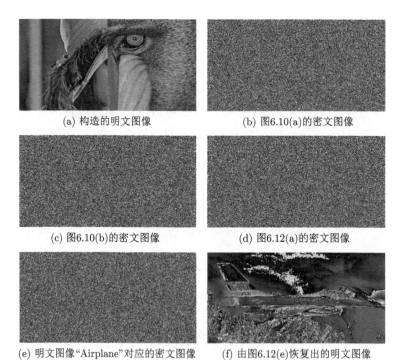

(a) 构造的明文图像

(b) 图6.10(a)的密文图像

(c) 图6.10(b)的密文图像

(d) 图6.12(a)的密文图像

(e) 明文图像"Airplane"对应的密文图像

(f) 由图6.12(e)恢复出的明文图像

图 6.12    针对 $T = 3$ 轮 IEAS 的差分攻击

### 6.4.5 针对 4 轮 IEAS 的攻击

本节将针对 4 轮 IEAS 的差分攻击分成如下三个部分进行讨论。

1. 获取位置置换

根据性质 6.3，有

$$
\begin{aligned}
L'_{4,k} &= R'_{4,k}(P_3) \oplus R'_{3,k} \\
&= L'_{3,k}(P_3) \oplus L'_{2,k} \\
&= R'_{2,k}(P_3) \oplus L'_{2,k}(P_2 P_3) \oplus R'_{2,k}(P_1) \oplus R'_{1,k} \\
&= R'_{0,k}(P_3) \oplus L'_{0,k}(P_0 P_3) \oplus L'_{0,k}(P_2 P_3) \oplus R'_{0,k}(P_1) \\
&\quad \oplus L'_{1,k}(P_1 P_2 P_3) \oplus L'_{0,k}(P_0 P_1) \oplus L'_{0,k}
\end{aligned}
\tag{6.41}
$$

$L'_{1,k} = R'_{0,k} \oplus R'_{1,k}(P_0)$，其中 $R'_{4,k}$ 是 $R'_4$ 的第 $k$ 个最低位平面。

获取位置置换的问题变为如何通过构造一些特殊的差分明文图像恢复由式 (6.5) 产生的置换矩阵。其过程分为如下两个步骤。

**步骤 1** 通过选择特殊的 $R'_{0,k}$ 来确定 $P_1$ 和 $P_3$。

如果将 $L'_{0,k}$ 设置成固定值 0，则可得 $L'_{1,k} = R'_{0,k}$。将其代入式 (6.41)，可得

$$
L'_{4,k} = R'_{0,k}(P_1) \oplus R'_{0,k}(P_3) \oplus R'_{0,k}(P_1 P_2 P_3)
\tag{6.42}
$$

假设该特殊的差分图像满足 $L'_{0,k}(i,j) \equiv 0$（固定值零）和 $R'_{0,k}(i,j) = 0$，但不满足

$$
\begin{cases}
R'_{0,k}(i_1, j_1) = \alpha_1 \\
R'_{0,k}(i_2, j_2) = \beta_1
\end{cases}
\tag{6.43}
$$

其中，$\gcd(i_1 j_2 - i_2 j_1, N) = 1$；$\alpha_1 \neq \beta_1$。

观察式 (6.42)，注意 $R'_{0,k}$ 的一个像素可影响 $L'_{4,k}$ 中至多三个像素点。因此，根据性质 6.1，可得 $(C_1, C_3, C_1 C_2 C_3)$ 的 $\binom{3}{1} \times \binom{3-1}{1} = 6$ 种可能值。当命题 6.1 的条件成立时，通过查找元素值都大于 1 的矩阵 [①]，便可识别矩阵 $C_1 C_2 C_3$。因为当 $(a+b) \neq 0$ 时矩阵集合 (6.6) 中两个不同矩阵之间的乘法不满足交换律，通过检查 $C_1^{-1}(C_1 C_2 C_3) C_3^{-1}$ 是否具有与矩阵集合 (6.6) 中矩阵相同的形式，可确定 $C_1$ 和 $C_3$。最后，可得到对应的相关矩阵 $P_1$ 和 $P_3$。

**步骤 2** 通过选择特殊的 $L'_{0,k}$ 确定 $P_0$ 和 $P_2$。

---

① 为简化分析，这里不讨论 $a, b \in \{0,1\}$ 与矩阵集合 (6.6) 的三个矩阵的乘积中元素恰好关于模 $N$ 同余 1 的情况。

如果 $R'_{0,k}$ 的元素都选成常数零，则易得

$$R'_{4,k} = L'_{0,k}(P_0) \oplus L'_{0,k}(P_2) \oplus L'_{0,k}(P_0P_1P_2)$$

构造另一幅特殊的差分图像，使其满足 $R'_{0,k}(i,j) \equiv 0$ 和 $L'_{0,k}(i,j) = 0$，但不满足

$$\begin{cases} L'_{0,k}(i_1,j_1) = \alpha_2 \\ L'_{0,k}(i_2,j_2) = \beta_2 \end{cases} \tag{6.44}$$

其中，$\gcd(i_1j_2 - i_2j_1, N) = 1$；$\alpha_2 \neq \beta_2$。

然后，使用与上述相同的方法可推得置换矩阵 $P_0$ 和 $P_2$。

**命题 6.1** 当 $a,b \notin \{0,1\}$ 时，矩阵集合 (6.6) 的任意三个矩阵（包括相同的矩阵）的乘积中没有元素等于 1。

**证明** 当 $a,b \notin \{0,1\}$ 时，矩阵集合 (6.6) 中四个矩阵的每个元素都大于等于 1。根据矩阵乘法法则，易得出该命题的结论。

**2. 值替换部分的攻击**

根据式 (6.13) 和性质 6.3，可得

$$l_k = V_{5,k} \oplus R_{4,k} \tag{6.45}$$

和

$$\begin{aligned}
r_k &= V_{4,k} \oplus L_{4,k} \\
&= V_{4,k} \oplus R_{3,k} \oplus R_{4,k}(P_3) \\
&= V_{4,k} \oplus V_{2,k} \oplus L_{2,k} \oplus R_{4,k}(P_3) \\
&= V_{4,k} \oplus V_{2,k} \oplus R_{1,k} \oplus R_{2,k}(P_1) \oplus R_{4,k}(P_3) \\
&= V_{4,k} \oplus V_{2,k} \oplus V_{0,k} \oplus L_{0,k} \oplus V_{1,k}(P_1) \oplus L_{1,k}(P_1) \oplus R_{4,k}(P_3) \\
&= V_{4,k} \oplus V_{2,k} \oplus V_{0,k} \oplus L_{0,k} \oplus V_{1,k}(P_1) \\
&\quad \oplus R_{0,k}(P_1) \oplus R_{1,k}(P_0P_1) \oplus R_{4,k}(P_3) \oplus R_{0,k}(P_1) \\
&= V_{4,k} \oplus V_{2,k} \oplus V_{0,k} \oplus L_{0,k} \oplus V_{1,k}(P_1) \\
&\quad \oplus V_{0,k}(P_0P_1) \oplus L_{0,k}(P_0P_1) \oplus R_{4,k}(P_3)
\end{aligned}$$

将由式 (6.45) 计算所得的 $R_{4,k}$ 代入上式，可得

$$V_{5,k}(P_3) \oplus V_{4,k} \oplus V_{2,k} \oplus V_{0,k} \oplus V_{1,k}(P_1) \oplus V_{0,k}(P_0P_1)$$
$$= l_k(P_3) \oplus r_k \oplus L_{0,k} \oplus R_{0,k}(P_1) \oplus L_{0,k}(P_0P_1) \tag{6.46}$$

根据式 (6.39) 和式 (6.32)，可得

$$
\begin{aligned}
R_{4,k} &= V_{3,k} \oplus L_{3,k} \\
&= V_{3,k} \oplus R_{2,k} \oplus R_{3,k}(P_2) \\
&= V_{3,k} \oplus V_{1,k} \oplus R_{0,k} \oplus V_{0,k}(P_0) \oplus L_{0,k}(P_0) \oplus R_{3,k}(P_2) \\
&= V_{3,k} \oplus V_{1,k} \oplus R_{0,k} \oplus V_{0,k}(P_0) \oplus V_{1,k}(P_1 P_2) \\
&\quad \oplus L_{0,k}(P_0) \oplus V_{2,k}(P_2) \oplus V_{0,k}(P_2) \oplus L_{0,k}(P_2) \\
&\quad \oplus R_0(P_1 P_2) \oplus V_0(P_0 P_1 P_2) \oplus L_0(P_0 P_1 P_2)
\end{aligned}
$$

因此，式 (6.45) 变为

$$
V_{5,k} \oplus V_{3,k} \oplus V_{1,k} \oplus V_{0,k}(P_0) \oplus V_{2,k}(P_2) \oplus V_{0,k}(P_2) \oplus V_{1,k}(P_1 P_2) \oplus V_0(P_0 P_1 P_2)
$$

$$
= l_k \oplus R_{0,k} \oplus L_{0,k}(P_0) \oplus L_{0,k}(P_2) \oplus R_0(P_1 P_2) \oplus L_0(P_0 P_1 P_2) \tag{6.47}
$$

将由式 (6.46) 计算所得的 $L_{0,k}(P_0 P_1)$ 代入式 (6.47)，有

$$
V_{5,k}(P_3 P_2) \oplus V_{4,k}(P_2) \oplus V_{5,k} \oplus V_{3,k} \oplus V_{1,k} \oplus V_{0,k}(P_0)
$$

$$
= l_k(P_3 P_2) \oplus r_k(P_2) \oplus l_k \oplus R_{0,k} \oplus L_{0,k}(P_0) \tag{6.48}
$$

将由式 (6.48) 计算所得的 $L_{0,k}(P_0)$ 代入式 (6.46)，可得

$$
V_{5,k}(P_3 P_2 P_1) \oplus V_{4,k}(P_2 P_1) \oplus V_{5,k}(P_1) \oplus V_{3,k}(P_1) \oplus V_{5,k}(P_3) \oplus V_{4,k} \oplus V_{2,k} \oplus V_{0,k}
$$

$$
= l_k(P_3 P_2 P_1) \oplus r_k(P_2 P_1) \oplus l_k(P_1) \oplus l_k(P_3) \oplus r_k \oplus L_{0,k} \tag{6.49}
$$

**3. 解密其他使用相同密钥加密的密文图像**

因为式 (6.48) 和式 (6.49) 对任意一对明密文图像都成立，所以可得

$$
\begin{cases}
L_{0,k}^{\dagger} = l_k^{\dagger}(P_3 P_2 P_1) \oplus l_k^{\dagger}(P_1) \oplus l_k^{\dagger}(P_3) \oplus r_k^{\dagger}(P_2 P_1) \oplus r_k^{\dagger} \oplus M_{4,k} \\
R_{0,k}^{\dagger} = l_k^{\dagger}(P_3 P_2) \oplus l_k^{\dagger} \oplus r_k^{\dagger}(P_2) \oplus L_{0,k}^{\dagger}(P_0) \oplus N_{4,k}
\end{cases}
$$

其中

$$
\begin{cases}
M_{4,k} = l_k(P_3 P_2 P_1) \oplus r_k(P_2 P_1) \oplus l_k(P_1) \oplus l_k(P_3) \oplus r_k \oplus L_{0,k} \\
N_{4,k} = l_k(P_3 P_2) \oplus r_k(P_2) \oplus l_k \oplus R_{0,k} \oplus L_{0,k}(P_0)
\end{cases}
$$

上式意味着 $\{M_{4,k}\}_{k=1}^{n}$、$\{N_{4,k}\}_{k=1}^{n}$ 和 $\{P_l\}_{l=0}^{3}$ 可以一起用作等价密钥，来恢复 $l^{\dagger}$ 和 $r^{\dagger}$ 的 $n$ 个最低位平面，也就是 $\{L_{0,k}^{\dagger}\}_{k=1}^{n}$ 和 $\{R_{0,k}^{\dagger}\}_{k=1}^{n}$。

为验证上述分析结果，当密钥 $K_0 = 1234567/(2^{32}-1)$、$T = 4$、$A \in \{64, 128\}$ 时，进行 4 轮 IEAS 展开差分攻击实验。首先，通过修改图 6.10(a) 中的图像得到两幅特殊的已知图像，使得它们之间的差分图像满足条件 (6.44)。由于这两幅构造的明文图像之间的相似性，只列出其中一幅，如图 6.13(a) 所示。类似地，通过修改图 6.10(a) 中的图像得到另外两幅特殊的已知图像。明文图像 "Airplane" 的加密结果如图 6.13(b) 所示。使用五幅选择明文图像，可得到密钥的一些信息并将其用于解密如图 6.13(b) 所示的密文图像，其结果如图 6.13(c) 所示。当参数 $A$ 变为 128 时，与明文图像 "Airplane" 对应的恢复结果如图 6.13(d) 所示。实验结果再次表明，该攻击方法的有效性主要由性质 6.2 中的整数 $n$ 决定。

(a) 选择明文图像　　　　　　　　(b) "Airplane" 的密文图像

(c) $A = 64$ 时恢复的明文图像　　　(d) $A = 128$ 时恢复的明文图像

图 6.13　针对 $T = 4$ 轮 IEAS 的差分攻击

### 6.4.6　IEAS 的其他安全缺陷

为使针对 IEAS 的密码分析更加完整，本节分析它的一些其他安全缺陷。

(1) IEAS 的密钥空间不够大。

文献 [196] 中提到，因为伪随机序列 $\{K_l\}_{l=0}^{T+1}$ 由 $32^{(T+2)}$ 个比特迭代生成，所以 IEAS 的密钥空间大小为 $2^{32(T+2)}$。然而，该论点是不正确的。序列 $\{K_l\}_{l=0}^{T+1}$ 是由 Logistic 映射从初始条件 $K_0$ 开始不断迭代生成的。该序列只有 $n_0$ 个未知比特，其中 $n_0$ 是计算精度。实际上，置换矩阵 $[P_l]_{l=0}^{T-1}$ 和掩模矩阵 $[V_l]_{l=0}^{T+1}$ 可组成 IEAS 的一个等价密钥，而 $[P_l]_{l=0}^{T-1}$ 仅有 $4^T$ 种可能情况。因为 $[P_l]_{l=0}^{T-1}$ 的生成也是由 $\{K_l\}_{l=0}^{T+1}$ 来控制的，所以可得到结论：IEAS 的有效密钥空间仅为 $2^{n_0}T$。此外，IEAS 与轮数 $T$ 的值呈线性关系，可通过时间攻击获取 $T$ 值，故应将其排除在有效子密钥之外。在文献 [196] 中，$n_0 = 32$，故 IEAS 的密钥空间小于 $2^{32}$。即使使用 64 位计算精度，密钥空间也仅为 $2^{64}$，这远小于安全加密算法的预期值 $2^{128}$。

(2) 当轮数大于 4 时针对 IEAS 的差分攻击。

当加密轮数大于 4 时,IEAS 的等价密钥依然可由 6.4.5 节讨论的方法获得。注意,在攻击位置置换部分从各轮置换乘积中识别出 $C_0, C_1, \cdots, C_{T-1}$ 的时间复杂度为 $T!$,这使得当 $T$ 足够大时,整个差分攻击变得不可行。显然,其他两个部分的攻击的复杂度都与加密图像的尺寸呈线性关系。参考 6.2.2 节可知,IEAS 的加密函数由三个作用在 $N \times N$ 的矩阵上的基本加密函数构成,这意味着 IEAS 的加密复杂度为 $O(N^2)$。因此,前面差分攻击的复杂度为 $O(N^2 \cdot T!)$。即使 IEAS 的密钥空间达到 $2^{32}$,针对 IEAS 的穷举攻击的复杂度也为 $O(N^2 \cdot 2^{32})$。当 $(N^2 \cdot T!) \geqslant (N^2 \cdot 2^{32})$,即 $T \geqslant 13$ 时,所提出的差分攻击方法可视为无效。

(3) 针对明文图像的变化敏感度不够。

众所周知,在密码学中密文关于明文变化的敏感度对安全加密算法来说是十分重要的性质。这个性质对于图像加密算法显得尤为重要,因为明文及其水印版本常常同时被加密存储或传输。文献 [196] 中提到,IEAS 具有该性质。然而,基于以下理由,可以肯定 IEAS 远不能满足这个要求。

① 加密算法中仅在扩展 PRBS 时用到了非线性运算。明文图像的具体加密过程中并没有涉及像 S 盒这样的非线性运算。

② 整个算法中没有一个运算能向更低位平面方向产生进位,这导致明文图像中一个比特的变化只能影响对应密文图像中更高位平面中的比特。

③ 如果 $2^n$ $(1 \leqslant n \leqslant 7)$ 能整除式 (6.11) 中的变量 $A$,则明文图像的第 $k$ 个比特平面中比特的变化只能影响密文图像的相同比特平面中的比特,其中 $k \in \{1, 2, \cdots, n\}$。

(4) 当式 (6.11) 中变量 $A$ 为奇数时,IEAS 对于差分攻击存在潜在脆弱性。

6.4.2 $\sim$ 6.4.5 节中的密码分析基于性质 6.2 中的需要,即 $2^n$ $(1 \leqslant n \leqslant 7)$ 可整除式 (6.11) 中变量 $A$。文献 [196] 提到,参数 $A$ 可为除 99 以外的任意整数。这里简短地讨论当式 (6.11) 中变量 $A$ 为奇数时,IEAS 对于差分攻击的潜在脆弱性。在这个条件下,对于最低位平面,性质 6.2 中式 (6.23) 与性质 6.3 中式 (6.24) 的第二个等式分别变为

$$L_{l,0}(i,j) = R_{l-1,0}(i,j) \oplus \widetilde{R}_{l,0}(i,j) \oplus \widehat{R}_{l,0}(i,j)$$

和

$$L'_{l,0} = R'_{l-1,0} \oplus R'_{l,0}(P_{l-1}) \oplus \widehat{R}'_{l,0}$$

其中,$\widehat{R}'_{l,0}$ 是 $\widehat{R}_{l,0}$ 两个版本之间的差分;对 $k = 1, 2, \cdots, N^2 - 1$,有 $\widehat{R}_{l,0}(0,0) = 0$,$\widehat{R}_{l,0}(i,j) = \widetilde{R}_{l,0}(i',j')$,$i = \lfloor k/N \rfloor$,$j = \mathrm{mod}(k, N)$,$i' = \lfloor k - 1/N \rfloor$,$j' = \mathrm{mod}(k-1, N)$。

　　注意上述两个等式成立是因为在最低位平面上模和运算等价于按位异或运算。可根据前面讨论的类似方法来解密密文图像中的最低位平面。

## 6.5　针对 FCIE 的密码分析

　　为便于分析 Fridrich[29] 设计的 FCIE 的安全性能，先使用矩阵论方法对文献 [39] 中关于 FCIE 的性质进行重新表述。然后，补充一些关键细节使得描述完整，特别是性质 6.6 中的条件。

### 6.5.1　FCIE 的一些性质

　　**性质 6.4**　明文 $I$ 的第 $i$ 个像素与密文图像 $I'$ 的第 $j$ 个像素之间存在影响路径（即前者的值可以被后者改变）当且仅当

$$(\widehat{T})^r(i,j) > 0$$

其中，$\widehat{T} = P \cdot T$，这里

$$P(i,j) = \begin{cases} 1, & j = w(i) \\ 0, & \text{其他} \end{cases}$$

和

$$T = \begin{bmatrix} 1 & & & & & \\ 1 & 1 & & & & 0 \\ & 1 & 1 & & & \\ & & 1 & \ddots & \ddots & \\ 0 & & & \ddots & & \\ & & & & 1 & 1 \end{bmatrix}_{MN \times MN}$$

　　**证明**　首先，考虑当 $r = 1$ 时的情况。观察式 (6.16) 可知，中间图像 $I^*$ 与密文图像 $I'$ 之间的关系可由矩阵 $T$ 表示：$I^*$ 中第 $i$ 个像素的值可被 $I'$ 中第 $j$ 个像素影响当且仅当 $T(i,j) > 0$，其中

$$T(i,j) = \begin{cases} 1, & 0 \leqslant i - j \leqslant 1 \\ 0, & \text{其他} \end{cases} \tag{6.50}$$

　　式 (6.14) 中的置换运算可表示成被置换向量与基本矩阵的乘积：

$$I^* = I \cdot P \tag{6.51}$$

因此，可以肯定 $I$ 中第 $i$ 个像素的值可被 $I'$ 中第 $j$ 个像素影响当且仅当 $\widehat{T}(i,j) > 0$。注意，这个"影响"可被式 (6.18) 中的取模运算取消。如果 $r > 1$，可得 $I$ 中第 $i$ 个像素的值可被 $I'$ 中第 $j$ 个像素影响当且仅当

$$(\widehat{T})^r(i,j) > 0$$

**性质 6.5** 如果 $w(x) + 1 = w(y)$，$w(y) + 1 = w(z)$，则矩阵 $(\widehat{T})^r$ 的两个元素位置集合的差是另一个类似集合的子集：

$$\{j \,|\, (\widehat{T})^r(y,j) > 0\} \backslash \{j \,|\, (\widehat{T})^r(x,j) > 0\} \subset \{j \,|\, (\widehat{T})^r(z,j) > 0\} \qquad (6.52)$$

其中，$x, y, z \in \mathbb{Z}_{MN}$。

**证明** 由矩阵乘法和矩阵 (6.50) 的定义，可得

$$
\begin{aligned}
(\widehat{T})^r(x,j) &= \sum_{k=1}^{MN} \widehat{T}(x,k) \cdot (\widehat{T})^{r-1}(k,j) \\
&= \sum_{k=1}^{MN} \sum_{l=1}^{MN} P(x,l) \cdot T(l,k) \cdot (\widehat{T})^{r-1}(k,j) \\
&= \sum_{k=1}^{MN} P(x,w(x)) \cdot T(w(x),k) \cdot (\widehat{T})^{r-1}(k,j) \\
&= \sum_{k=1}^{MN} T(w(x),k) \cdot (\widehat{T})^{r-1}(k,j) \qquad (6.53)
\end{aligned}
$$

当 $k \notin \{w(x) - 1, w(x)\}$ 时，有 $T(w(x),k) = 0$。因此，当 $r > 1$ 时，可得如下两点。

(1) 当 $w(x) \neq 0$ 时，有 $(\widehat{T})^r(x,j) > 0$ 当且仅当 $(\widehat{T})^{r-1}(w(x),j) > 0$ 或者 $(\widehat{T})^{r-1}(w(x) - 1,j) > 0$。

(2) 当 $w(x) = 0$ 时，有 $(\widehat{T})^r(x,j) > 0$ 当且仅当 $(\widehat{T})^{r-1}(w(x),j) > 0$。

这意味着

$$
\{j \,|\, (\widehat{T})^r(x,j) > 0\}
= \begin{cases}
\{j \,|\, (\widehat{T})^{r-1}(w(x),j) > 0\}, & w(x) = 0 \\
\{j \,|\, (\widehat{T})^{r-1}(w(x),j) > 0\} \cup \{j \,|\, (\widehat{T})^{r-1}(w(x)-1,j) > 0\}, & \text{其他}
\end{cases}
\tag{6.54}
$$

因为 $w(y) \neq 0$，$w(z) \neq 0$，所以可以类似地推得如下两组等式：

$$\{j \,|\, (\widehat{T})^r(y,j) > 0\} = \{j \,|\, (\widehat{T})^{r-1}(w(y),j) > 0\} \cup \{j \,|\, (\widehat{T})^{r-1}(w(y)-1,j) > 0\}$$

$$= \{j \,|\, (\widehat{T})^{r-1}(w(y),j) > 0\} \cup \{j \,|\, (\widehat{T})^{r-1}(w(x),j) > 0\}$$

$$(6.55)$$

和

$$
\begin{aligned}
&\{j \,|\, (\widehat{T})^r(z,j) > 0\} \\
&= \{j \,|\, (\widehat{T})^{r-1}(w(z),j) > 0\} \cup \{j \,|\, (\widehat{T})^{r-1}(w(z)-1,j) > 0\} \\
&= \{j \,|\, (\widehat{T})^{r-1}(w(z),j) > 0\} \cup \{j \,|\, (\widehat{T})^{r-1}(w(y),j) > 0\}
\end{aligned}
\qquad (6.56)
$$

利用集合的绝对补集与相对补集之间的关系性质，可得式 (6.55) 和式 (6.54) 左边部分的差异满足

$$
\begin{aligned}
&\{j \,|\, (\widehat{T})^r(y,j) > 0\} \backslash \{j \,|\, (\widehat{T})^r(x,j) > 0\} \\
&= \begin{cases}
\{j \,|\, (\widehat{T})^{r-1}(w(y),j) > 0\} \,\cap\, \{j \,|\, (\widehat{T})^r(x,j) = 0\}, & w(x) = 0 \\
\{j \,|\, (\widehat{T})^{r-1}(w(y),j) > 0\} \,\cap\, \{j \,|\, (\widehat{T})^{r-1}(w(x),j) = 0\} \\
\qquad \cap \{j \,|\, (\widehat{T})^{r-1}(w(x)-1,j) = 0\}, & \text{其他}
\end{cases}
\end{aligned}
$$

对于上式中的每一种情况，通过观察式 (6.56) 的右边部分，均可得

$$\{j \,|\, (\widehat{T})^r(y,j) > 0\} \backslash \{j \,|\, (\widehat{T})^r(x,j) > 0\} \subset \{j \,|\, (\widehat{T})^r(z,j) > 0\}$$

**推论 6.1**　如果 $w(x) = 0$，$w(y) = 1$，则有

$$\{j \,|\, (\widehat{T})^r(x,j) > 0\} \subset \{j \,|\, (\widehat{T})^r(y,j) > 0\} \qquad (6.57)$$

**证明**　这个推论可通过比较式 (6.54) 和式 (6.55) 来证明。

**性质 6.6**　如果 $w(0) \neq 1$，对于任意满足 $|x_1 - x_2| \in \{1, 2, \cdots, 2^{r-1}-1\}$ 的 $x_1$、$x_2$ 都有 $|w(x_1) - w(x_2)| \neq 1$，则有

$$w(x) = 0$$

其中，$(\widehat{T})^r$ 的第 $x$ 行是它包含最少非零元素的行向量，即

$$\left| \{j \,|\, (\widehat{T})^r(x,j) > 0\} \right| = \min \left\{ |\{j \,|\, (\widehat{T})^r(i,j) > 0\}| \right\}_{i=0}^{MN-1}, \quad r \geqslant 2 \qquad (6.58)$$

**证明**　如图 6.14 所示，减少对某个明文像素能起影响作用的密文像素的数量有且只有三个基本模式。如果 $|w(x_1) - w(x_2)| \neq 1$ 对于任意满足 $|x_1 - x_2| \in \{1, 2, \cdots, 2^{r-1}-1\}$ 的 $x_1$、$x_2$ 都成立，则图 6.14 中前两个模式可以移除；而且，

如果 $w(0) \neq 1$，则第三个模式也可以去掉。图 6.15 给出了一个具体的反例。在这个性质的给定条件下，任意一对明密文像素之间只存在一个影响路径。因此，$(\widehat{T})^r$ 的第 $x$ 行有 $2^{r-1}$ 个非零元素，而其他行都有 $2^r$ 个非零元素。最后，通过检查条件 (6.58) 可以正确恢复 $w(x) = 0$。

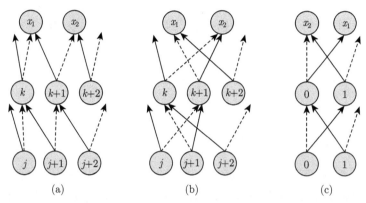

图 6.14　减少某个明文像素被影响路径数量的三个基本模式 (实箭头表示由 $I'(w(i))$ 引发的影响，虚线箭头表示由 $I'(w(i)-1)$ 造成的影响，圆圈中的数字代表像素的序号（下同）)

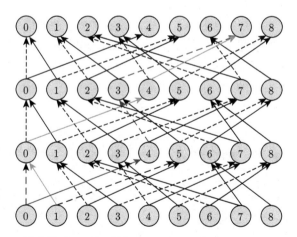

图 6.15　关于性质 6.6 的反例（$W = [1,3,7,5,0,2,8,4,6]$，$r=3$）

### 6.5.2　Solak 等设计的选择密文攻击方法

为了方便后面的讨论，精简地描述 Solak 等 [39] 设计的针对 FCIE 的选择密文攻击方法，以下简称为 Solak 攻击方法。令 $\widehat{W}^{-1} = [\widehat{w}^{-1}(i)]_{i=0}^{MN-1}$ 代表 $W^{-1}$ 的估计版本，在恢复密文与相应明文之间影响矩阵的近似版本后，Solak 攻击方法使用如下步骤对尺寸为 $MN!$（$MN$ 的阶乘）的搜索空间进行剪枝 (prune)。

**步骤 1**　令 $\hat{w}^{-1}(0) = x_0$，其中 $x_0$ 是满足条件 (6.58) 本身的行号。

**步骤 2**　令 $\hat{w}^{-1}(1) = x_1$，其中 $x_1 \in A\backslash B$，$B = \{x_0\}$，$A$ 是当 $x = x_0$ 时关系式 (6.57) 的右边集合。

**步骤 3**　对 $i = 2, 3, \cdots, MN - 1$，令 $\hat{w}^{-1}(i) = x_i$，其中 $x_i \in A\backslash B$，$A$ 是关系式 (6.52) 在 $x = i-1$，$y = i$ 时右边的集合，$B = \{x_j\}_{j=0}^{i-1}$。如果 $A$ 是空集，则可以肯定 $\hat{w}^{-1}(i-1)$ 的当前值是错误的，使用另一个候选值继续进行搜索。

**步骤 4**　迭代地重复上述步骤直到变量 $i$ 达到最大值 $MN - 1$。

注意，第 $x_0$ 个像素值的影响路径数量可达到 $2^r - \sum\limits_{j=0}^{s} 2^{r-r_j}$，其中 $w^{r_j}(x_0) = 0$，$r_j \in \{1, 2, \cdots, r\}$。

### 6.5.3　Solak 攻击方法的真实性能

观察式 (6.18) 可知，如果 $w(i_0) = 0$，则在每轮加密中第 $i_0$ 个明文像素只能被一个密文像素影响。经过 $r$ 轮加密累积后，影响第 $i_0$ 个明文像素的密文像素数量以很高概率小于影响其他明文像素的密文像素数量。这个差值的存在是步骤 1 的基础。前者的范围是 $[1, 2^{r-1}]$。与之对比，后者的取值范围是 $[r+1, 2^r]$。当存在 $x$ 和 $t = r$ 对 $i = 0, 1, \cdots, t-1$ 满足 $|w(x+i+1) - w(x+i)| = 1$ 时，该取值范围的下界可及。参考命题 6.2 可知，满足这个条件的概率在 $r > 1$ 且 $MN$ 比较大时非常小。观察图 6.16 的右边部分可知，影响第 $x$ 个明文像素的密文像素的数量随 $t$ 从 $0$ 增至 $r$ 而从 $r+1$ 单调递增至 $2^r$。性质 6.6 只提供了一个极端样例，以确保步骤 1 中的估计肯定是正确的。有趣的是，性质 6.6 中的条件与文献 [202] 中讨论的随机置换（重组）后依然是邻居的问题非常相似。

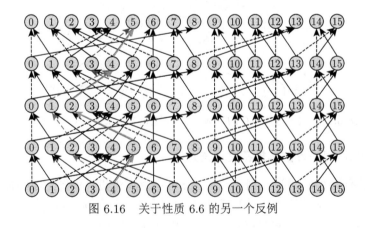

图 6.16　关于性质 6.6 的另一个反例

**命题 6.2**　*假设 $W$ 中的元素服从均匀分布，对 $i = 0, 1, \cdots, t-1$ 存在 $x$ 满*

足 $1 + w(x+i) = w(x+i+1)$ 的概率 $p(t) = \dfrac{(MN-t)^2}{\prod\limits_{i=0}^{t}(MN-i)}$，其中 $t \geqslant 1$。

**证明**  将所有满足命题中条件的可能情况数量除以 $W$ 的排列组合数，即可算得该概率为

$$p(t) = \frac{(MN-t)(MN-t)\overbrace{1\cdots1}^{t}(MN-t-1)!}{MN!}$$
$$= \frac{(MN-t)^2}{\prod_{i=0}^{t}(MN-i)}$$

现在，给出一个反例以显示 Solak 攻击方法的缺陷。当 $W = [1,3,5,7,2,4,6,8,0,10,11,12,13,9,15,14]$ 且 $r = 4$ 时，密文像素与相应明文像素之间的影响关系如图 6.16 所示。它的二值矩阵形式如图 6.17 所示，其中第 9 行有最少非零元素。根据 Solak 攻击方法，可得 $w(9) = 0$，这与真实值矛盾。因为初始步骤中的错误会在随后的步骤中级联，该攻击方法对于给定密钥完全失效。

$$\begin{bmatrix}
1&1&1&1&1&1&1&1&1&0&0&0&0&0&0&0\\
1&1&1&1&1&1&1&1&1&0&0&0&0&0&0&0\\
0&1&1&1&1&1&1&1&1&0&0&0&0&0&0&0\\
1&1&1&1&1&1&1&1&1&0&0&0&0&0&0&0\\
0&1&1&1&1&1&1&1&1&0&0&0&0&0&0&0\\
1&1&1&1&1&1&1&1&1&0&0&0&0&0&0&0\\
0&1&1&1&1&1&1&1&1&0&0&0&0&0&0&0\\
1&1&1&1&0&0&0&1&1&0&0&0&0&0&0&0\\
1&1&1&1&1&1&1&0&0&0&0&0&0&0&0&0\\
0&0&0&0&0&0&0&0&0&1&1&1&1&1&0&0\\
0&0&0&0&0&0&0&0&0&1&1&1&1&1&0&0\\
1&0&0&0&0&0&0&0&0&1&1&1&1&1&0&0\\
1&1&0&0&0&0&0&0&0&1&1&1&1&1&0&0\\
1&1&1&1&0&0&0&0&0&1&1&1&1&0&0&0\\
1&0&0&0&0&0&0&0&0&1&1&1&0&0&1&1\\
1&1&0&0&0&0&0&0&0&1&1&1&1&0&1&1
\end{bmatrix}$$

图 6.17  当 $W = [1,3,5,7,2,4,6,8,0,10,11,12,13,9,15,14]$ 且 $r=4$ 时获得的影响矩阵

如文献 [39] 所示，当置换向量 $W = [9,8,6,12,1,11,14,15,7,3,10,2,16,5,4,13]$ 且 $r = 3$ 时，该置换向量可被 Solak 攻击方法唯一确定。然而，当该密钥轻度地修改成 $W = [8,7,5,11,12,10,13,14,6,2,9,1,15,0,3,4]$ 时，Solak 攻击方法将输出 8 个可能值，如图 6.18 所示，其中下划线标出的是由密钥生成的置换向量。

为了进一步验证 Solak 攻击方法输出置换关系的性能，对尺寸为 1 像素 × 32 像素的明文在 1000 组随机配置的 $W$ 和三种加密轮数下进行实验。攻击所得结果

可分成五类：① 包含正确的密钥；② 唯一结果是正确密钥；③ 正确和错误的密钥都存在；④ 没有得到任何结果；⑤ 所有结果都是错误的。令 $n_1$、$n_2$、$n_3$、$n_4$ 和 $n_5$ 分别表示这 1000 次随机实验中这五种情况的发生次数。统计结果如表 6.3 所示。这表明攻击结果随 $2^r$ 逼近于 $W$ 的基数 $|W|$，所得结果的正确率就越低，这与性质 6.6 的证明分析过程吻合。

$$[8,7,4,11,12,10,13,14,5,2,9,1,15,0,3,6]$$
$$[8,7,5,11,12,10,13,14,4,2,9,1,15,0,3,6]$$
$$\underline{[8,7,5,11,12,10,13,14,6,2,9,1,15,0,3,5]}$$
$$[8,7,6,11,12,10,13,14,5,2,9,1,15,0,3,4]$$
$$[9,10,12,6,5,7,4,3,11,15,8,1,2,0,14,13]$$
$$[9,10,11,6,5,7,4,3,12,15,8,1,2,0,14,13]$$
$$[9,10,13,6,5,7,4,3,12,15,8,1,2,0,14,11]$$
$$[9,10,12,6,5,7,4,3,13,15,8,1,2,0,14,11]$$

图 6.18　当 $W = [8,7,5,11,12,10,13,14,6,2,9,1,15,0,3,4]$ 时 Solak 攻击方法的输出结果

表 6.3　在 1000 个随机密钥中五种可能情况的发生数量

| $r$ | 2 | 3 | 4 |
| --- | --- | --- | --- |
| $n_1$ | 1000 | 957 | 814 |
| $n_2$ | 964 | 867 | 571 |
| $n_3$ | 36 | 90 | 243 |
| $n_4$ | 0 | 43 | 180 |
| $n_5$ | 0 | 0 | 6 |

### 6.5.4　将 Solak 攻击方法扩展到其他类似混沌加密算法

Solak 等 [39] 认为 Solak 攻击方法可以容易且有效地应用到针对文献 [15] 和 [132] 中加密算法的攻击上。但真实情况远非这么简单。

在文献 [15] 和 [132] 中，值替换函数 (6.15) 可改成

$$I'(i) = h(i) \oplus (I^*(i) \boxplus h(i)) \oplus I'(i-1)$$

相应地，式 (6.16) 变为

$$I^*(i) = (h(i) \oplus I'(i) \oplus I'(i-1)) \boxminus h(i) \qquad (6.59)$$

结合式 (6.14) 和式 (6.59)，可得

$$I(i) = (h(w(i)) \oplus I'(w(i)) \oplus I'(w(i)-1)) \boxminus h(w(i)) \qquad (6.60)$$

当 $W = [1,3,5,7,2,4,6,8,0,10,11,12,13,9,15,14]$ 且 $r = 4$ 时，密文像素与任意明文像素之间影响路径的数量如图 6.19 所示。因为式 (6.59) 中的异或运

算的特殊可逆性, 如果存在多条影响路径, 则密文像素对可受影响的明文像素的作用可能被取消, 所以一些影响路径无法被获取。注意, 即使影响矩阵中只有一个元素发生错误, 也可能导致基于集合比较的攻击步骤失败; 而且因为级联失效, 随后的攻击步骤出现错误或者无法进行。关于模和运算和异或运算的组合函数更多的讨论可参考文献 [183] 和第 5 章。

图 6.20 展示了每个密文像素都改变固定值 1 时得到的影响矩阵。由图可见, 有六条影响路径没有被找到, 因为影响矩阵的准确度是 Solak 攻击方法能正确执行的前提条件, 攻击者不得不对密文像素使用其他值修改(也就是给定更多的密文图像)来提高所得影响矩阵中元素的正确率。

$$
\begin{bmatrix}
1 & 2 & 2 & 2 & 2 & 2 & 2 & 2 & 1 & 0 & 0 & 0 & 0 & 0 & 0 & 0 \\
1 & 1 & 2 & 2 & 2 & 2 & 2 & 2 & 1 & 0 & 0 & 0 & 0 & 0 & 0 & 0 \\
0 & 1 & 2 & 2 & 3 & 3 & 2 & 2 & 1 & 0 & 0 & 0 & 0 & 0 & 0 & 0 \\
2 & 2 & 1 & 1 & 1 & 1 & 2 & 2 & 1 & 0 & 0 & 0 & 0 & 0 & 0 & 0 \\
0 & 2 & 3 & 2 & 2 & 2 & 2 & 2 & 1 & 0 & 0 & 0 & 0 & 0 & 0 & 0 \\
1 & 1 & 1 & 2 & 3 & 2 & 2 & 2 & 1 & 0 & 0 & 0 & 0 & 0 & 0 & 0 \\
0 & 1 & 2 & 2 & 2 & 3 & 3 & 2 & 1 & 0 & 0 & 0 & 0 & 0 & 0 & 0 \\
3 & 2 & 1 & 1 & 0 & 0 & 0 & 1 & 1 & 0 & 0 & 0 & 0 & 0 & 0 & 0 \\
1 & 1 & 1 & 1 & 1 & 1 & 1 & 1 & 0 & 0 & 0 & 0 & 0 & 0 & 0 & 0 \\
0 & 0 & 0 & 0 & 0 & 0 & 0 & 0 & 0 & 1 & 4 & 6 & 4 & 1 & 0 & 0 \\
0 & 0 & 0 & 0 & 0 & 0 & 0 & 0 & 1 & 1 & 1 & 4 & 6 & 3 & 0 & 0 \\
1 & 0 & 0 & 0 & 0 & 0 & 0 & 0 & 2 & 3 & 1 & 1 & 4 & 3 & 0 & 0 \\
2 & 1 & 0 & 0 & 0 & 0 & 0 & 0 & 1 & 3 & 3 & 1 & 1 & 1 & 0 & 0 \\
1 & 1 & 1 & 1 & 0 & 0 & 0 & 0 & 1 & 3 & 3 & 1 & 0 & 0 & 0 & 0 \\
1 & 0 & 0 & 0 & 0 & 0 & 0 & 0 & 1 & 2 & 1 & 0 & 0 & 2 & 5 & 3 \\
1 & 1 & 0 & 0 & 0 & 0 & 0 & 0 & 1 & 2 & 2 & 1 & 0 & 1 & 3 & 2
\end{bmatrix}
$$

图 6.19 当 $W = [1, 3, 5, 7, 2, 4, 6, 8, 0, 10, 11, 12, 13, 9, 15, 14]$ 且 $r = 4$ 时第 $i$ 个密文像素与第 $j$ 个明文像素之间不同影响路径的数量

$$
\begin{bmatrix}
1 & 1 & 1 & 1 & 1 & 1 & 1 & 1 & 1 & 0 & 0 & 0 & 0 & 0 & 0 & 0 \\
1 & 1 & 1 & 1 & 1 & 1 & 1 & 1 & 1 & 0 & 0 & 0 & 0 & 0 & 0 & 0 \\
0 & 1 & 1 & 1 & 1 & 1 & 1 & 1 & 1 & 0 & 0 & 0 & 0 & 0 & 0 & 0 \\
1 & 1 & 1 & 1 & 1 & 1 & 1 & 1 & 1 & 0 & 0 & 0 & 0 & 0 & 0 & 0 \\
0 & 1 & 1 & 1 & 1 & 1 & 1 & 1 & 1 & 0 & 0 & 0 & 0 & 0 & 0 & 0 \\
1 & 1 & 1 & 1 & 1 & 1 & 1 & 1 & 1 & 0 & 0 & 0 & 0 & 0 & 0 & 0 \\
0 & 1 & 1 & 1 & 1 & 1 & 1 & 1 & 1 & 0 & 0 & 0 & 0 & 0 & 0 & 0 \\
1 & 1 & 1 & 1 & 0 & 0 & 0 & 1 & 1 & 0 & 0 & 0 & 0 & 0 & 0 & 0 \\
1 & 1 & 1 & 1 & 1 & 1 & 1 & 1 & 0 & 0 & 0 & 0 & 0 & 0 & 0 & 0 \\
0 & 0 & 0 & 0 & 0 & 0 & 0 & 0 & 1 & 1 & 1 & 1 & 1 & 0 & 0 & 0 \\
0 & 0 & 0 & 0 & 0 & 0 & 0 & 0 & 1 & 1 & 1 & 1 & 1 & 0 & 0 & 0 \\
1 & 0 & 0 & 0 & 0 & 0 & 0 & 0 & 1 & 1 & 1 & 1 & 1 & 0 & 0 & 0 \\
1 & 1 & 0 & 0 & 0 & 0 & 0 & 0 & 1 & 1 & 1 & 1 & 1 & 0 & 0 & 0 \\
1 & 1 & 1 & 1 & 0 & 0 & 0 & 0 & 1 & 1 & 1 & 1 & 0 & 0 & 0 & 0 \\
1 & 0 & 0 & 0 & 0 & 0 & 0 & 0 & 1 & 0 & 1 & 0 & 0 & 0 & 1 & 1 \\
1 & 1 & 0 & 0 & 0 & 0 & 0 & 0 & 1 & 0 & 0 & 1 & 0 & 1 & 1 & 0
\end{bmatrix}
$$

图 6.20 当 $W = [1, 3, 5, 7, 2, 4, 6, 8, 0, 10, 11, 12, 13, 9, 15, 14]$ 且 $r = 4$ 时攻击获得的影响矩阵

## 6.6　本 章 小 结

本章详细分析了三种基于置换、异或与模和运算的混沌加密算法 (CESCM、IEAS、FCIE) 的安全性能。对于 CESCM，使用特殊的明文取消置换运算，将等价密钥的求解问题变成第 5 章讨论的模和异或方程的求解。IEAS 虽然使用了 Feistel 网络结构，但是针对明文的加密运算并没有非线性运算。在选择明文攻击的场景下，低于 5 轮的 IEAS 的等价密钥可以显式地解析出来。FCIE 将置换和值替换交替重复多轮，其结构非常复杂。在选择密文攻击的场景下，通过获取单个密文像素对明文像素的影响关系来获取置换关系。本质上，针对 FCIE 的攻击是在所有可能置换关系（置换域大小的阶乘）中穷举搜索，利用复杂的约束关系迭代地进行剪枝。由于算法结构的复杂性，FCIE 和 IEAS 的安全性能相对于之前讨论的混沌加密算法大为加强，但存在的安全缺陷与它们类似，如所用伪随机序列的弱随机性、大量的无用计算没有为加密算法抵抗攻击的能力作贡献等。

# 第 7 章　针对 Pareek 等设计的四种混沌加密算法的密码分析

## 7.1　引　　言

2003 ～ 2016 年，印度学者 Pareek 等设计了一系列基于一维或多维混沌映射的混沌加密算法[33,203-208]。其中，文献 [33] 被混沌密码和图像安全领域的论文广为引用。大部分混沌加密算法将混沌映射的初始值和控制参数直接作为密钥[14]，而由 Pareek 等设计的这些加密算法中，混沌系统的初始值或控制参数由外部密钥间接生成。文献 [203] 和 [204] 中的加密算法已被西班牙学者 Alvarez 等证明安全性能很低[209]。根据混沌加密算法的复杂程度，本章依次对文献 [33]、[204]、[205] 和 [206] 中的混沌加密算法进行密码分析。

文献 [205] 设计了基于 Logistic 映射和 Standard 映射的加密算法（encryption scheme based on the logistic and standard map，ESLM），其中 Logistic 映射和 Standard 映射用来生成伪随机数序列控制两个方向上的异或运算（没有别的运算）。因为异或运算的可逆性不受密钥控制，文献 [210] 指出只需要一幅已知/选择明文图像和对应的密文图像便可获得 ESLM 的等价密钥。随后，Pareek 等[206]提出了 ESLM 的改进版本 IESLM。本章将重新分析 ESLM 和其改进版本 IESLM 的安全性能，并指出如下安全问题：① IESLM 的等价密钥仍可在 ESLM 相同的攻击条件下获得；② 利用 Logistic 映射在计算机中迭代所得序列的动力学特性，通过一种高效的穷举搜索可以缩小所有子密钥的范围[211]；③ ESLM 和 IESLM 都存在一些其他的安全缺陷：使用的伪随机序列随机性能不理想，明文敏感性不强[189]。

文献 [204] 提出了使用多个一维混沌映射的加密算法（encryption scheme using multiple 1-D chaotic map，ESMCM），加密过程中只使用了模和运算。重庆大学廖晓峰教授团队针对 ESMCM 提出了一种有效的已知明文攻击方法，并采用异或运算建立加密过程与密钥的直接关联性，以增强该算法抵抗已知明文攻击的能力[212]。

本章重新评估 ESMCM 和文献 [212] 中提出的改进算法的安全性能，并讨论文献 [212] 中未提及的关于 ESMCM 的三个安全问题：① 存在大量弱密钥不能对明文进行加密；② 一些重要的中间数据不具备足够的随机性；③ 从一个已知明文中的 120 个相邻明文字节和相应的密文字节就可获得密钥。此外，文献 [212] 中提出的改进算法仍存在相同问题，并没有从本质上提高原算法的安全水平[213]。

文献 [33] 提出了使用混沌 Logistic 映射的图像加密算法（image encryption using chaotic logistic map, IECLM）。与第 5 章讨论的加密算法类似，使用 Logistic 映射生成的伪随机序列来控制模和与异或两种运算的组合。通过分析与评估，可以发现 IECLM 存在如下安全问题：① 密钥中存在各种类型的安全问题，如弱密钥、无效密钥和等价密钥，而且每个子密钥至少涉及其中一个问题；② 即使只已知一幅选择明文图像和对应的密文图像，也可以用相对较小的时间复杂度单独搜索子密钥 $K_{10}$；③ 给定 128 幅选择明文图像和对应的密文图像，可以获取 IECLM 的等价密钥，当 $K_{10}$ 的值不太大时，该选择明文攻击特别有效；④ 当 $K_{10}$ 的值相对较小时，从一对明密文图像中获得的密钥信息可以用来揭示其他密文图像中的一些重要视觉信息[79]。

本章余下部分按如下结构组织。7.2 节描述 Pareek 等设计的四种混沌加密算法（ESLM、IESLM、ESMCM 和 IECLM）的加解密过程。7.3 节对基于异或运算的算法 ESLM 和其改进版本 IESLM 进行分析。7.4 节分析基于模和运算的算法 ESMCM。7.5 节给出针对基于异或与模和运算加密算法 IECLM 的完整密码分析。7.6 节对全章内容进行总结。

## 7.2　Pareek 等设计的四种混沌加密算法

### 7.2.1　基于 Logistic 映射和 Standard 映射的加密算法及其改进版本

为方便描述 ESLM 和 IESLM，进行以下约定：明文是尺寸为 $H$ 像素 $\times$ $W$ 像素的 RGB 真彩图像，可表示成 $M \times N$ 的关于像素值三元组的矩阵 $I = [I(i,j)]_{i=0,j=0}^{M-1,N-1} = [(R(i,j), G(i,j), B(i,j))]_{i=0,j=0}^{M-1,N-1}$。类似地，$I$ 对应的密文可用 $I' = [I'(i,j)]_{i=0,j=0}^{M-1,N-1} = [(R'(i,j), G'(i,j), B'(i,j))]_{i=0,j=0}^{M-1,N-1}$ 表示。下面先介绍 ESLM 的工作机制。

(1) 密钥：三个浮点数 $x_0$、$y_0$、$K$ 和一个整数 $L$，其中 $x_0, y_0 \in (0, 2\pi)$，$K > 18$，$100 < L < 1100$。

(2) 初始化：执行下列步骤为加解密准备数据。

首先，生成四个异或密钥：$\text{Xkey}(1) = \lfloor 256x_0/(2\pi) \rfloor$，$\text{Xkey}(2) = \lfloor 256y_0/(2\pi) \rfloor$，$\text{Xkey}(3) = \lfloor K \bmod 256 \rfloor$，$\text{Xkey}(4) = L \bmod 256$。然后，重复使用这四个异或密钥填充一个 $M \times N$ 的矩阵来获得伪图像 $I_{\text{Xkey}} = [(R_{\text{Xkey}}(i,j), G_{\text{Xkey}}(i,j), B_{\text{Xkey}}(i,j))]_{i=0,j=0}^{M-1,N-1}$，其中

$$\begin{cases} R_{\mathrm{Xkey}}(i,j) = \mathrm{Xkey}((3k \bmod 4) + 1) \\ G_{\mathrm{Xkey}}(i,j) = \mathrm{Xkey}(((3k+1) \bmod 4) + 1) \\ B_{\mathrm{Xkey}}(i,j) = \mathrm{Xkey}(((3k+2) \bmod 4) + 1) \end{cases} \tag{7.1}$$

$k = i \cdot N + j$, $a \bmod m = a - m \cdot \lfloor a/m \rfloor$, $\lfloor x \rfloor$ 输出不大于且最靠近参数 $x$ 的整数。

① 从初始条件 $(x_0, y_0)$ 开始迭代 Standard 映射

$$\begin{cases} x = (x + K \sin(y)) \bmod (2\pi) \\ y = (y + x + K \sin(y)) \bmod (2\pi) \end{cases} \tag{7.2}$$

$L$ 次，得到一个新的混沌状态 $(x_0', y_0')$。然后进一步迭代 $MN$ 次得到 $MN$ 个混沌状态 $\{(x_i, y_i)\}_{i=1}^{MN}$。

② 从初始条件 $z_0 = (x_0' + y_0') \bmod 1$ 开始迭代 Logistic 映射

$$z = 4z(1 - z) \tag{7.3}$$

$L$ 次，得到一个新的初始条件 $z_0'$。然后进一步迭代 $MN$ 次得到 $MN$ 个混沌状态 $\{z_i\}_{i=1}^{MN}$。

③ 使用三个混沌密钥流 (chaotic key streams, CKS) $\{x_k\}_{k=1}^{MN}$、$\{y_k\}_{k=1}^{MN}$ 和 $\{z_k\}_{k=1}^{MN}$ 分别填充彩色伪图像

$$I_{\mathrm{CKS}} = [(R_{\mathrm{CKS}}(i,j), G_{\mathrm{CKS}}(i,j), B_{\mathrm{CKS}}(i,j))]_{i=0,j=0}^{H-1,W-1}$$

的三个颜色分量，其中

$$\begin{cases} R_{\mathrm{CKS}}(i,j) = \lfloor 256 x_k/(2\pi) \rfloor \\ G_{\mathrm{CKS}}(i,j) = \lfloor 256 y_k/(2\pi) \rfloor \\ B_{\mathrm{CKS}}(i,j) = \tilde{z}_k = \lfloor 256 z_k \rfloor \end{cases} \tag{7.4}$$

$k = iN + j + 1$。

(3) 加密：由以下四个加密运算级联而成。

① 混淆 I：用 $I_{\mathrm{Xkey}}$ 掩模明文图像 $I$ 获得 $I^\star$，即 $I^\star = I \oplus I_{\mathrm{Xkey}}$。

② 水平扩散（horizontal diffusion, HD）：从左上角像素到右下角像素逐行扫描 $I^\star = [I^\star(i,j)]_{i=0,j=0}^{M-1,N-1}$，并用前一个扫描像素掩模当前像素（除了第一个像素）。将这一步骤的输出表示为 $I^* = [I^*(i,j)]_{i=0,j=0}^{M-1,N-1}$。步骤 HD 可精确地描述如下：令 $I^*(0,0) = I^\star(0,0)$；对 $k = 1, 2, \cdots, MN - 1$，执行

$$I^*(i,j) = I^\star(i,j) \oplus I^*(i',j') \tag{7.5}$$

其中，$i = \lfloor k/N \rfloor$；$j = (k \bmod N)$；$i' = \lfloor (k-1)/N \rfloor$；$j' = (k-1) \bmod N$。

③ 垂直扩散（vertical diffusion, VD）：从右下角到左上角逐列扫描 $I^*$，并用前一个像素掩模当前像素。将这一步的输出结果表示为 $I^{**} = [R^{**}(i,j), G^{**}(i,j), B^{**}(i,j)]_{i=0,j=0}^{M-1,N-1}$。那么，步骤 VD 可精确地描述如下：ⓐ 令 $I^{**}(M-1, N-1) = I^*(M-1, N-1)$；ⓑ 对 $k = MN-2, MN-3, \cdots, 0$，执行

$$I^{**}(i,j) = I^*(i,j) \oplus \overline{I^{**}(i',j')} \tag{7.6}$$

其中，$i = (k \bmod M)$；$j = \lfloor k/M \rfloor$；$i' = (k+1) \bmod M$；$j' = \lfloor (k+1)/M \rfloor$；$\overline{I^{**}(i',j')} = (G^{**}(i',j') \oplus B^{**}(i',j'), R^{**}(i',j') \oplus B^{**}(i',j'), R^{**}(i',j') \oplus G^{**}(i',j'))$。

④ 混淆 II：使用 $I_{\text{CKS}}$ 掩模 $I^{**}$ 中的像素值得到密文 $I'$，即 $I' = I^{**} \oplus I_{\text{CKS}}$。

(4) 解密：是上述加密过程的逆过程。

为了增强 ESLM 抵御 Rhouma 等[210] 设计的明文攻击方法的能力，文献 [206] 使加密步骤 HD 和 VD 都依赖密钥，分别称它们为 mHD 和 mVD。本章称这种改进后的算法为改进 ESLM（improved ESLM, IESLM）。步骤 mHD 和 mVD 都基于由密钥 $(x_0, y_0, K, L)$ 生成的 16 个扩散密钥：

(1) 对 $i = 1, 2, \cdots, 5$，令 $\text{Dkey}(i) = \sum_{j=0}^{2} a_{3(i-1)+j} 10^{2-j} \bmod 256$，其中 $a_i$ 为 $x_0$ 的第 $i$ 个十进制数，即 $x_0 = a_1.a_2 \cdots a_{15} \cdots$；

(2) 对 $i = 6, 7, \cdots, 10$，令 $\text{Dkey}(i) = \sum_{j=0}^{2} b_{3(i-6)+j} 10^{2-j} \bmod 256$，其中 $b_i$ 为 $y_0$ 的第 $i$ 个十进制数，即 $y_0 = b_1.b_2 \cdots b_{15} \cdots$；

(3) 对 $i = 11, 12, \cdots, 15$，令 $\text{Dkey}(i) = \sum_{j=0}^{2} c_{3(i-11)+j} 10^{2-j} \bmod 256$，其中 $c_i$ 为 $K$ 的第 $i$ 个十进制数字，即 $K = \cdots c_1.c_2 \cdots c_{15} \cdots$；

(4) $\text{Dkey}(16) = L \bmod 256$。

加密步骤 mHD 将步骤 HD 的式 (7.5) 改为

$$I^*(i,j) = I^*(i,j) \oplus I^*(i',j') \oplus \text{Dkey}^*(k-1)$$

其中

$$\text{Dkey}^*(k) = (\text{Dkey}((k \bmod 16)+1), \text{Dkey}((k \bmod 16)+1), \text{Dkey}((k \bmod 16)+1))$$

而加密步骤 mVD 将 VD 中的式 (7.6) 改为

$$I^{**}(i,j) = I^*(i,j) \oplus \overline{I^{**}(i',j')} \oplus \text{Dkey}^{**}(k')$$

其中，$k' = MN - 2 - k$；$\mathrm{Dkey}^{**}(k') = (\mathrm{Dkey}(3k' \bmod 16) + 1)$，$\mathrm{Dkey}(((3k'+1) \bmod 16) + 1)$，$\mathrm{Dkey}(((3k'+2) \bmod 16) + 1))$。

### 7.2.2 基于多个一维混沌映射的加密算法及其改进版本

在文献 [204] 中，ESMCM 的明文和密文都以 8 比特的块为基本处理单位，也就是说，逐字节地存储成 $I = \{I(i)\}_{i=0}^{MN-1}$ 和 $I' = \{I'(i)\}_{i=0}^{MN-1}$，其中 $I(i)$ 和 $I'(i)$ 分别为第 $i$ 个明文字节和第 $i$ 个密文字节[213]。

ESMCM 的密钥是一个 128 比特的整数 $K$，它可表示为 $K = K_1 K_2 \cdots K_{16}$，其中 $K_i \in \{0, 1, \cdots, 255\}$。本章称其为第 $i$ 个子密钥①。该密钥用于生成四个混沌映射的初始条件和两个动态表的数据。然后，在两个动态表的控制下，将随机选择的混沌映射迭代若干次，再用所得混沌状态对每个明文字节进行掩模。当加密完一组明文字节后，根据所选混沌映射的当前状态更新两个动态表。混沌映射的迭代次数和明文像素组的大小都是动态变化的。具体而言，ESMCM 按如下步骤运行。

(1) 将下面四个混沌映射分别用 $N = 0, 1, 2, 3$ 来标记。

① $N = 0$ – Logistic 映射：$f(x) = \lambda_0 \cdot x \cdot (1 - x)$；

② $N = 1$ – Tent 映射：

$$f(x) = \begin{cases} \lambda_1 x, & x < 0.5 \\ \lambda_1(1 - x), & x \geqslant 0.5 \end{cases} \tag{7.7}$$

③ $N = 2$ – Sine 映射：$f(x) = \lambda_2 \cdot \sin(\pi x)$；

④ $N = 3$ – Cubic 映射：$f(x) = \lambda_3 \cdot x \cdot (1 - x^2)$。

在文献 [204] 中，上述四个混沌映射的控制参数分别设置为 $\lambda_0 = 3.99$、$\lambda_1 = 1.97$、$\lambda_2 = 0.99$ 和 $\lambda_3 = 2.59$。

(2) 第一个动态表（DT1）存储四个混沌映射的初始条件（initial condition, IC）。在加密过程开始之前，这四个初始条件设置为

$$\begin{aligned} \mathrm{IC} &= \sum_{i=1}^{16} \frac{K_i}{256} \bmod 1 \\ &= \frac{\displaystyle\sum_{i=1}^{16} K_i \bmod 256}{256} \end{aligned} \tag{7.8}$$

---

① 文献 [204] 称 $K_i$ 为 "session key"。然而，这个术语可能会引起混淆。因为 "session key" 一般用于表示密钥协议中随机生成的密钥[2]。

(3) 第二个动态表（DT2）的每条记录存储三个不同的值：加密一组明文字节所用的混沌映射的序号；使用相应混沌映射加密的明文字节数量；每加密一个明文字节时混沌映射的迭代次数。它们分别用 $N$、$B$ 和 IT 表示。给定一个线性同余伪随机数生成器（linear congruential generator, LCG）：

$$Y_0 = \lfloor 100 \times \mathrm{IC} \rfloor \tag{7.9}$$

$$Y_n = (5Y_{n-1} + 1) \bmod 16, \quad n \geqslant 1 \tag{7.10}$$

按如下方式确定 DT2 中第 $n$ 条记录的三个值[①]：

$$N_n = Y_n \bmod 4 \tag{7.11}$$

$$B_n = Y_n \tag{7.12}$$

$$\mathrm{IT}_n = K_{Y_n+1} \tag{7.13}$$

文献 [204] 提到 DT2 行数等于子密钥的总数，即 DT2 的记录数等于 16。

(4) 加密过程随 DT2 中每一条记录的读取而运行。对于第 $n$ 条记录，序号为 $N_n$ 的混沌映射选来加密 $B_n$ 个明文字节。根据下列规则，对于每个明文字节 $I(i)$，使用所选混沌映射迭代 $\mathrm{IT}_n$ 次后获得的状态 $X_{\mathrm{new}}$ 进行掩模：

$$I'(i) = \big(I(i) + \lfloor X_{\mathrm{new}} \times 10^5 \rfloor\big) \bmod 256 \tag{7.14}$$

在每个明文字节被加密之后，DT1 中选择的混沌映射的 IC 更新为 $X_{\mathrm{new}}$。一旦 DT2 取尽，便使用 DT1 中最新的 IC 值来代入式 (7.9) 以重置 $Y_0$。然后，将式 (7.10) ∼ 式 (7.13) 重复 16 次以更新 DT2 中所有记录，为之后的加密做准备。

(5) 解密过程同上述加密过程类似，使用下列等式替代式 (7.14)：

$$I(i) = I'(i) \boxminus \lfloor X_{\mathrm{new}} \times 10^5 \rfloor$$

其中，$a \boxminus b = (a - b) \bmod 256$。

Wei 等 [212] 指出，ESMCM 像流密码一样工作。因此，密钥流 (keystream) $\{(I'(i) \boxminus I(i))\}$ 可以在已知明文攻击中构造出来，它可作为密钥 $K$ 的等价密钥解密其他密文。为了解决这个安全问题，Wei 等建议使用明文数据影响加密过程，将式 (7.11) 改为

$$N_n = (Y_n \bmod 4) \oplus \big(\oplus_{i=0}^{n-1} I(i) \bmod 4\big) \tag{7.15}$$

其中，$\oplus$ 表示按位异或运算。

---

① 注意 $Y_0$ 并不局限于集合 $\{0, 1, \cdots, 15\}$ 中的数字，它只是作为 LCG 的种子且不该被视为 LCG 序列的一部分去生成 DT2 的记录。

### 7.2.3 基于 Logistic 映射的图像加密算法

IECLM 处理的明文是具有独立 RGB 分量的彩色图像 [33]。它使用光栅顺序扫描明文图像, 然后将其分成只含有 16 像素的块 (后面简称为块)。加密和解密过程在明文图像上逐块地进行。不失一般性, 假设明文图像的尺寸为 $M$ 像素 × $N$ 像素, $MN = M \times N$ 可被 16 整除, 那么明文图像 $I$ 可表示成一维信号 $\{I(i)\}_{i=0}^{MN-1}$, 即 $I = \{I^{(16)}(k)\}_{k=1}^{N_b-1}$, 其中 $I^{(16)}(k) = \{I(16k+i)\}_{i=0}^{15}$, $N_b = MN/16$。类似地, 密文图像可表示为 $I' = \{I'^{(16)}(k)\}_{k=1}^{N_b-1}$, 其中 $I'^{(16)}(k) = \{I'(16k+i)\}_{i=0}^{15}$ [79]。

IECLM 的密钥是一个 80 比特的整数, 可表示为 $K = K_1 K_2 \cdots K_{10}$, 其中子密钥 $K_i \in \{0, 1, \cdots, 255\}$。IECLM 涉及两个混沌系统, 它们都是通过迭代 Logistic 映射 (2.1) 实现的, 其中控制参数 $\mu$ 为固定值 3.9999。一个混沌 Logistic 映射运行于整个加密过程, 而另一个只在加密每个 16 像素块的局部范围内运行。为区分它们, 将前者称为全局 Logistic 映射, 后者称为局部 Logistic 映射。全局 Logistic 映射的初始条件由 6 个子密钥 $K_4 \sim K_9$ 确定:

$$X_0 = \left( \frac{\sum\limits_{i=4}^{6}(2^{8(i-4)}K_i)}{2^{24}} + \frac{\sum\limits_{j=7}^{9}((K_j \bmod 16) + \lfloor K_j/16 \rfloor)}{96} \right) \bmod 1 \qquad (7.16)$$

根据从全局 Logistic 映射生成混沌状态中挑选的值来初始化每块对应的局部 Logistic 映射。对于第 $k$ 个块 $I^{(16)}(k)$, 加密过程可描述如下。

**步骤 1** 确定局部混沌映射的初始条件。迭代全局混沌映射直到获得落在区间 $[0.1, 0.9)$ 中的 24 个混沌状态。将它们表示为 $\{\hat{X}_j\}_{j=1}^{24}$, 生成 24 个整数 $\{P_j\}_{j=1}^{24}$, 其中 $P_j = \lfloor 24(\hat{X}_j - 0.1)/0.8 \rfloor + 1$ ①。然后, 计算 $B_2 = \sum\limits_{i=1}^{3}(2^{8(i-1)}K_i)$, 并设置局部混沌映射的初始条件为

$$Y_0 = \left( \frac{B_2 + \sum\limits_{j=1}^{24}(2^{j-1}B_2[P_j])}{2^{24}} \right) \bmod 1 \qquad (7.17)$$

其中, $B_2[P_j]$ 表示 $B_2$ 的第 $P_j$ 个比特。

---

① 在文献 [33] 的第二节中, 区间为 $[0.1, 0.9]$, $P_j = \lfloor 23(\hat{X}_j - 0.1)/0.8 \rfloor + 1$。然而, 根据此过程 $P_j = 24$ 当且仅当 $\hat{X}_j = 0.9$。这是一个小概率事件, 与 $P_j$ 在集合 $\{1, 2, \cdots, 24\}$ 大体满足均匀分布的要求相冲突。因此, 在不影响加密算法安全性能的前提下, 修改了文献 [33] 的原始过程。

**步骤 2**　加密第 $k$ 个块 $I^{(16)}(k)$ 中的每个像素点，迭代局部混沌映射以获得 $K_{10}$ 个落在区间 $[0.1, 0.9)$ 内的相邻混沌状态 $\{\hat{Y}_j\}_{j=1}^{K_{10}}$。然后，根据下列等式加密当前像素点的 RGB 灰度值：

$$R' = E_1(R) = g_{K_4, K_5, K_7, K_8, \hat{Y}_{K_{10}}} \circ \cdots \circ g_{K_4, K_5, K_7, K_8, \hat{Y}_1}(R) \tag{7.18}$$

$$G' = E_2(G) = g_{K_5, K_6, K_8, K_9, \hat{Y}_{K_{10}}} \circ \cdots \circ g_{K_5, K_6, K_8, K_9, \hat{Y}_1}(G) \tag{7.19}$$

$$B' = E_3(B) = g_{K_6, K_4, K_9, K_7, \hat{Y}_{K_{10}}} \circ \cdots \circ g_{K_6, K_4, K_9, K_7, \hat{Y}_1}(B) \tag{7.20}$$

其中，$\circ$ 表示两个函数的复合；$g_{a_0, b_0, a_1, b_1, Y}(x)$ 是表 7.1 中定义的由 $Y$ 控制的函数。

**表 7.1　函数 $g_{a_0, b_0, a_1, b_1, Y}(x)$ 的定义**

| $Y$ | $g_{a_0, b_0, a_1, b_1, Y}(x)$ | $g^{-1}_{a_0, b_0, a_1, b_1, Y}(x)$ |
|---|---|---|
| $[0.10, 0.13) \cup [0.34, 0.37) \cup [0.58, 0.62)$ | $\overline{x} = x \oplus 255$ | |
| $[0.13, 0.16) \cup [0.37, 0.40) \cup [0.62, 0.66)$ | $x \oplus a_0$ | |
| $[0.16, 0.19) \cup [0.40, 0.43) \cup [0.66, 0.70)$ | $(x + a_0 + b_0) \bmod 256$ | $(x - a_0 - b_0) \bmod 256$ |
| $[0.19, 0.22) \cup [0.43, 0.46) \cup [0.70, 0.74)$ | $\overline{x \oplus a_0} = x \oplus (a_0 \oplus 255) = x \oplus \overline{a_0}$ | |
| $[0.22, 0.25) \cup [0.46, 0.49) \cup [0.74, 0.78)$ | $x \oplus a_1$ | |
| $[0.25, 0.28) \cup [0.49, 0.52) \cup [0.78, 0.82)$ | $(x + a_1 + b_1) \bmod 256$ | $(x - a_1 - b_1) \bmod 256$ |
| $[0.28, 0.31) \cup [0.52, 0.55) \cup [0.82, 0.86)$ | $\overline{x \oplus a_1} = x \oplus (a_1 \oplus 255) = x \oplus \overline{a_1}$ | |
| $[0.31, 0.34) \cup [0.55, 0.58) \cup [0.86, 0.90]$ | $x = x \oplus 0$ | |

注：$\overline{x}$ 表示 $x$ 的按位补码。

**步骤 3**　更新子密钥 $K_1, K_2, \cdots, K_9$，对 $i = 1, 2, \cdots, 9$，执行下列更新运算：

$$K_i = (K_i + K_{10}) \bmod 256 \tag{7.21}$$

解密过程同上述加密过程类似。不同的地方是将步骤 2 中的式 (7.18) $\sim$ (7.20) 替换为

$$R = E_1^{-1}(R^*) = g^{-1}_{K_4, K_5, K_7, K_8, \hat{Y}_1} \circ \cdots \circ g^{-1}_{K_4, K_5, K_7, K_8, \hat{Y}_{K_{10}}}(R^*) \tag{7.22}$$

$$G = E_2^{-1}(G^*) = g^{-1}_{K_5, K_6, K_8, K_9, \hat{Y}_1} \circ \cdots \circ g^{-1}_{K_5, K_6, K_8, K_9, \hat{Y}_{K_{10}}}(G^*) \tag{7.23}$$

$$B = E_3^{-1}(B^*) = g^{-1}_{K_6, K_4, K_9, K_7, \hat{Y}_1} \circ \cdots \circ g^{-1}_{K_6, K_4, K_9, K_7, \hat{Y}_{K_{10}}}(B^*) \tag{7.24}$$

其中，$g^{-1}_{a_0, b_0, a_1, b_1, Y}(x)$ 在表 7.1 中被定义，它是 $g_{a_0, b_0, a_1, b_1, Y}(x)$ 关于 $x$ 的反函数。

## 7.3　针对 ESLM 和 IESLM 的密码分析

本节首先回顾 Rhouma 等 [210] 设计的针对 ESLM 的已知/选择明文攻击方法。接着证明改进后的 IESLM 依然不能抵抗 Rhouma 等设计的明文攻击方法 [189]。

然后利用 Logistic 映射的动力学性质的稳定性来验证针对密钥的穷举[211]。最后讨论 ESLM 和 IESLM 中共同存在的其他安全缺陷。

### 7.3.1 Rhouma 等设计的针对 ESLM 的明文攻击方法

ESLM 的加密过程可以表示为

$$I' = \mathrm{VD}(\mathrm{HD}(I \oplus I_{\mathrm{Xkey}})) \oplus I_{\mathrm{CKS}} \tag{7.25}$$

如文献 [210] 所述,加密步骤 HD 和 VD 与异或运算是可交换的(commutative):

$$\begin{cases} \mathrm{HD}(X \oplus Y) = \mathrm{HD}(X) \oplus \mathrm{HD}(Y) \\ \mathrm{VD}(X \oplus Y) = \mathrm{VD}(X) \oplus \mathrm{VD}(Y) \end{cases}$$

其中,$X$ 和 $Y$ 表示待加密的矩阵。

因此,式(7.25)等价于

$$I' = \mathrm{VD}(\mathrm{HD}(I)) \oplus \mathrm{VD}(\mathrm{HD}(I_{\mathrm{Xkey}})) \oplus I_{\mathrm{CKS}}$$

$$= \mathrm{VD}(\mathrm{HD}(I)) \oplus I_{\mathrm{key}}$$

其中

$$I_{\mathrm{key}} = I^*_{\mathrm{Xkey}} \oplus I_{\mathrm{CKS}} \tag{7.26}$$

和

$$I^*_{\mathrm{Xkey}} = \mathrm{VD}(\mathrm{HD}(I_{\mathrm{Xkey}}))$$

因此,可观察到如下两点:

(1) 加密步骤 HD 和 VD 都不依赖密钥;

(2) 矩阵 $I_{\mathrm{key}}$ 既不依赖 $I$ 也不依赖密文 $I'$。

从上面两个事实可直接得出结论:$I_{\mathrm{key}}$ 可用作等价密钥对相同尺寸的明文进行加密,也可对相同尺寸的密文进行解密。因此,从一对明密文图像 $I$ 和 $I'$ 可获得等价密钥

$$I_{\mathrm{key}} = \mathrm{VD}(\mathrm{HD}(I)) \oplus I' \tag{7.27}$$

### 7.3.2 IESLM 针对 Rhouma 等设计的明文攻击方法的脆弱性

尽管加密步骤 mHD 和 mVD 都依赖密钥,但它们都可表示为将明文与密钥控制的操作相分离的等价形式,详见引理 7.1 和引理 7.2。

**引理 7.1** 假设 $X$ 是输入矩阵,$\Theta$ 是同尺寸的零矩阵,则 $\mathrm{mHD}(X) = \mathrm{HD}(X) \oplus \mathrm{mHD}(\Theta)$。

**证明**　这个引理可通过对扫描序号 $k$ 使用数学归纳法来证明。当 $k = 0$ 时，即 $i = j = 0$，有 $\mathrm{mHD}(X(0,0)) = X(0,0)$ 和 $\mathrm{HD}(X(0,0)) \oplus \mathrm{mHD}(\Theta(0,0)) = X(0,0) \oplus (0,0,0) = X(0,0)$。该引理成立。

假设 $k \geqslant 0$ 时该引理成立，则下面证明 $k+1$ 时该引理也成立。对于第 $k+1$ 个像素，即 $i = \lfloor (k+1)/N \rfloor$，$j = (k+1) \bmod N$，$i' = \lfloor k/N \rfloor$ 和 $j' = k \bmod N$，$\mathrm{mHD}(X(i,j)) = X(i,j) \oplus \mathrm{mHD}(X(i',j')) \oplus \mathrm{Dkey}^*(k)$。根据对 $k$ 的假设，有

$$\mathrm{mHD}(X(i',j')) = \mathrm{HD}(X(i',j')) \oplus \mathrm{mHD}(\Theta(i',j'))$$

因此，$\mathrm{mHD}(X(i,j)) = X(i,j) \oplus \mathrm{HD}(X(i',j')) \oplus \mathrm{mHD}(\Theta(i',j')) \oplus \mathrm{Dkey}^*(k)$。注意，$\mathrm{HD}(X(i,j)) = X(i,j) \oplus \mathrm{HD}(X(i',j'))$，可得 $\mathrm{mHD}(X(i,j)) = \mathrm{HD}(X(i,j)) \oplus \mathrm{mHD}(\Theta(i',j')) \oplus \mathrm{Dkey}^*(k)$。进一步，有

$$\mathrm{mHD}(\Theta(i,j)) = \Theta(i,j) \oplus \mathrm{mHD}(\Theta(i',j')) \oplus \mathrm{Dkey}^*(k)$$
$$= \mathrm{mHD}(\Theta(i',j')) \oplus \mathrm{Dkey}^*(k)$$

因此，可得 $\mathrm{mHD}(X(i,j)) = \mathrm{HD}(X(i,j)) \oplus \mathrm{mHD}(\Theta(i,j))$。根据数学归纳法，该引理得证。

**引理 7.2**　假设 $X$ 是输入矩阵，$\Theta$ 是同尺寸的零矩阵，则 $\mathrm{mVD}(X) = \mathrm{VD}(X) \oplus \mathrm{mVD}(\Theta)$。

**证明**　这个引理可用引理 7.1 中类似的证明方法证得。但是应对序号 $k$ 降序使用数学归纳法，即从 $k = MN - 1$ 开始，到 $k = 0$ 结束。

**命题 7.1**　IESLM 的加密过程等价于等式

$$I' = \mathrm{VD}(\mathrm{HD}(I)) \oplus \tilde{I}_{\mathrm{key}} \tag{7.28}$$

其中，$\tilde{I}_{\mathrm{key}} = \mathrm{VD}(\mathrm{HD}(I_{\mathrm{Xkey}})) \oplus \mathrm{VD}(\mathrm{mHD}(\Theta)) \oplus \mathrm{mVD}(\Theta) \oplus I_{\mathrm{CKS}}$。

**证明**　由步骤 HD 和 VD 的性质和引理 7.1、7.2，有

$$
\begin{aligned}
I' &= \mathrm{mVD}(\mathrm{mHD}(I \oplus I_{\mathrm{Xkey}})) \oplus I_{\mathrm{CKS}} \\
&= \mathrm{mVD}(\mathrm{HD}(I \oplus I_{\mathrm{Xkey}}) \oplus \mathrm{mHD}(\Theta)) \oplus I_{\mathrm{CKS}} \\
&= \mathrm{VD}(\mathrm{HD}(I \oplus I_{\mathrm{Xkey}}) \oplus \mathrm{mHD}(\Theta)) \oplus \mathrm{mVD}(\Theta) \oplus I_{\mathrm{CKS}} \\
&= \mathrm{VD}(\mathrm{HD}(I \oplus I_{\mathrm{Xkey}})) \oplus \mathrm{VD}(\mathrm{mHD}(\Theta)) \oplus \mathrm{mVD}(\Theta) \oplus I_{\mathrm{CKS}} \\
&= \mathrm{VD}(\mathrm{HD}(I)) \oplus \mathrm{VD}(\mathrm{HD}(I_{\mathrm{Xkey}})) \oplus \mathrm{VD}(\mathrm{mHD}(\Theta)) \oplus \mathrm{mVD}(\Theta) \oplus I_{\mathrm{CKS}} \\
&= \mathrm{VD}(\mathrm{HD}(I)) \oplus \tilde{I}_{\mathrm{key}}
\end{aligned}
$$

命题得证。

因为 $\mathrm{mHD}(\Theta)$ 和 $\mathrm{mVD}(\Theta)$ 都独立于明文和密文,所以它们由密钥 $(x_0, y_0, K, L)$ 唯一确定。这意味着 $\tilde{I}_{\mathrm{key}}$ 也可通过密钥 $(x_0, y_0, K, L)$ 唯一确定。因此,$\tilde{I}_{\mathrm{key}}$ 可以和 ESLM 中的 $I_{\mathrm{key}}$ 一样,用作 IESLM 的等价密钥。实际上,即使是等价密钥的确定过程也是一样的:

$$\tilde{I}_{\mathrm{key}} = \mathrm{VD}(\mathrm{HD}(I)) \oplus I'$$

这意味着相同的已知/选择明文攻击可以应用在 IESLM 上,而无须改变任何程序。换言之,IESLM 在抵抗 Rhouma 等设计的明文攻击方法的安全性方面与原来的 ESLM 并无差异。

为验证上述结论的正确性,进行了大量实验。当密钥为 $(x_0, y_0, K, L) =$ (3.98235562892545, 1.34536356538912, 108.54365761256745, 110) 时,一幅尺寸为 256 像素 × 256 像素的明文图像 "Baboon" 和对应的密文图像分别如图 7.1(a) 和 (b) 所示,从图中可构造出等价密钥 $\tilde{I}_{\mathrm{key}}$。然后,用 $\tilde{I}_{\mathrm{key}}$ 恢复图 7.1(c) 所示的一幅密文图像,并且成功恢复明文图像 "House"(图 7.1(d))。

(a) 已知明文图像"Baboon"    (b) 图 (a) 中图像对应的密文图像

(c) 使用相同密钥加密的一幅密文图像    (d) 恢复的明文图像"House"

图 7.1 针对 IESLM 的已知明文攻击实验结果

### 7.3.3　基于 Logistic 映射动力学稳定性的穷举攻击

7.3.2 节获得的等价密钥只能用于解密与已知明文图像尺寸相同或者更小的密文图像。本节讨论使用 Logistic 映射在计算机中的特殊动力学性质来进一步获取更多关于密钥的信息。

改进攻击的核心思想在于穷举搜索 $\{\mathrm{Xkey}(i)\}_{i=0}^{3}$ 的值，可利用 $[B_{\mathrm{CKS}}(i,j)]_{i=0,j=0}^{M-1,N-1}$ 的蓝色分量的稳定自相关性来验证。该相关性是由生成源 Logistic 映射造成的。该攻击方法基于如下两点。

(1) 序列 $\{\mathrm{Xkey}(i)\}_{i=0}^{3}$ 和 $I_{\mathrm{Xkey}}^{*}$ 之间的确定性关系。

显然，$I_{\mathrm{Xkey}}^{*}$ 的每个元素都来自集合 $\{\mathrm{Xkey}(0), \mathrm{Xkey}(1), \mathrm{Xkey}(2), \mathrm{Xkey}(3),$ $\mathrm{Xkey}(0)\oplus \mathrm{Xkey}(1), \mathrm{Xkey}(0)\oplus \mathrm{Xkey}(2), \mathrm{Xkey}(0)\oplus \mathrm{Xkey}(3), \mathrm{Xkey}(1)\oplus \mathrm{Xkey}(2),$ $\mathrm{Xkey}(1)\oplus \mathrm{Xkey}(3), \mathrm{Xkey}(2)\oplus \mathrm{Xkey}(3), \mathrm{Xkey}(0)\oplus \mathrm{Xkey}(1)\oplus \mathrm{Xkey}(2), \mathrm{Xkey}(0)\oplus$ $\mathrm{Xkey}(1)\oplus \mathrm{Xkey}(3), \mathrm{Xkey}(1)\oplus \mathrm{Xkey}(2)\oplus \mathrm{Xkey}(3), \mathrm{Xkey}(0)\oplus \mathrm{Xkey}(2)\oplus \mathrm{Xkey}(3),$ $\mathrm{Xkey}(0)\oplus \mathrm{Xkey}(1)\oplus \mathrm{Xkey}(2)\oplus \mathrm{Xkey}(3)\}$。给定 $M$、$N$ 和 $\{\mathrm{Xkey}(i)\}_{i=0}^{3}$，则 $I_{\mathrm{Xkey}}^{*}$ 固定。给 $\{\mathrm{Xkey}(i)\}_{i=0}^{3}$ 赋值四个不同的数，如 $\{1,2,4,9\}$，可得 $I_{\mathrm{Xkey}}^{*}$ 的构造方式。按光栅顺序扫描 $I_{\mathrm{Xkey}}^{*}$，将其转换为一维序列。注意，当 $T=4$ 时，不是集合 $\{\mathrm{Xkey}(i)\}_{i=0}^{3}$ 中的每一个元素对 $I_{\mathrm{Xkey}}^{*}$ 有独立影响，其中 $T$ 是一维版本 $I_{\mathrm{Xkey}}^{*}$ 的周期。例如，当 $M=N=9$ 时，$I_{\mathrm{Xkey}}^{*}$ 的非周期性成分是 $\{\mathrm{Xkey}(2), \mathrm{Xkey}(2)\oplus \mathrm{Xkey}(3),$ $\mathrm{Xkey}(0)\oplus \mathrm{Xkey}(1)\oplus \mathrm{Xkey}(3), \mathrm{Xkey}(0)\oplus \mathrm{Xkey}(1)\}$，其中 $\mathrm{Xkey}(0)$ 和 $\mathrm{Xkey}(1)$ 的不同组合可能会生成相同的 $I_{\mathrm{Xkey}}^{*}$。在 $M=N$ 的前提条件下，$T$ 和 $N$ 之间的关系如猜想 7.1 所示。幸运的是，由猜想 7.2 可知，只有很小一部分 $M$ 和 $N$ 的组合，而不是 $\{\mathrm{Xkey}(i)\}_{i=0}^{3}$ 的每一个元素都对 $I_{\mathrm{Xkey}}^{*}$ 有独立影响。

**猜想 7.1**　当 $M=N$ 时，$T$ 和 $N$ 满足

$$T = \begin{cases} 4, & (N \bmod 2) = 1 \\ 2N, & (N \bmod 4) = 0 \\ 4N, & (N \bmod 4) = 2 \end{cases} \tag{7.29}$$

**证明**　该猜想在 $N=3,4,\cdots,1204$ 时已通过了计算机验证。

**猜想 7.2**　使得 $\{\mathrm{Xkey}(i)\}_{i=0}^{3}$ 中不是每一个元素都能独立影响 $I_{\mathrm{Xkey}}^{*}$ 的必需条件为

$$|M - N| \leqslant 1 \tag{7.30}$$

(2) 序列 $\{B_{\mathrm{CKS}}(i,j)\}_{i=0,j=0}^{M-1,N-1}$ 的稳定自相关性。

根据式 (7.4)，通过计算可得 $\Delta_k = \mu_k - 4$，其中

$$\mu_k = (\tilde{z}_{k+1}/256)/((\tilde{z}_k/256)\cdot(1-(\tilde{z}_k/256)))$$

众所周知，通过迭代映射 (7.3) 产生的混沌轨迹的分布是稳定的。为了验证这一点，在大量随机的初始条件下，统计迭代 $10^5$ 次 Logistic 映射 (7.3) 产生混沌轨迹的分布。所有的分布彼此都非常相似，故图 7.2 只给出一个典型的样例（参数 $r = 4$ 时 Logistic 映射的不变密度 (invariant density) 详见文献 [147]）。此外，在不同的 $z_0$ 值下，$\Delta_k$ 的分布也是稳定的。为了验证这一点，随机选择 $z_0$ 的大量初始值。对于每个 $z_0$ 值，对应的序列 $\{\tilde{z}_k\}$ 通过式 (7.4) 转换对应的映射状态来产生。由于 $\Delta_k$ 的分布彼此相似，仅图 7.2 中所用初始条件下 $\Delta_k$ 的分布图在图 7.3 中给出。为了更清晰地说明这一点，表 7.2 给出了 $\Delta_k$ 在一些区间上的分布。另外，如图 7.3 ~ 图 7.6 所示，$\Delta_k$ 的分布对 $\tilde{z}_k$ 或者 $\tilde{z}_{k+1}$ 的变化非常敏感。因此，序列 $\{B_{\mathrm{CKS}}(i,j)\}_{i=0,j=0}^{M-1,N-1}$ 的稳定自相似性可用于验证针对 $\{\mathrm{Xkey}(i)\}_{i=0}^{3}$ 的穷举。

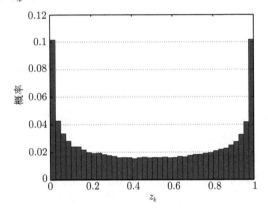

图 7.2　初始状态 $z_0 = 0.226$ 时映射 (7.3) 的轨迹分布

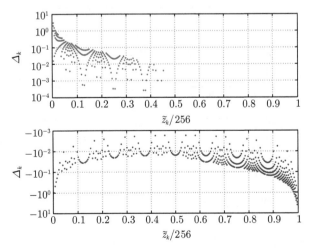

图 7.3　当 $z_0 = 0.226$ 时序列 $\{(\tilde{z}_k/256, \Delta_k)\}_{k=1}^{10^5}$ 的分布

表 7.2　对应于初始状态 $z_0 = 0.226$ 下 $\Delta_k$ 的分布

| $z_0$ | $(-\infty, -10)$ | $[-10^{i+1}, -10^i)_{i=0}^{-4}$ | | | | | $[-10^{-4}, 10^{-4})$ | $[10^i, 10^{i+1})_{i=-4}^0$ | | | | | $[10, +\infty)$ |
|---|---|---|---|---|---|---|---|---|---|---|---|---|---|
| 0.32 | 0.019 | 0.047 | 0.143 | 0.321 | 0.089 | 0 | 0.026 | 0.015 | 0.067 | 0.158 | 0.070 | 0.019 | 0.020 |
| 0.76 | 0.020 | 0.048 | 0.143 | 0.317 | 0.089 | 0 | 0.027 | 0.014 | 0.067 | 0.161 | 0.070 | 0.019 | 0.019 |
| 0.53 | 0.020 | 0.046 | 0.143 | 0.322 | 0.090 | 0 | 0.027 | 0.014 | 0.067 | 0.158 | 0.070 | 0.019 | 0.020 |
| 0.48 | 0.020 | 0.048 | 0.141 | 0.323 | 0.090 | 0 | 0.026 | 0.014 | 0.066 | 0.159 | 0.071 | 0.019 | 0.020 |
| 0.19 | 0.020 | 0.049 | 0.141 | 0.319 | 0.087 | 0 | 0.027 | 0.015 | 0.066 | 0.159 | 0.071 | 0.019 | 0.020 |
| 0.87 | 0.021 | 0.048 | 0.143 | 0.320 | 0.089 | 0 | 0.027 | 0.015 | 0.066 | 0.160 | 0.069 | 0.019 | 0.019 |
| 0.94 | 0.021 | 0.048 | 0.141 | 0.321 | 0.087 | 0 | 0.027 | 0.015 | 0.066 | 0.159 | 0.071 | 0.019 | 0.020 |
| 0.29 | 0.020 | 0.047 | 0.142 | 0.320 | 0.090 | 0 | 0.026 | 0.014 | 0.066 | 0.159 | 0.072 | 0.018 | 0.019 |

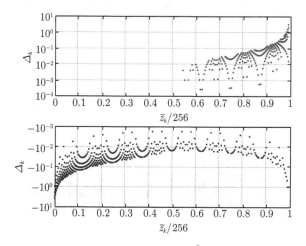

图 7.4　当只有 $\tilde{z}_k$ 出错时序列 $\{(\tilde{z}_k/256, \Delta_k)\}_{k=1}^{10^5}$ 的分布（用 $\tilde{z}_k + 1$ 替代 $\tilde{z}_k$）

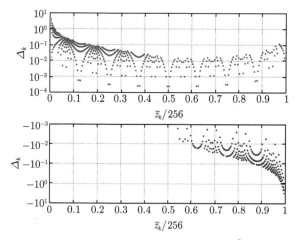

图 7.5　当只有 $\tilde{z}_{k+1}$ 出错时序列 $\{(\tilde{z}_k/256, \Delta_k)\}_{k=1}^{10^5}$ 的分布
（用 $\tilde{z}_{k+1} + 1$ 替代 $\tilde{z}_{k+1}$）

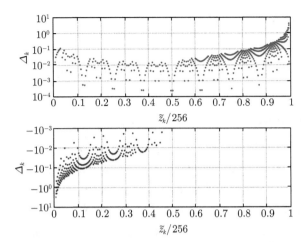

图 7.6 当 $\tilde{z}_{k+1}$ 和 $\tilde{z}_k$ 都出错时序列 $\{(\tilde{z}_k/256, \Delta_k)\}_{k=1}^{10^5}$ 的分布
（用 $\tilde{z}_k + 1$ 和 $\tilde{z}_{k+1} + 1$ 分别替换 $\tilde{z}_k$ 和 $\tilde{z}_{k+1}$）

**证明** 该猜想在 $3 \leqslant M$ 且 $N \leqslant 1204$ 时通过了计算机穷举验证。

基于上述两点，一些密钥的信息 $\{\mathrm{Xkey}(i)\}_{i=0}^3$ 可通过下列步骤得到。

**步骤 1** 计算

$$I_{\mathrm{key}} = \mathrm{VD}(\mathrm{HD}(I)) \oplus I'$$

**步骤 2** 搜索 $\{\mathrm{Xkey}(i)\}_{i=0}^3$ 的值，得到对应的 $I_{\mathrm{Xkey}}^*$；

**步骤 3** 根据式 (7.26)，从 $I_{\mathrm{CKS}}^* = I_{\mathrm{key}} \oplus I_{\mathrm{Xkey}}^*$ 的蓝色分量生成矩阵 $[B_{\mathrm{CKS}}(i, j)]_{i=0,j=0}^{M-1,N-1}$ 的估计版本 $[B_{\mathrm{CKS}}^*(i,j)]_{i=0,j=0}^{M-1,N-1}$。

**步骤 4** 统计序列 $\{\Delta_k\}_{k=0}^{MN-2}$ 的分布，如果分布符合预期值（参考表 7.2），则输出搜索值。

一旦确定了 $\{\mathrm{Xkey}(i)\}_{i=0}^3$，可得

$$\begin{cases} x_0 \in [\mathrm{Xkey}(0)/256 \cdot (2\pi), (\mathrm{Xkey}(0) + 1)/256 \cdot (2\pi)) \\ y_0 \in [\mathrm{Xkey}(1)/256 \cdot (2\pi), (\mathrm{Xkey}(1) + 1)/256 \cdot (2\pi)) \\ K = \mathrm{Xkey}(2) \bmod 256 \\ L = \mathrm{Xkey}(3) + n \cdot 256 \end{cases}$$

其中，$n = 1, 2, 3, 4$。

显然，整个攻击的时间复杂度为 $O(2^{4 \times 8} L)$，其中 $L$ 是需要计算的明文字节的数量。考虑到 $L = 256$ 足够用于统计序列 $\{\Delta_k\}_{k=0}^{MN-2}$ 的分布特征，攻击的时间复杂度为 $O(2^{40})$。注意，将该攻击拆分为以下两步，可大大减小攻击的时间复杂度：① 先在弱匹配条件下搜索 $\{\mathrm{Xkey}(i)\}_{i=0}^3$ 的可能值；② 在更强的匹配条件

下验证 $\{\mathrm{Xkey}(i)\}_{i=0}^{3}$ 的余下可能值。在实验中，只搜索 $\{\mathrm{Xkey}(i)\}_{i=0}^{3}$ 的偶数可能值，并设匹配条件为

$$\#(\{k \mid |\Delta_k| < 1/16\}) > (MN/2)$$

其中，$\#(\cdot)$ 表示集合的基数。

此时，时间复杂度减小到 $O(2^{36})$。使用 CPU 频率为 2.83GHz、内存为 2.98GB 的计算机，该攻击可在 11min 内完成。大量随机实验验证了上述攻击的可行性。在密钥 $(x_0, y_0, K, L) = (3.98235562892545, 1.34536356538912, 108.54365761256745, 110)$ 的情况下，攻击的第一步的输出为 $\{160, 54, 108, 108\}$ 和 $\{162, 54, 108, 110\}$。然后，进一步验证每个集合的 16 个可能相邻值，对应于第二个集合的 $\Delta_k$ 的分布如表 7.3 所示。显然，表 7.3 中第三行所示数据与表 7.2 中的数据非常接近。因此，$\{\mathrm{Xkey}(i)\}_{i=0}^{3} = \{162, 54, 109, 110\}$。进一步，可得

$$\begin{cases} x_0 \in [81/64 \cdot \pi, 163/128 \cdot \pi) \\ y_0 \in [27/64 \cdot \pi, 55/128 \cdot \pi) \\ K = 109 \bmod 256 \\ L = 110 + n \cdot 256 \end{cases}$$

其中，$n = 1, 2, 3$。

表 7.3　对应 $\{162, 54, 108, 110\}$ 的 16 个可能相邻值的 $\Delta_k$ 的分布

| 序号 | $\left[-10^{i+1}, -10^{i}\right)_{i=0}^{-4}$ | $\left[-10^{-4}, 10^{-4}\right)$ | $\left[10^{i}, 10^{i+1}\right)_{i=-4}^{0}$ |
|---|---|---|---|
| 1 | 0.0629 0.1614 0.2716 0.0629 0.0000 | 0.0157 | 0.0078 0.1023 0.1811 0.1023 0.0275 |
| 2 | 0.0515 0.1666 0.2698 0.0238 0.0000 | 0.0357 | 0.0119 0.0753 0.2023 0.1230 0.0357 |
| 3 | 0.0476 0.1468 0.3373 0.0714 0.0000 | 0.0357 | 0.0119 0.0992 0.1626 0.0714 0.0119 |
| 4 | 0.0480 0.1600 0.3240 0.0480 0.0000 | 0.0240 | 0.0080 0.0720 0.2000 0.0800 0.0320 |
| 5 | 0.0557 0.1474 0.3187 0.0557 0.0000 | 0.0438 | 0.0119 0.0876 0.1434 0.1235 0.0079 |
| 6 | 0.0478 0.1673 0.2709 0.0557 0.0000 | 0.0239 | 0.0039 0.0876 0.2151 0.0956 0.0278 |
| 7 | 0.0632 0.1660 0.2885 0.0553 0.0000 | 0.0197 | 0.0079 0.0869 0.1699 0.1067 0.0316 |
| 8 | 0.0434 0.1778 0.2529 0.0395 0.0000 | 0.0316 | 0.0079 0.0869 0.2252 0.0909 0.0395 |
| 9 | 0.0634 0.1587 0.3055 0.0674 0.0000 | 0.0317 | 0.0079 0.0634 0.1587 0.1230 0.0158 |
| 10 | 0.0515 0.1666 0.2698 0.0714 0.0000 | 0.0198 | 0.0000 0.0753 0.2182 0.1031 0.0198 |
| 11 | 0.0634 0.1507 0.3492 0.0714 0.0000 | 0.0079 | 0.0079 0.0753 0.1468 0.0873 0.0357 |
| 12 | 0.0396 0.1507 0.3253 0.0595 0.0000 | 0.0277 | 0.0079 0.0873 0.1904 0.0793 0.0277 |
| 13 | 0.0632 0.1581 0.2964 0.0790 0.0000 | 0.0079 | 0.0039 0.0909 0.1620 0.1027 0.0316 |

续表

| 序号 | $\left[-10^{i+1}, -10^i\right)_{i=0}^{-4}$ | $\left[-10^{-4}, 10^{-4}\right)$ | $\left[10^i, 10^{i+1}\right)_{i=-4}^{0}$ |
|---|---|---|---|
| 14 | 0.0478 0.1513 0.3067 0.0438 0.0000 | 0.0358 | 0.0079 0.0756 0.1713 0.1314 0.0239 |
| 15 | 0.0553 0.1699 0.2885 0.0830 0.0000 | 0.0276 | 0.0039 0.0750 0.1818 0.0909 0.0197 |
| 16 | 0.0517 0.1713 0.2868 0.0637 0.0000 | 0.0239 | 0.0000 0.0597 0.2071 0.1075 0.0239 |

### 7.3.4 ESLM 和 IESLM 的其他安全缺陷

本节讨论 ESLM 和 IESLM 中共同存在的一些其他安全缺陷。

#### 1. PRNS$\{B_{\mathrm{CKS}}(i,j)\}$ 的弱随机性

如 3.4.4 节所示，源自 Logistic 映射混沌轨迹的伪随机序列的随机性不足。为进一步验证在控制参数为 4.0 时，由 Logistic 映射迭代生成的伪随机序列 $\{B_{\mathrm{CKS}}(i, j)\}$ 的随机性，使用文献 [126] 中的 NIST 统计测试套件测试了 100 组长度为 $512 \times 512 = 262144$（用于加密尺寸为 512 像素 × 512 像素的明文彩色图像的字节数）的伪随机序列。这 100 组序列由随机选取的密钥生成，并通过组合所有元素的比特转化为一维比特序列。对每个测试样例，使用默认的显著性水平 0.01。测试结果如表 7.4 所示，由表可以看出 PRNS$\{B_{\mathrm{CKS}}(i,j)\}$ 的随机性不足。

**表 7.4** **在 100 组伪随机序列中通过显著性水平为 0.01 的 NIST 随机性能测试的数量**

| 测试样例名 | 通过测试的序列数量 |
|---|---|
| 频率 | 95 |
| 块频率 $(m = 100)$ | 0 |
| 累积和（前向） | 93 |
| 行程 | 0 |
| 秩 | 0 |
| 非重叠模板 $(m = 9, B = 010000111)$ | 10 |
| 系列 $(m = 16)$ | 0 |
| 近似熵 $(m = 10)$ | 0 |
| 快速傅里叶变换 | 0 |

#### 2. 针对明文变化的不敏感性

在文献 [205] 和 [206] 中，算法设计者意识到图像加密结果关于明文图像变化的敏感性的重要作用。众所周知，这个性质在密码学中称为雪崩效应。理想状态下，明文中一个比特的改变可以使得密文图像每个比特都以 50% 的概率发生变化。然而，ESLM 和 IESLM 都与期望状态相差甚远。

对于 ESLM 和 IESLM，两幅明文图像 $I$ 和 $J = I \oplus I_\Delta$ 都满足

$$I' \oplus J' = \mathrm{VD}(\mathrm{HD}(I)) \oplus \mathrm{VD}(\mathrm{HD}(J))$$

$$= \mathrm{VD}(\mathrm{HD}(I \oplus J))$$
$$= \mathrm{VD}(\mathrm{HD}(I_\Delta))$$

上式意味着以下两点：

(1) 在某个位平面的任何变化都不会引发密文图像中其他位平面上的任何变化；

(2) 明文图像 $I_\Delta$ 的变化对密文图像的影响模式由 $\mathrm{VD}(\mathrm{HD}(I_\Delta))$ 决定，这与随机模式背道而驰。

为了清楚地展示这个缺陷，通过改变明文图像红色分量中的一个比特来进行实验。结果发现对应明文图像中的相同位平面中，只有一些位发生了改变。如图 7.7 所示，发生变化比特的位置可由差分密文图像 $\mathrm{VD}(\mathrm{HD}(I_\Delta))$ 和它的三个颜色分量显示。显然，这个变化特征远远不够随机和均衡。

图 7.7    当明文图像中 $R(127, 127)$ 的 MSB（即第 8 个位）发生变化时的密文图像差分及其三个颜色分量

## 7.4 针对 ESMCM 的密码分析

文献 [212] 指出了文献 [204] 中 ESMCM 的一些安全瑕疵。本节讨论 ESMCM 和其改进版本中都存在的一些其他安全问题[213]。

### 7.4.1 ESMCM 的弱密钥

观察式 (7.8) 可知,变量 IC 的所有可能值的数量只有 $256 = 2^8$,即 $\frac{0}{256} \sim \frac{255}{256}$。因为 $x = 0$ 对于所用四种混沌映射都是固定点,$\text{IC} = \frac{0}{256}$ 会使所有的混沌状态都是零,即对所有的 $i$,都满足 $I(i) = I'(i)$。此时,混沌加密算法并未执行,显然对应的密钥属于弱密钥。为使 $\text{IC} = \frac{0}{256}$,必须有 $\sum_{i=1}^{16} K_i \equiv 0 \pmod{256}$。因为 $K_i \in \{0, 1, \cdots, 255\}$,可计算这种弱密钥的数量是 $2^{16 \times 8}/256 = 2^{15 \times 8} = 2^{120}$。图 7.8 给出了使用弱密钥 $K = $"61624D51595F888A434487885C5E483D"(此为十六进制数,下同)加密一个正弦波信号得到的结果。

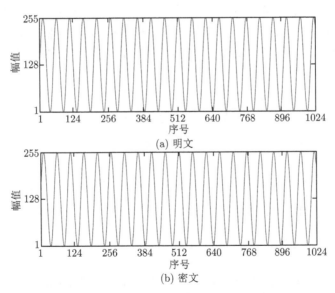

(a) 明文

(b) 密文

图 7.8 使用弱密钥 "61624D51595F888A434487885C5E483D" 加密正弦波信号

此外,为保证较高的安全水平,变量 IC 的值不能太小,也就是说每个子密钥的比特长度不能太短,这将进一步缩小密钥空间。值得注意的是,由于算法结构的相似性,Pareek 等[203] 设计的混沌加密算法也存在同类弱密钥。文献 [214] 虽然给出了针对该加密算法的攻击方法,但是没有指出这个弱点。

### 7.4.2　动态表 DT2 的弱随机性

第二个动态表（DT2）通过使用一个 LCG 和密钥控制的伪随机方式来生成。这类生成器容易实现，且能通过很多统计测试，因此认为它们可以作为面向密码应用的伪随机数生成源的良好候选者。然而，这些序列是可预测的：给定序列的一部分，有可能即使在不知道参数的情况下也能还原出序列中其余部分[215]。在文献 [216] 中，讨论了如何根据迭代方程

$$x_{n+1} = (ax_n + c) \bmod 2^k$$

生成状态的一些比特来推导未知常数 $a$、$c$ 和 $x_0$，其中，$(a \bmod 4) = 1, (c \bmod 2) = 1, k \in \mathbb{Z}^+$。

因此，目前密码应用中不鼓励使用线性同余发生器。而且，文献 [204] 中关于 LCG 参数的选择是最差的。使用一个素数作为 LCG 的模数都可以得到更好的结果。但是使用 16 作为模数时，所得序列完全不具备随机性。事实上，该序列是一个特殊的循环序列，它的初始值是 LCG 的种子。接下来要讨论的已知明文攻击受益于 DT2 的随机性不足，降低了攻击的时间复杂度。

下面先证明 LCG 序列 $\{Y_n\}$ 和映射序号序列 $\{N_n\}$ 的一些数学结果。从定理 7.1 和定理 7.2 可以看出，这两个序列远不具备良好的随机性。

**引理 7.3**　给定一个初始整数 $Y_0$ 和序列 $\{Y_n\}_{n \geqslant 1}$，且 $Y_n = (5Y_{n-1}+1) \bmod 16$，则有

$$Y_n = \left(5^n Y_0 + \sum_{i=n-1}^{0} 5^i\right) \bmod 16$$

**证明**　通过对 $n$ 使用数学归纳法来证明该引理。当 $n = 1$，$Y_1 = (5Y_0+1) \bmod 16$ 时，引理成立。假设当 $1 \leqslant n \leqslant k$ 时，$Y_n = \left(5^n Y_0 + \sum_{i=n-1}^{0} 5^i\right) \bmod 16$ 成立。根据 $Y_n = (5Y_{n-1}+1) \bmod 16$，有

$$\begin{aligned}
Y_{k+1} &= (5Y_k + 1) \bmod 16 \\
&= \left(5\left(\left(5^k Y_0 + \sum_{i=k-1}^{0} 5^i\right) \bmod 16\right) + 1\right) \bmod 16 \\
&= \left(5\left(5^k Y_0 + \sum_{i=k-1}^{0} 5^i\right) + 1\right) \bmod 16 \\
&= \left(5^{k+1} Y_0 + \sum_{i=k}^{0} 5^i\right) \bmod 16
\end{aligned}$$

因此，当 $n = k + 1 \geqslant 2$ 时引理也成立。根据数学归纳法，该引理得证。

**定理 7.1** 给定初始整数 $Y_0$ 和序列 $\{Y_n\}_{n \geqslant 1}$，且 $Y_n = (5Y_{n-1} + 1) \bmod 16$，则有

$$Y_n = \left(2n^2 + (4Y_0 - 1)n + Y_0\right) \bmod 16$$

**证明** 根据引理 7.3，有

$$Y_n = \left(5^n Y_0 + \sum_{i=n-1}^{0} 5^i\right) \bmod 16 = \left(5^n Y_0 + \frac{5^n - 1}{5 - 1}\right) \bmod 16$$

$$= \left((1+4)^n Y_0 + \frac{(1+4)^n - 1}{4}\right) \bmod 16$$

$$= \left(\sum_{i=0}^{n}\binom{n}{i}4^i Y_0 + \frac{\sum_{i=0}^{n}\binom{n}{i}4^i - 1}{4}\right) \bmod 16$$

$$= \left((1+4n)Y_0 + \left(n + \binom{n}{2}4\right)\right) \bmod 16$$

$$= \left(2n^2 + (4Y_0 - 1)n + Y_0\right) \bmod 16$$

因此，定理得证。

**推论 7.1** 给定初始整数 $Y_0$ 和序列 $\{Y_n\}_{n \geqslant 1}$，且 $n \geqslant 1$ 时 $Y_n = (5Y_{n-1} + 1) \bmod 16$，则该序列的周期为 16。

**证明** 假设序列 $\{Y_n\}$ 的周期为 $T$。由定理 7.1 可得 $Y_{n+16} - Y_n \equiv 0 \pmod{16}$。这意味着 $T \mid 16$，即 $T \in \{1, 2, 4, 8, 16\}$。再次使用定理 7.1，可得

$$Y_{n+8} - Y_n \equiv \left(2(n+8)^2 + (4Y_0 - 1)(n+8) + Y_0\right)$$
$$- \left(2n^2 + (4Y_0 - 1)n + Y_0\right) \pmod{16}$$
$$\equiv 8 \pmod{16}$$

因为 $Y_n, Y_{n+8} \in \{0, 1, \cdots, 15\}$，上述结果意味着 $Y_{n+8} \neq Y_8$。这就是说 $T > 8$ $\Rightarrow T = 16$。该引理得证。

由定理 7.1 可知，表 7.5 中的 16 个序列实际上是不同起点下的相同序列。这是定义在有限域上具有最大周期的离散映射的共同特征[217]。

**表 7.5　序列 $\{Y_n\}_{n\geqslant 1}$ 的 16 种不同情况**

| 序号 | 序列元素 | | | | | | | | | | | | | | |
|---|---|---|---|---|---|---|---|---|---|---|---|---|---|---|---|
| 1 | 1 | 6 | 15 | 12 | 13 | 2 | 11 | 8 | 9 | 14 | 7 | 4 | 5 | 10 | 3 | 0 | ⋯ |
| 2 | 6 | 15 | 12 | 13 | 2 | 11 | 8 | 9 | 14 | 7 | 4 | 5 | 10 | 3 | 0 | 1 | ⋯ |
| 3 | 15 | 12 | 13 | 2 | 11 | 8 | 9 | 14 | 7 | 4 | 5 | 10 | 3 | 0 | 1 | 6 | ⋯ |
| 4 | 12 | 13 | 2 | 11 | 8 | 9 | 14 | 7 | 4 | 5 | 10 | 3 | 0 | 1 | 6 | 15 | ⋯ |
| 5 | 13 | 2 | 11 | 8 | 9 | 14 | 7 | 4 | 5 | 10 | 3 | 0 | 1 | 6 | 15 | 12 | ⋯ |
| 6 | 2 | 11 | 8 | 9 | 14 | 7 | 4 | 5 | 10 | 3 | 0 | 1 | 6 | 15 | 12 | 13 | ⋯ |
| 7 | 11 | 8 | 9 | 14 | 7 | 4 | 5 | 10 | 3 | 0 | 1 | 6 | 15 | 12 | 13 | 2 | ⋯ |
| 8 | 8 | 9 | 14 | 7 | 4 | 5 | 10 | 3 | 0 | 1 | 6 | 15 | 12 | 13 | 2 | 11 | ⋯ |
| 9 | 9 | 14 | 7 | 4 | 5 | 10 | 3 | 0 | 1 | 6 | 15 | 12 | 13 | 2 | 11 | 8 | ⋯ |
| 10 | 14 | 7 | 4 | 5 | 10 | 3 | 0 | 1 | 6 | 15 | 12 | 13 | 2 | 11 | 8 | 9 | ⋯ |
| 11 | 7 | 4 | 5 | 10 | 3 | 0 | 1 | 6 | 15 | 12 | 13 | 2 | 11 | 8 | 9 | 14 | ⋯ |
| 12 | 4 | 5 | 10 | 3 | 0 | 1 | 6 | 15 | 12 | 13 | 2 | 11 | 8 | 9 | 14 | 7 | ⋯ |
| 13 | 5 | 10 | 3 | 0 | 1 | 6 | 15 | 12 | 13 | 2 | 11 | 8 | 9 | 14 | 7 | 4 | ⋯ |
| 14 | 10 | 3 | 0 | 1 | 6 | 15 | 12 | 13 | 2 | 11 | 8 | 9 | 14 | 7 | 4 | 5 | ⋯ |
| 15 | 3 | 0 | 1 | 6 | 15 | 12 | 13 | 2 | 11 | 8 | 9 | 14 | 7 | 4 | 5 | 10 | ⋯ |
| 16 | 0 | 1 | 6 | 15 | 12 | 13 | 2 | 11 | 8 | 9 | 14 | 7 | 4 | 5 | 10 | 3 | ⋯ |

**推论 7.2**　给定初始整数 $Y_0$ 和序列 $\{Y_n\}_{n\geqslant 1}$ 满足 $Y_n = (5Y_{n-1}+1) \bmod 16$ $(n \geqslant 1)$，则对于任意 $n \geqslant 0$，有 $\{Y_n, Y_{n+4}, Y_{n+8}, Y_{n+12}\} \in \{\{0, 12, 8, 4\}, \{1, 13, 9, 5\}, \{2, 14, 10, 6\}, \{3, 15, 11, 7\}\}$。

**证明**　根据定理 7.1，有

$$Y_{n+4} - Y_n \equiv \big(2(n+4)^2 + (4Y_0-1)(n+4) + Y_0\big) - \big(2n^2 + (4Y_0-1)n + Y_0\big)$$

$$\equiv (4Y_0-1)4 \equiv -4 \pmod{16}$$

因为 $Y_n \in \{0, 1, \cdots, 15\}$，立即可证得推论。该推论也可通过穷举检查 $\{Y_n\}$ 所有 16 种可能情况来证明。

**定理 7.2**　给定初始整数 $Y_0$ 和序列 $\{Y_n\}_{n\geqslant 1}$，$Y_n = (5Y_{n-1}+1) \bmod 16$ $(n \geqslant 2)$。令 $N_n = Y_n \bmod 4$，则有 $N_n = (n+Y_0) \bmod 4$。

**证明**　将由定理 7.1 得到的结果代入 $N_n = Y_n \bmod 4$，有

$$N_n = Y_n \bmod 4$$
$$= \big(2n^2 + (4Y_0-1)n + Y_0\big) \bmod 4$$
$$= (2n^2 - n + Y_0) \bmod 4$$

注意，$(2n^2 - n) - n \equiv 2n(n-1) \equiv 0 \pmod 4$，故 $2n^2 - n \equiv n \pmod 4$。由此立即可得 $N_n = (n+Y_0) \bmod 4$。

**推论 7.3**　给定初始整数 $Y_0$ 以及两个序列 $\{Y_n\}_{n\geqslant 1}$ 和 $\{N_n\}_{n\geqslant 1}$，其中，$N_n = Y_n \bmod 4$，$Y_n = (5Y_{n-1}+1) \bmod 16$。那么，序列 $\{N_n\}_{n\geqslant 1}$ 的周期为 4，且该序列肯定

是如下四个序列中的一个: $\{1,2,3,0,\cdots\}$, $\{2,3,0,1,\cdots\}$, $\{3,0,1,2,\cdots\}$, $\{0,1,2,3,\cdots\}$。

**证明** 该推论是定理 7.2 的直接结果。

### 7.4.3 针对 ESMCM 的已知明文攻击

Wei 等[212] 指出 ESMCM 相对于已知明文攻击是脆弱的。然而,他们并没有获得 ESMCM 的密钥本身,而只是获得它的等价对象——密钥流 $\{(I'(i) - I(i)) \bmod 256 = \lfloor X_{\text{new},i} \times 10^5 \rfloor \bmod 256\}$。该攻击方法的主要缺点是,只能解密文中长度短于恢复的密钥流的部分。这意味着超出已知明文最大长度的明文字节不能被恢复。

本节描述一个可以完全恢复密钥的实用已知明文攻击方法。它只需使用一个已知明文中的 120 个相邻已知明文字节,而且时间复杂度相当小。

由推论 7.3 可知,对于任意 $n \in \{1,2,3,4\}$,第 $n$、$n+4$、$n+8$、$n+12$ 组中的明文字节都通过标号为 $N_n = N_{n+4} = N_{n+8} = N_{n+12}$ 的混沌映射加密。与此同时,根据推论 7.1,DT2 中的 16 个初始值构成 16 个子密钥 $K_1, \cdots, K_{16}$ 的排列置换。这两个事实意味着,对于每一个混沌映射,可以分别获取各个子密钥。如果这种“分而治之”(DAC)攻击可行,与彻底搜索整个密钥空间相比,恢复所有 16 个子密钥的总复杂度将大为减少。

由上述思想,该 DAC 攻击可分如下三个步骤进行。

**步骤 1** 穷举猜测式 (7.8) 中的 IC 和一个标号为 $N_n$ 的混沌映射所使用的四个子密钥。

对于 IC 的每一个猜测值,选定混沌映射以保证序列 $\{B_n, B_{n+4}, B_{n+8}, B_{n+12}\}$ 不含零①。为消除不正确的猜测值,在每组中重复使用 $\text{IT}_n$——在第 $n$ 组中所有的 $B_n$ 个混沌状态都对应于值

$$\lfloor X_{\text{new}} \times 10^5 \rfloor \bmod 256 = (I'(i) - I(i)) \bmod 256 \tag{7.31}$$

这一步的输出结果是 IC 的候选值,且每个都对应四个已恢复的子密钥。不失一般性,假设该混沌映射具有均匀不变分布特性。然后,可计算出候选值错误的概率为

$$P_e = \frac{256^4}{256^{B_n + B_{n+4} + B_{n+8} + B_{n+12}}}$$

由推论 7.3 可得

$$P_e \leqslant \frac{256^4}{256^{1+13+9+5}} = 256^{-24} = 2^{-192}$$

---

① 推论 7.3 保证存在三个满足此要求的混沌映射,可从中随机选择一个。

为进一步减小 $P_e$ 的值,对 IC 的每个猜想值,选择对应于有序序列 $\{B_n, B_{n+4},$ $B_{n+8}, B_{n+12}\} = \{3, 15, 11, 7\}$ 的映射。于是,$P_e$ 可减小到 $256^4/256^{3+15+11+7} = 256^{-32} = 2^{-256}$。因此,在实际攻击中,得到多个 IC 的候选值是极小概率事件 ①。

**步骤 2**　穷举其他三个混沌映射使用的另外 11 个子密钥。

一旦 IC 的值确定了,就可以用步骤 1 中类似的方法确定其他三个混沌映射使用的子密钥。注意,对应 $B_n = 0$ 的子密钥不能被确定,这是因为没有任何明文字节是通过该子密钥加密的。因此,本步骤中只能揭示 11 个子密钥。

**步骤 3**　通过式 (7.8) 确定最后一个未知的子密钥。

在上述两个步骤中,可以成功得到 IC 的值并确定 15 个子密钥。最后一个子密钥可通过式 (7.8) 恢复。假设未确定的子密钥为 $K_j$,则有

$$K_j = \left(256 \times \text{IC} - \sum_{\substack{1 \leqslant i \leqslant 16 \\ i \neq j}} K_i\right) \bmod 256 \tag{7.32}$$

现在,估算这种攻击方法的时间复杂度。首先,步骤 3 的时间复杂度非常小,所以只需考虑前两个步骤的时间复杂度。通过枚举 IC 猜测值的数量和所有混沌映射的迭代次数,可以推出步骤 1 的时间复杂度不大于 $O(255 \times 256 \times (3+15+11+7)) \approx O(2^{21})$,而步骤 2 的时间复杂度不大于 $O(256 \times (3+15+11+7+2+14+10+6+0+12+8+4)) \approx O(2^{14.5})$。整体来看,该 DAC 攻击的总时间复杂度主要取决于步骤 1,故总时间复杂度不大于 $O(2^{21})$。这样时间复杂度量级的攻击很容易在个人计算机上实现。

除了时间复杂度很小以外,该攻击中所需已知明文字节的数量也非常小——一个已知明文中的 $\sum_{i=1}^{16} B_i = \sum_{i=1}^{16} i = 120$ 个明文字节已经足够。值得注意的是,因为式 (7.31) 和式 (7.32) 中的模和运算,使得 $X_{\text{new}}$、$\{K_i\}_{i=1}^{16} - \{K_j\}$ 的不同候选值可能同时满足这两个等式,其中 $j \in \{1, 2, \cdots, 16\}$。此时,需要更多的明文字节来进一步验证这些子密钥候选值。

上述分析表明,该 DAC 攻击方法非常有效。为了进一步验证该攻击的可行性,使用图 7.8(a) 中的已知明文和图 7.9 中对应的密文进行攻击。在三个攻击阶段得到的结果如表 7.6 所示。使用这些获得的子密钥,可以立即获得整个密钥 $K = K_1 \cdots K_{16} = $ "BCDA178E512131422E859F086E2E884F"。表 7.7 列出了密钥为 $K = K_1 \cdots K_{16} = $ "F086E2E7A1858E884BCD9FE512131422" 时的攻击过程。

---

① 即使这种罕见事件发生了,也可以通过选择另外一个混沌映射来验证所有的候选值。这将进一步排除错误的候选值,并最终留下正确的候选值。

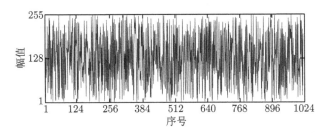

图 7.9 当密钥 $K$ = "BCDA178E512131422E859F086E2E884F" 时图 7.8(a) 中
正弦波信号对应的密文

表 7.6 已知明文攻击样例 I

| 项目 | 步骤 1 | 步骤 2 | 步骤 3 |
|------|--------|--------|--------|
| IC | $\dfrac{237}{256}$ | | |
| $K_{14} = \mathrm{IT}_1$ | 46 | | |
| $K_3 = \mathrm{IT}_2$ | | 23 | |
| $K_{12} = \mathrm{IT}_3$ | | 8 | |
| $K_9 = \mathrm{IT}_4$ | | 46 | |
| $K_{10} = \mathrm{IT}_5$ | 133 | | |
| $K_{15} = \mathrm{IT}_6$ | | 136 | |
| $K_8 = \mathrm{IT}_7$ | | 66 | |
| $K_5 = \mathrm{IT}_8$ | | 81 | |
| $K_6 = \mathrm{IT}_9$ | 33 | | |
| $K_{11} = \mathrm{IT}_{10}$ | | 159 | |
| $K_4 = \mathrm{IT}_{11}$ | | 142 | |
| $K_1 = \mathrm{IT}_{12}$ | | | 188 |
| $K_2 = \mathrm{IT}_{13}$ | 218 | | |
| $K_7 = \mathrm{IT}_{14}$ | | 49 | |
| $K_{16} = \mathrm{IT}_{15}$ | | 79 | |
| $K_{13} = \mathrm{IT}_{16}$ | | 110 | |

表 7.7 已知明文攻击样例 II

| 项目 | 步骤 1 | 步骤 2 | 步骤 3 |
|------|--------|--------|--------|
| IC | $\dfrac{114}{256}$ | | |
| $K_{14} = \mathrm{IT}_1$ | | 19 | |
| $K_3 = \mathrm{IT}_2$ | 226 | | |
| $K_{12} = \mathrm{IT}_3$ | | 229 | |
| $K_9 = \mathrm{IT}_4$ | | 75 | |
| $K_{10} = \mathrm{IT}_5$ | | 205 | |
| $K_{15} = \mathrm{IT}_6$ | 20 | | |

续表

| 项目 | 步骤 1 | 步骤 2 | 步骤 3 |
|---|---|---|---|
| $K_8 = \mathrm{IT}_7$ | | 136 | |
| $K_5 = \mathrm{IT}_8$ | | 161 | |
| $K_6 = \mathrm{IT}_9$ | | 133 | |
| $K_{11} = \mathrm{IT}_{10}$ | 159 | | |
| $K_4 = \mathrm{IT}_{11}$ | | 231 | |
| $K_1 = \mathrm{IT}_{12}$ | | | 240 |
| $K_2 = \mathrm{IT}_{13}$ | | 134 | |
| $K_7 = \mathrm{IT}_{14}$ | 142 | | |
| $K_{16} = \mathrm{IT}_{15}$ | | 34 | |
| $K_{13} = \mathrm{IT}_{16}$ | | 18 | |

### 7.4.4　ESMCM 改进版本的安全缺陷

Wei 等 [212] 通过建立明文对加密过程的影响机制,来增强算法抵御基于密钥流的已知明文攻击的能力。然而,7.4.3 节提出的 DAC 攻击方法并不依赖密钥流和明文之间的关系,故该攻击方法对于 ESMCM 改进版本依然有效。当然,因为序列 $\{N_n\}_{n \geqslant 1}$ 的周期被式 (7.15) 建立的明文反馈机制破坏,该 DAC 攻击方法的性能可能稍微复杂一些。主要的影响包括以下两个方面。

(1) 在步骤 1 中,明文反馈影响了选择目标混沌映射的方式。现在第 $n$ 个混沌映射一般不对应序列 $\{B_n, B_{n+4}, B_{n+8}, B_{n+12}\}$,而是对应一个大小依赖明文的序列 $\{B_{n_1}, B_{n_2}, \cdots, B_{n_i}\}$。为了降低概率 $P_e$ 的值,应该选择能使 $\sum\limits_{j=1}^{i} B_{n_i}$ 取得最大值的目标混沌映射。因为 $\sum\limits_{j=1}^{16} B_j = \sum\limits_{j=1}^{16}(j-1) = 120$,所以可以推得 $\sum\limits_{j=1}^{i} B_{n_i} \geqslant 120/4 = 30$,这意味着 $P_e \leqslant \dfrac{256^4}{256^{30}} = 256^{-26} = 2^{-208}$。因此,在步骤 1 完成后得到一个以上候选值仍然是一个罕见事件。

(2) 在步骤 2 中,对于一个或者两个混沌映射,$\sum\limits_{j=1}^{i} B_{n_i}$ 的值还不足以大到可以唯一确定一些子密钥的值。此时,只有 120 个明文字节还不足以恢复所有的子密钥。然而,这个事件发生的概率不是太大①,故这些未确定的子密钥随着更多的已知明文字节的累积,可被逐步获取。

最后,关于 ESMCM 改进版本的安全性能有两点值得注意:① 如果在选择明文攻击场景下展开该 DAC 攻击,通过选择所有明文字节为零可以彻底避开明

---

① 这个概率从理论上不易推导。假设所有的混沌映射满足 $P_e \leqslant 10^{-4}$,在用 MATLAB 软件做的 300000 次随机实验中,发现这个概率不大于 0.06。

文反馈机制；② 明文反馈机制不能消除弱密钥的存在和序列 $\{B_n\}_{n \geqslant 1}$ 的弱随机性。综上所述，Wei 等 [212] 提出的补救措施并不能从本质上提高 ESMCM 的安全性能。

## 7.5 针对 IECLM 的密码分析

本节讨论针对 IECLM 的密码分析，具体包括如下内容：针对无效密钥、弱密钥和部分等价密钥（partially equivalent key）的全面分析，获取子密钥 $K_{10}$ 的选择明文攻击，获取 $\{K_i \bmod 128\}_{i=4}^{10}$ 的选择明文攻击，以及一些其他相对次要的安全问题。

### 7.5.1 IECLM 的两个基本性质

为了方便下面讨论的描述，本节先分析 IECLM 的两个基本性质：其一是关于子密钥更新机制；其二是关于加密函数的本质等价表示形式。

文献 [33] 通过式 (7.21) 引入子密钥的更新机制以提高安全性能。因为该更新过程是在有限状态域中运行的，通过这种机制产生的每个更新子密钥的序列总是周期性的（见命题 7.2），动态密钥的序列也是周期重复的。假设该周期为 $T$，根据这些动态更新的子密钥，可将 $N_b$ 个明文像素块 $\{I^{(16)}(k)\}_{k=0}^{N_b-1}$ 分成 $T$ 个独立集合：

$$\left\{ I_j = \bigcup_{k=0}^{N_T-1} I^{(16)}(Tk + j) \right\}_{j=0}^{T-1}$$

其中，$N_T = \lceil N_b/T \rceil$。

对于同一个集合 $I_j$ 中的像素块，所有的更新子密钥是相同的。换言之，对于每个集合 $I_j$（整幅明文图像的 $1/T$），可以认为密钥是固定的。因为明文图像的 $1/T$ 可能足以透露必要的视觉信息，所以无须考虑更新机制，集中精力分析任意集合 $I_j$。

**命题 7.2** 对于 $x, a \in \{0, 1, \cdots, 255\}$，整数序列 $\{y(i) = (x+ai) \bmod 256\}_{i=0}^{\infty}$ 的周期为 $T = 256/\gcd(a, 256)$。

**证明** 根据序列周期的定义，$T$ 是满足关系 $y(i + T^*) - y(i) = (aT^* \bmod 256) = 0$ 的最小整数。因此，有 $256 \mid (aT^*)$。假设 $a = 2^m a_0$，其中 $2 \nmid a_0$，$m = 0, 1, \cdots, 7$。然后，可得 $2^{8-m} \mid a_0 T^*$。因为 $2 \nmid a_0$，所以 $2^{8-m} \mid T^*$ 为真，即 $T = \min(T^*) = 2^{8-m} = 256/\gcd(a, 256)$。

就 IECLM 的加密功能而言，由表 7.1 可知每个加密子函数可表示成下列两个形式之一：

(1) $g_{a_0, b_0, a_1, b_1, Y}(x) = x \oplus \alpha$，其中 $\alpha \in \{0, 255, a_0, a_1, \overline{a_0}, \overline{a_1}\}$；

(2) $g_{a_0,b_0,a_1,b_1,Y}(x) = x \boxplus \beta$，其中 $x \boxplus \beta$ 表示 $(x + \beta) \bmod 256$，$\beta \in \{a_0 \boxplus b_0, a_1 \boxplus b_1\} \subset \{0, 1, \cdots, 255\}$。

因为 $(x \oplus \alpha_1) \oplus \alpha_2 = x \oplus (\alpha_1 \oplus \alpha_2)$，$(x \boxplus \beta_1) \boxplus \beta_2 = x \boxplus (\beta_1 \boxplus \beta_2)$，所以相邻同形式的加密子函数可合并在一起，且涉及 $\alpha = 0$ 或 $\beta = 0$ 的运算可被忽略。这导致每个加密函数 $E_i(x)$ 是由 $\mathrm{len} \leqslant K_{10}$ 个子函数 $\{G_j(x)\}_{j=1}^{\mathrm{len}}$ 复合而成的，其中 $G_j(x) = x \oplus \alpha_{\lceil j/2 \rceil}$ 或者 $x \boxplus \beta_{\lceil j/2 \rceil}$，即 $G_j(x)$、$G_{j+1}(x)$ 为不同种类的加密函数。根据 $G_1(x)$ 和 $G_{\mathrm{len}}(x)$ 的类型，$E_i(x)$ 有四种不同的形式：

(1) $E_i(x) = ((\cdots((x \boxplus \beta_1) \oplus \alpha_1) \cdots) \oplus \alpha_{\lceil (\mathrm{len}-1)/2 \rceil}) \boxplus \beta_{\lceil \mathrm{len}/2 \rceil}$；

(2) $E_i(x) = ((\cdots((x \boxplus \beta_1) \oplus \alpha_1) \cdots) \boxplus \beta_{\lceil (\mathrm{len}-1)/2 \rceil}) \oplus \alpha_{\lceil \mathrm{len}/2 \rceil}$；

(3) $E_i(x) = ((\cdots((x \oplus \alpha_1) \boxplus \beta_1) \cdots) \oplus \alpha_{\lceil (\mathrm{len}-1)/2 \rceil}) \boxplus \beta_{\lceil \mathrm{len}/2 \rceil}$；

(4) $E_i(x) = ((\cdots((x \oplus \alpha_1) \boxplus \beta_1) \cdots) \boxplus \beta_{\lceil (\mathrm{len}-1)/2 \rceil}) \oplus \alpha_{\lceil \mathrm{len}/2 \rceil}$。

注意，len 通常小于 $K_{10}$。假设序列 $\{Y_i\}$ 中的元素均匀分布在区间 $[0.1, 0.9]$ 上，可得到不等式

$$\mathrm{Prob}[\mathrm{len} = K_{10}] \leqslant \begin{cases} 2 \times \left(\dfrac{5}{8} \times \dfrac{1}{4}\right)^{\frac{K_{10}}{2}}, & K_{10} \text{ 是偶数} \\[3mm] \left(\dfrac{5}{8} \times \dfrac{1}{4}\right)^{\lfloor \frac{K_{10}}{2} \rfloor} \left(\dfrac{5}{8} + \dfrac{1}{4}\right), & K_{10} \text{ 是奇数} \end{cases}$$

由上式可知，当 $K_{10}$ 增大时，len 等于 $K_{10}$ 的概率呈指数形式递减，很难准确估计 len 等于一个小于 $K_{10}$ 的给定值的概率，为此对尺寸为 512 像素 × 512 像素的明文图像做了大量随机实验来探究这个概率值。图 7.10 展示了当 $K_{10} = 66$ 且其他子密钥随机生成 100 次时 $E_i(x)$ 的 "解析长度" len 的分布范围。从图中可以看到 len 以高概率等于 $\dfrac{3}{8}K_{10}$ 附近的值。

因为 $G_j(x)$ 是由多个同类函数 $g_{a_0,b_0,a_1,b_1,Y}(x)$ 结合而成的，且 $\overline{a_0} \oplus a_1 = a_0 \oplus \overline{a_1} = a_0 \oplus a_1 \oplus 255$ 和 $\overline{a_0} \oplus \overline{a_1} = a_0 \oplus a_1$，所以可推得

$$\alpha_i \in A = \{255, a_0, a_1, a_0 \oplus 255, a_1 \oplus 255, a_0 \oplus a_1, a_0 \oplus a_1 \oplus 255\} \qquad (7.33)$$

和

$$\beta_i \in B = \{(z_1 \cdot (a_0 \boxplus b_0)) \boxplus (z_2 \cdot (a_1 \boxplus b_1)) \mid z_1, z_2 \in \{0, 1, \cdots, K_{10}\}, z_1 + z_2 \leqslant K_{10}\}$$

注意，$A$ 具有有趣的性质：$\forall x_1, x_2 \in A \cup \{0\}$，$x_1 \oplus x_2 \in A \cup \{0\}$。从这个性质可得 $\displaystyle\bigoplus_i \alpha_i \in A \cup \{0\}$，这将在 7.5.5 节中用于选择明文攻击。

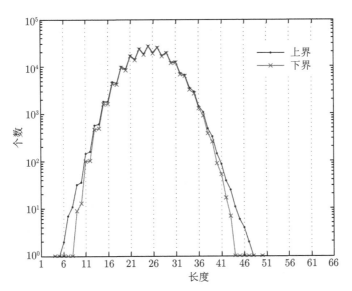

图 7.10 当 $K_{10} = 66$ 且其他子密钥随机生成 100 次时 $E_i(x)$ 的"解析长度"的分布范围

### 7.5.2 IECLM 的真实密钥空间

本节讨论 IECLM 中存在的无效密钥、弱密钥和部分等效密钥。这里无效密钥是指不能保证加密算法成功工作的密钥；弱密钥是指使得加密算法有一个或多个安全缺陷的密钥；而部分等效密钥是指将明文图像的一部分生成相同加密结果的密钥。在计算密钥空间的大小时，应该排除无效密钥和弱密钥，所有彼此"部分等价"的密钥应该只能被当作单一密钥来看待[150]。

1) 关于 $K_4 \sim K_9$ 的无效密钥

当 $X_0 = 0$ 时，全局混沌映射落在固定点零点上。因不能产生落在区间 [0.1, 0.9] 上的混沌状态，故加密过程无法继续运行。

现在分析 $X_0 = 0$ 发生的条件。观察式 (7.16)，可知 $X_0 = 0$ 等价于

$$\frac{\sum_{i=4}^{6}(K_i 2^{8(i-4)})}{2^{24}} \equiv -\mathrm{FP}\left(\frac{1}{96}\sum_{j=7}^{9}((K_j \bmod 16) + \lfloor K_j/16 \rfloor)\right) \pmod 1$$

其中，$\mathrm{FP}(x)$ 表示 $x$ 的浮点数值（即计算机中以浮点格式存储 $x$ 所得的值）。

因为 $0 \leqslant \sum_{i=4}^{6}(K_i 2^{8(i-4)}) < 2^{24}$ 和 $0 \leqslant \sum_{j=7}^{9}((K_j \bmod 16) + \lfloor K_j/16 \rfloor) \leqslant 15 \times 6 = 90 < 96$，所以可进一步简化上式为

$$\frac{\displaystyle\sum_{i=4}^{6}(K_i 2^{8(i-4)})}{2^{24}} = 1 - \frac{\mathrm{FP}\left(\displaystyle\sum_{j=7}^{9}((K_j \bmod 16) + \lfloor K_j/16 \rfloor)\right)}{96} \tag{7.34}$$

由条件 $\dfrac{\displaystyle\sum_{i=4}^{6}(K_i 2^{8(i-4)})}{2^{24}} \bmod 2^{-24} = 0$，可得

$$\frac{\mathrm{FP}\left(\displaystyle\sum_{j=7}^{9}((K_j \bmod 16) + \lfloor K_j/16 \rfloor)\right)}{96} \bmod 2^{-24} = 0$$

通过检查 $\displaystyle\sum_{j=7}^{9}((K_j \bmod 16) + \lfloor K_j/16 \rfloor)$ 的所有 91 个可能值，容易得到

$$\sum_{j=7}^{9}((K_j \bmod 16) + \lfloor K_j/16 \rfloor) = 3C \tag{7.35}$$

其中，$C \in [0, 30]$。

此时，有

$$1 - \mathrm{FP}\left(\frac{1}{96}\sum_{j=7}^{9}((K_j \bmod 16) + \lfloor K_j/16 \rfloor)\right) = 1 - \frac{C}{32}$$

将上式代入式 (7.34)，有

$$\sum_{i=4}^{6}(K_i 2^{8(i-4)}) = 2^{19}(32 - C) \tag{7.36}$$

总之，任意同时满足式 (7.35) 和式 (7.36) 的密钥将导致 $X_0 = 0$。根据定理 7.3，可计算这种无效子密钥 $(K_4, K_5, \cdots, K_9)$ 的数量为 $5592406 = 2^{22.415}$，其中 $5592406 = \lceil 16^6/3 \rceil$ 是满足式 (7.35) 的不同 $(K_7, K_8, K_9)$ 的数量。

**定理 7.3**　给定 $n$ 维向量 $A = (a_1, a_2, \cdots, a_n)$ 满足 $(a_1 + a_2 + \cdots + a_n) \bmod 3 = 0$、1 和 2 的不同 $A$ 的数量分别为 $\lceil 16^n/3 \rceil$、$\lfloor 16^n/3 \rfloor$ 和 $\lfloor 16^n/3 \rfloor$，其中 $a_i \in \{0, 1, \cdots, 15\}, i = 1, 2, \cdots, n$。

**证明**　这个定理可用数学归纳法证明。

当 $n = 1$ 时，易证满足 $a_1 \bmod 3 = 0$、1 和 2 的 $A$ 的数量分别为 6、5 和 5。因为 $6 = \lceil 16/3 \rceil$ 和 $5 = \lfloor 16/3 \rfloor$，所以该定理为真。假设当 $1 \leqslant n \leqslant k$ 时定理为真，

要证明当 $n = k+1$ 时定理也为真。首先，将 $a_1 + \cdots + a_{k+1}$ 改写为 $A_k + a_{k+1}$，其中 $A_k = a_1 + \cdots + a_k$。然后，注意 $(A_k + a_{k+1}) \bmod 3 = 0$ 等价于 $A_k \equiv -a_{k+1}$ $(\bmod\ 3)$。因此，满足 $A_k + a_{k+1} \bmod 3 = 0$ 的不同 $A$ 的数量为

$$N[(A_k + a_{k+1}) \bmod 3 = 0] = \lceil 16^k/3 \rceil \times \lceil 16/3 \rceil + 2\lfloor 16^k/3 \rfloor \times \lfloor 16/3 \rfloor$$

$$= (\lfloor 16^k/3 \rfloor + 1) \times \lceil 16/3 \rceil + 2\lfloor 16^k/3 \rfloor \times \lfloor 16/3 \rfloor$$

$$= 16 \times \lfloor 16^k/3 \rfloor + 6$$

假设 $16^k = (15+1)^k = 3C + 1$。然后，$16^{k+1} = 48C + 16$，$\lceil 16^{k+1}/3 \rceil = 16C + \lceil 16/3 \rceil = 16C + 6$，可得 $16 \times \lfloor 16^k/3 \rfloor + 6 = 16C + 6 = \lceil 16^{k+1}/3 \rceil$。类似地，易得 $N[(A_k + a_{k+1}) \bmod 3 = 1] = N[(A_k + a_{k+1}) \bmod 3 = 2] = \lfloor 16^{k+1}/3 \rfloor$。根据数学归纳法，该定理得证。

2) 关于 $K_1 \sim K_3$ 的无效密钥

给定明文块 $I^{(16)}(k)$，如果 $Y_0 = 0$，则局部混沌映射将落在固定点零点上，这将使得相应明文块的加密过程失效。由式 (7.17) 可知，当

$$\left( B_2 + \sum_{j=1}^{24} (B_2[P_j]2^{j-1}) \right) \bmod 2^{24} = 0$$

时，有 $Y_0 = 0$。

因为 $0 \leqslant B_2 = \sum_{i=1}^{3} (K_i 2^{8(i-1)}) < 2^{24}$ 和 $0 \leqslant \sum_{j=1}^{24} (B_2[P_j]2^{j-1}) < 2^{24}$，上式可简化为

$$\sum_{j=1}^{24} (B_2[P_j]2^{j-1}) = 2^{24} - B_2 \tag{7.37}$$

假设 $P_j$ 均匀分布在集合 $\{1, 2, \cdots, 24\}$ 上，$B_2$ 和 $2^{24} - B_2$ 分别含有 $m$ 和 $n$ 个零比特，式 (7.37) 成立的概率为

$$p_s = \left( \frac{m}{24} \right)^n \times \left( \frac{24-m}{24} \right)^{24-n} = \frac{m^n (24-m)^{24-n}}{24^{24}}$$

概率 $p_s$ 和 $25m + n$ 之间的关系如图 7.11 所示。从图中可以看到，对 $(m, n)$ 的某些值，该概率的值是不可忽略的。事实上，因为 $p_s > 0$ 对任意 $(m, n)$ 来说都成立，所以严格意义上来讲任何密钥都是无效的。为了解决这个问题，必须修

改原有加密算法。一个简单的方法就是一旦 $Y_0 = 0$ 就将其改为某预先定义的值。在下面的理论分析和实验中，当出现 $Y_0 = 0$ 时，令 $Y_0 = 1/2^{24}$。

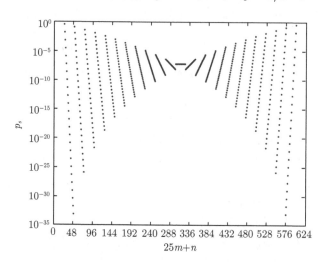

图 7.11　给定 $(25m + n)$ 的值和概率 $p_s$ 的值（$m, n \in \{0, 1, \cdots, 24\}$）

3) 关于 $K_{10}$ 的弱密钥

在 IECLM 中，子密钥 $K_1 \sim K_9$ 的更新过程和每个加密函数中子函数 $g_{a_0, b_0, a_1, b_1, Y}(x)$ 的数量全由子密钥 $K_{10}$ 控制。下面讨论关于 $K_{10}$ 的两个弱密钥问题，它们分别对应上面 $K_{10}$ 控制的两个过程。

由命题 7.2 可知，子密钥 $K_1 \sim K_9$ 的更新有内在弱点，即更新子密钥序列的周期可能值为 $2^i$，$i = 1, 2 \cdots, 8$。对于一些 $K_{10}$ 的值，这个周期可以很小，这将大大削弱更新机制的有效性。最差的情况是当 $K_{10} = 128$ 时对应的周期为 2。从最保守的角度来看，$T$ 应取最大值 256，这意味着 $K_{10}$ 应选奇数。

另一个问题涉及每个加密函数中的子函数 $g_{a_0, b_0, a_1, b_1, Y}(x)$ 的数量。当 $K_{10} = 1$ 时，一个像素保持不变的概率为 1/8（假设 $Y_i$ 在值域范围内服从均匀分布）。虽然这个概率看起来似乎有点大，但是实验发现密文图像只泄露一点点视觉信息。当 $K_{10} \geqslant 2$ 时，实验发现在密文图像中几乎不可能发现任何视觉信息。总之，这个过程只存在一个弱密钥 $K_{10} = 1$。为了避免其他潜在的安全缺陷，建议采用 $K_{10} \geqslant 8$。

4) 关于 $K_4 \sim K_9$ 的弱密钥

观察表 7.1 可知，当以下条件满足时，加密子函数 $g_{a_0, b_0, a_1, b_1, Y}(x) \in \{x, \bar{x}\}$：

$$a_0, a_1 \in \{0, 255\}, \quad a_0 + b_0 \equiv a_1 + b_1 \equiv 0 \pmod{256} \tag{7.38}$$

对于子图像 $I_j$，如果子密钥对应一个符合上述条件的加密函数 $E_i(x)$，$E_i(x)$ 也将等于 $x$ 或者 $\bar{x}$。假设局部 Logistic 映射的混沌轨迹均匀分布在区间 $[0.1, 0.9]$

上，那么 $g_{a_0,b_0,a_1,b_1,Y}(x) = \bar{x}$ 的概率为 $p = 3/8$。然后，根据命题 7.3（注意 $\bar{x} = x \oplus 255$），对任意 $i = 1, 2, 3$，$E_i(x) = \bar{x}$ 和 $E_i(x) = x$ 成立的概率分别为 $(1 - (1/4)^{K_{10}})/2$ 和 $(1 + (1/4)^{K_{10}})/2$。这意味着在 $I_j$ 中约有一半的明文像素完全没有被加密，这样有可能会透露有关明文图像的视觉信息。例如，当 $K =$"3C1DE8FF0151FF012840" 时（对应 $T = 4$），实验发现对于明文图像 "Lenna"，在 $I_0$ 中有 49.9% 的像素点未被加密。密文的红色分量如图 7.12(b) 所示，其他颜色分量也存在类似情况。

(a) 明文图像"Lenna"的红色分量　　(b) 密文图像的红色分量

图 7.12　当 $K =$"3C1DE8FF0151FF012840" 时的加密结果

**命题 7.3**　给定 $n > 1$ 个函数 $f_1(x), f_2(x), \cdots, f_n(x)$，假设每个函数以概率 $p$ 等于 $x \oplus \alpha$，以概率 $1 - p$ 等于 $x$，则复合函数 $F(x) = f_1 \circ \cdots \circ f_n(x) = x \oplus \alpha$ 的概率是 $P = (1 - (1 - 2p)^n)/2$，其中 $\alpha \in \mathbb{Z}$。

**证明**　假设 $k = \lceil n/2 \rceil$。如果 $n$ 为偶数，则 $n = 2k$；如果 $n$ 为奇数，则 $n = 2k - 1$。为了确保 $F(x) = f_1 \circ \cdots \circ f_n(x) = x \oplus \alpha$，等于 $x \oplus \alpha$ 的子函数的数量应为奇数。因此，有

$$
\begin{aligned}
P &= \sum_{i=1}^{k} \binom{n}{2i-1} p^{2i-1}(1-p)^{n-(2i-1)} \\
&= (1-p)^n \cdot \sum_{i=1}^{k} \binom{n}{2i-1} (p/(1-p))^{2i-1} \\
&= (1-p)^n \cdot \frac{(1 + p/(1-p))^n - (1 - p/(1-p))^n}{2} \\
&= (1 - (1-2p)^n)/2
\end{aligned}
$$

该命题得证。

令式 (7.38) 对于三个加密函数 $E_1(x)$、$E_2(x)$ 和 $E_3(x)$ 均成立，可发现一系列这种弱密钥，如表 7.8 所示。

表 7.8　一些引起视觉信息泄露的弱密钥

| 弱密钥 | 视觉泄露范围 |
| --- | --- |
| $(K_4, K_5), (K_7, K_8) \in \{(0,0), (255,1)\}$ | $R$ 分量 |
| $(K_5, K_6), (K_8, K_9) \in \{(0,0), (255,1)\}$ | $G$ 分量 |
| $(K_6, K_4), (K_9, K_7) \in \{(0,0), (255,1)\}$ | $B$ 分量 |
| $(K_4, K_5, K_6, K_7, K_8, K_9) = (0,0,0,0,0,0)$ | 整幅明文图像 |

5) 关于 $K_7 \sim K_9$ 的部分等价密钥：第 1 类

观察式 (7.16) 可知，如果 $K_7$、$K_8$、$K_9$ 的如下片段互相交换值：$K_7 \bmod 16$，$\lfloor K_7/16 \rfloor$，$K_8 \bmod 16$，$\lfloor K_8/16 \rfloor$，$K_9 \bmod 16$，$\lfloor K_9/16 \rfloor$，则 $X_0$ 的值将保持不变。如果交换 $K_9 \bmod 16$ 和 $\lfloor K_9/16 \rfloor$ 的值，即交换 $K_9$ 的上半部分比特和下半部分比特，加密结果有什么不同呢？此时，因为 $K_9$ 中每像素的红色分量的加密与 $K_9$ 无关，所以密文图像的红色分量保持不变。对于 $K_7$ 和 $K_8$ 也有类似结果，分别对应密文图像中保持不变的蓝色分量和绿色分量。这个问题使得 $(K_7, K_8, K_9)$ 的子密钥空间由 $256^3$ 缩小到 $(16 + (256 - 16)/2)^3 = 136^3$。

6) 关于 $K_7 \sim K_9$ 的部分等价密钥：第 2 类

如 7.5.1 节所述，每个加密子函数 $g_{a_0,b_0,a_1,b_1,Y}(x)$ 可表示为如下两种格式之一：$x \oplus \alpha$ 和 $x \boxplus \beta$。下面关于运算 $\oplus$ 和 $\boxplus$ 的事实 7.1 与事实 7.2 可用来构造另一类部分等价密钥。

**事实 7.1**　$\forall \alpha \in \{0, 1, \cdots, 255\}$，$\alpha \oplus 128 = \alpha \boxplus 128$。

**证明**　证明见引理 5.3。

**事实 7.2**　$\forall \alpha, \beta \in \mathbb{Z}$，$(\alpha \oplus 128) \boxplus \beta = (\alpha \boxplus \beta) \oplus 128$。

**证明**　这实际上是性质 5.10 中 $n = 8$ 时的特例。

事实 7.2 意味着任意加密子函数 $g_{a_0,b_0,a_1,b_1,Y}(x)$ 中 $x$、$a_0$、$b_0$、$a_1$、$b_1$ 的最高有效比特的变化等价于将复合函数 $E_i(x)$ 的输出与 128 进行异或运算。

然后，事实 7.2 可用于找出关于 $K_7 \sim K_9$ 的第二类部分等价密钥。首先，从 $K_7 \sim K_9$ 选择任意两个子密钥。不失一般性，选择 $K_7$ 和 $K_8$。然后，给定密钥 $K$ 满足 $K_7 < 128, K_8 \geqslant 128$（或者 $K_7 \geqslant 128, K_8 < 128$），通过设置 $\widetilde{K}_7 = K_7 \oplus 128$ 和 $\widetilde{K}_8 = K_8 \oplus 128$ 将 $K$ 变为另一个密钥 $\widetilde{K}$。由式 (7.16) 可知，$X_0$ 在这两个密钥下的值相同。这意味着全局混沌映射和局部混沌映射在两个密钥下的加密过程中有着相同的动力学状态，而且对应密文之间的差分取决于 $K_7$ 和 $K_8$ 的最高有效比特的变化。下面将分别考虑三个颜色分量中最高有效比特的变化对密文的影响。

首先考虑明文图像绿色分量的加密过程，这完全不涉及 $K_7$。假设混沌轨迹 $\{Y_i\}$ 中的元素均匀分布在区间 $[0.1, 0.9]$ 内，则 $K_8$ 影响每个加密子函数的概率为 $p = 3/8$。如果 $K_8$ 在总共 $K_{10}$ 个加密子函数中出现了偶数次，则 $E_2(G)$ 的值在两个密钥 $K$ 和 $\widetilde{K}$ 下相同；否则，$E_2(G)$ 改变其最高有效比特。因此，使用与命题 7.3 的证明中相同的推理，通过计算可得 $E_2(G)$ 保持不变的概率为 $P_2 = (1 + (1 - 2p)^{K_{10}})/2 = (1 + 4^{-K_{10}})/2$。这意味着对于两个密钥 $K$ 和 $\widetilde{K}$，密文中超过一半的绿色分量像素值以这个概率相同。

对于蓝色分量，在加密过程中不涉及 $K_8$。因此，根据相似的推导过程，可计算得到 $E_3(B)$ 保持不变的概率为 $P_3 = (1 + 4^{-K_{10}})/2 = P_2$。

对于红色分量的加密过程，子密钥 $K_7$ 和 $K_8$ 都涉及。但是对于加密子函数 $x ⊞ (K_7 + K_8)$，它们的差异被抵消了，从而 $K_7$ 和 $K_8$ 的差异影响密文的概率减小为 $p = 2/8 = 1/4$。因此，$E_1(R)$ 保持不变的概率变为 $P_1 = (1 + 2^{-K_{10}})/2 > P_2 = P_3$。

综上所述，对于两个密钥 $K$ 和 $\widetilde{K}$，对应密文中有超过一半的像素将是相同的。另外，对于其他不同的像素值，异或差值总是 128。通过枚举这个安全问题的所有可能情况，可知 $(K_7, K_8, K_9)$ 的子密钥空间从 $256^3$ 减小到 $4 \times 128^3 = 256^3/2$。

为验证上述理论分析结果，对尺寸为 512 像素 $\times$ 512 像素的明文图像进行了一些实验。图 7.13 显示了其中一个结果，红、绿、蓝分量中相同像素值的数量分别为 131241 (50.06%)、130864 (49.92%) 和 131383 (50.12%)。

(a) 明文图像"Lenna"　　(b) $K=$ "1A93DF25CF78DC44E160"　(c) 使用密钥 $\widetilde{K}=$ "1A93DF25C
　　　　　　　　　　　对应的密文图像　　　　　　　　F785CC4E160"解密图7.13(b)
　　　　　　　　　　　　　　　　　　　　　　　　　　中密文图像的结果

图 7.13　第 2 类部分等价密钥的解密效果

最后，值得一提的是，子图像 $I_j$ 和 $I_{j+T/2}$ 之间存在内部联系，其中 $j \in \{0, 1, \cdots, T/2 - 1\}$。这容易推出如下关于子密钥更新过程的事实：$K_i + K_{10} \cdot T/2 = K_i + 128 \times K_{10}/\gcd(K_{10}, 256) = (K_i + 128) \mod 256 = K_i \oplus 128$。

7) 密钥空间的减小

基于上述分析，表 7.9 列出了无效密钥、弱密钥和部分等价密钥对整个密钥空间的影响。根据表 7.9 可大体估计到密钥空间的大小缩小为 $2^{75}$，这小于文献 [33] 中提到的值 $2^{80}$。

表 7.9　无效密钥、弱密钥和部分等价密钥对密钥空间的缩减影响

| 子密钥 | 密钥空间缩减后的大小 | 原因 |
|---|---|---|
| $K_1 \sim K_3$ | — | $Y_0 = 0$ |
| $K_4 \sim K_9$ | $2^{48} - 5592406 \approx 2^{48}$ | $X_0 = 0$ |
| $K_7 \sim K_9$ | $136^3/2 = 2^{20.2624}$ | 第 1 类和第 2 类等价密钥 |
| $K_{10}$ | $< (255 - 128 - 1) = 126$ | 关于 $K_{10}$ 的弱密钥 |

### 7.5.3　分别穷举子密钥 $K_{10}$ 和 $\{K_i\}_{i=1}^9$

第一个块 $I^{(16)}(0)$ 的加密过程只依赖 $Y_0$ 和 $K_{10}$ 的值。也就是说，对于第一个 16 像素块，可将 $(Y_0, K_{10})$ 视为与原始密钥 $K$ 是等价的。然后，通过猜测 $(Y_0, K_{10})$ 的值可以得到 $K_{10}$ 的值，时间复杂度为 $O(2^{32})$。因此，可分别猜测出其他子密钥，时间复杂度为 $O(2^{72})$。综上所述，改进后的穷举攻击的总时间复杂度为 $O(2^{32} + 2^{72}) = O(2^{72})$，比简单穷举攻击的强力复杂度 $O(2^{80})$ 要小。

### 7.5.4　使用一幅选择明文图像猜测子密钥 $K_{10}$

如 7.5.1 节所述，$I_j = \bigcup_{k=0}^{N_T-1} I^{(16)}(Tk + j)$ 中所有的 16 像素块使用相同子密钥加密。如果这些块对应于相同 $Y_0$ 值，那么对应 R、G、B 分量三个加密函数都变为相同。准确地说，给定两个相同的块 $I^{(16)}(k_0)$ 和 $I^{(16)}(k_1)$，如果满足下面两个要求，对应的密文块也将变为相同。

(1) 两个块的距离为 $T$ 的倍数，即 $T \mid (k_0 - k_1)$；

(2) $Y_0^{(k_0)} = Y_0^{(k_1)}$，其中 $Y_0^{(k_0)}$ 和 $Y_0^{(k_1)}$ 表示这两个 16 像素块对应的 $Y_0$ 值。

因此，如果两个密文块相同的概率足够大，则可能可以使用它们之间的距离来确定 $T$ 的值并缩小 $K_{10}$ 的搜索空间。

应当注意的是，以下两种情况都可以满足要求 (2)：① 两个 16 像素块各自对应的序列 $\{P_j\}$ 相同；② 两个 16 像素块各自对应的序列 $\{P_j\}$ 不同（可能有 $t \in \{0, 1, \cdots, 23\}$ 个相同的元素），但是 $Y_0$ 的值仍相同。第二种情况与 $B_2$ 中 0 比特与 1 比特数量的比值紧密关联。作为极端的例子，当 $B_2 = 0$ 或者 $2^{24} - 1$（$B_2$ 的比特全为 0 或者 1）时，$B_2[P_j]$ 将分别固定为 0 或者 1。

假设 $B_2$ 中 1 比特的数量为 $m$，可计算事件 $B_2\left[P_j^{(k_0)}\right] = B_2\left[P_j^{(k_1)}\right]$ 的发生概率为 $(m/24)^2 + (1 - m/24)^2$。然后求得事件 $Y_0^{(k_0)} = Y_0^{(k_1)}$ 的发生概率为 $P_B = ((m/24)^2 + (1 - m/24)^2)^{24}$。对此进行了大量的实验来验证这一理论估计，

所得结果如图 7.14 所示。在这些实验中，当 $\min(m, 24-m) \leqslant 4$ 时穷尽地生成 $B_2$ 的所有可能值；当 $\min(m, 24-m) > 4$ 时，生成 $\binom{24}{4} = 10626$ 个随机密钥。

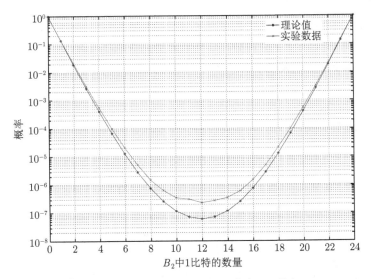

图 7.14 不同 $B_2$ 中 1 比特数量条件下 $Y_0^{(k_0)} = Y_0^{(k_1)}$ 成立的概率

因为 $\text{Prob}((k_0 - k_1) \mid T) = 1/T$，所以两个要求都成立的最终概率为 $P_B/T$。由图 7.14 可知，这个概率足够大到让攻击者能够从同一集合 $I_j$ 中找到一些相同块，特别是当 $\min(m, 24-m)$ 和 $T$ 都相对较小时。

为了展示该攻击如何运作，选择一幅尺寸为 512 像素 × 512 像素的明文图像，且其所有的块都相同但块中所有的像素彼此不同。当密钥 $K =$ "2A84BCF35D 70664E4740" 时，发现 9 对相同的块，它们的序号如表 7.10 所示。因为所有的这些序号应满足要求：$(k_0 - k_1) \mid T$，通过求这 9 个序号之间差的最大公约数可得到 $T$ 的一个上界。因此，可得

$$\gcd(3161 - 1941, 7083 - 2015, 15255 - 3023, 9163 - 4159, 12113 - 5061,$$

$$16355 - 5507, 12454 - 9166, 12259 - 9655, 13102 - 11090) = 4$$

这意味着 $T \in \{2, 4\}$，因此根据命题 7.2，立即有 $\gcd(K_{10}, 256) \in \{128, 64\}$ 和 $K_{10} \in \{64, 128, 192\}$。在本例中对应于 $K_{10}$ 的密钥空间的大小从 256 减小为 3，这对攻击者而言是相当重要的。

表 7.10　　固定值为零的明文图像对应的密文图像中 9 对相同块的序号

| $k_0$ | 1941 | 2015 | 3023 | 4159 | 5061 | 5507 | 9166 | 9655 | 11090 |
|---|---|---|---|---|---|---|---|---|---|
| $k_1$ | 3161 | 7083 | 15255 | 9163 | 12113 | 16355 | 12454 | 12259 | 13102 |

### 7.5.5　通过选择明文攻击获取 $\{K_i \bmod 128\}_{i=4}^{10}$

本节讨论最重要的结果——使用一种非常高效的选择明文攻击的方法获取 IECLM 的密钥信息，其中只需要 128 幅甚至更少的明文图像。首先介绍一些数学理论基础，然后详细描述恢复子密钥 $\{K_i \bmod 128\}_{i=4}^{10}$ 的步骤，最后给出一些实验结果验证该攻击方法。

1) IECLM 的性质

首先，证明有关复合函数 $E_i(x)$ 的一些有用的性质，它们对后面引入的攻击是至关重要的。

**定理 7.4**　令 $F(x) = G_{2m+1} \circ \cdots \circ G_1(x)$ 为定义在集合 $\{0, 1, \cdots, 2^n - 1\}$ 上的复合函数，如果存在 $\gamma \in \{0, 1, \cdots, 2^n - 1\}$ 使得等式 $F(x) = x \oplus \gamma$ 成立，则

$$\gamma \equiv \bigoplus_{i=1}^{m} \alpha_i \pmod{2^{n-1}}$$

其中, $m, n \in \mathbb{Z}^+$; $G_{2i}(x) = x \oplus \alpha_i$; $G_{2i+1}(x) = (x + \beta_i) \bmod 2^n$; $i \in \{1, 2, \cdots, m\}$; $G_1(x) = (x + \beta_0) \bmod 2^n$; $\alpha_i, \beta_i \in \{0, 1, \cdots, 2^n - 1\}$。

**证明**　令 $x = \sum_{j=0}^{n-1}(x_j 2^j)$, $\alpha_i = \sum_{j=0}^{n-1}(\alpha_{i,j} 2^j)$, $\beta_i = \sum_{j=0}^{n-1}(\beta_{i,j} 2^j)$, $F(x) = \sum_{j=0}^{n-1}(F_j(x) 2^j)$。

如果对于 $\gamma = \sum_{j=0}^{n-1}(\gamma_j 2^j)$, 已验证 $F(x) = x \oplus \gamma$, 则对于任意 $j = 0, 1, \cdots, n-1$, $F_j(x)$ 的计算结果只依赖 $x$ 的第 $j$ 个比特的值，即 $x_j$。换言之，如果 $j^* \neq j$, 则 $F_j(x)$ 的值与 $F_{j^*}$ 无关。

下面将从最低有效比特开始检查 $F(x)$ 的计算过程。为得到 $F_0(x)$ 的值，只需计算

$$\widetilde{F_0}(x) = (\cdots((x_0 + \beta_{0,0}) \oplus \alpha_{1,0} + \beta_{1,0}) \oplus \cdots \oplus \alpha_{m,0} + \beta_{m,0})$$

然后得到 $\widetilde{F_0}(x)$ 的最低有效比特。因为取模 $2^n$ 并不影响 $F(x)$ 的任何比特，在下面的计算过程中的模和运算不再考虑它。注意，每个 + 运算产生的进位只影响更高位比特 $F_1(x) \sim F_{n-1}(x)$。对于 $\widetilde{F_0}(x)$ 的最低有效比特，+ 运算等价于 $\oplus$ 运

算。因此，可得

$$F_0(x) = x_0 \oplus \beta_{0,0} \oplus \alpha_{1,0} \oplus \beta_{1,0} \cdots \oplus \alpha_{m,0} \oplus \beta_{m,0}$$
$$= x_0 \oplus (\alpha_{1,0} \oplus \cdots \oplus \alpha_{m,0}) \oplus (\beta_{0,0} \oplus \cdots \oplus \beta_{m,0})$$

然后分析 $\widetilde{F_0}(x)$ 的计算过程中 $+$ 运算产生的进位如何影响 $F_1(x)$ 的值，以便确定 $\beta_{0,0} \oplus \cdots \oplus \beta_{m,0}$ 的值。注意，关于进位比特的两个事实：

(1) 当 $\beta_{i,0} = 0$ 时，对于 $x_0$ 的任意值，不产生进位；

(2) 当 $\beta_{i,0} = 1$ 时，无论 $x_0 = 0$ 还是 $x_0 = 1$，在执行 $+\beta_{i,0}$ 运算之后都可能产生进位。只有 $x_0$ 的一个可能值可产生进位[①]。

将值是 1 的 $\beta_{i,0}$ 的数量表示为 $N_0$。上述事实意味着可通过分别计算当 $x_0 = 0$ 和 $x_0 = 1$ 时的进位来获得 $N_0$，即 $N_0 = \displaystyle\sum_{x_0 \in \{0,1\}} N_0(x_0) = N_0(0) + N_0(1)$，其中 $N_0(x_0)$ 表示 $\widetilde{F_0}(x)$ 关于 $x_0$ 的计算过程中生成的进位数量。

函数 $F_1(x)$ 与 $x_0$ 的值无关，这意味着 $N_0(0) = N_0(1)$，这将导致 $N_0 = N_0(0) + N_0(1) = 2N_0(0)$ 是偶数。由此得出结论 $\beta_{0,0} \oplus \cdots \oplus \beta_{m,0} = 0$。因此，$F_0(x) = x_0 \oplus (\alpha_{1,0} \oplus \cdots \oplus \alpha_{m,0})$。

接下来考虑 $F_1(x)$。此时，$\widetilde{F_1}(x) = (\cdots((x_1 + \beta_{0,1} + \mathrm{CB}_0(x_0)) \oplus \alpha_{1,1} + \beta_{1,1} + \mathrm{CB}_1(x_0)) \oplus \cdots \oplus \alpha_{m,1} + \beta_{m,1} + \mathrm{CB}_m(x_0))$，其中 $\mathrm{CB}_i(x_0)$ 表示 $\widetilde{F_0}(x)$ 在第 $i$ 个 $+$ 运算中产生的进位比特（当没有进位产生时，$\mathrm{CB}_i(x_0)$ 的值等于 0）。然后，因为 $F_0(x)$ 的情形中的相同原因，有 $F_1(x) = x_1 \oplus (\alpha_{1,1} \oplus \cdots \oplus \alpha_{m,1}) \oplus (\beta_{0,1} \oplus \mathrm{CB}_0(x_0) \cdots \oplus \beta_{m,1} \oplus \mathrm{CB}_m(x_0))$。观察 $\widetilde{F_1}(x)$ 的表达式，容易得到如下事实：

(1) 当 $\beta_{i,1} = \mathrm{CB}_i(x_0) = 0$ 时，对 $x_1$ 的任意值都不产生进位比特；

(2) 当 $\beta_{i,1} = \mathrm{CB}_i(x_0) = 1$ 时，对 $x_1$ 的任意值总产生进位比特；

(3) 当 $\beta_{i,1} = 0$, $\mathrm{CB}_i(x_0) = 1$ 时，或当 $\beta_{i,1} = 1$, $\mathrm{CB}_i(x_0) = 0$ 时，只对 $x_1$ 的一个值产生进位比特。

总之，从一对 $\beta_{i,1}$ 和 $\mathrm{CB}_i(x_0)$ 只产生一个进位比特，即可将 $\beta_{i,1} + \mathrm{CB}_i(x_0)$ 视为单一值 $\beta_{i,1}^*(x_0)$。

将值为 1 的 $\beta_{i,1}^*(x_0)$ 的数量表示为 $N_1(x_0)$。上述事实意味着 $N_1(x_0) = \displaystyle\sum_{x_1 \in \{0,1\}} N_1(x_0, x_1) = N_1(x_0, 0) + N_1(x_0, 1)$，其中 $N_1(x_0, x_1)$ 表示 $\widetilde{F_1}(x)$ 关于 $x_0$ 和 $x_1$ 的计算过程中产生的进位数量。因为 $F_2(x)$ 的值独立于 $x_1$，可得 $N_1(x_0, 0) = N_1(x_0, 1)$ 且 $N_1(x_0)$ 为偶数。这意味着

$$\beta_{0,1} \oplus \mathrm{CB}_0(x_0) \cdots \oplus \beta_{m,1} \oplus \mathrm{CB}_m(x_0) = 0$$

---

① 更精确地说，当 $x_0 = 0$ 时如果有进位，则当 $x_0 = 1$ 时无进位，反之亦然。

因此，$F_1(x) = x_1 \oplus (\alpha_{1,1} \oplus \cdots \oplus \alpha_{m,1})$。

上述推理可以简单地应用于其他比特 $F_2(x) \sim F_{n-2}(x)$。从而，可得对任意 $i = 0, 1, \cdots, n-2$，有 $F_i(x) = x_i \oplus (\alpha_{1,i} \oplus \cdots \oplus \alpha_{m,i})$。

最后，综合所有的情况，得到 $F(x) = x \oplus \gamma \equiv x \oplus (\alpha_1 \oplus \cdots \oplus \alpha_m) \pmod{2^{n-1}}$。

这意味着 $\gamma \equiv \bigoplus\limits_{i=1}^{m} \alpha_i \pmod{2^{n-1}}$，定理得证。

**推论 7.4**　对于 IECLM，如果存在 $\gamma \in \{0, 1, \cdots, 255\}$ 使得 $E_i(x) = x \oplus \gamma$，则 $\gamma \in \left\{ \bigoplus\limits_i \alpha_i, \left( \bigoplus\limits_i \alpha_i \right) \oplus 128 \right\}$。

**证明**　考虑 7.5.1 节讨论的 $E_i(x)$ 的四种情况。

(1) $E_i(x) = ((\cdots((x \boxplus \beta_1) \oplus \alpha_1) \cdots) \oplus \alpha_{\lceil(len-1)/2\rceil}) \boxplus \beta_{\lceil len/2\rceil}$：根据定理 7.4，可得

$$\gamma \in \left\{ \bigoplus_{i=1}^{\lceil(len-1)/2\rceil} \alpha_i, \left( \bigoplus_{i=1}^{\lceil(len-1)/2\rceil} \alpha_i \right) \oplus 128 \right\}$$

(2) $E_i(x) = ((\cdots((x \boxplus \beta_1) \oplus \alpha_1) \cdots) \boxplus \beta_{\lceil(len-1)/2\rceil}) \oplus \alpha_{\lceil len/2\rceil}$：根据定理 7.4，可得 $\alpha_{\lceil len/2\rceil} \oplus \gamma \in \left\{ \bigoplus\limits_{i=1}^{\lceil(len-1)/2\rceil} \alpha_i, \left( \bigoplus\limits_{i=1}^{\lceil(len-1)/2\rceil} \alpha_i \right) \oplus 128 \right\}$，即

$$\gamma \in \left\{ \bigoplus_{i=1}^{\lceil len/2\rceil} \alpha_i, \left( \bigoplus_{i=1}^{\lceil len/2\rceil} \alpha_i \right) \oplus 128 \right\}$$

(3) $E_i(x) = ((\cdots((x \oplus \alpha_1) \boxplus \beta_1) \cdots) \oplus \alpha_{\lceil(len-1)/2\rceil}) \boxplus \beta_{\lceil len/2\rceil}$：假设 $x' = x \oplus \alpha_1$，则有 $E_i(x) = x \oplus \gamma = x' \oplus (\alpha_1 \oplus \gamma)$。因此，对 $x'$ 应用定理 7.4，易得

$$\alpha_1 \oplus \gamma \in \left\{ \bigoplus_{i=2}^{\lceil(len-1)/2\rceil} \alpha_i, \left( \bigoplus_{i=2}^{\lceil(len-1)/2\rceil} \alpha_i \right) \oplus 128 \right\}$$

因此，有

$$\gamma \in \left\{ \bigoplus_{i=1}^{\lceil(len-1)/2\rceil} \alpha_i, \left( \bigoplus_{i=1}^{\lceil(len-1)/2\rceil} \alpha_i \right) \oplus 128 \right\}$$

(4) $E_i(x) = ((\cdots((x \oplus \alpha_1) \boxplus \beta_1) \cdots) \boxplus \beta_{\lceil(len-1)/2\rceil}) \oplus \alpha_{\lceil len/2\rceil}$：使用与上类中的相似过程，可得

$$\gamma \in \left\{ \bigoplus_{i=1}^{\lceil len/2\rceil} \alpha_i, \left( \bigoplus_{i=1}^{\lceil len/2\rceil} \alpha_i \right) \oplus 128 \right\}$$

结合以上四种条件可证得推论 7.4。

根据推论 7.4 和式 (7.33)，可得

$$\gamma \bmod 128 = \bigoplus_i \alpha_i \bmod 128$$

$$\in A^* = \{x \bmod 128 \mid x \in A \cup \{0\}\}$$

假设 $a_0^* = a_0 \bmod 128$，$a_1^* = a_1 \bmod 128$，有

$$A^* = \{0, 127, a_0^*, a_1^*, a_0^* \oplus 127, a_1^* \oplus 127, a_0^* \oplus a_1^*, a_0^* \oplus a_1^* \oplus 127\} \tag{7.39}$$

观察式 (7.39)，可注意到如下事实：

(1) 当 $a_0^* = a_1^* \in \{0, 127\}$ 时，$\#(A^*) = 2$；

(2) 当 $a_0^* \in \{0, 127\}$，$a_1^* \notin \{0, 127\}$ （或 $a_1^* \in \{0, 127\}$，$a_0^* \notin \{0, 127\}$）时，$\#(A^*) = 4$；

(3) 当 $a_0^*, a_1^* \notin \{0, 127\}$，$a_0^* \oplus a_1^* \in \{0, 127\}$ 时，$\#(A^*) = 4$；

(4) 当 $a_0^*, a_1^* \notin \{0, 127\}$，$a_0^* \oplus a_1^* \notin \{0, 127\}$ 时，$\#(A^*) = 8$。

显然，如果得到集合 $A^*$，便可能得到 $a_0^*$ 和 $a_1^*$ 的值。这个过程的复杂度可总结如下：

(1) 当 $\#(A^*) = 2$ 时，$(a_0^*, a_1^*)$ 只有两个可能值即 $(0, 127)$ 或者 $(127, 0)$；

(2) 当 $\#(A^*) = 4$ 时，假设 $A^* = \{0, 127, a, a \oplus 127\}$，$(a_0^*, a_1^*)$ 有 8 种可能值，即 $(0, a)$、$(0, a \oplus 127)$、$(127, a)$、$(127, a \oplus 127)$、$(a, a)$、$(a, a \oplus 127)$、$(a \oplus 127, a)$、$(a \oplus 127, a \oplus 127)$；

(3) 当 $\#(A^*) = 8$ 时，$(a_0^*, a_1^*)$ 有 24 个可能值，即 $a_0^* \in A^*/\{0, 127\}$ 和 $a_1^* \in A^*/\{0, 127, a_0^*, a_0^* \oplus 127\}$。

由上述分类情况可知，在任何情况下这些复杂度都远小于穷举搜索 $a_0^*$ 和 $a_1^*$ 所有比特的复杂度 $2^7 \times 2^7 = 2^{14}$。这个思想是本节提出的选择明文攻击的关键所在。

接下来分析如何识别等价于异或运算的加密函数。根据命题 7.4，可通过检验如下 255 个等式来达到这个目的：$F(x_1) \oplus F(x_1 \oplus i) = i$，其中 $x_1 \in \{0, 1, 2, \cdots, 255\}$，$i = 1, 2, \cdots, 255$。

**命题 7.4** 令 $F(x)$ 为定义在集合 $\{0, 1, \cdots, 2^n - 1\}$ 上的函数，则对任意 $x \in \{0, 1, \cdots, 2^n - 1\}$，有

$$F(x) = x \oplus \gamma$$

成立当且仅当存在 $x_1 \in \{0, 1, \cdots, 2^n - 1\}$ 使得 $F(x_1) \oplus F(x_1 \oplus i) = i$ 对于任意 $i \in \{1, 2, \cdots, 2^n - 1\}$ 成立，其中 $n \in \mathbb{Z}^+$，$n > 1$。

**证明**　必要性显然可得。下证充分性。注意，当 $i = 0$ 时，$F(x_1) \oplus F(x_1 \oplus i) = i$ 也成立。因此，当 $i = x \oplus x_1$ 时有 $F(x_1 \oplus x \oplus x_1) = F(x) = F(x_1) \oplus x \oplus x_1 = x \oplus (x_1 \oplus F(x_1))$。当 $i = x_1$ 时，有 $F(x_1) \oplus F(x_1 \oplus x_1) = x_1$，然后可得 $x_1 \oplus F(x_1) = F(0)$。因此，$F(x) = x \oplus F(0)$，其中 $F(0) = \gamma$ 为一固定值。

对于由 $\oplus$ 和 $+$ 运算组成的加密函数 $E_i(x)$，上述结果可以更进一步简化。根据命题 7.5，检查如下 127 个等式便已足够：$F(x_1) \oplus F(x_1 \oplus d) = d$，其中 $x_1$ 是集合 $\{0, 1, \cdots, 255\}$ 中的任意整数，$d \in \{1, 2, \cdots, 127\}$。

**命题 7.5**　考虑定义在式 (7.18) ～ 式 (7.20) 中的任意加密函数 $E_i(x)$ ($i = 1, 2, 3$)。若 $\exists x_1 \in \{0, 1, \cdots, 255\}$，使得 $E_i(x_1) \oplus E_i(x_1 \oplus d) = d, \forall d \in \{1, 2, \cdots, 127\}$，则 $E_i(x) = x \oplus E_i(0)$。

**证明**　根据事实 7.2，有 $E_i(x_1) \oplus E_i(x_1 \oplus 128) = 128$，且对 $j = 1, 2, \cdots, 127$，有 $E_i(x_1) \oplus E_i(x_1 \oplus j \oplus 128) = j \oplus 128$。然后，从命题 7.4 可得 $E_i(x) = x \oplus E_i(0)$。

接下来分析给定加密函数 $E_i(x)$ 等价于 $x \oplus \gamma$ 的概率。由于理论分析非常困难，所以对一幅尺寸为 512 像素 × 512 像素的明文图像在多个 $K_{10}$ 下进行随机实验，其中 $K_1 \sim K_9$ 是随机生成的。一般而言，当 $K_{10}$ 增大时该概率减小，但是对于不同的 $(K_1, K_2, \cdots, K_9)$，它的波动范围非常大。图 7.15 列出了两个典型统计样例，其中涉及第二种加密子函数（即形式为 $x \boxplus \beta$ 的函数）和没有涉及的被分别计算。如图 7.15(b) 所示，对于某些 $K_1 \sim K_9$，在 $K_{10}$ 的绝大多数可能值下，满足等价异或的加密子函数的数量都较大。

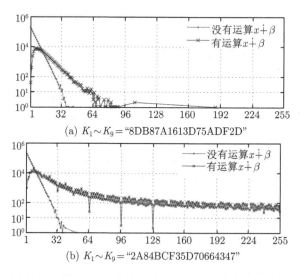

(a) $K_1 \sim K_9 =$ "8DB87A1613D75ADF2D"

(b) $K_1 \sim K_9 =$ "2A84BCF35D70664347"

图 7.15　给定 $K_{10}$ 满足 $E_1(x) = x \oplus \gamma$ 的像素的数量

2) 针对 IECLM 的选择明文攻击

基于上述讨论，可通过选择 128 幅尺寸为 $M$ 像素 × $N$ 像素的明文图像 $\{I_l\}_{l=0}^{127}$ 来进行选择明文攻击: $I_l = I_0 \oplus l$[①]，其中 $I_0$ 可自由选择。为便于描述攻击，使用 $E_{i,k,j}(x)$ 表示第 $k$ 个 16 像素块中第 $j$ 像素对应的加密函数 $E_i(x)$。分别用 $a_{0,i,k}$ 和 $a_{1,i,k}$ 表示第 $k$ 个块对应的参数 $a_0$ 和 $a_1$。类似地，用 $K_{j,k}$ 表示第 $k$ 个像素块对应的子密钥 $K_j$ 更新后的值。然后，根据 7.5.2 节的讨论，可得命题 7.6。

**命题7.6** 给定两个异或等价加密函数 $E_{i,k_1,j_1}(x) = x \oplus \gamma_{k_1,j_1}$ 和 $E_{i,k_2,j_2}(x) = x \oplus \gamma_{k_2,j_2}$，如果 $k_1 \equiv k_2 \pmod{T/2}$，则 $\gamma_{k_1,j_1} \equiv \gamma_{k_2,j_2} \pmod{128}$。

本节提出的选择明文攻击的方法按如下步骤进行。

**步骤 1** 找到异或等价加密函数。

对于每个颜色分量，扫描 128 幅明文图像以找到等价于 $x \oplus \gamma_k$ 的加密函数 $E_{i,k,j}$，其中 $\gamma_k = E_{i,k,j}(0)$ （根据命题 7.5）。将对应于每个颜色分量的所有异或等价加密函数记录到一个尺寸为 $S_i \times 2$ 的矩阵 $A_i$ 中，其中 $S_i$ 表示包含这种加密函数的像素块的数量。矩阵 $A_i$ 中的第一行和第二行分别包含像素块的序号与 $\gamma_k$ 对应的值。注意，同一像素块中所有的异或等价加密函数共享参数 $a_{0,i,k}$ 和 $a_{1,i,k}$，所以它们都是一样的。

这一步骤的输出是三个矩阵 $[A_i]_{i=1}^{3}$，它们需要 $\sum_{i=1}^{3} 2S_i$ 个存储单元。

**步骤 2** 估计 $A_{i,k}^*$ （对 $K_{10}$ 的每个猜测值）。

穷举搜索 $K_{10}$ 的值并得到周期 $T = 256/\gcd(K_{10}, 256)$。然后，对矩阵 $A_i$，生成下列 $T/2$ 个集合: $\left\{\widetilde{A}_{i,k}\right\}_{k=0}^{T/2-1}$，其中 $\widetilde{A}_{i,k} = \{A_i(s,2) \bmod 128 | s \equiv k \pmod{T/2}\}$。接下来，扩展每个 $\widetilde{A}_{i,k}$ 以构造

$$\widetilde{A}_{i,k}^* = \left\{ x_1 \oplus x_2 \oplus x_3 \ \middle| \ x_1, x_2, x_3 \in \widetilde{A}_{i,k} \cup \{0, 127\} \right\}$$

这是下列集合的近似版本:

$$A_{i,k}^* = \{0, 127, a_{0,i,k}^*, a_{1,i,k}^*, a_{0,i,k}^* \oplus 127, a_{1,i,k}^* \oplus 127, a_{0,i,k}^* \oplus a_{1,i,k}^*, a_{0,i,k}^* \oplus a_{1,i,k}^* \oplus 127\}$$

其中，$a_{0,i,k}^* = (a_{0,i,0} + kK_{10}) \bmod 128$；$a_{1,i,k}^* = (a_{1,i,0} + kK_{10}) \bmod 128$。

注意，$a_{0,i,0}$ 和 $a_{1,i,0}$ 是当前颜色分量的两个子密钥。如果存在 $k \in \{0, 1, \cdots, T/2-1\}$ 使得 $\#\left(\widetilde{A}_{i,k}^*\right) \notin \{2, 4, 8\}$，则可认为 $K_{10}$ 的当前值是错误的，并将其移出 $K_{10}$ 的候选值列表。

---

① 使用 $I_l = I_0 \oplus l$ 表示如下事实: $\forall i = 0, 1, \cdots, MN-1$, $R_l(i) = R_0(i) \oplus l$, $G_l(i) = G_0(i) \oplus l$ 和 $B_l(i) = B_0(i) \oplus l$。

这一步骤的输出包括 $K_{10}$ 的 $N$ 个候选值和 $K_{10}$ 的每个候选值对应的最多 $3T/2$ 个集合 $\{\widetilde{A}_{i,k}\}_{i=1,k=0}^{3,T/2-1}$。需要的存储单元的总数不大于 $6 \times 3NT/2 = 9NT \leqslant 12 \times 256 \times 128 = 294912 \approx 2^{18.2}$。即使在个人计算机上存储这些中间数据也是可行的。注意，0 和 127 总是属于 $A^*$，因此不需要存储。

**步骤 3**　确定 $\{K_i \bmod 128\}_{i=4}^{10}$。

对于每个颜色分量，选择最大的集合 $\widetilde{A}_{i,k_0}^*$[①]，可穷尽搜索 $(a_{0,i,k_0}^*, a_{1,i,k_0}^*)$ 的所有可能值，即穷尽搜索 $a_{0,i,0}^* = (a_{0,i,k_0}^* - k_0 K_{10}) \bmod 128$ 和 $a_{1,i,0}^* = (a_{1,i,k_0}^* - k_0 K_{10}) \bmod 128$ 的所有可能值。注意，$a_{0,1,0}^* = K_4 \bmod 128$ 和 $a_{1,1,0}^* = K_7 \bmod 128$ （红色分量），$a_{0,2,0}^* = K_5 \bmod 128$ 和 $a_{1,2,0}^* = K_8 \bmod 128$（绿色分量），$a_{0,3,0}^* = K_6 \bmod 128$ 和 $a_{1,3,0}^* = K_9 \bmod 128$（蓝色分量）。

参数 $(a_{0,i,0}^*, a_{1,i,0}^*)$ 的所有猜测值都可以通过 $A_{i,k_0}^*$ 和其他集合 $\{A_{i,k}^*\}_{k \neq k_0}$ 之间的关系来验证。如果能排除 $(a_{0,i,0}^*, a_{1,i,0}^*)$ 的所有可能值，则也可排除 $K_{10}$ 的当前值。注意，根据命题 7.7，有效候选值 $(a_{0,i,0}^*, a_{1,i,0}^* \oplus 28, K_{10} \bmod 128) = (u,v,w)$ 对应的其他三个值也可通过验证过程：$(u \oplus 127, v \oplus 127, 128 - w)$、$(v,u,w)$ 和 $(v \oplus 127, u \oplus 127, 128 - w)$。

**命题 7.7**　已知 $x, a, c \in \{0, 1, \cdots, 127\}$，$x + ac \equiv (x \oplus 127 + (128 - a)c) \oplus 127 \pmod{128}$。

**证明**　利用异或运算的性质，有

$$x + ac \equiv x + ac - 128c \pmod{128}$$

$$= 127 - (x \oplus 127) - (128 - a)c \pmod{128}$$

$$= 127 - (x \oplus 127 + (128 - a)c) \pmod{128}$$

$$\equiv (x \oplus 127 + (128 - a)c) \oplus 127 \pmod{128}$$

这个步骤的输出是候选值的列表：

$$K^* = (K_4 \bmod 128, \cdots, K_9 \bmod 128, K_{10} \bmod 128)$$

在最坏的情况下，所有可能值的数量是 $24^3 N \leqslant 256 \times 24^3 = 3538944 \approx 2^{21.6}$，这仍远小于子密钥 $K^*$ 所有可能值的数量 $2^{6 \times 7 + 8} = 2^{50}$。在最好的情况下，根据命题 7.7，可计算候选值的数量只有 $2 \times 2^3 = 16$。

---

① 最大尺寸可能是 8、4 或者 2。当最大尺寸为 4 或者 2 时，$\widetilde{A}_{i,k_0}^*$ 可能不是 $A_{i,k_0}^*$ 的良好估计，将导致其不能用于支撑攻击。当 $K_{10}$ 足够大时经常发生这种情况，因此可导致异或等价加密函数以相当小的概率出现（参考图 7.15）。

3) 针对 IECLM 攻击的实验结果

为了验证上述攻击的可行性，对一个随机生成的密钥 $K =$"2A84BCF25E6A664E4C41"，演示真实的攻击过程。结果，由步骤 2 得到的输出为

$$K_{10} \in \{1, 3, \cdots, 255\}$$
$$A^*_{0,6} = \{0, 127, 108, 20, 7, 107, 120, 108\}$$
$$A^*_{0,28} = \{0, 127, 115, 125, 14, 0, 12, 113\}$$
$$A^*_{0,79} = \{0, 127, 116, 117, 1, 10, 11, 126\}$$
$$A^*_{1,19} = \{0, 127, 16, 33, 49, 111, 94, 78\}$$
$$A^*_{1,28} = \{0, 127, 106, 122, 21, 5, 111, 16\}$$
$$A^*_{2,7} = \{0, 127, 19, 78, 108, 49, 34, 93\}$$
$$A^*_{2,18} = \{0, 127, 34, 93, 3, 33, 124, 94\}$$

该攻击的最终结果（即步骤 3 的输出）如表 7.11 所示，其中下划线数据是 $\{K_i \bmod 128\}_{i=4}^{10}$ 的真实值。

表 7.11 攻击 IECLM 的最终输出结果

| $K_{10} \bmod 128$ | $\{K_i \bmod 128\}_{i=4}^{9}$ | | | | | |
|---|---|---|---|---|---|---|
| | $i = 4$ | $i = 7$ | $i = 5$ | $i = 8$ | $i = 6$ | $i = 9$ |
| 63 | 25 | 13 | 33 | 49 | 51 | 21 |
| | | | | | 21 | 51 |
| | | | 49 | 33 | 51 | 21 |
| | | | | | 21 | 51 |
| | 13 | 25 | 33 | 49 | 51 | 21 |
| | | | | | 21 | 51 |
| | | | 49 | 33 | 51 | 21 |
| | | | | | 21 | 51 |
| 65 | 102 | 114 | 94 | 78 | 76 | 106 |
| | | | | | 106 | 76 |
| | | | 78 | 94 | 76 | 106 |
| | | | | | 106 | 76 |
| | 114 | 102 | 94 | 78 | 76 | 106 |
| | | | | | 106 | 76 |
| | | | 78 | 94 | 76 | 106 |
| | | | | | 106 | 76 |

最后，注意即使在不足 128 幅选择明文图像的情况下，也能辨别一些等价加

密函数。为了探讨这种可能性，通过选择 $(n+1) < 128$ 幅明文图像 $\{I_l\}_{l=0}^n$ 来进行实验，其中 $I_l = I_0 \oplus l \ (l > 0)$。令 $N(n)$ 为使用上述 $n+1$ 幅选择明文图像检测到的异或等价函数的数量。比率 $r(n) = N(127)/N(n)$ 是等价异或函数被成功检测的概率估计。给定三个随机生成的密钥，$r(n)$ 在不同 $n$ 值下的值在图 7.16 中给出。从图中可以看到，当 $n$ 从 $2^i - 1$ 增加到 $2^i \ (i = 1, 2, \cdots, 6)$ 时，$r(n)$ 的值大幅增加。对于其他随机密钥下的结果，这个规律大体保持。根据实验结果分析，选择如下 13 幅明文图像以在取得满意检测率的前提下最小化所需选择明文图像数量：$I_0, I_1 = I_0 \oplus 1, I_2 = I_0 \oplus 2, I_3 = I_0 \oplus 3, I_4 = I_0 \oplus 4, I_5 = I_0 \oplus 7, I_6 = I_0 \oplus 8$, $I_7 = I_0 \oplus 15, I_8 = I_0 \oplus 16, I_9 = I_0 \oplus 31, I_{10} = I_0 \oplus 32, I_{11} = I_0 \oplus 63, I_{12} = I_0 \oplus 64$。然后，对 1000 个随机产生的密钥进行实验，统计发现 $r^* = N(127)/N^*$ 的平均值约为 0.825，其中 $N^*$ 表示使用 13 幅选择明文图像检测的异或等价加密函数的数量。注意，当 $N^*$ 太小时，$r^*$ 的值不准确。如果只考虑那些对应于 $N^* \geqslant 100$ 的密钥，则 $r^*$ 的平均值将增大至约 0.9234。如果只考虑那些对应于 $N(n) \geqslant 1000$ 的密钥，则 $r^*$ 的平均值将进一步增加至约 0.9826。实际上，可能需要多于 13 幅选择明文图像来执行针对 IECLM 的攻击。但在大多数情况下，大约 $O(20)$ 幅选择明文图像便已足够。

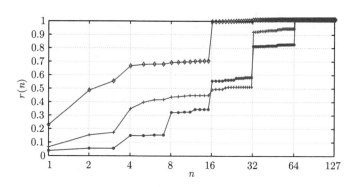

图 7.16　当 $n = 1, 2, \cdots, 127$ 时 $r(n)$ 的值（3 组线分别对应三个随机生成密钥下的结果）

### 7.5.6　针对 IECLM 的已知明文攻击

如图 7.15 所示，许多加密函数等价于异或运算。因此，如果将所有加密函数都视为等价异或运算，则对一幅已知明文图像和对应的密文图像逐像素地进行简单的异或运算便可得到一幅掩模图像。然后将该掩模图像用作等价密钥解密其他密文图像，则所有对应真实等价异或运算的像素都可被正确恢复。如果正确恢复的像素足够多，则可以获得一些明文图像的视觉信息。同时，也可以估计当 $K_{10}$ 相对小时，这个简单的已知明文攻击的效果比较好。图 7.17 给出了当 $K_{10} = 6$ 和

$K_{10} = 30 = (1E)_{\text{hex}}$ 时该攻击方法的两个例子。从图中可以看到明文图像的一些
重要视觉信息被泄露。

(a) $K =$ "8DB87A1613D75ADF2D06"    (b) $K =$ "8DB87A1613D75ADF2D1E"

图 7.17    使用从图 7.13(a) 中已知明文图像 "Lenna" 获得的掩模图像
来获取明文图像 "Peppers" 的视觉信息

## 7.6    本 章 小 结

本章对 Pareek 等设计的四种混沌加密算法（ESLM、IESLM、ESMCM 和
IECLM）进行密码分析。这四种算法的本质结构简单,ESLM 和其改进版本 IESLM
都只使用了异或运算；ESMCM 只使用了模和运算；ESMCM 的改进版本和
IECLM 都使用了异或与模和运算。针对 IECLM 的选择明文攻击涉及复杂模和
异或方程的求解过程,特别是进位的复杂产生机制。从针对这四种加密算法的密
码分析可以看到,更多基本加密运算对寻求高效攻击方法造成了挑战。另外, 也
可以看到当未采用位置置换运算时, 无论加密算法结构看起来多么复杂, 使用单
独一种加密运算的算法的安全性能都非常低。

# 第 8 章　针对 Yen 等设计的四种混沌加密算法的密码分析

## 8.1　引　言

1998 ～ 2009 年，Yen 教授的研究小组 [25,27,63,85,111,112,116,143,218-223] 提出了一系列的混沌多媒体加密算法 [224]。它们的主要思想是，先迭代一个混沌系统生成 PRBS，再用其控制一些基本加密运算的组合。其中大部分算法以图像数据为加密对象，文献 [27]、[85]、[143] 和 [220] 中的加密算法也加密 MPEG 格式编码的视频，文献 [143] 考虑了加密视频数据中的运动向量。部分算法已经在文献 [30]、[34]、[113]、[144]、[225] 和 [226] 中给出详细的密码分析。为了说明混沌密码设计与混沌密码分析之间的交互关系，本章对四种典型的混沌加密算法进行密码分析（以它们的结构复杂度为序）。

文献 [218]、[219] 和 [227] 设计了一类基于混沌神经网络的加密算法。它们本质上是一种基于混沌神经网络（CNN）的流密码。CNN 可用于加密一维信号量，也可以通过简单的扩展用于加密二维数字图像和三维视频文件。在本章中将其称为基于 CNN 的信号加密算法（CNN-based scheme for signal encryption，CNNSE）。文献 [228] 在不影响安全性的前提下，将 CNNSE 的加密简单地扩展到任意尺寸图像块，并将其用于 JPEG2000 图像加密。本章评估 CNNSE 的安全性并指出它的两个安全问题：① 它的等价密钥可由一对明文（已知或选择）和密文推得；② 它抵抗穷举攻击的能力被严重高估 [175]。

基于多米诺骨牌的信号加密算法（domino signal encryption algorithm，DSEA）逐块地加密明文，这些块是由多个字节组成的。在混沌伪随机序列的控制下，每个块的第一个字节通过密钥的一部分进行掩模，其他字节通过前一字节加密后的密文字节进行掩模。也就是说，DSEA 如多米诺骨牌（domino）一样地运作。本章对 DSEA 的安全性能进行分析，并指出它的不足：① 它抵抗穷举攻击的能力被严重高估；② 它抵抗唯密文攻击的能力还不够强，只需一个密文便足以获取一些明文的信息，以及子密钥的值；③ 由于只需要一个已知/选择明文和对应密文中一些连续的字节便可恢复出密钥，所以它抵抗已知/选择明文攻击的能力很弱 [229]。

文献 [221] 提出了多级加密系统（multistage encryption system，MES），并

将其作为提升之前开发的加密算法安全级别的解决方案。尽管加密运算的组合使得 MES 针对已知明文攻击具有更强的抵抗能力，但是其抵抗差分选择明文攻击和差分选择密文攻击的能力依然不足。实际上，只需三个选择明文或密文便足以构造出能完全获取 MES 等价密钥信息的差分文件。同时，注意到 MES 针对穷举攻击的安全性能也并不够强[225]。

本章给出关于多媒体加密系统（multimedia cryptography system, MCS）的密码分析结果。该系统在 Yen 等设计的所有多媒体加密系统中结构上是最复杂的[222]。而文献 [230] 中给出了 MCS 的另一种硬件实现。相对之前设计的一些加密算法，如文献 [85] 中的 RCES 和文献 [27] 中的 TDCEA，MCS 采用更复杂的方式组合了更多不同类型的加密运算。加密算法 RCES 和 TDCEA 已分别被文献 [85] 和 [27] 报道为不安全。因此，设计者本希望 MCS 能对已知明文攻击具有更强的安全性，遗憾的是，MCS 抵抗差分选择明文攻击的能力依然脆弱。使用分而治之策略，只需 7 个选择明文便足以构造出 6 个特殊的明文差分来获取 MCS 的等价密钥[38]。

本章其余部分按如下结构组织。8.2 节简要介绍由 Yen 等设计的四种混沌加密算法。8.3 节和 8.4 节分别对 CNNSE 和 DSEA 及其改进版本进行密码分析。8.5 节和 8.6 节分别对 MCS 和 MES 进行差分分析。8.7 节对本章工作进行总结。

# 8.2 Yen 等设计的四种混沌加密算法

## 8.2.1 基于混沌神经网络的信号加密算法

假设待加密的一维信号为 $\{f(n)\}_{n=0}^{M-1}$，CNNSE 的工作机制可简要描述如下。

(1) 密钥：混沌 Logistic 映射 (2.1) 的初始状态 $x(0)$ 和控制参数 $\mu$，它们都是用 $L$ 个比特表示的二进制小数。

(2) 初始化：在 $L$ 个比特有限计算精度下，从初始状态 $x(0)$ 开始迭代 Logistic 映射，得到混沌序列 $\{x(i)\}_{i=0}^{\lceil 8M/K \rceil - 1}$，并提取每个混沌状态小数点后的 $K$ 个比特[①]以生成混沌比特序列 $\{b(i)\}_{i=0}^{8M-1}$，其中 $x(i) = 0.b(Ki+0)b(Ki+1)\cdots b(Ki+K-1)\cdots$。

(3) 加密：对第 $n$ 个明文元素 $f(n) = \sum_{i=0}^{7}(d_i(n)2^i)$ 执行下列过程，可得其对

应的密文元素 $f'(n) = \sum_{i=0}^{7}(d_i'(n)2^i)$。

---

[①] 在 CNNSE 的实际实现中，在最后量化之前可从直接乘法运算结果 $\mu \cdot x(i-1) \cdot (1-x(i-1))$ 获得这 $K$ 个比特。

① 对 $i = 0, 1, \cdots, 7$ 和 $j = 0, 1, \cdots, 7$，64 个加权值 $w_{ji}$ 计算过程如下：如果 $i = j$，则 $w_{ji} = 0$；否则

$$w_{ji} = 1 - 2b(8n + i) = \begin{cases} 1, & b(8n + i) = 0 \\ -1, & b(8n + i) = 1 \end{cases}$$

② 对 $i = 0, 1, \cdots, 7$，计算八个神经网络中的偏差：

$$\theta_i = \frac{2b(8n + i) - 1}{2} = \begin{cases} -1/2, & b(8n + i) = 0 \\ 1/2, & b(8n + i) = 1 \end{cases}$$

③ 计算第 $i$ 个密文比特：

$$d_i'(n) = \text{sign}\left( \sum_{j=0}^{7} w_{ji} \cdot d_i(n) + \theta_i \right) \tag{8.1}$$

其中，$\text{sign}(\cdot)$ 表示符号函数，即

$$\text{sign}(x) = \begin{cases} 1, & x \geqslant 0 \\ 0, & x < 0 \end{cases}$$

(4) 解密：同上述加密过程一样，除了加密函数 (8.1) 由其逆替代。

上述加密过程看似复杂，实则可转化为更精简的等价形式。观察文献 [218] 和 [227] 中命题 1 以及文献 [219] 中引理 1 的证明过程，可得

$$d_i'(n) = \begin{cases} 0, & d_i(n) = 0 \text{ 且 } b(8n + i) = 0 \\ 1, & d_i(n) = 1 \text{ 且 } b(8n + i) = 0 \\ 1, & d_i(n) = 0 \text{ 且 } b(8n + i) = 1 \\ 0, & d_i(n) = 1 \text{ 且 } b(8n + i) = 1 \end{cases}$$

即

$$d_i'(n) = d_i(n) \oplus b(8n + i) \tag{8.2}$$

显然，CNNSE 是逐比特地加密明文信号的一种流密码加密算法，其中用于进行掩模运算的密钥流是混沌比特序列 $\{b(i)\}$。

## 8.2.2 多米诺信号加密算法

假设明文为 $f = \{f(n)\}_{n=0}^{M-1}$，密文为 $f' = \{f'(n)\}_{n=0}^{M-1}$，其中 $f(n)$ 和 $f'(n)$ 分别表示第 $n$ 个明文字节和第 $n$ 个密文字节。DSEA 的流程图如图 8.1 所示。其工作机制可描述如下。

(1) 密钥：两个整数 $L \in \{1, 2, \cdots, M\}$、initial_key $\in \{0, 1, \cdots, 255\}$、控制参数 $\mu$ 和混沌 Logistic 映射 (2.1) 的初始条件 $x(0)$。

(2) 初始化：在 8 比特有限计算精度下，从 $x(0)$ 开始迭代运行 Logistic 映射以生成混沌序列 $\{x(k)\}_{k=0}^{\lceil M/8 \rceil - 1}$，然后选取 $x(k)$ 的 8 个有效比特以生成 PRBS $\{b(n)\}_{n=0}^{M-1}$，其中

$$x(k) = \sum_{i=0}^{7} \left( b_{8k+i} 2^{-(i+1)} \right) = 0.b_{8k+0} b_{8k+1} \cdots b_{8k+7}$$

(3) 加密：对 $n = 0, 1, \cdots, M-1$，执行

$$f'(n) = \begin{cases} f(n) \oplus \text{true\_key}, & b(n) = 1 \\ f(n) \oplus \overline{\text{true\_key}}, & b(n) = 0 \end{cases}$$

其中

$$\text{true\_key} = \begin{cases} \text{initial\_key}, & n \bmod L = 0 \\ f'(n-1), & n \bmod L \neq 0 \end{cases}$$

$\bar{x}$ 表示整数 $x$ 按位取反后的结果。

(4) 解密：同上述加密过程完全一致，因为 XOR 是可逆运算。

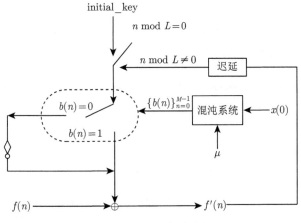

图 8.1 DSEA 的流程图

### 8.2.3　多级加密系统

MES 算法逐块地加密明文，其中每个块包含 7 个明文字节。首先，通过添加 1 个伪随机字节将每个 7 字节明文块扩展至 8 个字节。然后依次执行三个步骤加密：字节置换、值掩模和比特旋转。这三个步骤全部通过由迭代混沌 Logistic 映射 (2.1) 得到的 PRBS 来控制。

为便于描述 MES 算法，不失一般性，假设明文为 $f = \{f(i)\}_{i=0}^{N-1}$，其中 $f(i)$ 表示第 $i$ 个明文字节，$N$ 可被 7 整除。明文共分为 $N/7$ 块：$f = \{f^{(7)}(k)\}_{k=0}^{N/7-1}$，其中 $f^{(7)}(k) = \{f^{(7)}(k,j)\}_{j=0}^{6} = \{f(7k+j)\}_{j=0}^{6}$。类似地，设密文为 $f' = \{f'(i)\}_{i=0}^{N-1} = \{f'^{(8)}(k)\}_{k=0}^{N/7-1}$，其中 $f'^{(8)}(k) = \{f'^{(8)}(k,j)\}_{j=0}^{7} = \{f'(8k+j)\}_{j=0}^{7}$ 表示 8 字节的扩展密文块。基于以上符号系统，MES 算法的工作机制可描述为如下。

(1) 密钥：三个整数 $\alpha$、$\beta$、$O$，控制参数 $\mu$ 和混沌 Logistic 映射的初始条件 $x(0)$，其中 $\alpha > 0, \beta > 0, \alpha + \beta < 8, O \in \{0,1,\cdots,255\}$。

(2) 初始化：① 在 33 比特定点有限计算精度下，从 $x(0)$ 开始迭代 Logistic 映射以生成混沌序列 $\{x(k)\}_{k=0}^{N/7-1}$，然后从 $x(k) = 0.b_{33k+0}b_{33k+1}\cdots b_{33k+32}$ 提取小数点后 33 个比特以生成混沌伪随机序列 $\{b(i)\}_{i=0}^{33N/7-1}$；② 令 temp $= O$。

(3) 加密：每个明文块 $f^{(7)}(k)$ 的加密过程由以下四步组成。

**步骤 1**　数据扩展：得到一个包含 8 个字节的块 $f^{(8)}(k) = \{f^{(8)}(k,j)\}_{j=0}^{7} = \{\text{temp}, f^{(7)}(k,0),\cdots,f^{(7)}(k,6)\}$，然后令 temp $= f^{(8)}(k,l(k))$，其中 $l(k) = \sum_{i=0}^{2} 2^i \cdot b(33k+i)$。

**步骤 2**　字节置换：依次设置参数 $(i,j,l) = (0,4,3), (1,5,4), (2,6,5), (3,7,6), (0,2,7), (1,3,8), (4,6,9), (5,7,10), (0,1,11), (2,3,12), (4,5,13), (6,7,14)$，执行 12 次随机交换运算

$$\text{Swap}_{b(33k+l)}\left(f^{(8)}(k,i), f^{(8)}(k,j)\right)$$

令 $f^{*(8)}(k)$ 表示置换后的 8 字节块。

**步骤 3**　值掩模：设置两个伪随机字节 $\text{Seed1}(k) = \sum_{i=0}^{7}(b(33k+i)2^{7-i})$ 和

$\text{Seed2}(k) = \sum_{i=0}^{7}(b(33k+8+i)2^{7-i})$。

对 $j = 0,1,\cdots,7$，依次执行掩模运算

$$f^{**(8)}(k,j) = f^{*(8)}(k,j) \oplus \text{Seed}(k,j) \tag{8.3}$$

其中

$$\text{Seed}(k,j) = \begin{cases} \text{Seed1}(k), & B(k,j) = 3 \\ \overline{\text{Seed1}(k)}, & B(k,j) = 2 \\ \text{Seed2}(k), & B(k,j) = 1 \\ \overline{\text{Seed2}(k)}, & B(k,j) = 0 \end{cases} \tag{8.4}$$

$B(k,j) = 2b(33k+16+j) + b(33k+17+j)$。

**步骤 4** 比特旋转：对 $j = 0, 1, \cdots, 7$，计算

$$f'(8k+j) = f'^{(8)}(k,j) = \text{ROLR}_{p(k,j)}^{q(k,j)}\left(f^{**(8)}(k,j)\right)$$

其中，$p(k,j) = b(33k+24+j)$；$q(k,j) = \alpha + \beta \cdot b(33k+25+j)$。

(4) 解密：是上述加密过程的逆。对第 $k$ 个 8 比特密文块 $f'^{(8)}(k)$，将步骤 4 中 $p(k,j)$ 替换成其补码 $\overline{p(k,j)} = 1 - p(k,j)$。先执行步骤 4，然后执行步骤 3，接着逆序执行步骤 2，最后舍弃第一个字节以恢复明文块 $f^{(7)}(k)$。

### 8.2.4 多媒体加密系统

MCS 算法逐块地加密明文图像，其中每个块包含 15 个明文字节。首先，通过添加一个秘密选择的字节将每个 15 字节的明文块扩展至含有 16 字节的块。然后，通过一个由 PRBS 控制的四个步骤进行加密：字节交换（置换）、值掩模、水平和垂直方向的比特旋转。

将明文按有序序列表示为 $f = \{f(i)\}_{i=0}^{N-1}$，其中 $f(i)$ 表示第 $i$ 个明文字节。不失一般性，假设 $N$ 可被 15 整除，则明文可分为 $N/15$ 块：$f = \{f^{(15)}(k)\}_{k=0}^{N/15-1}$，其中 $f^{(15)}(k) = \{f^{(15)}(k,j)\}_{j=0}^{14} = \{f(15k+j)\}_{j=0}^{14}$。类似地，将密文表示为

$$f' = \{f'(i)\}_{i=0}^{(N/15)16-1} = \{f'^{(16)}(k)\}_{k=0}^{N/15-1}$$

其中，$f'^{(16)}(k) = \{f'^{(16)}(k,j)\}_{j=0}^{15} = \{f'(16k+j)\}_{j=0}^{15}$ 表示扩展的密文块。

基于以上符号系统，MCS 算法的工作机制可描述如下。

(1) 密钥：五个整数 $\alpha_1$、$\alpha_2$、$\beta_1$、$\beta_2$、$S_0$ 和二进制小数 $x(0)$，其中 $1 \leqslant \alpha_1 < \alpha_1 + \beta_1 \leqslant 7$，$1 \leqslant \alpha_2 < \alpha_2 + \beta_2 \leqslant 7$，$S_0 \in \{0, 1, \cdots, 255\}$，$x(0) = \sum\limits_{j=-64}^{64}(x(0)_j 2^j)$，$x(0)_j \in \{0, 1\}^{①}$。

(2) 伪随机数生成器：以 $x(0)$ 为初始值，迭代

$$x(i+1) = T\left((419/2^8)\left(x(i) \oplus H(x(i))\right) \bmod 2^{64}\right) \tag{8.5}$$

---

① 在文献 [222] 中，Yen 等并没有将 $\alpha_i = 0$ 和 $\beta_i = 0$ 的情况排除，只是为了使得加密结果不为零。

次得到伪随机序列 $(x(i))_{i=0}^{N/15+9}$，其中 $x(i) = \sum\limits_{j=-64}^{64} (x(i)_j 2^j)$, $x(i)_j \in \{0, 1\}$，

$$H(x(i)) = \sum_{j=-64}^{64} 2^j \left( \bigoplus_{k=-64}^{-1} x(i)_k \right)$$

$T(x) = x - (x \bmod 2^{-64})$。然后，通过从序列 $\{x(i)\}_{i=10}^{N/15+9}$ 中选取每个 $x(i+10)$ 的第 129 个比特，得到对应的伪随机序列 $\{b(i)\}_{i=0}^{129N/15-1}$。注意，上述伪随机序列是文献 [231] 中提出的第二类基于混沌伪随机序列的一个特例，其中参数 $p = 419$，$m = 8$, $M = k = 64$。

(3) 初始化：执行上述 PRBG 以生成控制比特序列 $\{b(i)\}_{i=0}^{129N/15-1}$；令 $\text{temp} = S_0$。

(4) 加密：对每个明文块 $f^{(15)}(k)$，执行下列运算。

**步骤 1**　数据扩展：在每 15 个字节的明文块中添加 temp，得到扩展的 16 字节块，即

$$f^{(16)}(k) = \{f^{(16)}(k, j)\}_{j=0}^{15} = \{f^{(15)}(k, 0), f^{(15)}(k, 1), \cdots, f^{(15)}(k, 14), \text{temp}\}$$

然后更新 $\text{temp} = f^{(16)}(k, l(k))$，其中 $l(k) = \sum\limits_{i=0}^{3} 2^i b(129k + i)$。

**步骤 2**　字节交换：定义伪随机字节交换运算，即

$$\text{Swap}_{b(129k+l)}(f^{(16)}(k, i), f^{(16)}(k, j))$$

当 $b(129k + l) = 1$ 时，交换 $f^{(16)}(k, i)$ 和 $f^{(16)}(k, j)$。然后，当 $(i, j, l) \in \{(0, 8, 4), (1, 9, 5), (2, 10, 6), (3, 11, 7), (4, 12, 8), (5, 13, 9), (6, 14, 10), (7, 15, 11), (0, 4, 12), (1, 5, 13), (2, 6, 14), (3, 7, 15), (8, 12, 16), (9, 13, 17), (10, 14, 18), (11, 15, 19), (0, 2, 20), (1, 3, 21), (4, 6, 22), (5, 7, 23), (8, 10, 24), (9, 11, 25), (12, 14, 26), (13, 15, 27), (0, 1, 28), (2, 3, 29), (4, 5, 30), (6, 7, 31), (8, 9, 32), (10, 11, 33), (12, 13, 34), (14, 15, 35)\}$ 时，按此顺序执行字节交换运算。将置换的 16 字节块表示为 $f^{*(16)}(k)$。

**步骤 3**　值掩模：确定两个伪随机变量，即

$$\text{Seed1}(k) = \sum_{i=0}^{15} 2^i \left( \bigoplus_{t=0}^{3} b(129k + 4i + t) \right)$$

$\text{Seed2}(k) = \sum\limits_{i=16}^{31} 2^{i-16} \left( \bigoplus\limits_{t=0}^{3} b(129k + 4i + t) \right)$。然后，对 $j = 0, 1, \cdots, 7$，执行比特掩模运算：

$$f^{**(16)}(k)_j = f^{*(16)}(k)_j \oplus \text{Seed}(k,j) \tag{8.6}$$

其中，$f^{*(16)}(k)_j$ 和 $f^{**(16)}(k)_j$ 分别由 $f^{*(16)}(k)$ 和 $f^{**(16)}(k)$ 的 16 个元素中第 $j$ 个比特组合而成，即

$$\text{Seed}(k,j) = \begin{cases} \text{Seed1}(k), & B(k,j) = 3 \\ \overline{\text{Seed1}(k)}, & B(k,j) = 2 \\ \text{Seed2}(k), & B(k,j) = 1 \\ \overline{\text{Seed2}(k)}, & B(k,j) = 0 \end{cases} \tag{8.7}$$

且 $B(k,j) = 2b(129k + 36 + 2j) + b(129k + 37 + 2j)$。

**步骤 4** 水平方向的比特旋转：通过指定 $M_1(i,j)$ 为 $f^{**(16)}(k,i)$ 的第 $j$ 个比特，从而构造 8×8 矩阵 $M_1$。然后，对 $i = 0, 1, \cdots, 7$，执行下列水平方向的比特旋转运算以得到一个新的矩阵 $\widetilde{M}_1$：

$$\widetilde{M}_1(i,:) = \text{Rotate } X^{p_{1,k,i}, r_{1,k,i}} (M_1(i,:))$$

即当 $p_{1,k,i} = 1$ 时，将 $M_1(i,:)$（$M_1$ 的第 $i$ 行）向左平移 $r_{1,k,i}$ 个元素（比特）；当 $p_{1,k,i} = 0$ 时，将 $M_1(i,:)$ 向右平移 $r_{1,k,i}$ 个元素。两个参数的值分别为 $p_{1,k,i} = b(129k + 65 + 2i)$，$r_{1,k,i} = \alpha_1 + \beta_1 \cdot b(129k + 66 + 2i)$。

上述过程等价于

$$\widetilde{M}_1(i,:) = \text{Rotate } X^{0, \overline{r}_{1,k,i}} (M_1(i,:))$$

其中

$$\overline{r}_{1,k,i} = \begin{cases} \alpha_1 + \beta_1 \cdot b(129k + 66 + 2i), & p_{1,k,i} = 0 \\ 8 - (\alpha_1 + \beta_1 \cdot b(129k + 66 + 2i)), & p_{1,k,i} = 1 \end{cases}$$

这里，$p_{1,k,i} = b(129k + 65 + 2i)$。

接下来，将使用后一种形式来简化进一步的讨论。使用相似的方式，通过指定 $M_2(i,j)$ 作为 $f^{**(16)}(k, 8+i)$ 的第 $j$ 个比特，构造出另一个 8×8 矩阵 $M_2$。然后，对 $M_2$ 执行类似的水平比特旋转运算以得到一个新的矩阵 $\widetilde{M}_2$：

$$\widetilde{M}_2(i,:) = \text{Rotate } X^{0, \overline{r}_{2,k,i}} (M_2(i,:))$$

其中

$$\overline{r}_{2,k,i} = \begin{cases} \alpha_1 + \beta_1 \cdot b(129k + 98 + 2i), & p_{2,k,i} = b(129k + 97 + 2i) = 0 \\ 8 - (\alpha_1 + \beta_1 \cdot b(129k + 98 + 2i)), & p_{2,k,i} = b(129k + 97 + 2i) = 1 \end{cases}$$

在上述水平比特旋转运算之后，将该 16 字节块中第 $i$ 个字节表示为

$$f^{*(16)}(k,i) = \begin{cases} \sum_{j=0}^{7} (\widetilde{M}_1(i,j)2^j), & 0 \leqslant i \leqslant 7 \\ \sum_{j=0}^{7} (\widetilde{M}_2(i-8,j)2^j), & 8 \leqslant i \leqslant 15 \end{cases}$$

**步骤 5** 垂直方向的比特旋转：对 $j = 0, 1, \cdots, 7$，面向 $\widetilde{M}_1$ 执行下列垂直比特旋转运算：

$$\widehat{M}_1(:,j) = \mathrm{Rotate}\, Y^{0,\bar{s}_{1,k,j}}(\widetilde{M}_1(:,j))$$

从而得到 $\widehat{M}_1$，即将 $\widetilde{M}_1(:,j)$（$\widetilde{M}_1$ 的第 $j$ 列）向下平移 $\bar{s}_{1,k,j}$ 个元素（比特）。该参数的值为

$$\bar{s}_{1,k,j} = \begin{cases} \alpha_1 + \beta_1 \cdot b(129k + 82 + 2j), & q_{1,k,j} = b(129k + 81 + 2j) = 0 \\ 8 - (\alpha_1 + \beta_1 \cdot b(129k + 82 + 2j)), & q_{1,k,j} = b(129k + 81 + 2j) = 1 \end{cases}$$

对 $\widetilde{M}_2$ 执行类似的垂直比特旋转运算以得到 $\widehat{M}_2$：

$$\widehat{M}_2(:,j) = \mathrm{Rotate}\, Y^{0,\bar{s}_{2,k,j}}(\widetilde{M}_2(:,j))$$

其中

$$\bar{s}_{2,k,j} = \begin{cases} \alpha_1 + \beta_1 \cdot b(129k + 114 + 2j), & q_{2,k,j} = b(129k + 113 + 2j) = 0 \\ 8 - (\alpha_1 + \beta_1 \cdot b(129k + 114 + 2j)), & q_{2,k,j} = b(129k + 113 + 2j) = 1 \end{cases}$$

最后，从 $\widehat{M}_1$ 和 $\widehat{M}_2$ 得到密文块 $f'^{(16)}(k) = \{f'^{(16)}(k,i)\}_{i=0}^{15}$，其中

$$f'^{(16)}(k,i) = \begin{cases} \sum_{j=0}^{7} (\widehat{M}_1(i,j)2^j), & 0 \leqslant i \leqslant 7 \\ \sum_{j=0}^{7} (\widehat{M}_2(i-8,j)2^j), & 8 \leqslant i \leqslant 15 \end{cases}$$

(5) 解密：是对上述各加密过程的逆运算，以相反的顺序执行。

为了验证上述加密算法的实际效果，图 8.2 给出了明文图像 "Babarra" 和对应的密文图像，其中随机选择密钥设置：$\alpha_1 = 2$，$\beta_1 = 5$，$\alpha_2 = 3$，$\beta_2 = 4$，$S_0 = 20$，$x(0) = 0.251$。注意到由于数据扩展，密文图像要比明文图像高 1/16。为了更加清楚地展示 MCS 算法的工作机制，在表 8.1 中列出图 8.2(a) 所示的图像中第 2 个 16 字节块的加密过程的数据，其中各二值矩阵的各行以 LSB 到 MSB 排列。作为对比，表 8.2 列出了另一组明文数据加密过程中的数据和加密参数。

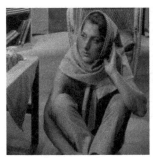 

(a) 明文图像 (b) 密文图像

图 8.2 明文图像 "Babarra" 和对应的密文图像

**表 8.1 图 8.2(a) 所示的图像中第 2 个 16 字节块的加密过程**

| $f^{(16)}(1)$ | 149, 160, 168, 170, 179, 180, 174, 168 | 158, 143, 126, 106, 89, 82, 84, 85 |
|---|---|---|
| $\overline{f^{*(16)}}(1)$ | 158, 160, 126, 106, 89, 82, 174, 168 | 149, 143, 168, 170, 179, 180, 84, 85 |
| $f^{*(16)}(1)$ | 160, 158, 106, 174, 168, 126, 89, 82 | 85, 168, 149, 143, 84, 180, 179, 170 |
| $M_1, M_2$ | $\begin{bmatrix} 1,1,0,1,1,1,0,1 \\ 1,0,0,1,0,1,0,1 \\ 0,1,1,1,0,0,0,1 \\ 0,1,1,0,0,1,1,0 \\ 1,1,1,1,1,0,0,1 \\ 0,1,1,0,1,1,0,1 \\ 1,0,0,0,1,0,0,1 \\ 0,1,0,1,1,0,0,1 \end{bmatrix}$ | $\begin{bmatrix} 0,1,1,1,0,0,1,0 \\ 0,0,0,0,0,1,1,0 \\ 0,1,1,1,0,0,0,1 \\ 0,0,0,1,1,1,0,1 \\ 0,0,0,0,1,1,0,1 \\ 1,1,0,0,0,0,0,1 \\ 0,0,0,1,0,1,0,1 \\ 1,0,0,0,1,1,0,1 \end{bmatrix}$ |
| $f^{**(16)}(1)$ | 187, 169, 142, 102, 159, 182, 145, 154 | 78, 96, 142, 184, 176, 131, 168, 177 |
| $\overline{r}_{1,1,i}, \overline{r}_{2,1,i}$ | 1, 2, 2, 6, 6, 6, 7, 6 | 1, 2, 6, 2, 2, 6, 1, 6 |
| $\widetilde{M}_1, \widetilde{M}_2$ | $\begin{bmatrix} 1,1,1,0,1,1,1,0 \\ 0,1,1,0,0,1,0,1 \\ 0,1,0,1,1,1,0,0 \\ 1,0,0,1,1,0,0,1 \\ 1,1,1,0,0,1,1,1 \\ 1,0,1,1,0,1,0,1 \\ 0,0,0,1,0,0,1,1 \\ 0,1,1,0,0,1,0,1 \end{bmatrix}$ | $\begin{bmatrix} 0,0,1,1,1,0,0,1 \\ 1,0,0,0,0,0,0,1 \\ 1,1,0,0,0,1,0,1 \\ 0,1,0,0,0,1,1,1 \\ 0,1,0,0,0,0,1,1 \\ 0,0,0,0,0,1,1,1 \\ 1,0,0,0,1,0,1,0 \\ 0,0,1,1,0,1,1,0 \end{bmatrix}$ |
| $f^{*(16)}(1)$ | 119, 166, 58, 153, 231, 173, 200, 166 | 156, 129, 163, 226, 194, 224, 81, 108 |
| $\overline{s}_{1,1,i}, \overline{s}_{2,1,i}$ | 1, 2, 6, 2, 6, 2, 6, 2 | 7, 2, 1, 2, 2, 1, 7, 7 |
| $\widehat{M}_1, \widehat{M}_2$ | $\begin{bmatrix} 0,0,0,1,1,1,0,1 \\ 1,0,1,1,0,0,1,1 \\ 0,1,1,0,0,1,0,1 \\ 0,1,0,0,0,1,1,0 \\ 1,1,1,0,0,1,0,1 \\ 1,1,1,1,1,1,1,0 \\ 1,0,1,1,0,0,0,1 \\ 0,1,0,0,1,1,0,1 \end{bmatrix}$ | $\begin{bmatrix} 1,0,1,0,0,1,0,1 \\ 1,0,1,0,1,0,0,1 \\ 0,0,0,1,0,0,1,1 \\ 0,0,0,1,1,1,1,1 \\ 0,0,0,0,0,1,1,1 \\ 1,1,0,0,0,0,1,0 \\ 0,1,0,0,0,1,1,0 \\ 0,1,0,0,0,0,0,1 \end{bmatrix}$ |
| $f^{'(16)}(1)$ | 184, 205, 166, 98, 167, 127, 141, 178 | 165, 149, 200, 248, 224, 67, 98, 130 |

表 8.2　图像 "Peppers" 中第 2 个 16 字节块的加密过程

| $f^{(16)}(1)$ | 174, 184, 185, 191, 188, 190, 191, 185 | 191, 190, 189, 190, 189, 187, 183, 113 |
|---|---|---|
| $\overline{f^{*(16)}}(1)$ | 191, 184, 189, 190, 189, 187, 191, 185 | 174, 190, 185, 191, 188, 190, 183, 113 |
| $f^{*(16)}(1)$ | 184, 191, 190, 191, 185, 189, 189, 187 | 113, 185, 174, 190, 183, 190, 188, 191 |
| $M_1, M_2$ | $\begin{bmatrix} 1,1,0,0,0,1,0,1 \\ 0,0,0,1,0,0,0,1 \\ 0,1,0,1,1,0,1,0 \\ 1,1,1,0,1,1,1,0 \\ 0,1,1,1,0,0,0,1 \\ 1,0,1,0,1,1,1,0 \\ 1,0,1,0,1,1,1,0 \\ 1,1,0,0,1,1,1,0 \end{bmatrix}$ | $\begin{bmatrix} 0,1,0,1,0,1,1,0 \\ 1,0,0,0,1,1,1,0 \\ 1,0,1,0,1,1,0,1 \\ 1,0,0,1,0,0,0,1 \\ 1,1,0,0,1,0,1,0 \\ 1,0,0,1,0,0,0,1 \\ 1,1,1,0,0,0,1,0,1 \\ 0,0,1,0,0,1,0,1 \end{bmatrix}$ |
| $f^{**(16)}(1)$ | 163, 136, 90, 119, 142, 117, 117, 115 | 106, 113, 181, 137, 83, 137, 167, 164 |
| $\overline{r}_{1,1,i}, \overline{r}_{2,1,i}$ | 1, 2, 2, 6, 6, 6, 7, 6 | 1, 2, 6, 2, 2, 6, 1, 6 |
| $\widetilde{M}_1, \widetilde{M}_2$ | $\begin{bmatrix} 1,1,1,0,0,0,1,0 \\ 0,1,0,0,0,1,0,0 \\ 1,0,0,1,0,1,1,0 \\ 1,0,1,1,1,0,1,1 \\ 1,1,0,0,0,1,0,1 \\ 1,0,1,1,1,0,1,0 \\ 0,1,0,1,1,1,0,1 \\ 0,0,1,1,1,0,1,1 \end{bmatrix}$ | $\begin{bmatrix} 0,0,1,0,1,0,1,1 \\ 1,0,1,0,0,0,1,1 \\ 1,0,1,1,0,1,1,0 \\ 0,1,1,0,0,1,0,0 \\ 1,0,1,0,1,0,1,0 \\ 0,1,0,0,0,1,1,0 \\ 1,1,1,1,0,0,1,0 \\ 1,0,0,1,0,1,0,0 \end{bmatrix}$ |
| $f^{*(16)}(1)$ | 71, 34, 105, 221, 163, 93, 186, 220 | 212, 197, 109, 38, 77, 98, 79, 41 |
| $\overline{s}_{1,1,i}, \overline{s}_{2,1,i}$ | 1, 3, 5, 3, 5, 3, 5, 3 | 7, 3, 1, 3, 3, 1, 7, 7 |
| $\widehat{M}_1, \widehat{M}_2$ | $\begin{bmatrix} 0,0,1,1,1,0,1,0 \\ 1,1,0,1,0,1,0,1 \\ 0,0,1,1,1,0,1,1 \\ 1,1,0,0,1,0,0,0 \\ 1,1,1,0,1,1,1,0 \\ 1,0,1,1,0,1,1,0 \\ 1,0,0,1,0,0,0,1 \\ 0,1,0,0,0,1,1,1 \end{bmatrix}$ | $\begin{bmatrix} 1,1,0,0,0,1,1,1 \\ 1,1,1,1,0,0,1,0 \\ 0,0,1,1,0,0,0,0 \\ 1,0,1,0,1,1,1,0 \\ 0,0,1,0,0,1,1,0 \\ 1,0,1,1,0,0,1,0 \\ 1,1,0,0,0,1,0,0 \\ 0,0,1,1,0,0,1,1 \end{bmatrix}$ |
| $f^{'(16)}(1)$ | 92, 171, 220, 19, 119, 109, 137, 226 | 227, 79, 12, 117, 100, 77, 35, 204 |

# 8.3　针对 CNNSE 的密码分析

## 8.3.1　针对 CNNSE 的穷举攻击

在文献 [218]、[219] 和 [227] 中，作者声称因为伪随机序列 $\{b(i)\}_{i=0}^{8M-1}$ 中有 $8M$ 个攻击者未知的比特，所以 CNNSE 抵抗穷举攻击的时间复杂度为 $O\left(2^{8M}\right)$。然而，这个结论是不正确的，这 $8M$ 个比特由密钥（控制参数 $\mu$ 和初始条件 $x(0)$）唯一确定。它只有 $2L$ 个秘密比特，这意味着最多只有 $2^{2L}$ 个不同的混沌比特序列。

现在估算穷举攻击的实际复杂度。对于 $x(0)$ 和 $\mu$ 的每个猜测值，穷举验证需要大约 $8M/K$ 次混沌迭代和 $8M$ 次异或运算。假设每个 $L$ 比特数字乘法运算需要的时间是加法运算的 $L$ 倍，则每次迭代 Logistic 映射需要的时间是加法运算的 $2L+1$ 倍。因此，穷举攻击的复杂度将是 $O\left(2^{2L}\left(\dfrac{8M(2L+1)}{K}+8M\right)\right)=O\left(2^{2L}M\right)$。当 $M$ 的值不是很小时，这个复杂度比 $O(2^{8M})$ 小得多。而且，考虑到要在 $\mu$ 接近于 4 时，Logistic 映射才具有足够强的混沌状态，穷举攻击复杂度甚至比 $O\left(2^{2L}M\right)$ 还要小。

上述分析表明，即使面对最简单的穷举攻击，CNNSE 的安全性能也被其设计者严重高估。随着数字计算机和分布式计算技术的快速发展，对于强加密型算法，抵抗穷举攻击的复杂度不能小于 $O\left(2^{128}\right)$ [1]。为了达到这个安全水平，需要 $L \geqslant 64$。相比之下，文献 [227] 中的 $L=8$ 和文献 [219] 中的 $L=17$ 都太小 [1]。

### 8.3.2 针对 CNNSE 的已知明文攻击

在已知明文攻击或选择明文攻击的场景下，只需已知明文 $\{f(n)\}_{n=0}^{M-1}$ 和对应的密文 $\{f'(n)\}_{n=0}^{M-1}$ 便可获得 CNNSE 的等价密钥，并且该攻击的复杂度要远小于穷举攻击的复杂度。由式 (8.2) 可得 $b(8n+i)=f_i(n)\oplus f_i'(n)$，即攻击者可通过对 $\{f(n)\}_{n=0}^{M-1}$ 和 $\{f'(n)\}_{n=0}^{M-1}$ 逐位地进行简单的异或运算，重构出混沌比特序列 $\{b(i)\}_{i=0}^{8M-1}$。设 $\{f_m(n)=f(n)\oplus f'(n)\}_{n=0}^{M-1}$，则有 $f_m(n)=0.b(8n+0)\cdots b(8n+7)$。在未获取密钥 $(\mu,x(0))$ 的情况下，给定使用相同密钥加密的任意密文 $f'$，攻击者可使用 $f_m$ 来解密对应明文 $f$ 的前 $M$ 个字节：$n=0,1,\cdots,M-1$，$f(n)=f'(n)\oplus f_m(n)$。因为通过使用 $f_m$ 来"掩模"（即异或）密文可解密明文，所以这里称 $f_m$ 为掩模信号（当 CNNSE 加密数字图像时，称其为掩模图像）[2]。

为了验证上述攻击过程，参考文献 [219] 设置的参数 $L=17$、$K=32$ 和密钥 $\mu=3.946869$、$x(0)=0.256966$，对大量数字图像进行了加解密和攻击实验。图 8.3 给出了一幅尺寸为 256 像素 × 256 像素明文图像 "Lenna" 和对应的密文图像，以及掩模图像 $f_m=f\oplus f'$。如果使用相同密钥加密另一幅明文图像 "Babarra"（尺寸也为 256 像素 × 256 像素），如图 8.4 所示，图像 "Babarra" 可用从图像 "Lenna" 中得到的掩模图像 $f_m$ 恢复。对于一幅较大的明文图像 "Peppers"（尺寸为 384 像素 × 384 像素），可使用图 8.5 所示的 $f_m$ 来恢复其前 256 像素 × 256 像素 = 65536 像素。

---

① 在文献 [218] 中，并没有明确提到 $L$ 的值，因为文献 [218] 中算法是文献 [227] 中算法的最初版本，所以假设 $L=8$。

② 实际上，这是流密码加密算法普遍存在的缺陷[1]。

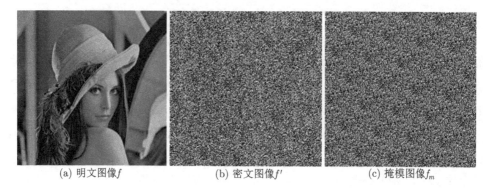

(a) 明文图像 $f$　　　　　　(b) 密文图像 $f'$　　　　　　(c) 掩模图像 $f_m$

图 8.3　一对已知明密文图像及所得的掩模图像

(a) 明文图像　　　　　　(b) 密文图像　　　　　　(c) 恢复的图像

图 8.4　使用如图 8.3(c) 所示的 $f_m$ 解密明文图像 "Babarra"（尺寸为 256 像素 × 256 像素）

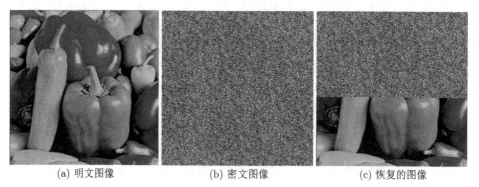

(a) 明文图像　　　　　　(b) 密文图像　　　　　　(c) 恢复的图像

图 8.5　使用如图 8.3(c) 所示的 $f_m$ 解密明文图像 "Peppers"（尺寸为 384 像素 × 384 像素）

从上述实验可以看出，基于 $f_m$ 的已知明文攻击有局限性。幸运的是，攻击者可以很容易从比特序列 $\{b(i)\}_{i=0}^{8M-1}$ 得到 $\mu$ 和 $x(0)$ 的值，从而完整地攻击了 CNNSE。即使攻击者只知道部分明文 $f(n_1) \sim f(n_2)$，仍然可以得到 $\mu$ 的值和混沌状态 $x(i)$，进而可计算出所有的混沌状态，即 $\{b(i)\}_{i=8n_2}^{\infty}$，从而恢复所有在第

$n_1$ 个位置之后的明文像素点。

接下来讨论如何得到混沌状态 $x(i)$ 和 $\mu$ 的值。首先，讨论如何得到混沌状态 $x(i)$。

回顾序列 $\{b(i)\}_{i=0}^{8M-1}$ 的生成过程，将 $\{b(i)\}_{i=0}^{8M-1}$ 划分为 $K$ 比特片段，容易重构出该混沌序列的 $K$ 比特近似版本 $\{\tilde{x}(i)\}_{i=0}^{\lceil 8M/K \rceil - 1}$，其中 $\tilde{x}(i) = 0.b(Ki + 0) \cdots b(Ki + K - 1)$ 且

$$|\Delta x(i)| = |\tilde{x}(i) - x(i)|$$
$$\leqslant 0.\overbrace{0 \cdots 0}^{K}\overbrace{1 \cdots 1}^{L-K}$$
$$= \sum_{j=K+1}^{L} 2^{-j}$$
$$< 2^{-K} \tag{8.8}$$

显然，当 $L \leqslant K$ 时，$\tilde{x}(i) = x(i)$；当 $L > K$ 时，每个混沌状态 $x(i)$ 的准确值可由穷举猜测 $L - K$ 个位置比特得到。整个猜测过程的复杂度为 $O\left(2^{L-K}\right)$。

一旦得到两个连续的混沌状态 $x(i)$ 和 $x(i+1)$，便可以足够小的搜索复杂度估计 $\mu$ 的值。使用从图 8.3(a) 所示明文图像 "Lenna"（尺寸为 256 像素 × 256 像素）得到的掩模图像 $f_m$，可按上述过程计算出 $x(0)$ 和 $\mu$ 的值，从而完全恢复尺寸较大的明文图像 "Peppers"（尺寸为 384 像素 × 384 像素）。解密的结果如图 8.6 所示。

图 8.6　使用从图 8.3(c) 所示 $f_m$ 中得到的密钥解密图像 "Peppers" 的密文图像

　　最后值得一提的是，即使没有密钥，也有另一种基于掩模信号 $f_m$ 的方式可以解密任意尺寸的明文。这是因为对于在 $L$ 比特有限计算精度下实现的数字混沌系统，每个混沌轨迹都为一个长度小于 $2^L$ 的循环（并且通常情况下远小于 $2^L$，详见文献 [14] 和 [89] 中关于数字混沌动力学退化的讨论）。文献 [219] 中实现 CNNSE 时采用 $L = 17$、$K = 32$。因此，在大多数情况下，CNNSE 每个混沌轨迹循环的长度将远小于 $2^{17}$。这个长度相对于许多明文的尺寸来说还不足够大，特别是对于数字图像和视频。例如，一幅尺寸为 256 像素 × 256 像素的图像对应一个长度为 $8 \times 256 \times 256/32 = 2^{14}$ 的混沌轨迹 $\{x(i)\}$。对于大多数 $\mu$ 和 $x(0)$，$\{x(i)\}$ 的循环周期甚至远小于 $2^{14}$，即 $\{x(i)\}$ 中存在可见的重复模式。仔细观察图 8.3(c) 所示的掩模图像 $f_m$，容易发现这种重复模式。易得 $f_m$ 的循环 (cycle)，在原始掩模信号的尾部添加更多的循环从而将其扩展到任意尺寸。这意味着任意密文都可通过由掩模图像 $f_m$ 扩展得到的掩模信号 $f_m^*$ 来解密。如图 8.7 所示，使用这样的方法可完全解密尺寸较大的明文图像 "Peppers"。

　　　　　(a) 扩展的掩模图像$f_m^*$　　　　　　　　　(b) 使用$f_m^*$恢复出的图像

图 8.7　使用由图 8.3(c) 所示的 $f_m$ 扩展得到的 $f_m^*$ 解密明文图像 "Peppers"

### 8.3.3　改进 CNNSE

　　改进 CNNSE 最简单的方法就是使 $L$ 足够大以保证穷举攻击的复杂度足够大。另外，为了使猜测每个混沌状态的 $L - K$ 个未知比特的复杂度足够大，$L - K$ 也应该足够大。这里建议 $(L, K) = (64, 8)$。这样穷举验证 $x(0)$ 的复杂度为 $O\left(2^{L-K}\right) = O\left(2^{56}\right)$，得到 $\mu$ 值的复杂度（即得到两个相邻混沌状态）为 $O\left(2^{2(L-K)}\right) = O\left(2^{112}\right)$。这样的复杂度足够大到使得穷举攻击和由 $f_m$ 得到密钥的攻击都难以实现。然而，因为 CNNSE 是一个流密码加密算法，所以使 $L - K$ 足够大并不能增强其抵抗基于掩模信号 $f_m$ 的已知明文攻击的能力。为了抵御这种攻击，应使用一个值替代部分使得 CNNSE 变为乘积密码。注意，改进后的

CNNSE 的安全性是由值替代部分来保证的，而不是 CNNSE 本身。从本质上来讲，CNNSE 并不能通过简单修正来加强其抵抗已知明文攻击的能力。

## 8.4 针对 DSEA 的密码分析

### 8.4.1 针对 DSEA 的穷举攻击

DSEA 的密钥为 $(L, \text{initial\_key}, \mu, x(0))$，即有 $M \times 2^{3 \times 8} = M \times 2^{24}$ 个可能值。考虑验证每个密钥的复杂度，查找所有可能密钥的复杂度为 $O\left(2^{24} M^2\right)$。当选择一幅典型的尺寸为 256 像素 $\times$ 256 像素的图像作为明文时，复杂度将会是 $O(2^{56})$，这远小于文献 [220] 中作者声称的 $O(2^M M) = O(2^{65552})$。值得注意的是，因为不是所有的 $\mu$ 都能保证 Logistic 映射的混沌性能，实际上的复杂度甚至更小，所以文献 [220] 中严重高估了 DSEA 抵抗穷举攻击的能力。在现在超级计算网络服务普及的时代，对于一个强加密型的密码，复杂度应为 $O(2^{128})$ 以上 [1]。这意味着 DSEA 在实际应用中不够安全。

### 8.4.2 针对 DSEA 的唯密文攻击

因为传输信道一般来说都不安全，所以能有效抵抗唯密文攻击是对任何加密算法的基本要求。然而，从 DSEA 的一个密文中便可获取许多关于明文和密钥的信息，也就是说，该算法抵御唯密文攻击的能力非常弱。

已知一个可观察的密文 $f'$，按下列步骤生成两个掩模文本 $f_0^*$ 和 $f_1^*$：$f_0^*(0) = 0$，$f_1^*(0) = 0$，$\forall\, n = 1, 2, \cdots, M - 1$，$f_0^*(n) = f'(n) \oplus \overline{f'(n-1)}$，$f_1^*(n) = f'(n) \oplus f'(n-1)$。根据 DSEA 的加密过程，容易验证下列结果：

$$f(n) = \begin{cases} f_0^*(n), & b(n) = 0 \\ f_1^*(n), & b(n) = 1 \end{cases} \tag{8.9}$$

其中，$n \bmod L \neq 0$。这意味着 $f(n)$ 既不等于 $f_0^*(n)$，也不等于 $f_1^*(n)$。假设每个混沌比特均匀分布在集合 $\{0, 1\}$ 上，可推出 $f_0^*$ 和 $f_1^*$ 中正确明文像素的比率不低于 $\dfrac{L-1}{L} \times \dfrac{1}{2} = \dfrac{1}{2} - \dfrac{1}{2L}$。当 $L$ 足够大时，$f_0^*$ 和 $f_1^*$ 大约一半的像素与 $f$ 中明文像素相同。预期可以从 $f_0^*$ 和 $f_1^*$ 中识别出一些关于明文图像的可视化信息。

为了验证上述观点，对一幅尺寸为 256 像素 $\times$ 256 像素的图像 "Lenna" 进行加密以得到 $f_0^*$ 和 $f_1^*$，其中，参数 $L = 15$, $\text{initial\_key} = 170$, $\mu = 251/2^6 \approx 3.9219$，$x(0) = 69/2^8 \approx 0.2695$。实验结果如图 8.8 所示。在 $f_0^*$ 中有 27726 个像素点与 $f$ 相同，而 $f_1^*$ 中则有 33461 个像素点与 $f$ 相同。观察图 8.8(c) 和 (d) 可以看出，在 $f_0^*$ 和 $f_1^*$ 上都隐约浮现出明文图像的重要视觉信息。

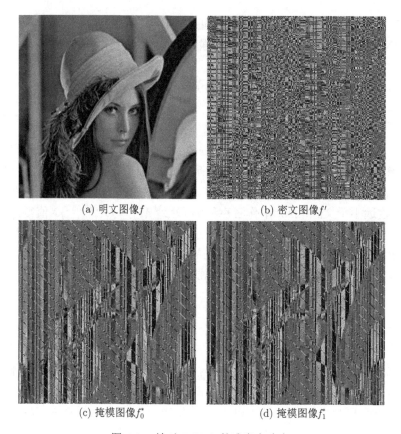

(a) 明文图像 $f$　　　　　　　　　(b) 密文图像 $f'$

(c) 掩模图像 $f_0^*$　　　　　　　　(d) 掩模图像 $f_1^*$

图 8.8　针对 DSEA 的唯密文攻击

另外，如果明文中相邻比特间存在强相关性（音频和自然图像就是很好的例子），那么从 $f_0^*$ 或者 $f_1^*$ 中都可能得到 $L$ 的值。这是由以下两种明文字节之间存在的概率差异引起的：

(1) 当 $n \bmod L \neq 0$ 时，等式 $f_0^*(n) = f(n)$ 和等式 $f_1^*(n) = f(n)$ 成立的概率都为 $1/2$。

(2) 当 $n \bmod L = 0$ 时，等式 $f_0^*(n) = f(n)$ 和等式 $f_1^*(n) = f(n)$ 都成立的概率为 $1/256$：$f_0^*(n) = f(n)$ 成立当且仅当 $f'(n-1) = \overline{\text{initial\_key}}$ 成立；$f_1^*(n) = f(n)$ 成立当且仅当 $f'(n-1) = \text{initial\_key}$ [①]。

当相邻比特间存在强相关性时，上述概率差异表明，满足 $n \bmod L = 0$ 的每个位置附近存在强的非连续性（概率很高）。如图 8.8(c) 和 (d) 所示，当掩模文本以一幅图像或是二维模式显示时，这些非连续字节固定发生周期将导致周期性直

---

① 不失一般性，假设每个密文字节均匀分布在集合 $\{0, 1, \cdots, 255\}$ 上。

线的出现。然后，通过任意两条相邻直线之间的水平距离易确定发生周期，即 $L$ 的值。为使直线更清晰，可以计算 $f_0^*$ 和 $f_1^*$ 的差分图像，如图 8.9 所示，其中图像 $f = \{f(n)\}_{n=0}^{M-1}$ 的差分图像定义如下：$f_d(0) = f(0)$ 和 $\forall n = 1, 2, \cdots, M-1$，$f_d(n) = |f(n) - f(n-1)|$。根据定理 8.1，可得 $f_0^*$ 和 $f_1^*$ 的差分图像是相同的，从而可得 $|f_0^*(n) - f_0^*(n-1)| = |f'(n) \oplus \overline{f'(n-1)} - f'(n-1) \oplus \overline{f'(n-2)}| = |f'(n) \oplus f'(n-1) - f'(n-1) \oplus f'(n-2)| = |f_1^*(n) - f_1^*(n-1)|$。

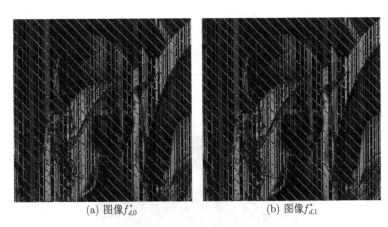

(a) 图像 $f_{d,0}^*$        (b) 图像 $f_{d,1}^*$

图 8.9　$f_0^*$ 和 $f_1^*$ 的差分图像

**定理 8.1**　对于任意三个 $s$ 比特整数 $a$、$b$、$c$，有 $|(a \oplus b) - (b \oplus c)| = |(a \oplus \bar{b}) - (b \oplus \bar{c})|$。

**证明**　引入四个新变量：$A = a \oplus b$，$B = b \oplus c$，$A' = a \oplus \bar{b}$，$B' = b \oplus \bar{c}$。因为 $a \oplus \bar{b} = a \oplus b \oplus b \oplus \bar{b} = a \oplus b \oplus (2^s - 1) = \overline{a \oplus b}$，所以 $A' = \overline{A}$，$B' = \overline{B}$，即 $(a \oplus b) - (b \oplus c) = A - B$ 和 $(a \oplus \bar{b}) - (b \oplus \bar{c}) = \overline{A} - \overline{B}$。令 $A = (A_0 \cdots A_{s-1})_2 = \sum_{i=0}^{s-1}(A_i 2^i)$，$B = (B_0 \cdots B_{s-1})_2 = \sum_{i=0}^{s-1}(B_i 2^i)$。因为 $\forall A_i, B_i \in \{0,1\}$，$A_i - B_i = \bar{B}_i - \bar{A}_i$，显然 $A - B = \sum_{i=0}^{s-1}((A_i - B_i)2^i) = \sum_{i=0}^{s-1}(\bar{B}_i - \bar{A}_i)$，$2^i = \overline{B} - \overline{A}$，所以 $|(a \oplus b) - (b \oplus c)| = |A - B| = |\overline{B} - \overline{A}| = |\overline{A} - \overline{B}| = |(a \oplus \bar{b}) - (b \oplus \bar{c})|$。证毕。

### 8.4.3　针对 DSEA 的已知明文攻击

尽管文献 [220] 中认为 DSEA 能够抵御已知明文攻击，但是这并不正确。给定一个明文中一些连续明文比特和对应的密文比特，能够完全恢复密钥以解密该明文对应密文的其他密文比特。当然，也可以用来解密任何使用相同密钥加密的密文。显然，即使对每个明文采用不同的密钥（如文献 [220] 所提到的那样，先不讨论此策略的可用性），DSEA 对已知/选择明文攻击来说仍不安全。接下来，讨论如何分别获得四个子密钥。

(1) 获取子密钥 $L$：如 8.4.2 节所述，一旦得到一个密文，攻击者通过观察两个构造的掩模文本 $f_0^*$ 和 $f_1^*$ 中周期性呈现的直线，可以很容易地推断出 $L$ 的值。此外，因为明文也已知，所以可通过如下步骤生成一个加强的差分图像 $f_d^*$：$f_d^*(0) = 0$ 且 $\forall\, n = 1, 2, \cdots, M - 1$，令

$$f_d^*(n) = \begin{cases} 0, & f(n) \in \{f_0^*(n), f_1^*(n)\} \\ 255, & f(n) \notin \{f_0^*(n), f_1^*(n)\} \end{cases} \tag{8.10}$$

图 8.8(b) 所示的密文图像对应的加强差分图像如图 8.10 所示。与图 8.9 相比，可以看出直线更加明显。

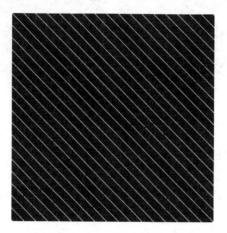

图 8.10　加强差分图像 $f_d^*$

(2) 获取 initial_key：对于所有满足 $n \bmod L = 0$ 的 $n$，显然有

$$\text{initial\_key} = \begin{cases} f(n) \oplus f'(n), & b(n) = 1 \\ \overline{f(n) \oplus f'(n)}, & b(n) = 0 \end{cases} \tag{8.11}$$

注意，当存在像素点满足 $n \bmod L = 0$ 和 $f_d^*(n) = 0$，即满足

$$f(n) \in \{f_0^*(n), f_1^*(n)\} = \left\{ f'(n) \oplus \overline{f'(n-1)}, f'(n) \oplus f'(n-1) \right\}$$

时，有可能可以唯一确定 initial_key 的值。考虑 $f'(n) = f(n) \oplus \text{initial\_key}$，可

推出

$$\text{initial\_key} = \begin{cases} f'(n-1), & f(n) = f_1^*(n) \\ \overline{f'(n-1)}, & f(n) = f_0^*(n) \end{cases} \tag{8.12}$$

(3) 获取 PRBS 和其他两个密钥：一旦 $L$ 和 initial_key 被确定，PRBS $\{b(n)\}_{n=0}^{M-1}$ 和 $x(0) = \sum_{i=0}^{7}(b_i 2^{-(i+1)})$ 可根据下列方法确定。

① 当 $n \bmod L \neq 0$ 时：如果 $f(n) = f_0^*(n)$，则 $b(n) = 0$，否则 $b(n) = 1$；

② 当 $n \bmod L = 0$ 时：如果 initial_key $= f(n) \oplus f'(n)$，则 $b(n) = 1$，否则 $b(n) = 0$。

使用 16 个连续的混沌比特 $b(8k+0) \sim b(8k+15)$，可进一步获得两个相邻的混沌状态：$x(k) = 0.b(8k+0)\cdots b(8k+7)$ 和 $x(k+1) = 0.b(8k+8)\cdots b(8k+15)$，然后可用 3.5.3 节讨论的方法，类似地得到子密钥 $\mu$ 的估计值。

使用上述步骤，可恢复 DSEA 所有的子密钥 $(L, \text{initial\_key}, \mu, x(0))$，然后将其用于解密其他使用相同密钥加密的密文。对于明文图像 "Lenna"，攻击结果如图 8.11 所示。由大量实验验证可知已知明文攻击的复杂度仅为 $O(M)$，可以说这是针对 DSEA 的一种完美攻击算法。

图 8.11  使用已知明文攻击恢复的图像 "Lenna" 结果

## 8.4.4  改进 DSEA

在本节中，试图寻找一种 DSEA 的补救措施以抵御上述攻击。但结论是简单加强后的 DSEA 并不能抵御已知明文攻击。

为了保证穷举攻击的复杂度足够大，最简单的思路就是增大 $x(0)$ 和 $\mu$ 的表示精度。建议使用 64 比特长整型表示 $x(0)$ 和 $\mu$，使得抵抗穷举攻击的复杂度不小于 $O(2^{128})$。显然，DSEA 对唯密文攻击和已知/选择明文攻击的不安全性是由异或运算的可逆性引起的。这实际上是所有的基于异或运算流密码加密算法的共同弱点。

为使 DSEA 更加安全，不得不改变加密结构和基本的掩模运算。换句话说，不得不设计一种全新的加密算法，而不是加强 DSEA。另外，在 DSEA 中存在着特殊的缺陷。根据文献 [14]，当一个混沌系统在 $s$ 比特有限计算精度下实现时，每个混沌轨迹将变为一个长度小于 $2^s$（一般远小于 $2^s$）的周期循环。

图 8.12(a) 给出了在已知明文攻击下恢复的混沌 PRBS 的虚拟图像。从图中可以发现，该 PRBS 的循环长度仅为 $2^6 = 64$ 且对应混沌轨迹的周期仅为 $2^3 = 8$。PRBS 这样的一个小周期将会使得任何攻击方式的攻击变得更加容易。为了弥补这个缺点，建议使用更高的精度或浮点计算。图 8.12(b) 给出了当使用双精度浮点计算混沌状态时 PRBS 的虚拟图像。显然，这在一定程度上避免了短周期的影响（文献 [89] 中详细讨论了浮点运算模式下 Logistic 映射和 Tent 映射的动力学退化特征）。

(a) 8比特定点计算　　　　　　　　(b) 双精度浮点计算

图 8.12　在两个不同精度计算下 PRBS 的虚拟图像

## 8.5　针对 MES 算法的密码分析

### 8.5.1　MES 算法的三个性质

定义两个信号 $f_0$ 和 $f_1$ 的异或差分（后面简称为"差分"）为 $f_{0\oplus 1} = f_0 \oplus f_1$。因此，易证得下列 MES 算法的三个性质，这将用作整个攻击方法的基础。

**性质 8.1** MES 算法中步骤 3 的随机掩模不能改变差分值，即 $\forall~k, j$，$f_{0\oplus1}^{**(8)}(k,j) \equiv f_{0\oplus1}^{*(8)}(k,j)$。

**证明** 由等式 (8.6)，可得

$$
\begin{aligned}
f_{0\oplus1}^{**(8)}(k,j) &= f_0^{**(8)}(k,j) \oplus f_1^{**(8)}(k,j) \\
&= (f_0^{*(8)}(k,j) \oplus \mathrm{Seed}(k,j)) \oplus (f_1^{*(8)}(k,j) \oplus \mathrm{Seed}(k,j)) \\
&= f_0^{*(8)}(k,j) \oplus f_1^{*(8)}(k,j) \\
&= f_{0\oplus1}^{*(8)}(k,j)
\end{aligned}
$$

**性质 8.2** 如果明文和混沌比特序列固定，则 $f_{0\oplus1}^{(8)}(k)$ 中所有差分字节也固定，即 $f_{0\oplus1}^{(8)}(k)$ 的值与参数 $O$ 无关。

**证明** 对每个 8 字节块的第一个字节，如果 temp $= O$，则 $f_{0\oplus1}^{(8)}(k,0) = 0$；否则 temp 为出现在 $f^{(7)}(k)$ 之前的明文字节，即 $f_{0\oplus1}^{(8)}(k,0)$ 是出现在 $f_{0\oplus1}^{(7)}(k)$ 之前的差分字节。显然，差分值 $f_{0\oplus1}^{(8)}(k,0)$ 独立于 $O$ 的值，但可由明文和秘密混沌序列唯一确定。因为 $f_{0\oplus1}^{(8)}(k)$ 中其他七个字节也独立于 $O$，所以该性质得证。

从差分角度来看，性质 8.1 和性质 8.2 意味着 MES 算法可被退化为 $O = 0$ 时由三个基本加密步骤（排除随机掩模步骤）构成的加密算法（因此，它可视为 2.2.2 节中 TDCEA 的改进版本）。

**性质 8.3** MES 算法中步骤 2 的字节置换不能改变每个差分值，而是改变它们在 8 字节块中的位置。

**证明** 由于字节置换仅改变每个字节的位置，所以该性质的证明是显然的。

从上述性质可得出如下自然结果：如果 $f_{0\oplus1}^{(8)}(k,0) = \cdots = f_{0\oplus1}^{(8)}(k,7)$，则 $f_{0\oplus1}^{(8)}(k) = f_{0\oplus1}^{**(8)}(k)$。这意味着对于拥有 8 个相同字节的差分块，MES 算法可进一步退化为由两个基本加密步骤（数据扩展和比特旋转）构成的加密算法（此时 MES 算法退化为文献 [111] 中 BRIE 算法的数据扩展修改版）。

### 8.5.2 针对 MES 算法的差分攻击

首先，利用性质 8.3 和文献 [30] 中给出的关于 BRIE 算法的密码分析，容易攻击步骤 4 的秘密比特旋转。然后，利用性质 8.1 和性质 8.2 可进一步攻击步骤 2 的秘密字节置换和步骤 1 的秘密数据扩展。最后，步骤 3 中的秘密掩模运算可被恢复。

当四个步骤中所有的秘密运算都被攻击之后，大多数的秘密混沌比特可被恢复，从而以足够小的攻击复杂度得到整个密钥。值得注意的是，设计的差分攻击可通过选择明文或者密文来实现。

1) 获取 MES 算法中步骤 4 的 ROLR 运算

选择两个明文以得到差分信号 $f_{0\oplus1}$: $\forall i = 0, 1, \cdots, N-1$, $f_{0\oplus1}(i) \equiv a$, 其中 $a$ 为任意非零灰度值。根据 $f^{(8)}(k,0)$ 的生成规则, 存在阈值整数 $k_0 \geqslant 1$, 使得当 $k \leqslant k_0$ 时, $f_{0\oplus1}^{(8)}(k,0) \equiv 0$; 当 $k > k_0$ 时, $f_{0\oplus1}^{(8)}(k,0) \equiv a$。假设 $a \neq 0$ 和每个混沌比特均匀分布在集合 $\{0,1\}$ 上, 可以推得 $\mathrm{Prob}[k_0 = n] = \mathrm{Prob}[l(0) = \cdots = l(n-1) = 0, l(n) \neq 0] = 7/8^{n+1}$。这意味着当 $k$ 足够大时, $f_{0\oplus1}^{(8)}(k,0) \equiv a$ 几乎为真。此时, 有 $f_{0\oplus1}^{(8)}(k,0) = \cdots = f_{0\oplus1}^{(8)}(k,7)$。所以, 由性质 8.3 可以看出, 在 MES 算法中只剩下步骤 4, 即 $\forall j = 0, 1, \cdots, 7$, 有

$$f_{0\oplus1}'^{(8)}(k,j) = \mathrm{ROLR}_{p(k,j)}^{q(k,j)} \left( f_{0\oplus1}^{(8)}(k,j) \right)$$
$$= \mathrm{ROLR}_{p(k,j)}^{q(k,j)}(1) \tag{8.13}$$

此时, MES 算法已退化为 BRIE 算法, 可与文献 [30] 讨论的那样, 令 $a = 1$ 获取 ROLR 的等价运算:

$$\mathrm{ROLR}_{p(k,j)}^{q(k,j)} = \mathrm{ROLR}_0^{8-\hat{q}(k,j)}$$
$$= \mathrm{ROLR}_1^{\hat{q}(k,j)} \tag{8.14}$$

其中, $\hat{q}(k,j) = \log_2 \left( f_{0\oplus1}'^{(8)}(k,j) \right)$ 为在 ROLR 运算后 $a = 1$ 仅有的 1 比特的新位置。

2) 获取 MES 算法中步骤 2 的字节置换

因为已经恢复了步骤 4 中的 ROLR 运算, 所以从差分角度来看 MES 算法退化为数据扩展下的唯置换加密算法。在 2.3.3 节中分析过, 所有的唯置换加密算法都不能抵抗选择明文攻击。如果选择两个明文以保证每个 8 字节差分块中任意两个元素都互不相同, 则可通过对比 $f_{0\oplus1}^{(8)}(k,1) \sim f_{0\oplus1}^{(8)}(k,7)$ 和 $f_{0\oplus1}^{*(8)}(k,0) \sim f_{0\oplus1}^{*(8)}(k,7)$ 唯一确定秘密置换关系。在选择密文攻击的场景下, 对于每个 $f_{0\oplus1}^{*(8)}(k)$, 可容易地选择 8 个不同的密文比特达到该攻击要求。在选择明文攻击中, 因为 $f_{0\oplus1}^{*(8)}(k,0)$ 不能自由选择, 所以该条件稍显复杂。选择两个明文以得到以下差分信号 $f_{0\oplus1}$: $\forall i = 0, 1, \cdots, N$, $f_{0\oplus1}(i) = (i+1) \bmod 256$。假设每个混沌比特均匀分布, 则可通过下列方式计算 $P_c = \mathrm{Prob}[f_{0\oplus1}(k,0) \in \{f_{0\oplus1}(k,j)\}_{j=1}^7]$:

(1) 当 $0 \leqslant k \leqslant \lfloor 255/7 \rfloor - 1 = 35$ 时, $P_c = 0$;

(2) 当 $k \geqslant 36$ 时, $P_c \leqslant 1/8^{35} = 1/2^{105}$。

很明显在所有情况中都可以忽略 $P_c$, 且多数情况下 $f_{0\oplus1}^{*(8)}(k,i) \neq f_{0\oplus1}^{*(8)}(k,j)$ 对任意 $i, j \in \{0, 1, \cdots, 7\}$ 成立, 其中 $i \neq j$。总之, 第 $k$ 块的置换关系可作为一个关于位置序号的双射 $F(k,i) = i'$ 唯一确定, 其中 $i, i' \in \{0, 1, \cdots, 7\}$。如果 $f_{0\oplus1}(k)$ 中的一些字节碰巧是相同的, 则还可以选择更多明文以尝试恢复整个置换运算。

3) 获取 MES 算法中步骤 1 的数据扩展

一旦攻击了两个相邻块之间的置换运算 $f_{0 \oplus 1}^{(8)}(k)$ 和 $f_{0 \oplus 1}^{(8)}(k+1)$，则通过在 $f_{0 \oplus 1}^{(8)}(k)$ 的第 8 个字节中寻找 $f_{0 \oplus 1}^{(8)}(k+1, 0)$ 的位置可得到 $l(k)$ 的值。

4) 获取 MES 算法中步骤 3 的掩模参数

在步骤 1、步骤 2 和步骤 4 被成功攻击后，两个中间块 $f_0^{*(8)}(k)$ 和 $f_0^{**(8)}(k)$ 可分别由 $f_0$ 和 $f_0'$ 得到。然后，通过如下计算可得掩模参数：$\forall k, j,$ $\text{Seed}(k, j) = f_0^{*(8)}(k, j) \oplus f_0^{**(8)}(k, j)$。

5) 获取 MES 算法的秘密混沌比特和密钥

尽管上述过程中已恢复的秘密比特可用作解密密文的等价密钥，但仍可进一步得到混沌比特，然后尝试获取 $\alpha$、$\beta$、$\mu$ 和 $x(0)$ 的值。因为已知 $O$ 并不影响解密过程，所以将其排除于密钥之外。

在步骤 1 中，三个有关的混沌比特 $b(33k+0) \sim b(33k+2)$ 可以直接由 $l(k)$ 的值得到。

在步骤 3 中，涉及 25 个混沌比特：$b(33k+0) \sim b(33k+7)$ 和 $b(33k+8) \sim b(33k+15)$ 分别确定 $\text{Seed}1(k)$ 和 $\text{Seed}2(k)$ 的值，$b(33k+16) \sim b(33k+24)$ 确定 $B(k, 0) \sim B(k, 7)$。为获得这些未知比特，可在集合 $\{\text{Seed}(k, 0), \cdots, \text{Seed}(k, 7)\} \subseteq \{\text{Seed}1(k), \overline{\text{Seed}1(k)}, \text{Seed}2(k), \overline{\text{Seed}2(k)}\}$ 中查找 $\text{Seed}1(k)$ 和 $\text{Seed}2(k)$ 的值。显然，$\text{Seed}1(k)$ 和 $\text{Seed}2(k)$ 的最大可能组合数为 8。三个已知比特 $b(33k+0) \sim b(33k+2)$ 可用于排除一些无效组合，并且注意到 $B(k, j)$ 和 $B(k, j+1)$（$j = 0, 1, \cdots, 6$）有一个共同的比特 $b(33k+17+j)$，该比特可用于排除 $\text{Seed}1(k)$ 和 $\text{Seed}2(k)$ 的一些无效组合。在大多数情况下，$\text{Seed}1(k)$ 和 $\text{Seed}2(k)$ 的值可唯一确定，并可获得所有的 25 个比特。

在步骤 4 中，9 个混沌比特 $b(33k+24) \sim b(33k+32)$ 用于确定 $p(k, j)$ 和 $q(k, j)$ 的值。观察比特旋转过程和式 (8.14)，可得 $\hat{q}(k, j) \in Q = \{\alpha, \alpha+\beta, 8-\alpha, 8-(\alpha+\beta)\}$。所以，通过穷尽搜索 $1 + \cdots + 6 = 21$ 个 $\alpha$ 和 $\beta$ 的可能组合情况，可以按如下方式确定这 9 个混沌比特：$\forall j = 0, 1, \cdots, 7$，有

$$b(33k+25+j) = \begin{cases} 0, & \hat{q}(k, j) \in \{\alpha, 8-\alpha\} \\ 1, & \hat{q}(k, j) \in \{\alpha+\beta, 8-(\alpha+\beta)\} \end{cases} \tag{8.15}$$

$$b(33k+24+j) = \begin{cases} 0, & \hat{q}(k, j) \in \{\alpha, \alpha+\beta\} \\ 1, & \hat{q}(k, j) \in \{8-\alpha, 8-(\alpha+\beta)\} \end{cases} \tag{8.16}$$

注意，当 $\alpha = 8 - (\alpha+\beta)$，即 $2\alpha + \beta = 8$ 时，式 (8.15) 不成立。当 $\alpha = 4$ 时，式 (8.16) 也不成立。根据如何运用这两个等式来确定 $\{\hat{q}(k, j)\}_{j=0}^{7}$ 中 9 个混沌比特的值，可将所有 $(\alpha, \beta)$ 的可能值分为以下三类。

C1　$\alpha \neq 4$、$\alpha + \beta \neq 4$ 和 $2\alpha + \beta \neq 8$：式 (8.15) 和式 (8.16) 都不成立，所以 9 个混沌比特 $b(33k + 24) \sim b(33k + 32)$ 都可唯一确定。此类有 12 个可能值，它们都满足 $\#(Q) = 4$。

C2　$4 \in \{\alpha, \alpha + \beta\}$（可保证 $2\alpha + \beta \neq 8$）：式 (8.15) 成立且 8 个混沌比特 $b(33k + 25) \sim b(33k + 32)$ 可唯一确定。当 $\alpha = 4$ 且 $b(33k + 25) = 1$，或者 $\alpha \neq 4$ 且 $\widetilde{b}(33k + 25) = 0$ 时，通过式 (8.16) 可以确定 $b(33k + 24)$。此类有 6 个可能值，它们都满足 $\#(Q) = 3$。

C3　$2\alpha + \beta = 8$：式 (8.15) 和式 (8.16) 都不成立，所以不得不穷举猜测所有的 9 个混沌比特。此类有 3 个可能值，它们都满足 $\#(Q) = 2$。

对于 C2 类和 C3 类，注意可以以很高概率通过步骤 3 来恢复 $b(33k + 24)$。

因为上述三类情况分别对应着 $\#(Q)$ 不同的值，所以不需要搜索 $(\alpha, \beta)$ 所有的 21 个可能值，只需要在与 $\#(Q)$ 匹配的范围内搜索，这在一定程度上可以减小搜索的复杂度。$\#(Q)$ 的值可由集合 $Q' = \{\hat{q}(k, j)\}_{k=0, j=0}^{N/7 - 1, 7}$ 或其子集的元素个数来估计。显然，当 $N$ 足够大时，$\#(Q') = \#(Q)$ 在绝大多数情况下成立。

为了验证 $(\alpha, \beta)$ 的值是否为真，可用以下方式估计两个相邻的混沌状态 $x(k)$ 和 $x(k + 1)$ 的值与 $\mu$ 的值。假设上述过程已成功恢复（或猜测）全部 33 个混沌比特 $b(33k + 0) \sim b(33k + 32)$，那么可得 $x(k) = 0.b(33k + 0) \sim b(33k + 32)$ 的值。以类似的方法得到 $x(k + 1)$ 之后，可计算 $\mu$ 的估计值。将 Logistic 映射从 $x(k + 1)$ 迭代到 $x(N/7 - 1)$，然后检查这些混沌状态与相应恢复比特之间的匹配度，从而验证 $(\alpha, \beta)$ 和 $\mu$ 的可能值。为了减小复杂度，可以仅检验一小部分混沌状态，仅对通过验证的可能值检查 $x(k + 2)$ 到 $x(N/7 - 1)$ 中所有的混沌状态。

正如上面所讨论的那样，为了实现差分选择明文攻击，只要三个明文便足以构造出两个明文差分：① $\forall i = 0, 1, \cdots, N - 1$，$f_{0 \oplus 1}(i) \equiv 1$；② $\forall i = 0, 1, \cdots, N - 1$，$f_{0 \oplus 1}(i) = (i + 1) \bmod 256$。选择图像 "Lenna" 为明文，在各种随机密钥下，模拟了上述差分攻击。典型结果如图 8.13 所示。两个差分被用于攻击秘密运算和获取伪随机比特。由图可以发现，在 9363 块中有 8084 块可正确恢复，33 个混沌比特都可被唯一确定。两个混沌状态 $x(1)$ 和 $x(2)$ 用于估计 $\mu$ 的值，然后找到密钥，并用于解密另一幅图像 "Peppers" 的密文，如图 8.13(c) 和 (d) 所示。

最后，简单地讨论攻击的复杂度。容易验证攻击所有秘密运算的复杂度与 $N$ 呈线性关系。获取密钥的复杂度依赖 $(\alpha, \beta)$ 的值。当 $(\alpha, \beta)$ 属于 C1 类和 C2 类时，攻击复杂度仍与 $N$ 呈线性递增；当 $(\alpha, \beta)$ 属于 C3 类时，攻击复杂度是 C1 类和 C2 类情况中攻击复杂度的 $2^8 \times 2^8 = 2^{16}$ 倍，不过这个复杂度仍然很小。

(a) 原始图像"Lenna"　　　　　　　(b) 加密后的图像"Lenna"

(c) 加密后的图像"Peppers"　　　　　　(d) 恢复的图像"Peppers"

图 8.13　针对 MES 算法的差分选择明文攻击结果

### 8.5.3　针对 MES 算法的穷举攻击

MES 算法的另一个明显的问题就是密钥空间不够大。用于解密 MES 算法的密钥包括 $(\mu, x(0))$，可表示为 $2 \times 33 = 66$ 个秘密比特，$(\alpha, \beta)$ 包含 21 个可能值。因此，可以看出 MES 算法的密钥空间仅为 $21 \times 2^{66}$，这从密码学角度来看还不足够大 [1]。更糟糕的是，Logistic 映射在 $\mu$ 远小于 4 时并不具备混沌特性。所以，有效密钥空间将比 $21 \times 2^{66}$ 还要小。为了使 MES 算法更加安全，密钥空间不得小于 $2^{128}$。扩大密钥空间的一个简单方法就是在更高有限精度下实现混沌 Logistic 映射，即增大 $\mu$ 和 $x(0)$ 的表示精度。

# 8.6　针对 MCS 算法的密码分析

首先，分析 MCS 算法的一些基本结构和性质。子密钥 $S_0$ 对正常解密过程恢复明文的结果没有任何影响。这是因为 $S_0$ 仅用于确定扩展字节，从未用于改变明文中任何其他字节的值。实际上，如果在解密过程中使用不同的 $S_0$ 值，则明文仍可被正确恢复。此外，$S_0$ 变为 $f^{(16)}(k)$ 的扩展字节的概率为 $(15/16)^k$。它随 $k$ 的增大以指数形式递减。总之，当 $k$ 足够大时，$S_0$ 对加密过程的影响可以完全忽略。从整体上看，$S_0$ 应被排除在密钥之外。在本节剩余部分中，$S_0$ 将不再作为子密钥使用。

## 8.6.1　MCS 算法的一些性质

当 $f_0$ 和 $f_1$ 使用相同密钥加密时，易证得下列关于 MCS 算法的四个性质。它们将作为对其进行攻击的理论基础。

**性质 8.4**　MCS 算法步骤 3 的随机掩模运算不能改变差分值，即 $f_{0\oplus1}^{**(16)}(k,j) \equiv f_{0\oplus1}^{*(16)}(k,j)$, $\forall\, k, j$。

**证明**　由异或运算的基本性质 $(a \oplus x) \oplus (b \oplus x) = a \oplus b$ 可直接推得。

**性质 8.5**　MCS 算法中每个扩展明文块 $f_{0\oplus1}^{(16)}(k)$ 独立于子密钥 $S_0$。

**证明**　对 $k$ 使用数学归纳法证明该性质。当 $k = 0$ 且 $0 \leqslant j \leqslant 15$ 时，即对于前 16 个字节块的第 $j$ 个字节，有

$$f_{0\oplus1}^{(16)}(0,j) = \begin{cases} f_{0\oplus1}^{(15)}(0,j), & 0 \leqslant j \leqslant 14 \\ S_0 \oplus S_0 = 0, & j = 15 \end{cases}$$

它们显然与 $S_0$ 的值无关。现在假设对前 $k-1$ 个块该性质成立，则对于第 $k$ 个字节块，有

$$f_{0\oplus1}^{(16)}(k,j) = \begin{cases} f_{0\oplus1}^{(15)}(k,j), & 0 \leqslant j \leqslant 14 \\ f_{0\oplus1}^{(16)}(k-1,l(k-1)), & j = 15 \end{cases}$$

根据假设，上式也与 $S_0$ 的值无关。因此，该性质得证。

**性质 8.6**　MCS 算法中步骤 2 的字节交换不能改变每个差分值，但可以改变差分值在 16 个字节块的位置。

**性质 8.7**　MCS 算法中步骤 4 的水平比特旋转运算和步骤 5 中的垂直比特旋转运算不能改变每个差分值本身，但可改变差分值在 8 字节块的二进制表示中的位置。

上述两条性质的证明是显然的，在这里省略证明。

### 8.6.2 针对 MCS 算法的差分攻击

基于 MCS 算法的上述性质，步骤 1 中的秘密数据扩展、步骤 2 中的前 8 个字节交换运算、步骤 5 中的垂直比特旋转运算、步骤 4 中的水平比特旋转运算、步骤 2 中其他未知字节交换运算和步骤 3 中的值掩模运算可用一些选择明文差分来分别攻击。

1) 获取 MCS 算法中步骤 1 的秘密数据扩展

为便于以下讨论，令 $|x|$ 表示一个字节或者一个块 $x$ 的汉明权重（Hamming weight），即 $x$ 二进制表示中 1 比特数量。根据性质 8.5 ～ 性质 8.7 的证明，可以看出 $f_{0\oplus1}^{'(16)}(k)$ 中 $8 \times 15 = 120$ 个二进制比特来自 $f_{0\oplus1}^{(15)}(k)$，而其他 8 个比特来自 $f_{0\oplus1}^{(15)}(k-1, l(k-1))$，其中 $k \geqslant 1$。当 $k = 0$ 时，8 个扩展的比特皆为零比特。因为所有其他加密运算都不改变每个 16 字节块的汉明权重，所以可得

$$\left| f_{0\oplus1}^{(15)}(k-1, l(k-1)) \right| = \left| f_{0\oplus1}^{'(16)}(k) \right| - \left| f_{0\oplus1}^{(15)}(k) \right|$$

如果 $\left| f_{0\oplus1}^{(15)}(k-1, l(k-1)) \right|$ 在最后 15 字节块 $f_{0\oplus1}^{(15)}(k-1)$ 中是唯一的，$l(k-1)$ 的值可被唯一确定。考虑到 $\left| f_{0\oplus1}^{(15)}(k-1, l(k-1)) \right| \in \{0, 1, \cdots, 8\}$，但是 $l(k-1) \in \{0, 1, \cdots, 15\}$，在每个 15 字节块中至少有两个明文字节的汉明权重相同。因此，有时不能唯一确定 $l(k-1)$ 的值。为了能唯一确定 $l(k-1)$ 的值，选择满足下列两个条件的两个明文差分 $f_{0\oplus1}$ 和 $f_{0\oplus2}$（即选择明文 $f_0$、$f_1$ 和 $f_2$ 的差分）：

$$\left[ \left| f_{0\oplus1}^{(15)}(k, j_1) \right|, \left| f_{0\oplus2}^{(15)}(k, j_1) \right| \right] \neq \left[ \left| f_{0\oplus1}^{(15)}(k, j_2) \right|, \left| f_{0\oplus2}^{(15)}(k, j_2) \right| \right], \quad \forall k, j_1 \neq j_2 \tag{8.17}$$

$$\left[ \left| f_{0\oplus1}^{(15)}(k, j) \right|, \left| f_{0\oplus2}^{(15)}(k, j) \right| \right] \neq (0, 0), \quad \forall k, j \tag{8.18}$$

例如，选择两个明文差分，使得它们的汉明权重分别为

$$[|f_{0\oplus1}(i)|]_{i=1}^{N-1} = \overbrace{[0,0,0,0,0,0,0,0,0,1,1,1,1,1,1,1,1,1,\cdots,8,8,8,8,8,8,8,8,8,\cdots]}^{9\times9-1=80个元素} \tag{8.19}$$

$$[|f_{0\oplus2}(i)|]_{i=1}^{N-1} = [1,2,3,4,5,6,7,8,0,1,2,3,4,5,6,7,8,\cdots,0,1,2,3,4,5,6,7,8,\cdots] \tag{8.20}$$

使用上述选择明文，除了当

$$\left[ \left| f_{0\oplus1}^{(15)}(k-1, 15) \right|, \left| f_{0\oplus2}^{(15)}(k-1, 15) \right| \right] \in \bigcup_{j=0}^{14} \left[ \left| f_{0\oplus1}^{(15)}(k-1, j) \right|, \left| f_{0\oplus2}^{(15)}(k-1, j) \right| \right] \tag{8.21}$$

成立时，$l(k-1)$ 的值都可以被唯一确定。特例 (8.21) 在 $l(k-n_0+1) \neq 15$ 和 $l(k-n_0+1) = l(k-n_0+2) = \cdots = l(k-1)$ 同时满足时才会发生，其中 $n_0 = \lfloor 80/15 \rfloor - 1$ 且 $k \geqslant n_0 - 1$。假设控制 $l(k-n_0+1), \cdots, l(k-1)$ 的秘密比特均匀分布在 $\{0,1\}$ 上，该特例发生的概率小于 $\dfrac{15}{16} \times \left(\dfrac{1}{16}\right)^{\lfloor 80/15 \rfloor - 1} \approx$ $1.4305 \times 10^{-5}$。对于一幅尺寸为 512 像素 $\times$ 512 像素的图像，一般情况下只有比率小于 $1.4305 \times 10^{-5} \times 512 \times 512/16 \approx 0.2344$ 的 16 像素块不能唯一确定 $l(k-1)$ 的值。换句话说，对几乎所有的像素块来说，都可唯一确定 $l(k-1)$ 的值。注意，获取 $l(k-1)$ 也就意味着获取 4 个控制比特 $\{b(129(k-1)+i)\}_{i=0}^{3}$。

2) 获取 MCS 算法中步骤 2 的前 8 个字节交换运算

由性质 8.6 和性质 8.7 可以看出，除了位置以外，每个包含 16 字节的扩展明文块 $f_{0\oplus 1}^{(16)}(k)$ 中所有的 $8 \times 16 = 128$ 比特都与对应的 16 字节密文块 $f_{0\oplus 1}^{\prime(16)}(k)$ 相同。通过观察比特值在整个加密过程中的变化，可以看出以下 8 个字节交换运算仅仅是将一个 8 字节块的比特移动到另一个 8 字节块：$\mathrm{Swap}_{b(129k+i+4)}(f^{(16)}(k,i),$ $f^{(16)}(k,i+8))$，其中 $i \in \{0,1,2,3,4,5,6,7\}$。显然，当控制比特为 1 时，每个字节交换运算将 16 像素块的前半块中字节的位置与后半块中字节的位置进行交换。这意味着通过适当选择在两个半块中 8 个字节间的汉明权重的差分，可获得控制比特 $\{b(129k+i+4)\}_{i=0}^{7}$ 的值。最简单的策略是选择 $f_{0\oplus 1}^{(16)}(k)$ 使得两个半块内只有 1 个字节拥有不同的汉明权重。

如 8.6.1 节所示，$\{l(k)\}_{k=0}^{N/15-2}$ 会以很高的概率全部恢复。因此，$f_{0\oplus 1}^{(16)}(k)$ 中前 15 个字节可通过调节 $f_{0\oplus 1}^{(15)}(k)$ 而自由选择。每个 16 字节块中最后一个字节 $f_{0\oplus 1}^{(16)}(k,15)$ 如果等于 $S_0$，则该字节可能不被选中。幸运的是，因为选作最后一个字节的是 $\left|f^{(16)}(k,15)\right| - \left|f^{(16)}(k,7)\right|$，所以这对确定前 8 个字节交换运算来说没有任何影响。虽然可能不能选择 $f_{0\oplus 1}^{(16)}(k,15)$ 的值，但是总能选择 $f_{0\oplus 1}^{(16)}(k,7)$ 使得它与 $f_{0\oplus 1}^{(16)}(k,15)$ 拥有不同的汉明权重。一个选择块 $f_{0\oplus 1}^{(16)}(k)$ 总能确定一个控制比特的值，它控制着拥有不同汉明权重的两个字节间可能的交换运算（分别位于两个半块中）。因此，总共需要 8 个选择明文块（以便构造 8 个选择明文差分）以确定 8 个控制比特的值。虽然 8 个选择明文差分足以恢复控制前 8 个字节交换运算的所有比特，但是实际上只需两个选择明文差分便可达到这个目的。令 $\Delta\left|f_{0\oplus 1}^{\prime(16)}(k)\right|$ 表示第 $k$ 个密文块的两个半块之间的汉明权重差分，则有

$$\Delta\left|f_{0\oplus 1}^{\prime(16)}(k)\right| = \left|\left[f_{0\oplus 1}^{\prime(16)}(k,i)\right]_{i=0}^{7}\right| - \left|\left[f_{0\oplus 1}^{\prime(16)}(k,i+8)\right]_{i=0}^{7}\right|$$

$$= \left|\left[f_{0\oplus 1}^{*(16)}(k,i)\right]_{i=0}^{7}\right| - \left|\left[f_{0\oplus 1}^{*(16)}(k,i+8)\right]_{i=0}^{7}\right|$$

$$= \sum_{i=0}^{7} \left[ \left| f_{0\oplus1}^{*(16)}(k,i) \right| - \left| f_{0\oplus1}^{*(16)}(k,i+8) \right| \right]$$

$$= \sum_{i=0}^{7} b^{\pm}(k,i) \left[ \left| f_{0\oplus1}^{(16)}(k,i) \right| - \left| f_{0\oplus1}^{(16)}(k,i+8) \right| \right]$$

其中

$$b^{\pm}(k,i) = 1 - 2b(129k+i+4) = \begin{cases} 1, & b(129k+i+4) = 0 \\ -1, & b(129k+i+4) = 1 \end{cases}$$

通过在一个集合中选择 $\left[ \left| f_{0\oplus1}^{(16)}(k,i) \right| - \left| f_{0\oplus1}^{(16)}(k,i+8) \right| \right]_{i=0}^{7}$ 的值，使得每个非零数字不能表示为这个集合中其他数字的线性组合，那么非零数字的控制比特可被唯一确定。例如，为确定 $b^{\pm}(k,0),\cdots,b^{\pm}(k,3)$ 的值，可选择一个明文差分使得

$$\left| f_{0\oplus1}^{(16)}(k,i) \right| - \left| f_{0\oplus1}^{(16)}(k,i+8) \right| = \begin{cases} \pm4, \pm5, \pm6, \pm8, & i = 0,1,2,3 \\ 0, & i = 4,5,6,7 \end{cases} \tag{8.22}$$

给定上述选择明文差分，则有

$$\Delta \left| \left[ f_{0\oplus1}^{'(16)}(k) \right]_{i=0}^{7} \right| \in \{\pm23, \pm15, \pm13, \pm11, \pm7, \pm5, \pm3, \pm1\}$$

数组 $\Delta \left| \left[ f_{0\oplus1}^{'(16)}(k) \right]_{i=0}^{7} \right|$ 的 16 个可能值分别对应 $\{b(129k+4+i)\}_{i=0}^{3}$ 的 16 个可能值。选择另外一个明文差分使得

$$\left| f_{0\oplus1}^{(16)}(k,i) \right| - \left| f_{0\oplus1}^{(16)}(k,i+8) \right| = \begin{cases} 0, & i = 0,1,2,3 \\ \pm4, \pm5, \pm6, \pm8, & i = 4,5,6,7 \end{cases} \tag{8.23}$$

可唯一确定其他四个控制比特 $\{b(129k+4+i)\}_{i=4}^{7}$。总之，仅用两个明文差分，便可唯一确定 8 个控制比特 $\{b(129k+4+i)\}_{i=0}^{7}$ 的值。

3) 获取 MCS 算法的其他部分

对于第 $k$ 个块，将第一个 8 字节交换运算的中间结果表示为 $\overline{f^{*(16)}}(k)$。已知 $b(129k+4) \sim b(129k+11)$，利用 $f_{0\oplus1}^{(16)}(k)$ 可以选择 $\overline{f_{0\oplus1}^{*(16)}}(k)$。其他加密运算可进一步被攻击，包括第 $9 \sim 35$ 个字节交换运算、值掩模和水平/垂直比特旋转运算。不同于前 8 个字节交换运算，步骤 2 中第 $9 \sim 35$ 个字节交换运算仅仅是打乱了每个半块内部 8 字节的位置。因为存在一些等价但不相同的加密运算，所

以这些字节交换运算不能被唯一确定。大体上讲，如果在步骤 2 和之后的步骤后添加整体字节循环位移运算，则可获得一个等价但不相同的加密算法。因此，本节转而寻找这个等价加密算法。为了方便讨论，接下来使用 "EES" 表示有相同加密功能的加密算法。EES 也由四部分组成，它们分别对应四种不同类型的加密运算。下面将再次使用 DAC 攻击策略，分别依次获取 EES 的四个基本加密组成部分。

(1) EES 中的垂直比特旋转部分：为获得该部分，需先消除水平比特旋转运算和字节交换运算。前者的消除可由选择 $\overline{f^{*(16)}_{0\oplus1}}(k)$ 中所有字节都为 0 或者 255 实现，即 $M_1$ 和 $M_2$ 中所有比特都相同（都为 0 或者 1）。然而，字节交换运算不能被完全消除。为了将其对垂直比特旋转运算的影响降到最低，应使每个半块内只有一个比特为 0 或者一个比特为 255。不失一般性，选择明文差异使得每个 16 字节块 $\overline{f^{*(16)}_{0\oplus1}}(k)$ 的两个半块仅含一个 255 字节和 7 个 0 字节，即

$$\left[\overline{f^{*(16)}_{0\oplus1}}(k,i)\right]^7_{i=0}=\left[\overline{f^{*(16)}_{0\oplus1}}(k,i)\right]^{15}_{i=8}=[\overbrace{0,\cdots,0}^{a\,\uparrow\,0},255,\overbrace{0,\cdots,0}^{(7-a)\,\uparrow\,0}] \tag{8.24}$$

其中，$a\in\{0,1,\cdots,7\}$。

在字节交换运算之后，假设 $\overline{f^{*(16)}_{0\oplus1}}(k,1)$ 被移动到 $\overline{f^{*(16)}_{0\oplus1}}(k,\tilde{s}_{1,k,a})$，$\overline{f^{*(16)}_{0\oplus1}}(k,8+1)$ 被移动到 $\overline{f^{*(16)}_{0\oplus1}}(k,8+\tilde{s}_{2,k,a})$，其中 $\tilde{s}_{1,k,a},\tilde{s}_{2,k,a}\in\{0,1,\cdots,7\}$。因为水平比特旋转运算取消，通过比较 $[\overline{f^{*(16)}_{0\oplus1}}(k,i)]^7_{i=0}$ 和 $[\overline{f'^{(16)}_{0\oplus1}}(k,i)]^7_{i=0}$，可以得到 $\text{Rotate}Y^{0,\bar{s}_{1,k,j}+\tilde{s}_{1,k,a}-1}$ 在 $\overline{f^{*(16)}_{0\oplus1}}(k,i)$ 的第 $j$ 个比特上执行。类似地，对于第二个半块，可得运算 $\text{Rotate}\,Y^{0,\bar{s}_{2,k,j}+\tilde{s}_{2,k,a}-1}$ 在 $\overline{f^{*(16)}_{0\oplus1}}(k,8+i)$ 的第 $j$ 个比特上执行。

(2) EES 中的水平比特旋转部分：现在需要消除字节交换运算和垂直比特旋转运算。通过选择另一个明文差分使得在每个半块中所有字节都相同，便可使得字节交换运算失效。为了区分水平比特移动，应选择满足下列性质的字节 $x\in\{0,1,\cdots,255\}$：$a_1\not\equiv a_2\pmod 8\Leftrightarrow(x\ggg a_1)\neq(x\ggg a_2)$ 或者 $a_1\equiv a_2\pmod 8\Leftrightarrow(x\ggg a_1)=(x\ggg a_2)$。像素 $x$ 的最简单的选择为 $2^i$，其中 $i\in\{0,1,\cdots,7\}$。当 $f^{(16)}(k,15)=\text{temp}$ 时，$\overline{f^{*(16)}_{0\oplus1}}(k,7)$ 和 $\overline{f^{*(16)}_{0\oplus1}}(k,15)$ 中有一个为 0。因此，不能为这个字节获取水平比特旋转部分的信息。

幸运的是，这对解密过程来说没有影响，扩展的字节实际上是冗余的，最终会被丢弃。因为垂直比特旋转是在水平比特旋转运算之后执行的，所以不可被消除。现在已获取了 EES 的垂直比特旋转部分，可将其作用于 $[f'^{(16)}_{0\oplus1}(k,i)]^7_{i=0}$，得到 $[f^{*(16)}_{0\oplus1}(k,i\dotplus\tilde{s}_{1,k,a})]^7_{i=0}$，其中 $\dotplus$ 表示和模 8。然后，比较 $[f^{*(16)}_{0\oplus1}(k,i\dotplus\tilde{s}_{1,k,a})]^7_{i=0}$ 和 $[\overline{f^{*(16)}_{0\oplus1}}(k,i)]^7_{i=0}$，可观察到 $\text{Rotate}\,X^{0,\bar{r}_{1,k,i\dotplus\tilde{s}_{1,k,a}}}$ 在 $\overline{f^{*(16)}_{0\oplus1}}(k,i)$ 上执行。类似地，

可看出 Rotate $X^{0,\bar{r}_{2,k,i}+\tilde{s}_{2,k,a}}$ 在 $\overline{f_{0\oplus1}^{*(16)}}(k,8+i)$ 上执行。

(3) EES 中的字节交换部分：在获取 EES 的水平/垂直比特旋转部分之后，可以将其逆运算作用于 $[f_{0\oplus1}^{'(16)}(k,j)]_{j=0}^{15}$，得到 $[f_{0\oplus1}^{*(16)}(k,\tilde{s}_{1,k,a}+i)]_{i=0}^{7}$ 和 $[f_{0\oplus1}^{*(16)}(k,8+(\tilde{s}_{2,k,a}+i))]_{i=0}^{7}$。如果选择 $f_{0\oplus1}^{*(16)}(k)$ 使得每个半块所有的 8 个字节都互不相同，那么可获得 EES 的字节交换部分。对于前一半块，字节交换运算实际上是将 $\overline{f_{0\oplus1}^{*(16)}}(k,i)$ 移动到 $f_{0\oplus1}^{*(16)}(k,\hat{s}_{1,k,i})$，而 EES 是将其移动到 $f_{0\oplus1}^{*(16)}(k,\hat{s}_{1,k,i}\dot{-}\tilde{s}_{1,k,a})$，其中 $\dot{-}$ 表示减模 8。类似地，对于后一半块，字节交换运算实际上是将 $\overline{f_{0\oplus1}^{*(16)}}(k,8+i)$ 移动到 $f_{0\oplus1}^{*(16)}(k,8+\hat{s}_{2,k,i})$，而 EES 是将其移动到 $f_{0\oplus1}^{*(16)}(k,8+(\hat{s}_{2,k,i}\dot{-}\tilde{s}_{2,k,a}))$。

(4) EES 中的值掩模部分：在获取 EES 的字节交换部分之后，由任意已知明文可得 $\{f^{*(16)}(k,i\dot{+}\tilde{s}_{1,k,a})\}_{i=0}^{7}$ 和 $\{f^{*(16)}(k,8+(i\dot{+}\tilde{s}_{1,k,a}))\}_{i=0}^{7}$。另外，在获得水平和垂直比特旋转部分之后，由任意密文可得 $\{f^{**(16)}(k,i\dot{+}\tilde{s}_{1,k,a})\}_{i=0}^{7}$ 和 $\{f^{**(16)}(k,8+(i\dot{+}\tilde{s}_{1,k,a}))\}_{i=0}^{7}$。无须选择更多明文，而是通过简单地选择之前的步骤中使用过的任意选择明文即可。注意，步骤 3 中的值掩模运算可改写成等价形式：

$$f^{**(16)}(k,i) = f^{*(16)}(k,i) \oplus \text{Seed}^*(k,i) \tag{8.25}$$

其中，$i \in \{0,1,\cdots,15\}$；$\text{Seed}^*(k,i) = \sum_{j=0}^{7} \text{Seed}(k,j)_i \cdot 2^j$，$\text{Seed}(k,j)_i$ 为 $\text{Seed}(k,j)$ 的第 $i$ 个比特。

然后，通过对集合 $\{f^{*(16)}(k,i\dot{+}\tilde{s}_{1,k,a})\}_{i=0}^{7}$ 和 $\{f^{**(16)}(k,i\dot{+}\tilde{s}_{1,k,a})\}_{i=0}^{7}$ 执行异或运算，可得 $\{\text{Seed}^*(k,i\dot{+}\tilde{s}_{1,k,a})\}_{i=0}^{7}$。类似地，通过将 $\{f^{*(16)}(k,8+(i\dot{+}\tilde{s}_{2,k,a}))\}_{i=0}^{7}$ 和 $\{f^{**(16)}(k,8+(i\dot{+}\tilde{s}_{2,k,a}))\}_{i=0}^{7}$ 进行异或运算，可得 $\{\text{Seed}^*(k,8+(i\dot{+}\tilde{s}_{2,k,a}))\}_{i=0}^{7}$。

观察上述四个结果，可以看出 EES 的四个部分与未知参数 $\tilde{s}_{1,k,a}$ 和 $\tilde{s}_{2,k,a}$ 有关。如果在式 (8.24) 中选择不同的 $a$ 值，则可得到一个不同版本的 EES。所有可能的 EES 版本之间互相等价（相对真实加密算法也一样），所以可以使用它们中任何一个来解密任意使用相同密钥且加密尺寸不超过 $N$ 的密文。8.6.3 节将讨论如何在子密钥 $\alpha_1$、$\alpha_2$、$\beta_1$ 和 $\beta_2$ 满足一些条件时唯一确定 $\tilde{s}_{1,k,a}$ 和 $\tilde{s}_{2,k,a}$ 的值。

4) 差分攻击 MCS 算法的效果

总而言之，该差分攻击输出下列运算作为等价密钥。

(1) 数据扩展部分：$\{l(k-1)\}_{k=1}^{N/15-1}$，等价于 $\{b(129(k-1)+i)\}_{i=0,k=1}^{3,N/15-1}$；

(2) 前 8 个字节交换运算：$\{b(129k+i)\}_{i=4,k=0}^{11,N/15-1}$；

(3) 垂直比特旋转：

$$\{\text{Rotate } Y^{0,\bar{s}_{1,k,j}+\tilde{s}_{1,k,a}}\}_{j=0,k=0}^{7,N/15-1}, \quad \{\text{Rotate } Y^{0,\bar{s}_{2,k,j}+\tilde{s}_{2,k,a}}\}_{j=0,k=0}^{7,N/15-1}$$

(4) 水平比特旋转：

$$\{\text{Rotate } X^{0,\bar{r}_{1,k,i+\tilde{s}_{1,k,a}}}\}_{j=0,k=0}^{7,N/15-1}, \quad \{\text{Rotate } X^{0,\bar{r}_{2,k,i+\tilde{s}_{2,k,a}}}\}_{j=0,k=0}^{7,N/15-1}$$

(5) 第 9 ∼ 35 个字节交换运算：

$$\left\{\overline{f_{0\oplus1}^{*(16)}(k,i)} \rightarrow f_{0\oplus1}^{*(16)}(k,\hat{s}_{1,k,i}\dot{-}\tilde{s}_{1,k,a})\right\}_{i=0,k=0}^{7,N/15-1}$$

$$\left\{\overline{f_{0\oplus1}^{*(16)}(k,8+i)} \rightarrow f_{0\oplus1}^{*(16)}(k,8+(\hat{s}_{2,k,i}\dot{-}\tilde{s}_{2,k,a}))\right\}_{i=0,k=0}^{7,N/15-1}$$

(6) 值掩模运算：

$$\{\text{Seed}^*(k,(i+\tilde{s}_{1,k,a}))\}_{i=0,k=0}^{7,N/15-1}, \quad \{\text{Seed}^*(k,8+(i+\tilde{s}_{1,k,a}))\}_{i=0,k=0}^{7,N/15-1}$$

上述运算构成 MCS 算法的等价加密系统并可用于解密任意使用相同密钥加密的密文。在一些扩展字节 $f^{(16)}(k,15)$ 上执行的（等价）加密运算可能不能被恢复。这些扩展字节最终将被舍弃，因此这不影响该差分攻击的任何解密效果。选择明文的总数由以下三个部分决定：① 数据扩展部分需要 2 个差分；② 攻击前 8 个字节交换运算需要 2 个差分；③ 获取 EES 需要 4 个差分。注意，获取 EES 比特交换部分所需的明文差分可用获取秘密数据扩展时使用的 2 个差分来替代。因此，只需另外两个差分获取整个 EES。总之，该差分攻击需要 $2+2+2=6$ 个明文差分或者 7 个选择明文来攻击 MCS 算法。该差分攻击的复杂度也非常小，每一步中等价子密钥可直接由明文和对应的密文获取。因此，复杂度与明文的尺寸 $N$ 线性相关。在 6 个明文差分的条件下，攻击的时间复杂度仅为 $O(6N) = O(N)$，这与 MCS 算法正常的加解密过程的时间复杂度是同一个量级。

### 8.6.3　确定 MCS 算法的一些子密钥和更多的控制比特

8.6.2 节所述的差分攻击输出一个等价密钥，它包含一些控制比特 $\{b(129k+i)\}_{i=0}^{11}$，但不包含密钥本身的任何信息。本节将进一步讨论得出更多的控制比特和四个子密钥：$\alpha_1$、$\beta_1$、$\alpha_2$ 和 $\beta_2$。尽管没有找到确定所用伪随机数生成器的方法并进一步获取子密钥 $x(0)$，但是恢复更多的控制比特使得分析伪随机数生成器更多潜在的弱点更加容易，并为更有效的密码分析奠定了基础。

首先，试着获取两个集合 $R_1 = \{\alpha_1, 8-\alpha_1, \alpha_1+\beta_1, 8-(\alpha_1+\beta_1)\}$ 和 $R_2 = \{\alpha_2, 8-\alpha_2, \alpha_2+\beta_2, 8-(\alpha_2+\beta_2)\}$；接着，子密钥 $\alpha_1$、$\beta_1$、$\alpha_2$、$\beta_2$、$\tilde{s}_{1,k,a}$、$\tilde{s}_{2,k,a}$ 和更多的控制比特可能被进一步确定。

1) 集合 $R_1$ 和 $R_2$ 的获取

差分攻击中得到的水平比特旋转运算的结果为

$$\{\text{Rotate } X^{0,\bar{r}_{1,k,i+\tilde{s}_{1,k,a}}}\}_{j=0,k=0}^{7,N/15-1}, \quad \{\text{Rotate } X^{0,\bar{r}_{2,k,i+\tilde{s}_{2,k,a}}}\}_{j=0,k=0}^{7,N/15-1}$$

根据 $\bar{r}_{1,k,i}$ 和 $\bar{r}_{2,k,i}$ 的获取方法，显然有

$$R_{1,k} = \{\bar{r}_{1,k,i+\tilde{s}_{1,k,a}}\}_{i=0}^{7} \subseteq R_1, \quad R_{2,k} = \{\bar{r}_{2,k,i+\tilde{s}_{2,k,a}}\}_{i=0}^{7} \subseteq R_2$$

假设加密位控制 $\{\bar{r}_{1,k,i}\}_{i=0}^{7}$ 和 $\{\bar{r}_{2,k,i}\}_{i=0}^{7}$ 均匀分布在 $\{0,1\}$ 上，令命题 8.1 中 $p = 1/2$ 和 $n = 8N/15$，可得

$$\mathrm{Prob}\left( R_1 \neq \bigcup_{\substack{0 \leqslant k \leqslant N/15-1 \\ 0 \leqslant i \leqslant 7}} \{\bar{r}_{1,k,i+\tilde{s}_{1,k,a}}, 8 - \bar{r}_{1,k,i+\tilde{s}_{1,k,a}}\} \right)$$

$$= \left(\frac{1}{2}\right)^{8N/15} + \left(1 - \frac{1}{2}\right)^{8N/15} = \left(\frac{1}{2}\right)^{8N/15-1}$$

和

$$\mathrm{Prob}\left( R_2 \neq \bigcup_{\substack{0 \leqslant k \leqslant N/15-1 \\ 0 \leqslant i \leqslant 7}} \{\bar{r}_{2,k,i+\tilde{s}_{2,k,a}}, 8 - \bar{r}_{2,k,i+\tilde{s}_{2,k,a}}\} \right) = \left(\frac{1}{2}\right)^{8N/15-1}$$

因为通常情况下 $8N/15 - 1$ 非常大，所以上述两个概率极其小。也就是说，$R_1$ 和 $R_2$ 可以很高概率唯一确定。

**命题 8.1** 假设 $1 \leqslant \beta \leqslant 7, 1 \leqslant \alpha < \alpha + \beta \leqslant 7$, $R = \{\alpha, 8 - \alpha, \alpha + \beta, 8 - (\alpha + \beta)\}$。如果对任意 $i = 1, 2, \cdots, n$, 随机变量 $r_i \in \mathbb{Z}$ 满足 $\mathrm{Prob}(r_i \in \{\alpha, 8 - \alpha\}) = p$, 那么

$$\mathrm{Prob}\left( R \neq \bigcup_{i=1}^{n}\{r_i, 8 - r_i\} \right) = \begin{cases} 0, & 2\alpha + \beta = 8 \\ 1, & 2\alpha + \beta \neq 8 \text{ 且} n = 1 \\ p^n + (1-p)^n, & 2\alpha + \beta \neq 8 \text{ 且} n \geqslant 2 \end{cases}$$

**证明** 当 $2\alpha + \beta = 8$ 时，可得 $\alpha = 8 - (\alpha + \beta)$ 和 $8 - \alpha = \alpha + \beta$, 可推出 $R = \{\alpha, 8 - \alpha\} = \{\alpha + \beta, 8 - (\alpha + \beta)\}$。因此，立即可得 $\{r_i, 8 - r_i\} = R$ 和 $\bigcup_{i=1}^{n}\{r_i, 8 - r_i\} = R$。这意味着

$$\mathrm{Prob}\left( R \neq \bigcup_{i=1}^{n}\{r_i, 8 - r_i\} \right) = 0$$

当 $2\alpha + \beta \neq 8$ 时，有 $\alpha \neq 8 - (\alpha + \beta)$ 和 $8 - \alpha \neq \alpha + \beta$。因为 $\alpha \neq \alpha + 8$ 且 $8 - \alpha \neq 8 - (\alpha + \beta)$，所以只有如下 $\binom{4}{2} - 4 = 2$ 对可能互相相等的元素使得 $\#(R) < 4$：

(1) $\alpha = 8 - \alpha$：$\alpha = 4 \Rightarrow 1 \leqslant \beta \leqslant 3$ 且 $R = \{4, 4, 4 + \beta, 4 - \beta\} \Rightarrow \#(R) = 3$；

(2) $\alpha + \beta = 8 - (\alpha + \beta)$：$\alpha + \beta = 4 \Rightarrow 1 \leqslant \alpha \leqslant 3$ 且 $R = \{\alpha, 8 - \alpha, 4, 4\} \Rightarrow \#(R) = 3$。

其中，$\#(\cdot)$ 表示集合中元素的个数。如果 $R$ 中任意两个元素都互不相等，显然 $\#(R) = 4$。总之，$\#(R) \geqslant 3$。那么，当 $n = 1$ 时，因为 $\#(\{r_i, 8 - r_i\}) < 3 \leqslant \#(R)$，所以命题显然正确。当 $n \geqslant 2$ 时，只有两种方法使得 $R \neq \bigcup_{i=1}^{n} \{r_i, 8 - r_i\}$：

① $\bigcup_{i=1}^{n} \{r_i, 8 - r_i\} = \{\alpha, 8 - \alpha\}$ 成立的概率为 $p^n$；

② $\bigcup_{i=1}^{n} \{r_i, 8 - r_i\} = \{\alpha + \beta, 8 - (\alpha + \beta)\}$ 成立的概率为 $(1 - p)^n$。

总之，有 $\mathrm{Prob}\left(R \neq \bigcup_{i=1}^{n} \{r_i, 8 - r_i\}\right) = p^n + (1 - p)^n$。综合上述三种情况，命题得证。

2) 子密钥 $\alpha_1$、$\beta_1$、$\alpha_2$ 和 $\beta_2$ 的确定

得到 $R_1$ 和 $R_2$ 之后，四个子密钥 $\alpha_1$、$\beta_1$、$\alpha_2$ 和 $\beta_2$ 可能被唯一确定。依据与命题 8.1 证明的类似过程，考虑当 $m = 1, 2$ 时的如下三种情况。

(1) 基数 $\#(R_m) = 2$：这只有在 $2\alpha_m + \beta_m = 8$ 时才会成立。有三个可能的集合 $R_m \in \{\{1, 7\}, \{2, 6\}, \{3, 5\}\}$，它们分别对应 $(\alpha_m, \beta_m) = (1, 6), (2, 4), (3, 2)$。显然，如果 $R_m$ 已知，则可唯一确定 $\alpha_m$ 和 $\beta_m$ 的值。

(2) 基数 $\#(R_m) = 3$：当 $\alpha_m = 8 - \alpha_m = 4$ 或者 $\alpha_m + \beta_m = 8 - (\alpha_m + \beta_m) = 4$ 时才有该情形发生。有以下三个可能的集合 $R_m$，每个集合对应 $(\alpha_m, \beta_m)$ 的两个可能值。

① $R_m = \{4, 1, 7\}$：$(\alpha_m, \beta_m) = (4, 3)$ 或者 $(1, 3)$；

② $R_m = \{4, 2, 6\}$：$(\alpha_m, \beta_m) = (4, 2)$ 或者 $(2, 2)$；

③ $R_m = \{4, 3, 5\}$：$(\alpha_m, \beta_m) = (4, 1)$ 或者 $(3, 1)$。

可以看出，在这种情形下不能唯一确定 $\alpha_m$ 和 $\beta_m$ 的值。

(3) 基数 $\#(R_m) = 4$：这种情形包含三个可能的集合 $R_m$，每个集合对应 $(\alpha_m, \beta_m)$ 的四个不同的值。

① $R_m = \{1, 2, 6, 7\}$：$(\alpha_m, \beta_m) = (1, 1), (1, 5), (2, 5)$ 或者 $(6, 1)$；

② $R_m = \{1, 3, 5, 7\}$：$(\alpha_m, \beta_m) = (1, 2), (1, 4), (3, 4)$ 或者 $(5, 2)$；

③ $R_m = \{2, 3, 5, 6\}$：$(\alpha_m, \beta_m) = (2, 1), (2, 3), (3, 3)$ 或者 $(5, 1)$。

3) 参数 $\tilde{s}_{1,k,a}$ 和 $\tilde{s}_{2,k,a}$ 的获取

在差分攻击中对垂直比特旋转运算获取的信息为

$$\{\text{Rotate } Y^{0, \bar{s}_{1,k,j} + \tilde{s}_{1,k,a}}\}_{j=0, k=0}^{7, N/15-1}, \quad \{\text{Rotate } Y^{0, \bar{s}_{2,k,j} + \tilde{s}_{2,k,a}}\}_{j=0, k=0}^{7, N/15-1}$$

根据加密过程中确定 $\bar{s}_{1,k,j}$ 和 $\bar{s}_{2,k,j}$ 的方法,可以得到 $S_{1,k} = \{\bar{s}_{1,k,j} + \tilde{s}_{1,k,a}\}_{j=0}^{7} \subseteq S_1 = \{\alpha_1 + \tilde{s}_{1,k,a}, 8 - \alpha_1 + \tilde{s}_{1,k,a}, \alpha_1 + \beta_1 + \tilde{s}_{1,k,a}, 8 - (\alpha_1 + \beta_1) + \tilde{s}_{1,k,a}\}$, $S_{2,k} = \{\bar{s}_{2,k,j} + \tilde{s}_{2,k,a}\}_{j=0}^{7} \subseteq S_2 = \{\alpha_2 + \tilde{s}_{2,k,a}, 8 - \alpha_2 + \tilde{s}_{2,k,a}, \alpha_2 + \beta_2 + \tilde{s}_{2,k,a}, 8 - (\alpha_2 + \beta_2) + \tilde{s}_{2,k,a}\}$。对比 $S_1$、$S_2$ 和 $R_1$、$R_2$,有可能确定 $\tilde{s}_{1,k,a}$ 和 $\tilde{s}_{2,k,a}$ 的值。有以下四种可能的情况。

(1) $S_{m,k} \subset S_m$：如果 $S_{m,k}$ 不包含 $S_m$ 中的任意元素,则通常可确定 $\tilde{s}_{m,k,a}$ 的值。由命题 8.1 可知,这种情况发生的概率为 $2/2^8 = 1/2^7$。

(2) $S_{m,k} = S_m$ 和 $R_m = \{2, 6\}$：当 $\tilde{s}_{m,k,a} \in \{1, 2, 3, 5, 6, 7\}$ 时,它们的值可被唯一确定。当 $\tilde{s}_{m,k,a} = 0$ 或者 4 时,则不可能将两者的值区分开来。

(3) $S_{m,k} = S_m$ 和 $R_m = \{1, 7\}, \{3, 5\}, \{4, 1, 7\}, \{4, 2, 6\}, \{4, 3, 5\}, \{1, 2, 6, 7\}$ 或者 $\{2, 3, 5, 6\}$：$\tilde{s}_{m,k,a}$ 的值总能被唯一确定。

(4) $S_{m,k} = S_m$ 和 $R_m = \{1, 3, 5, 7\}$：此时 $\tilde{s}_{m,k,a}$ 的值不能被唯一确定。只能知道 $\tilde{s}_{m,k,a}$ 属于两个集合 $\{0, 2, 4, 6\}$ 和 $\{1, 3, 5, 7\}$ 中的哪一个。

假设 $\tilde{s}_{m,k,a}$ 的值均匀分布在集合 $\{0, 1, \cdots, 7\}$ 上,每个 $\tilde{s}_{m,k,a}$ 不能被唯一确定的概率为 $1/2^7 + (1 - 1/2^7) \times ((1/21)(2/8) + 4/21) \approx 0.2086$。可选择更多不同的 $a$ 值以减小这个概率,但该概率仍为 $1/2^7 + (1 - 1/2^7) \times (4/21) \approx 0.1968$ 的一个下界。可以看出这个概率不总是足够小,所以不能唯一确定 $\tilde{s}_{1,k,a}$ 的值;或者对于相当多的块,不能唯一确定 $\tilde{s}_{2,k,a}$ 的值。

4) 确定控制第 9 ~ 35 个字节交换运算的秘密比特

如果唯一确定了 $\tilde{s}_{1,k,a}$ 和 $\tilde{s}_{2,k,a}$,可确定第 9 ~ 35 个字节交换运算,即确定控制比特 $\{\hat{s}_{1,k,i}\}_{i=0}^{7}$ 和 $\{\hat{s}_{2,k,i}\}_{i=0}^{7}$ 的值。注意到 $\{\hat{s}_{1,k,i}\}_{i=0}^{7}$ 和 $\{\hat{s}_{2,k,i}\}_{i=0}^{7}$ 实际上定义了在集合 $\{0, 1, \cdots, 7\}$ 上的两个置换映射。观察步骤 2 中第 9 ~ 35 个字节交换运算,注意置换映射的规律很强:在第一个半块中执行 12 个字节交换运算,而在第二个半块中执行另外 12 个字节交换运算,每组 12 个字节交换运算又可分为三个阶段。对于第一个半块的 12 个字节交换运算,包括如下三个阶段。

阶段 1：$(i, j, 1) \in \{(0, 4, 12), (1, 5, 13), (2, 6, 14), (3, 5, 15)\}$；

阶段 2：$(i, j, 1) \in \{(0, 2, 20), (1, 3, 21), (4, 6, 22), (5, 7, 23)\}$；

阶段 3：$(i, j, 1) \in \{(0, 1, 28), (2, 3, 29), (4, 5, 30), (6, 7, 31)\}$。

显然,"阶段 1"交换了第一个半块的前 8 个字节中的两个四分之一字节块,而"阶段 2"和"阶段 3"只是置换了四分之一块内的四个字节。对于 $i = 0, 1, 2, 3$,

在字节交换运算之后，可检查 $\overline{f^{(*16)}}(k,i)$ 属于哪一个四分之一块。换句话说，检查 $\widehat{s}_{1,k,i} \in \{0,1,2,3\}$ 成立或者 $\widehat{s}_{1,k,i} \in \{4,5,6,7\}$ 成立。它们分别对应 $b(129k + 12 + i) = 0$ 和 $b(129k + 12 + i) = 1$。这使得可以完全确定 $\{b(129k + 12 + i)\}_{i=0}^{3}$ 的值，即攻击整个阶段 1。然后，可以得到一个由 $\{\widehat{s}_{1,k,i}^{*}\}_{i=0}^{7}$ 表示的新置换映射，它仅包含阶段 2 和阶段 3。根据阶段 2 和阶段 3 中包含的字节交换运算，可按如下规则得到阶段 2 中的 4 个控制比特：

(1) 当 $i = 0,1$ 时，$b(129k + 20 + i) = \begin{cases} 0, & \widehat{s}_{1,k,i}^{*} \in \{0,1\} \\ 1, & \widehat{s}_{1,k,i}^{*} \in \{2,3\} \end{cases}$；

(2) 当 $i = 2,3$ 时，$b(129k + 20 + i) = \begin{cases} 0, & \widehat{s}_{1,k,i}^{*} \in \{4,5\} \\ 1, & \widehat{s}_{1,k,i}^{*} \in \{6,7\} \end{cases}$。

在恢复了阶段 1 和阶段 2 之后，可以获取阶段 3 对应的 4 个控制比特 $\{b(129k + 28 + i)\}_{i=0}^{3}$。现在，已经完全获取了第一个半块中字节交换运算涉及的所有 12 个控制比特。在第二个半块中执行相同的运算以获得对应的 12 个控制比特。总之，可以获取所有的 24 个控制比特 $\{b(129k + i)\}_{i=12}^{35}$。

5) 确定控制值掩模的秘密比特

如在确定参数 $\widetilde{s}_{1,k,a}$ 和 $\widetilde{s}_{2,k,a}$ 的过程所示，一旦唯一确定了 $\widetilde{s}_{1,k,a}$ 和 $\widetilde{s}_{2,k,a}$ 的值，那么可确定 $\{\text{Seed}^{*}(k,j)\}_{j=0}^{15}$ 或其等价信息 $\{\text{Seed}(k,j)\}_{j=0}^{8}$，从而获得

$$\{\text{Seed}(k,j)\}_{j=0}^{8} \subseteq \{\text{Seed1}(k), \overline{\text{Seed1}(k)}, \text{Seed2}(k), \overline{\text{Seed2}(k)}\}$$

为了获取这些控制比特，需要恢复 Seed1(k) 和 Seed2(k)，这可分别由 $\{b(129k+i)\}_{i=0}^{63}$ 和 $\{b(129k+64+i)\}_{i=0}^{63}$ 计算得到。注意，如果 $\widetilde{s}_{1,k,a}$ 和 $\widetilde{s}_{2,k,a}$ 可唯一确定，则总能获取 $\{b(129k+i)\}_{i=0}^{35}$ 的值。因为 Seed1(k) 的每个比特通过 4 个控制比特确定，所以可获取 Seed1(k) 的 36/4 = 9 个 LSB。如果 Seed1(k) 中 9 个 LSB 与 Seed2(k) 或者 $\overline{\text{Seed2}(k)}$ 的相应 LSB 不相等，则可唯一确定 Seed1(k) 和 $\overline{\text{Seed1}(k)}$。假设 Seed1(k) 和 Seed2(k) 各自独立且每个比特均匀分布在集合 $\{0,1\}$ 上，那么 Seed1(k) 不能被唯一确定的概率为 $2/2^9 = 1/2^8$。一旦 Seed1(k) 唯一确定，则可得到如下结果。

(1) 当 $\text{Seed}(k,j) \in \{\text{Seed1}(k), \overline{\text{Seed1}(k)}\}$ 时：$b(129k + 36 + 2j) = 1$；

$$b(129k + 37 + 2j) = \begin{cases} 0, & \text{Seed}(k,j) = \overline{\text{Seed1}(k)} \\ 1, & \text{Seed}(k,j) = \text{Seed1}(k) \end{cases} \tag{8.26}$$

(2) 当 $\text{Seed}(k,j) \in \{\text{Seed2}(k), \overline{\text{Seed2}(k)}\}$ 时：$b(129k + 36 + 2j) = 1$；

$$b(129k + 37 + 2j) = \begin{cases} 0, & \text{Seed}(k,j) = \overline{\text{Seed2}(k)} \\ 1, & \text{Seed}(k,j) = \text{Seed2}(k) \end{cases} \quad (8.27)$$

注意，在本例中，$\text{Seed2}(k)$ 需由集合 $\{\text{Seed2}(k), \overline{\text{Seed2}(k)}\}$ 中猜测得到。

6) 水平/垂直旋转控制比特的获取

如前所述，一旦唯一确定了 $\widetilde{s}_{1,k,a}$ 和 $\widetilde{s}_{2,k,a}$，则可唯一确定在 $M_1$、$\widetilde{M_1}$、$M_2$ 和 $\widetilde{M_2}$ 上执行的水平和垂直比特旋转运算。根据前面所述 $\alpha_1$、$\beta_1$、$\alpha_2$、$\beta_2$ 的确定信息量，尽管不可能唯一确定任何涉及的控制比特，仍然可以获取一些关于比特旋转运算中涉及的控制比特的信息。因为对于 $M_1$、$\widetilde{M_1}$、$M_2$ 和 $\widetilde{M_2}$，获取控制比特的过程类似，所以只需考虑 $M_1$ 的情况（也就是说，第一个半块上执行的水平比特旋转运算）。这种情况下，让 $\widetilde{r}_{1,k,a}$ 替代 $\{\overline{r}_{1,k,i+\widetilde{r}_{1,k,a}}\}_{i=0}^7$，可得 $\{\overline{r}_{1,k,i}\}_{i=0}^7$。在步骤④ 中，$\overline{r}_{1,k,i}$ 的两个控制比特可由如下方法确定：

$$\overline{r}_{1,k,i} = \begin{cases} \alpha_1, & (b(129k+65+2i), b(129k+66+2i)) = (0,0) \\ \alpha_1 + \beta_1, & (b(129k+65+2i), b(129k+66+2i)) = (0,1) \\ 8 - \alpha_1, & (b(129k+65+2i), b(129k+66+2i)) = (1,0) \\ 8 - (\alpha_1 + \beta_1), & (b(129k+65+2i), b(129k+66+2i)) = (1,1) \end{cases}$$

因此，可总结下列几种不同情况。

(1) $R_1 = \{1,7\}, \{2,6\}$ 或者 $\{3,5\}$：$\alpha_1$ 和 $\beta_1$ 可被唯一确定，但不能区分 $\alpha_1$ 与 $8 - \alpha_1$ 和 $\alpha_1 + \beta_1$。因此，不能确定 $b(129k+65+2i)$ 和 $b(129k+66+2i)$，但可以确定

$$(b(129k+65+2i), b(129k+66+2i)) = \begin{cases} (0,0) \text{ 或} (1,1), & \overline{r}_{1,k,i} \in \{1,2,3\} \\ (0,1) \text{ 或} (1,0), & \overline{r}_{1,k,i} \in \{5,6,7\} \end{cases}$$

(2) $R_1 = \{4,1,7\}, \{4,2,6\}$ 或者 $\{4,3,5\}$：$(\alpha_1, \beta_1)$ 可为两个可能值，所以比特 $(b(129k+65+2i), b(129k+66+2i))$ 不能被唯一确定，但可得

$$(b(129k+65+2i), b(129k+66+2i))$$
$$= \begin{cases} (0,0) \text{ 或} (1,1), & \overline{r}_{1,k,i} \in \{1,2,3\} \\ (0,1) \text{ 或} (1,0), & \overline{r}_{1,k,i} \in \{5,6,7\} \\ (0,0), (0,1), (1,0) \text{ 或} (1,1), & \overline{r}_{1,k,i} = 4 \end{cases}$$

(3) $R_1 = \{1, 2, 6, 7\}$：此时，$(\alpha_1, \beta_1)$ 可为 $(1,1), (1,5), (2,5)$ 或 $(6,1)$，所以比特 $(b(129k + 65 + 2i), b(129k + 66 + 2i))$ 也不能被唯一确定，但可得

$$(b(129k+65+2i), b(129k+66+2i)) = \begin{cases} (0,0) \text{ 或} (1,1), & \overline{r}_{1,k,i} = 1 \\ (0,1) \text{ 或} (1,0), & \overline{r}_{1,k,i} = 7 \\ (0,0), (0,1), (1,0) \text{ 或} (1,1), & \overline{r}_{1,k,i} \in \{2, 6\} \end{cases}$$

(4) $R_1 = \{1, 3, 5, 7\}$：此时，$(\alpha_1, \beta_1)$ 可为 $(1,2), (1,4), (3,4)$ 或 $(5,2)$，所以比特 $(b(129k + 65 + 2i), b(129k + 66 + 2i))$ 也不能被唯一确定，但可得

$$(b(129k+65+2i), b(129k+66+2i)) = \begin{cases} (0,0) \text{ 或} (1,1), & \overline{r}_{1,k,i} = 1 \\ (0,1) \text{ 或} (1,0), & \overline{r}_{1,k,i} = 7 \\ (0,0), (0,1), (1,0) \text{ 或} (1,1), & \overline{r}_{1,k,i} \in \{3, 5\} \end{cases}$$

(5) $R_1 = \{2, 3, 5, 6\}$：此时，$(\alpha_1, \beta_1)$ 可为 $(2,1), (2,3), (3,3)$ 或 $(5,1)$，所以比特 $(b(129k + 65 + 2i), b(129k + 66 + 2i))$ 也不能被唯一确定，但可得

$$(b(129k+65+2i), b(129k+66+2i)) = \begin{cases} (0,0) \text{ 或} (1,1), & \overline{r}_{1,k,i} = 2 \\ (0,1) \text{ 或} (1,0), & \overline{r}_{1,k,i} = 6 \\ (0,0), (0,1), (1,0) \text{ 或} (1,1), & \overline{r}_{1,k,i} \in \{3, 5\} \end{cases}$$

简而言之，基于在差分攻击中得到的等价密钥，可以以高概率 $1 - (1/2)^{8N/15-1}$ 确定 $R_1 = \{\alpha_1, 8 - \alpha_1, \alpha_1 + \beta_1, 8 - (\alpha_1 + \beta_1)\}$ 和 $R_2 = \{\alpha_2, 8 - \alpha_2, \alpha_2 + \beta_2, 8 - (\alpha_2 + \beta_2)\}$。然后，以 $3/21 = 1/7$ 的概率唯一确定 $(\alpha_m, \beta_m)$ 的值 $(m = 1, 2)$；以 $6/21 = 2/7$ 的概率将 $(\alpha_m, \beta_m)$ 可能值的数量缩小至 2；以 $12/21 = 4/7$ 的概率将 $(\alpha_m, \beta_m)$ 可能值的数量缩小至 4。基于集合 $R_m$ $(m = 1, 2)$，可以以大于或等于 $1 - 0.1968 = 0.8032$ 的概率恢复 $\widetilde{s}_{m,k,a}$。一旦 $\widetilde{s}_{1,k,a}$ 和 $\widetilde{s}_{2,k,a}$ 被唯一确定，则可得如下结果：

(1) 控制比特 $\{b(129k + i)\}_{i=12}^{35}$ 总能被唯一确定。

(2) 一旦成功恢复了 Seed1$(k)$ 的值（概率为 $1 - 1/2^8$），控制比特 $\{b(129k + 36 + 2j)\}_{j=0}^{7}$ 总是可以被唯一确定，但 $\{b(129k + 37 + 2j)\}_{j=0}^{7}$ 仅在 Seed$(k, j) \in \{$Seed1$(k), \overline{\text{Seed1}(k)}\}$ 成立时能被唯一确定。

(3) 比特旋转运算中涉及的控制比特都不能唯一确定，但对于决定每个比特旋转运算的两个控制比特的可能情况数量有时可从 4 减小到 2。

### 8.6.4 攻击 MCS 算法的实验

为验证上述差分攻击的实际效果，使用 8.2.4 节的密钥进行了一些实验。图 8.2(a) 所示的明文图像用作选择明文 $f_0$ 以产生所需的选择明文差分。用于攻击如图 8.14 所示的秘密数据扩展的两个差分，攻击前 8 个字节交换运算，即获取秘密比特 $\{b(129k+i)\}_{i=0,k=0}^{7,N/15-1}$ 的两个差分如图 8.15 所示。图 8.16 所示的两个明文差分和图 8.14 所示的两个明文差分用于获取 EES 的组成信息。恢复的等价密钥（即 8.6.2 节所示的所有信息）用于解密图 8.17(a) 所示的密文，其结果如图 8.17(b) 所示。由图可以看到，通过差分攻击成功地从密文图像恢复出了对应的明文图像。

为了使攻击过程更加清楚，表 8.3 给出了用于确定密文图像中第二个 16 字节块的等价密钥的各项信息。

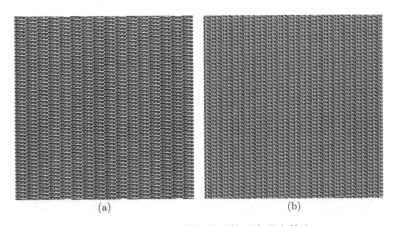

(a)                                    (b)

图 8.14    用于攻击数据扩展的两个明文差分

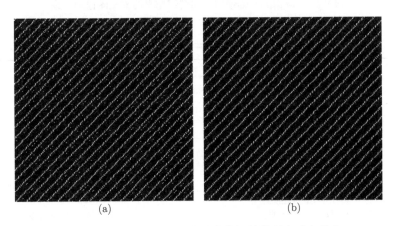

(a)                                    (b)

图 8.15    用于攻击前 8 个字节交换运算的两个明文差分

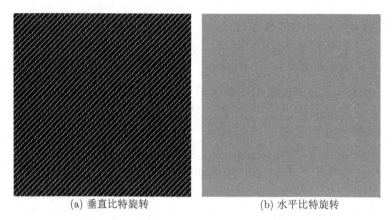

(a) 垂直比特旋转　　　　　　　　　　　(b) 水平比特旋转

图 8.16　用于获取 EES 中垂直位和水平比特旋转运算部分的两个明文差分

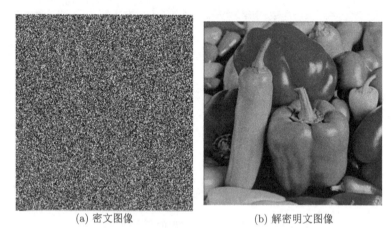

(a) 密文图像　　　　　　　　　　　(b) 解密明文图像

图 8.17　解密另一幅使用相同密钥加密的密文图像的结果

表 8.3　图 8.2(b) 所示密文图像中第二个 16 字节块对应的解密信息

| 获取的项目 | 对应的值 |
| --- | --- |
| $l(1)$ | 5 |
| $b(129+4) \sim b(129+11)$ | 1, 0, 1, 1, 1, 1, 0, 0 |
| $\{\overline{s}_{1,1,j} + \widetilde{s}_{1,1,a}\}_{j=0}^{7}$ | 2, 4, 6, 4, 6, 4, 6, 4 |
| $\{\overline{s}_{2,1,j} + \widetilde{s}_{2,1,a}\}_{j=0}^{7}$ | 1, 5, 3, 5, 5, 3, 1, 1 |
| $\{\overline{r}_{1,1,j} + \widetilde{s}_{1,1,a}\}_{j=0}^{7}$ | 2, 2, 6, 6, 6, 7, 6, 1 |
| $\{\overline{r}_{2,1,j} + \widetilde{s}_{2,1,a}\}_{j=0}^{7}$ | 6, 2, 2, 6, 1, 6, 1, 2 |
| $\{\widehat{s}_{1,1,j} \dot{-} \widetilde{s}_{1,1,a}\}_{j=0}^{7}$ | 0, 7, 4, 1, 5, 6, 2, 3 |
| $\{\widehat{s}_{2,1,j} \dot{-} \widetilde{s}_{2,1,a}\}_{j=0}^{7}$ | 0, 1, 7, 5, 4, 3, 2, 6 |
| $\{\text{Seed}^{*}(1, (i + \widetilde{s}_{1,1,a}))\}_{i=0}^{7}$ | 55, 228, 200, 55, 200, 200, 200, 27 |
| $\{\text{Seed}^{*}(1, 8 + (i + \widetilde{s}_{2,1,a}))\}_{i=0}^{7}$ | 27, 55, 228, 55, 27, 27, 27, 200 |

# 8.7 本 章 小 结

本章详细分析了由 Yen 等设计的四种混沌加密算法（CNNSE [218,219,227]、DSEA [220]、MES [221] 和 MCS [222]）。尽管设计者逐个使用更复杂的算法结构和更多的加密运算，但由于没有使用 S 盒，所以各个基本运算仍可被攻击者采取分而治之策略逐个击破。另外，CNNSE、DSEA 和 MES 算法抵抗唯密文攻击（穷举攻击）的鲁棒性也非常弱，这是混沌密码在有限精度数字设备中实现时普遍存在的安全缺陷。

# 第 9 章　混沌密码分析总结

第 2 ~ 8 章详细分析了 24 种混沌加密算法抵抗各种常规攻击的能力，以严谨完整的数学证明和详实的实验数据诠释了混沌密码分析的原理与实践，生动地展示了混沌密码设计与混沌密码分析之间的信息对抗。本章从中提炼一些共性安全问题，以供混沌密码研究人员特别是混沌密码设计者参考。另外，概述本书涉及的相关热门领域和难点问题，作为对混沌安全相关应用的展望。

## 9.1　混沌密码设计原则

通过回顾各类混沌加密算法的密码分析以及参考相关文献 [128, 150, 191, 224, 232–234]，本节总结出一些设计安全高效的混沌加密算法和评估其安全性能所应遵循的一般性原则。

**原则 1**：仔细检查密钥空间

密钥是任何加密算法不可分割的一部分。而密钥空间足够大是加密算法抵抗穷举攻击的前提 [2]。本书分析的混沌加密算法存在如下几类有关密钥的安全问题。

(1) 无效密钥：由于设计者的疏忽，7.5 节分析的 IECLM 含有两类无效密钥。更不幸的是，任意密钥都有可能属于其中一类无效密钥。

(2) 弱密钥：在 7.4 节分析的 ESMCM 中，弱密钥占了整个密钥空间的 1/256。在 IECLM 中同样存在关于子密钥 $K_{10}$ 的弱密钥。另外，3.3.2 节和 7.4.1 节分别讨论了 IECCS 和 ESMCM 的弱密钥。

(3) 等价密钥：因为式 (7.16) 中各子密钥的权重相同，所以可以使用如下两种方法寻找给定密钥的 "部分等价密钥"：交换式 (7.16) 的各组成部分；将最高有效比特不同的子密钥与 128 进行异或运算。针对密钥的这些改变并不影响全局混沌映射的初始条件 $X_0$ 的值，但能改变密文图像的部分分量的信息。如 3.3.2 节所示，IECCS 也存在一些因多个点的函数值相同而造成的等价密钥。

(4) 不适当密钥：对于 3.4.4 节讨论的 CBSX-II 算法，因为一些子密钥的选择空间非常小，所以不适合用作子密钥。如 6.4.6 节所述，IEAS 的加密轮数与时间复杂度（加密程序的运行时间）线性相关，因此也不应该用作子密钥。4.3.3 节提到 IECRT 的部分子密钥因选择过程需要消耗过高的计算量而变得不可行。

(5) 密钥的范围要清晰：如图 6.6 所示，CESCM 的密钥没有清晰的边界范围，用户难以选择。

**原则 2**：避免中间数据中存在的任何非均匀分布

非均匀分布是密码学中应尽量避免的问题。任何非均匀分布都可能用来开展基于统计的攻击，如差分攻击[1]。此外，它还可能导致加密效果不尽如人意。例如，3.4.4 节所讨论的 CBSX-II 算法中 $\{A_j\}$ 和 $\{D_j\}$ 的非均匀分布。对于第 7 章讨论的 ESMCM，第二个动态表的弱随机性使得仅用一幅已知图像中 120 个连续的明文字节便可获取整个密钥。计算机中迭代 Logistic 映射所得序列的非均匀稳定分布[147,235]，在 7.3.3 节用来作为验证穷举密钥的条件。

本质上，3.5.2 节讨论的针对 RCES 算法的第一种已知明文攻击方法依赖序列 $\{f(l) \oplus f'(l)\}$ 中每个元素在集合 $\{0, 1, \cdots, 255\}$ 上的非均匀分布：

(1) 对于未置换的相邻像素，$\mathrm{Prob}[f(l) \oplus f'(l) = \mathrm{Seed}(l)] = 1$；

(2) 对于发生了位置置换的相邻像素，$f(l) \oplus f'(l)$ 的分布与 $f(l) \oplus f(l+1)$ 大体一致（见图 3.15 所示的 $f_{\mathrm{Peppers}}^{(\oplus)}$ 的分布）。

另外，如 8.4.1 节所示，DSEA 子密钥 $L$ 的获取归因于 $f_0^*(n)$ 和 $f_1^*(n)$ 与 $f(n)$ 相等概率的差异。

**原则 3**：应该充分减小明文数据中相邻像素间的强相关性

多媒体数据和文本数据间最主要的差别是多媒体数据中相邻像素间存在强相关性，这使得传统的文本加密算法往往不能有效保护多媒体数据。如图 2.11 所示，TDCEA 并没有考虑这个问题。减小这些强相关性的典型方法是进行有效的位置置换[29,44,131]。当然，其他文本加密算法的标准也能达到这个目的。如 3.5.2 节所示，针对 RCES 算法的已知明文攻击的优良性能依赖图像中相邻像素间的强相关性。

**原则 4**：避免只使用"密钥可逆"的加密函数

将对称密码的加密函数改写为 $C = E(P, K)$。如果将 $C$ 和 $P$ 代入反函数 $E^{-1}(\cdot, \cdot)$ 中可得 $K$（即 $K = E^{-1}(P, C)$），那么函数 $E(\cdot, \cdot)$ 就是"密钥可逆"的。大多数现代密码都组合了定义在不同群上的运算，从而使得加密函数就前述定义而言不可逆。

在第 3、5、6 章分析的各加密算法中，主要的加密函数就是异或运算 XOR。因为 $P \oplus K = C \Rightarrow K = P \oplus C$，所以 XOR 是可逆的函数。这就是可以用不同方法获取有关密钥或者明文信息的本质原因。类似地，其他基本运算（如置换、比特位置循环）的可逆性导致 HCIE、TDCEA 和 MES 算法各个基本组成部分的等价密钥可被分别获取。从第 8 章的分析可以看到，"分而治之"攻击策略对这类加密算法屡试不爽，所以一种加密算法的整体安全性不能依靠简单地组合更多可逆的基本加密运算来保证。为加强本书分析对象的安全性能，应当将基本的运算替换为一些依赖密钥的可逆函数或者更为复杂的运算[29,44,131,132]。

**原则 5**：增强加密算法抵抗已知/选择明文攻击的安全性能

正如文献 [224] 所述，除了本书中分析的加密算法，许多其他多媒体加密算法抵抗已知/选择明文攻击的能力也很弱。这种脆弱性使得重复使用相同密钥加密多个多媒体文件变得不安全。如果要满足密钥不被重复使用的要求，则密钥管理将变得非常复杂，由此引发的经济成本也大幅增加。

**原则 6**：加强加密算法抵抗差分攻击的安全性能

与已知明文攻击和选择明文攻击相比，差分攻击是分析明文中的差分如何影响对应密文之间的差分。值得注意的是，该差分可使用任意给定的运算来定义，如减法、除法和异或。对于乘积密码，差分攻击可依次使部分运算失效，逐个获得各基本组成部分的等价密钥。8.6 节给出了依次获取 MCS 算法的 5 个基本组成部分的等价密钥，这是本书中使用这种攻击策略最复杂的样例。

**原则 7**：确保密文对明文变化的敏感性

由于一个多媒体文件和其水印版本可能会被同时加密、存储和传输，所以针对明文变化的敏感性对于多媒体加密算法尤为重要。如果加密算法不具备这个性质，那么一个明文的泄露将有可能导致其他强相关密文对应的明文信息被成功猜测。如 2.6.6 节、3.3.2 节、3.4.4 节、4.3.3 节、5.3.2 节、5.6.4 节、6.3.2 节、6.4.6 节等所述，本书讨论的大部分加密算法的加密结果对明文的变化都不敏感。根据事实 7.2，对明文中 MSB 变化的不敏感性同样存在于所有其他只涉及置换、异或与模和运算的加密算法中 [15,132,203,204,236,237]。

**原则 8**：确保密文对密钥变化的敏感性

如果加密结果对密钥的变化不敏感，则使用该密钥的任意近似版本便可成功解密一部分密文甚至全部密文，所以这个原则对于所有的加密算法都尤为重要。如 2.6.6 节、3.4.4 节、5.6.4 节等所示，ISEA、IESHC、CBSX-II 算法的加密结果对密钥的变化不敏感。在密码学中，加密结果对明文或密钥变化的敏感性称为雪崩效应。通常使用非线性运算和多轮迭代整个算法来满足这个要求。文献 [150] 中的规则 9 将此条表述如下：即使对于最小可能差值的两个密钥，使用任意统计分析方法也无法从相应密文中找到可区分的差异。

**原则 9**：避免重复使用在加密过程中产生的任意秘密中间变量

在第 8 章的分析中，四种混沌加密算法都重复使用了相同比特控制相邻像素间的不同运算。通常这种重用可使得穷举攻击的复杂度减小并使得已知明文攻击和选择明文攻击更容易开展。然而，这个问题在 3.6 节分析的 HDSP 算法中最为严重：它使得该加密算法对一些明文比特无效、两个秘密序列变得完全相关。

**原则 10**：加密算法的设计应面向具体应用场景

本书讨论的 24 种加密算法中，只有 3.2.4 节的 HDSP 算法考虑了具体应用场景——基于 IP 的安全语音传输。如果没有给定应用场景，可用性、时间复杂度、真实需要的安全级别、潜在攻击的经济成本之间的平衡点无从谈起。少数图像加密算法瞄准了具体应用场景中的安全挑战：视频监控[238]、工业物联网[239]、社交媒体[240]。

**原则 11**：结合加密数据的具体存储格式设计加密算法

大量图像加密算法将明文图像视为普通文本数据[234]，没有考虑图像数据的特殊性，如格式兼容（format-compliance）、安全级别的可扩展性（scalability）、加密部分数据以支撑可察觉性（perceptibility）、错误的耐受性（error-tolerability）。因为常规图像文件的存储尺寸较大，所以应有效结合压缩和加密[67,241-243]，如选择DICOM（医学数字成像和通信）存储格式的医疗图像数据的感兴趣区域（region of interest, ROI）进行加密。

**原则 12**：重视安全测试度量的局限性

如文献 [128] 和 [244] 所述，大量混沌图像加密算法所采用的安全测试指标的有效性受到质疑。因此，需要选用密码学中有公信力的指标和检测方法。

**原则 13**：关注"数字混沌"与"数学混沌"的本质区别

混沌系统的理想动力学性质是在无限数学精度下展现出来的。一旦在有限精度的数字设备中实现，其动力学性质无可避免地出现退化[245]。由此衍生的伪随机序列的随机性能也非常弱。

**原则 14**：提高消耗计算量对加密算法整体安全水平的贡献率

以 5.2.1 节中的 CIEAP 为典型代表，本书分析的多种混沌加密算法在生成伪随机序列时先丢弃一些初始状态值。如果丢弃的连续状态数量过多，那么所得轨道可能已进入周期循环。更为重要的是，这样浪费了大量计算。如同 6.2.1 节中的 CESCM，大量混沌加密算法采用等式

$$f(x) = f(10^m x) \bmod D \tag{9.1}$$

作为取整函数。根据文献 [246] 中的分析，式 (5.13) 的比特数利用率仅为 $\dfrac{\lceil \log_2 D \rceil}{m \lceil \log_2 10 \rceil}$。在式 (5.13) 中，$m = 14$，$D = 256$，利用率仅为 $\dfrac{\lceil \log_2 256 \rceil}{14 \lceil \log_2 10 \rceil} = \dfrac{1}{7}$。

## 9.2　混沌安全应用的展望

随着混沌密码分析工作全面深入的开展，混沌系统与密码系统之间的关系更加清晰。混沌系统在无限数学精度下表现出来的复杂动力学性质（同时满足不收敛、不发散、不周期性重复）与密码系统在有限计算精度下展现出来的高度敏感性实际上有着本质的区别[234]。前者着重从宏观层面来刻画，如李雅普诺夫指数；而后者关注微观层面的性质，如各个比特对应的概率分布的差异，这是差分攻击

的基石。基于混沌系统的密码系统的优势受到越来越多相关研究人员的质疑，文献 [128] 构造的四个明显的弱密码系统也能通过被混沌密码研究广泛采用的全部测试，在各个指标方面都表现良好，从而从根本上质疑混沌密码在安全性能与计算效率两方面相对于现代文本密码标准（如 DES、AES）的任何优势。近年来，多个与混沌理论强相关的研究方向逐步兴起，如忆阻器、复杂网络、量子混沌、类脑计算和人工智能等。本节通过提炼全书中涉及的强相关研究领域对混沌安全应用进行展望。

(1) 数字混沌动力学：如图 9.1 所示，迭代一个混沌映射就如同在状态映射网络中游走（walk）[89,245]。有向状态映射网络的参数（强连通分量的数量、周期）和结构随实现精度的递增而变化。数字混沌动力学与无限精度数学世界中的混沌动力学截然不同。

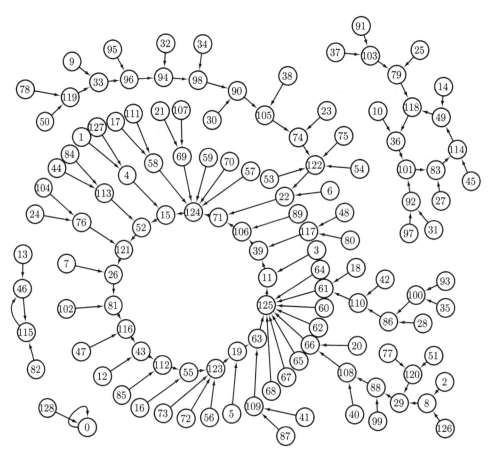

图 9.1　Logistic 映射的状态映射网络图（控制参数 $\mu = 501/2^7$，运算精度 $L = 7$）

(2) 序列分析：如文献 [198] 和 [247] 所述，Cat 映射的周期分布可归结为线性递归序列的周期分析。关于密码流的基础理论，可参考文献 [248]。伪随机数生成器即使能通过文献 [148] 中的 TestU01 随机性能测试，也只是具有足够高随机性能的必要条件。如文献 [249] 所述，随机数安全是整个密码应用安全技术体系的核心。因此，分析每个伪随机数生成器特定的安全缺陷非常重要。

(3) 参数识别：本书分析的算法一味强调混沌系统对参数的变化非常敏感，但混沌序列终究还是给定模型在确定参数下产生的确定行为。因此，将混沌系统输出的一些序列作为样本，可以使用各种方法反推出混沌系统的参数：使用自适应同步方法识别 Lorenz 系统的参数 [83]；采用蚁群优化算法对动力系统的参数进行估计 [250]。参数估计的精度随着信息技术的发展而不断提高，参数识别技术实际上是直接恢复混沌密码的密钥信息。

(4) 复杂网络：文献 [89]、[245] 和 [251] 讨论的状态映射网络属于有向网络。复杂网络可用来进行随机性水平分析、抗毁性分析、异常检测等，已成为网络空间安全的基础理论。

(5) 视频加密：随着视频监控的广泛使用，为保护视频中的隐私和涉密信息，需设计满足给定场景下特定安全级别的视频加密算法 [252]。

(6) 隐私保护：保护图像和视频文件中涉及隐私的信息最直接的方法就是自动检测隐私信息然后加密或者马赛克（mosaicing, pixelation）处理。基于人工智能的图像识别技术的发展使得这种方法受到严重挑战 [253]。

(7) 信息隐藏：Fridrich[29] 以 "possible relationship between discretized chaos and cryptosystems" 为主题讨论了利用混沌系统设计加密算法的框架。其研究方向后来主要转向隐写术和隐写分析。机器学习的飞速发展使得这个领域的信息对抗成为多媒体安全领域的热点。

(8) 视觉质量评价：2.3.2 节提到人的视觉系统有很强的噪声滤波能力。如何定量地有参考或者无参考评价图像和视频的视觉质量有重要的理论与应用价值 [114]。在基于混沌的选择性图像加密算法中，需更准确高效地自动定量评价多媒体密文的视觉质量 [254]。

(9) 神经网络：本书分析的多种加密算法使用了简单的神经网络，如时延混沌神经网络（DCNN）（3.2.2 节）、感知机（5.2.1 节）、剪枝神经网络（5.2.2 节）、混沌神经网络（CNN）（8.2.1 节）等。在过去十多年中，神经网络、人工智能、机器学习飞速发展，以对抗样本（adversarial examples）为典型代表的人工智能安全成为安全领域关注的焦点。

(10) 非线性电路：使用忆阻器、蔡氏二极管等非线性电路元件构造各种混沌系统，可用作伪随机数生成器 [255]。

# 参 考 文 献

[1] Schneier B. Applied Cryptography—Protocols, Algorithms, and Source Code in C. 2nd ed. New York: John Wiley and Sons, 1996

[2] Menezes A J, van Oorschot P C, Vanstone S A. Handbook of Applied Cryptography. Boca Raton: CRC Press, 2001

[3] Smale S. Differentiable dynamical systems. Bulletin of the AMS, 1967, 73(6): 747–818

[4] Lorenz E N. Deterministic nonperiodic flow. The American Mathematical Monthly, 1963, 20(2): 130–141

[5] Li T Y, Yorke J A. Period three implies chaos. The American Mathematical Monthly, 1975, 82(10): 985–992

[6] May R M. Simple mathematical models with very complicated dynamics. Nature, 1976, 261(5560): 459–467

[7] Smale S. Mathematical problems for the next century. The Mathematical Intelligencer Volume, 1998, 20: 7–15

[8] Tucker W. A rigorous ODE solver and Smale's 14th problem. Foundations of Computational Mathematics, 2002, 2(1): 53–117

[9] Wang Q X, Yu S M, Li C Q, et al. Theoretical design and FPGA-based implementation of higher-dimensional digital chaotic systems. IEEE Transactions on Circuits and Systems I: Regular Papers, 2016, 63(3): 401–412

[10] Shannon C E. Communication theory of secrecy systems. The Bell System Technical Journal, 1949, 28(4): 656–715

[11] Matthews R. On the derivation of a "chaotic" encryption algorithm. Cryptologia, 1989, 13(1): 29–42

[12] 周红. 一类混沌密码序列的设计方法及其有限精度实现问题分析. 上海: 复旦大学, 1996

[13] 李树钧. 数字化混沌密码的分析与设计. 西安: 西安交通大学, 2003

[14] Li S. Analyses and new designs of digital chaotic ciphers. Xi'an: Xi'an Jiaotong University, 2003

[15] Chen G R, Mao Y B, Chui C K. A symmetric image encryption scheme based on 3D chaotic cat maps. Chaos, Solitons and Fractals, 2004, 21(3): 749–761

[16] Tong X J, Cui M G. Image encryption scheme based on 3D baker with dynamical compound chaotic sequence cipher generator. Signal Processing, 2009, 89(4): 480–491

[17] 廖晓峰, 肖迪, 陈勇, 等. 混沌密码学原理及其应用. 北京: 科学出版社, 2009

[18] Wang X Y, Yang L, Liu R, et al. A chaotic image encryption algorithm based on perceptron mode. Nonlinear Dynamics, 2010, 62(3): 615–621

[19] Chen J Y, Zhou J W, Wong K W. A modified chaos-based joint compression and encryption scheme. IEEE Transactions on Circuits and Systems II: Express Briefs, 2011, 58(2): 110–114

[20] 禹思敏, 吕金虎, 陈关荣. 动力系统反控制方法及其应用. 北京: 科学出版社, 2013

[21] Matias Y, Shamir A. A video scrambling technique based on space filling curve. Lecture Notes in Computer Science, 1987, 293: 398–417

[22] Bourbakis N, Alexopoulos C. Picture data encryption using scan patterns. Pattern Recognition, 1992, 25(6): 567–581

[23] Alexopoulos C, Bourbakis N G, Ioannou N. Image encryption method using a class of fractals. Journal of Electronic Imaging, 1995, 4(3): 251–259

[24] Guo J I, Yen J C, Yeh J C. The design and realization of a new chaotic image encryption algorithm. Proceedings of International Symposium on Communications, 1999: 210–214

[25] Yen J C, Guo J I. Efficient hierarchical chaotic image encryption algorithm and its VLSI realisation. IEE Proceedings – Vision: Image, and Signal Processing, 2000, 147(2): 167–175

[26] Yen J C, Guo J N. Design of a new signal security system. Proceedings of IEEE International Symposium on Circuits and Systems, 2002, 4: 121–124

[27] Chen H C, Guo J N, Huang L C, et al. Design and realization of a new signal security system for multimedia data transmission. EURASIP Journal Applied Signal Processing, 2003, (13): 1291–1305

[28] Li C Q, Lo K T. Optimal quantitative cryptanalysis of permutation-only multimedia ciphers against plaintext attacks. Signal Processing, 2011, 91(4): 949–954

[29] Fridrich J. Symmetric ciphers based on two-dimensional chaotic maps. International Journal of Bifurcation and Chaos, 1998, 8(6): 1259–1284

[30] Li S J, Zheng X. On the security of an image encryption method. Proceedings of IEEE International Conference on Image Processing, 2002, 2: 925–928

[31] Yi X, Tan C H, Siew C K. A new block cipher based on chaotic tent maps. IEEE Transactions on Circuits and Systems I: Fundamental Theory and Applications, 2002, 49(12): 1826–1829

[32] 胡汉平, 刘双红, 王祖喜, 等. 一种混沌密钥流产生方法. 计算机学报, 2004, 27(3): 408–412

[33] Pareek N K, Patidar V, Sud K K. Image encryption using chaotic logistic map. Image and Vision Computing, 2006, 24(9): 926–934

[34] Li S J, Li C Q, Chen G R, et al. Cryptanalysis of the RCES/RSES image encryption scheme. Journal of Systems and Software, 2008, 81(7): 1130–1143

[35] Rhouma R, Belghith S. Cryptanalysis of a spatiotemporal chaotic image/video cryptosystem. Physics Letters A, 2008, 372(36): 5790–5794

[36] Alvarez G, Li S J. Cryptanalyzing a nonlinear chaotic algorithm (NCA) for image encryption. Communications in Nonlinear Science and Numerical Simulation, 2009, 14(11): 3743–3749

[37] Li C Q, Li S J, Chen G R, et al. Cryptanalysis of an image encryption scheme based on a compound chaotic sequence. Image and Vision Computing, 2009, 27(8): 1035–1039

[38] Li C Q, Li S J, Lo K T, et al. A differential cryptanalysis of Yen-Chen-Wu multimedia cryptography system. Journal of Systems and Software, 2010, 83(8): 1443–1452

[39] Solak E, Cokal C, Yildiz O T, et al. Cryptanalysis of Fridrich's chaotic image encryption. International Journal of Bifurcation and Chaos, 2010, 20(5): 1405–1413

[40] Li C Q, Lo K T. Cryptanalysis of an image encryption scheme using cellular automata substitution and SCAN. Lecture Notes in Computer Science, 2010, 6297: 601–610

[41] Lin Z S, Yu S M, Lu J, et al. Design and ARM-embedded implementation of a chaotic map-based real-time secure video communication system. IEEE Transactions on Circuits and Systems for Video Technology, 2015, 25(7): 1203–1216

[42] Zhou Y C, Hua Z Y, Pun C M, et al. Cascade chaotic system with applications. IEEE Transactions on Cybernetics, 2015, 45(9): 2001–2012

[43] Hua Z Y, Zhou Y C. Image encryption using 2D logistic-adjusted-sine map. Information Sciences, 2016, 339: 237–253

[44] Maniccam S S, Bourbakis N G. Image and video encryption using SCAN patterns. Pattern Recognition, 2004, 37(4): 725–737

[45] Habutsu T, Nishio Y, Sasase L, et al. A secret key cryptosystem by iterating a chaotic map. Lecture Notes in Computer Science, 1991, 547: 127–140

[46] Pisarchik A N, Flores-Carmona N J, Carpio-Valadez M. Encryption and decryption of images with chaotic map lattices. Chaos, 2006, 16(3): 033118

[47] Arroyo D, Rhouma R, Alvarez G, et al. On the security of a new image encryption scheme based on chaotic map lattices. Chaos, 2008, 18(3): 033112

[48] Solak E, Cokal C. Algebraic break of image ciphers based on discretized chaotic map lattices. Information Sciences, 2011, 181(1): 227–233

[49] Bose R. Novel public key encryption technique based on multiple chaotic systems. Physical Review Letters, 2005, 95(9): 098702

[50] Lee T F. Efficient three-party authenticated key agreements based on Chebyshev chaotic map-based Diffie-Hellman assumption. Nonlinear Dynamics, 2015, 81(4): 2071–2078

[51] Kohda T, Tsuneda A. Statistics of chaotic binary sequences. IEEE Transactions on Information Theory, 1997, 43(1): 104–112

[52] Masuda N, Aihara K. Cryptosystems with discretized chaotic maps. IEEE Transactions on Circuits and Systems I: Fundamental Theory and Applications, 2002, 49(1): 28–40

[53] Wen J T, Severa M, Zeng W J, et al. A format-compliant configurable encryption framework for access control of video. IEEE Transactions on Circuits and Systems for Video Technology, 2002, 12(6): 545–557

[54] Mao Y N, Wu M. A joint signal processing and cryptographic approach to multimedia encryption. IEEE Transactions on Image Processing, 2006, 15(7): 2061–2075

[55] Bourbakis N, Dollas A. SCAN-based compression-encryption-hiding for video on demand. IEEE Multimedia, 2003, 10(3): 79–87

[56] Tang L. Methods for encrypting and decrypting MPEG video data efficiently. Proceedings of 4th ACM International Conference on Multimedia, Boston, 1996: 219–229

[57] Jakimoski G, Subbalakshmi K P. Cryptanalysis of some multimedia encryption schemes. IEEE Transactions on Multimedia, 2008, 10(3): 330–338

[58] Pazarci M, Dipçin V. A MPEG2-transparent scrambling technique. IEEE Transactions on Consumer Electronics, 2002, 48(2): 345–355

[59] Kankanhalli M S, Guan T T. Compressed-domain scrambler/descrambler for digital video. IEEE Transactions on Consumer Electronics, 2002, 48(2): 356–365

[60] Stutz T, Uhl A. A survey of H.264 AVC/SVC encryption. IEEE Transactions on Circuits and Systems for Video Technology, 2012, 22(3): 325–339

[61] Sridharan S, Dawson E, Goldburg B. Fast Fourier transform based speech encryption system. IEE Proceedings of Communications, Speech and Vision, 1991, 138(3): 215–223

[62] Goldburg B, Sridharan S, Dawson E. Design and cryptanalysis of transform-based analog speech scramblers. IEEE Journal on Selected Areas in Communications, 1993, 11(5): 735–744

[63] Guo J I, Yen J C, Pai H F. New voice over internet protocol technique with hierarchical data security protection. IEE Proceedings – Vision: Image, and Signal Processing, 2002, 149(4): 237–243

[64] Lin Q H, Yin F L, Mei T M, et al. A blind source separation based method for speech encryption. IEEE Transactions on Circuits and Systems I: Regular Papers, 2006, 53(6): 1320–1328

[65] Li S J, Li C Q, Lo K T, et al. Cryptanalyzing an encryption scheme based on blind source separation. IEEE Transactions on Circuits and Systems I: Regular Papers, 2008, 55(4): 1055–1063

[66] Li S J, Li C Q, Lo K T, et al. Cryptanalysis of an image encryption scheme. Journal of Electronic Imaging, 2006, 15(4): 043012

[67] Wu C P, Kuo C C J. Design of integrated multimedia compression and encryption systems. IEEE Transactions on Multimedia, 2005, 7(5): 828–839

[68] Chen T H, Wu C S. Compression-unimpaired batch-image encryption combining vector quantization and index compression. Information Sciences, 2010, 180(9): 1690–1701

[69] Kim H, Wen J T, Villasenor J D. Secure arithmetic coding. IEEE Transactions on Signal Processing, 2007, 55(5): 2263–2272

[70] Zhou J, Au O C. Comments on "a novel compression and encryption scheme using variable model arithmetic coding and coupled chaotic system". IEEE Transactions on Circuits and Systems I: Regular Papers, 2008, 55(10): 3368–3369

[71] Li S J, Li C Q, Kuo J C C. On the security of a secure Lempel-Ziv-Welch (LZW) algorithm. Proceedings of IEEE International Conference on Multimedia and Expo, Barcelona, 2011: 6011939

[72] Zhang X P. Lossy compression and iterative reconstruction for encrypted image. IEEE Transactions on Information Forensics and Security, 2011, 6(1): 53–58

[73] Klinc D, Hazay C, Jagmohan A, et al. On compression of data encrypted with block ciphers. IEEE Transactions on Information Theory, 2012, 58(11): 6989–7001

[74] Wheeler D D. Problems with chaotic cryptosystems. Cryptologia, 1989, 13(3): 243–250

[75] Wang K, Pei W, Zou L H, et al. On the security of 3D cat map based symmetric image encryption scheme. Physics Letters A, 2005, 343(6): 432–439

[76] Li S J, Li C Q, Chen G R, et al. A general quantitative cryptanalysis of permutation-only multimedia ciphers against plaintext attacks. Signal Processing: Image Communication, 2008, 23(3): 212–223

[77] Liu S, Li C Q, Hu Q. Cryptanalyzing two image encryption algorithms based on a first-order time-delay system. IEEE MultiMedia, 2022, 29(1): 74–84

[78] Solak E, Cokal C. Algebraic break of a cryptosystem based on discretized two-dimensional chaotic maps. Physics Letters A, 2009, 373(15): 1352–1356

[79] Li C Q, Li S J, Asim M, et al. On the security defects of an image encryption scheme. Image and Vision Computing, 2009, 27(9): 1371–1381

[80] Yang J Y, Xiao D, Xiang T. Cryptanalysis of a chaos block cipher for wireless sensor network. Communications in Nonlinear Science and Numerical Simulation, 2011, 16(2): 844–850

[81] Zhou J T, Au O C. On the security of chaotic convolutional coder. IEEE Transactions on Circuits and Systems I: Regular Papers, 2011, 58(3): 595–606

[82] Beth T, Lazic D E, Mathias A. Cryptanalysis of cryptosystems based on remote chaos replication. Lecture Notes in Computer Science, 1994, 839: 318–331

[83] Solak E. Partial identification of Lorenz system and its application to key space reduction of chaotic cryptosystems. IEEE Transactions on Circuits and Systems II: Express Briefs, 2004, 51(10): 557–560

[84] Arroyo D, Alvarez G, Li S J, et al. Cryptanalysis of a new chaotic cryptosystem based on ergodicity. International Journal of Modern Physics B, 2009, 23(5): 651–659

[85] Chen H C, Yen J C. A new cryptography system and its VLSI realization. Journal of Systems Architecture, 2003, 49(7-9): 355–367

[86] Xiang T, Wong K W, Liao X F. A novel symmetrical cryptosystem based on discretized two-dimensional chaotic map. Physics Letters A, 2007, 364(3-4): 252–258

[87] Ye G D. Image scrambling encryption algorithm of pixel bit based on chaos map. Pattern Recognition Letters, 2010, 31(5): 347–354

[88] Wong K W, Lin Q Z, Chen J Y. Simultaneous arithmetic coding and encryption using chaotic maps. IEEE Transactions on Circuits and Systems II: Express Briefs, 2010, 57(2): 146–150

[89] Li C Q, Feng B B, Li S J, et al. Dynamic analysis of digital chaotic maps via state-mapping networks. IEEE Transactions on Circuits and Systems I: Regular Papers, 2019, 66(6): 2322–2335

[90] Zunino R. Fractal circuit layout for spatial decorrelation of images. Electronics Letters, 1998, 34(20): 1929–1930

[91] Chung K L, Chang L C. Large encrypting binary images with higher security. Pattern Recognition Letters, 1998, 19(5-6): 461–468

[92] Li C Q, Lin D D, Lü J H. Cryptanalyzing an image scrambling encryption algorithm of pixel bits. IEEE MultiMedia, 2017, 24(3): 64–71

[93] Zeng W J, Lei S. Efficient frequency domain selective scrambling of digital video. IEEE Transactions on Multimedia, 2003, 5(1): 118–129

[94] Li S J, Li C Q, Lo K T, et al. Cryptanalysis of an image scrambling scheme without bandwidth expansion. IEEE Transactions on Circuits and Systems for Video Technology, 2008, 18(3): 338–349

[95] Crutchfield J P, Farmer J D, Packard N H, et al. Chaos. Scientific American, 1986, 255(12): 46–57

[96] Jan J K, Tseng Y M. On the security of image encryption method. Information Processing Letters, 1996, 60(5): 261–265

[97] Qiao L T, Nahrstedt K, Tam M C. Is MPEG encryption by using random list instead of ZigZag order secure? Proceedings of IEEE International Symposium on Consumer Electronics, Singapore, 1997: 226–229

[98] Qiao L T. Multimedia security and copyright protection. Illinois: University of Illinois at Urbana-Champaign, 1998

[99] Qiao L T, Nahrstedt K. Comparison of MPEG encryption algorithms. Computers and Graphics, 1998, 22(4): 437–448

[100] Cheng H C H. Partial encryption for image and video communication. Alberta: University of Alberta, 1998

[101] Uehara T, Safavi-Naini R. Chosen DCT coefficients attack on MPEG encryption schemes. Proceedings of IEEE Pacific-Rim Conference on Multimedia, Sydney, 2000: 316–319

[102] Uehara T, Safavi-Naini R, Ogunbona P. Securing wavelet compression with random permutations. Proceedings of IEEE Pacific-Rim Conference on Multimedia, Sydney, 2000: 332–335

[103]  Ma Y L, Li C Q, Ou B. Cryptanalysis of an image block encryption algorithm based on chaotic maps. Journal of Information Security and Applications, 2020: 102566

[104]  Zhao X, Cheng G, Zhang D, et al. Decryption of pure-position permutation algorithms. Journal of Zhejiang University: Science, 2004, 5(7):803–809

[105]  Cheng H, Li X B. Partial encryption of compressed images and videos. IEEE Transactions on Signal Processing, 2000, 48(8): 2439–2451

[106]  Chang C C, Yu T X. Cryptanalysis of an encryption scheme for binary images. Pattern Recognition Letters, 2002, 23(14): 1847–1852

[107]  Jolfaei A, Wu X W, Muthukkumarasamy V. On the security of permutation-only image encryption schemes. IEEE Transactions on Information Forensics and Security, 2016, 11(2): 235–246

[108]  Chen L, Li C Q, Li C. Security measurement of a medical image communication scheme based on chaos and DNA coding. Journal of Visual Communication and Image Representation, 2022, 83: 103424

[109]  Chen J X, Chen L, Zhou Y C. Cryptanalysis of image ciphers with permutation-substitution network and chaos. IEEE Transactions on Circuits and Systems for Video Technology, 2021, 31(6): 2494–2508

[110]  Li H S, Zheng Y J, Zhang S T, et al. Solving a special type of jigsaw puzzles: Banknote reconstruction from a large number of fragments. IEEE Transactions on Multimedia, 2014, 16(2): 571–578

[111]  Yen J C, Guo J I. A new image encryption algorithm and its VLSI architecture. Proceedings of IEEE Workshop on Signal Processing Systems, Taipei, 1999: 430–437

[112]  Yen J C, Guo J I. A new MPEG/encryption system and its VLSI architecture. Proceedings of International Symposium on Communications, Taipei, 1999: 215–219

[113]  Li C Q, Li S J, Chen G R, et al. Cryptanalysis of a new signal security system for multimedia data transmission. EURASIP Journal on Advances in Signal Processing, 2005, (8): 1–12

[114]  Zhu K F, Li C Q, Asari V, et al. No-reference video quality assessment based on artifact measurement and statistical analysis. IEEE Transactions on Circuits and Systems for Video Technology, 2015, 25(4): 533–546

[115]  Graham R L, Knuth D E, Patashnik O. Concrete Mathematics. New York: Adison-Wesley, 1989

[116]  Yen J C, Guo J I. A new hierarchical chaotic image encryption algorithm and its hardware architecture. Proceedings of 9th VLSI Design/CAD Symposium, Taipei, 1998

[117]  Yen J C, Guo J I. A new chaotic image encryption algorithm. Proceedings of National Symposium on Telecommunications, Taipei, 1998: 358–362

[118]  Devaney R L. An Introduction to Chaotic Dynamical Systems. Boulder: Westview Press, 2003

[119] de Cannière C, Lano J, Preneel B. Cryptanalysis of the two-dimensional circulation encryption algorithm. EURASIP Journal on Advances in Signal Processing, 2005, (12): 1–5

[120] Chan R H, Ho C W, Nikolova M. Salt-and-pepper noise removal by median-type noise detectors and detail-preserving regularization. IEEE Transactions on Image Processing, 2005, 14(10): 1479–1485

[121] Zhao L, Adhikari A, Xiao D, et al. Cryptanalysis on an image scrambling encryption scheme based on pixel bit. Lecture Notes in Computer Science, 2011, 6526: 45–59

[122] Zhao L, Adhikari A, Xiao D, et al. On the security analysis of an image scrambling encryption of pixel bit and its improved scheme based on self-correlation encryption. Communications in Nonlinear Science and Numerical Simulation, 2012, 17(8): 3303–3327

[123] Li W H, Yan Y P, Yu N H. Breaking row-column shuffle based image cipher. Proceedings of ACM International Conference on Multimedia, New York, 2012: 6011939

[124] Tubbs J D. A note on binary template matching. Pattern Recognition, 1989, 22(4): 359–365

[125] Wang Z, Bovik A C, Sheikh H R, et al. Image quality assessment: From error visibility to structural similarity. IEEE Transactions on Image Processing, 2004, 13(4): 600–612

[126] Rukhin A, Soto J, Nechvatal J, et al. A statistical test suite for random and pseudorandom number generators for cryptographic applications. NIST Special Publication 800-22rev1a, 2010. http://csrc.nist.gov/groups/ST/toolkit/rng/documentation_software.html

[127] Li C Q, Li S J, Álvarez G, et al. Cryptanalysis of two chaotic encryption schemes based on circular bit shift and XOR operations. Physics Letters A, 2007, 369(1-2): 23–30

[128] Preishuber M, Huetter T, Katzenbeisser S, et al. Depreciating motivation and empirical security analysis of chaos-based image and video encryption. IEEE Transactions on Information Forensics and Security, 2018, 13(9): 2137–2150

[129] Wang K, Pei W J, Hou X B, et al. Symbolic dynamics approach to parameter estimation without initial value. Physics Letters A, 2009, 374(1): 44–49

[130] Senk V, Delic V D, Milosevic V S. A new speech scrambling concept based on Hadamard matrices. IEEE Signal Processing Letters, 1997, 4(6): 161–163

[131] Scharinger J. Fast encryption of image data using chaotic Kolmogorov flows. Journal of Electronic Imaging, 1998, 7(2): 318–325

[132] Mao Y B, Chen G R, Lian S G. A novel fast image encryption scheme based on 3D chaotic baker maps. International Journal of Bifurcation and Chaos, 2004, 14(10): 3613–3624

[133] Chang C C, Hwang M S, Chen T S. A new encryption algorithm for image cryptosystems. Journal of Systems and Software, 2001, 58(2): 83–91

[134] Kulekci M O. On scrambling the Burrows-Wheeler transform to provide privacy in lossless compression. Computers and Security, 2012, 31(1): 26–32

[135] Zhou J T, Liu X M, Au O C, et al. Designing an efficient image encryption-then-compression system via prediction error clustering and random permutation. IEEE Transactions on Information Forensics and Security, 2014, 9(1): 39–50

[136] Xiang T, Liao X F, Tang G P, et al. A novel block cryptosystem based on iterating a chaotic map. Physics Letters A, 2006, 349(1-4): 109–115

[137] Yu W W, Cao J D. Cryptography based on delayed chaotic neural networks. Physics Letters A, 2006, 356(4-5): 333–338

[138] Palacios A, Juarez H. Cryptography with cycling chaos. Physics Letters A, 2002, 303(5-6): 345–351

[139] Tong X J, Cui M G. Image encryption with compound chaotic sequence cipher shifting dynamically. Image and Vision Computing, 2008, 26(6): 843–850

[140] Arroyo D, Li C Q, Li S J, et al. Cryptanalysis of an image encryption scheme based on a new total shuffling algorithm. Chaos, Solitons and Fractals, 2009, 41(5): 2613–2616

[141] Rivest R L. The invertibility of the XOR of rotations of a binary word. International Journal of Computer Mathematics, 2011, 88(2): 281–284

[142] Chen H C, Yen J C, Guo J I. Design of a new cryptography system. Lecture Notes in Computer Science, 2002, 2532: 1041–1048

[143] Yen J C, Guo J I. A new chaotic key-based design for image encryption and decryption. Proceedings of IEEE International Conference on Circuits and Systems, Geneva, 2000: 49–52

[144] Li S J, Zheng X. Cryptanalysis of a chaotic image encryption method. Proceedings of IEEE International Symposium on Circuits and Systems, Phoenix-Scottsdale, 2002: 708–711

[145] Li C, Li S, Zhang D, et al. Cryptanalysis of a data security protection scheme for VoIP. IEE Proceedings – Vision: Image, and Signal Processing, 2006, 153(1): 1–10

[146] NIST. Security requirements for cryptographic modules. Federal Information Processing Standards Publication (FIPS PUB) 140-2, 2002. http://csrc.nist.gov/publications/fips/fips140-2/fips1402.pdf

[147] Oteo J A, Ros J. Double precision errors in the logistic map: Statistical study and dynamical interpretation. Physical Review E, 2007, 76(3): 036214

[148] Ecuyer P L, Simard R. TestU01: AC library for empirical testing of random number generators. ACM Transactions on Mathematical Software, 2007, 33(4): 22.

[149] Shampine L. Solving ODEs and DDEs with residual control. Applied Numerical Mathematics, 2005, 52(2-3): 113–127

[150] Alvarez G, Li S. Some basic cryptographic requirements for chaos-based cryptosystems. International Journal of Bifurcation and Chaos, 2006, 16(8): 2129–2151

[151] Lu H T. Chaotic attractors in delayed neural networks. Physics Letters A, 2002, 298(2-3): 109–116

[152] Schmitz R. Use of chaotic dynamical systems in cryptography. Journal of the Franklin Institute, 2001, 338(4): 429–441

[153] Kohda T, Aihara K. Chaos in discrete systems and diagnosis of experimental chaos. IEICE Transactions, 1990, 73(6): 772–783

[154] Zhu H G, Zhao C, Zhang X D. A novel image encryption-compression scheme using hyper-chaos and chinese remainder theorem. Signal Processing: Image Communication, 2013, 28(6): 670–680

[155] Wang X Y, Teng L, Qin X. A novel colour image encryption algorithm based on chaos. Signal Processing, 2012, 92(4): 1101–1108

[156] Ammar A, Kabbany A A, Youssef M, et al. A secure image coding scheme using residue number system. Proceedings of 18th IEEE National Radio Science Conference, Mansoura, 2001: 399–405

[157] Wang W, Swamy M N S, Ahmad M O. RNS application for digital image processing. Proceedings of 4th IEEE International Workshop on System-on-Chip for Real-Time Applications, Banff, 2004: 77–80

[158] Jagannathan V, Mahadevan A, Hariharan R, et al. Number theory based image compression encryption and application to image multiplexing. Proceedings of IEEE International Conference on Signal Processing, Communications and Networking, Chennai, 2007: 59–64

[159] Yang J H, Chang C C, Lin C H. Residue number system oriented image encoding schemes. The Imaging Science Journal, 2010, 58(1): 3–11

[160] Meher P K, Patra J C. A new approach to secure distributed storage, sharing and dissemination of digital image. Proceedings of IEEE International Symposium on Circuits and Systems, Kos, 2006: 373–376

[161] Aithal G, Bhat K N H, Acharya U S. High-speed and secure encryption schemes based on Chinese remainder theorem for storage and transmission of medical information. Journal of Mechanics in Medicine and Biology, 2010, 10(1): 167–190

[162] Li C Q, Liu Y S, Zhang L Y, et al. Cryptanalyzing a class of image encryption schemes based on chinese remainder theorem. Signal Processing: Image Communication, 2014, 29(8): 914–920

[163] Li C Q, Zhang L Y, Ou R, et al. Breaking a novel colour image encryption algorithm based on chaos. Nonlinear Dynamics, 2012, 70(4): 2383–2388

[164] Shen K S. Historical development of the Chinese remainder theorem. Archive for History of Exact Sciences, 1988, 38(4): 285–305

[165] Goldreich O, Ron D, Sudan M. Chinese remaindering with errors. IEEE Transactions on Information Theory, 2000, 46(4): 1330–1338

[166] Ling S, Sole P. On the algebraic structure of quasi-cyclic codes I: Finite fields. IEEE Transactions on Information Theory, 2001, 47(7): 2751–2760

[167] Ding C, Pei D, Salomaa A. Chinese Remainder Theorem: Applications in Computing, Coding, Cryptography. Singapore: World Scientific Publishing, 1996

[168] Knuth D E. The Art of Computer Programming. 3rd ed. Berkeley: Addison-Wesley, 1997

[169] Li X W, Liang H, Xia X G. A robust Chinese remainder theorem with its applications in frequency estimation from undersampled waveforms. IEEE Transactions on Signal Processing, 2009, 57(11): 4314–4322

[170] Toth L. The probability that $k$ positive integers are pairwise relatively prime. Fibonacci Quarterly, 2002, 40(1): 13–18

[171] Li C Q, Zhang D, Chen G R. Cryptanalysis of an image encryption scheme based on the Hill cipher. Journal of Zhejiang University: Science A, 2008, 9(8): 1118–1123

[172] Hardy G H, Wright E M. An Introduction to the Theory of Numbers. 6th ed. Oxford: Oxford University Press, 2008

[173] Zhang Y, Li C Q, Li Q, et al. Breaking a chaotic image encryption algorithm based on perceptron model. Nonlinear Dynamics, 2012, 69(3): 1091–1096

[174] Zhou T, Liao X F, Chen Y. A novel symmetric cryptography based on chaotic signal generator and a clipped neural network. International Symposium on Neural Networks, Dalian, 2004: 639–644

[175] Li C Q, Li S J, Zhang D, et al. Chosen-plaintext cryptanalysis of a clipped-neural-network-based chaotic cipher. Lecture Notes in Computer Science, 2005, 3497: 630–636

[176] Socek D, Li S J, Magliveras S S, et al. Enhanced 1-D chaotic key-based algorithm for image encryption. Proceedings of the First IEEE/CreateNet International Conference on Security and Privacy for Emerging Areas in Communication Networks, Athens, 2005: 406–408

[177] Rao K D, Gangadhar C. Modified chaotic key-based algorithm for image encryption and its VLSI realization. Proceedings of 15th International Conference on Digital Signal Processing, Cardiff, 2007: 439–442

[178] Gangadhar C, Rao K D. Hyperchaos based image encryption. International Journal of Bifurcation and Chaos, 2010, 19(11): 3833–3839

[179] Takahashi Y, Nakano H, Saito T. A simple hyperchaos generator based on impulsive switching. IEEE Transactions on Circuits and Systems II: Express Briefs, 2004, 51(9): 468–472

[180] Li C Q, Chen M Z Q, Lo K T. Breaking an image encryption algorithm based on chaos. International Journal of Bifurcation and Chaos, 2011, 21(7): 2067–2076

[181] Paul S, Preneel B. Near optimal algorithms for solving differential equations of addition with batch queries. Lecture Notes in Computer Science, 2005, 37(7): 90–103

[182] Paul S, Preneel B. Solving systems of differential equations of addition. Lecture Notes in Computer Science, 2005, 3574: 75–88

[183] Li C Q, Liu Y S, Zhang L Y, et al. Breaking a chaotic image encryption algorithm based on modulo addition and XOR operation. International Journal of Bifurcation and Chaos, 2013, 23(4): 1350075

[184] Zhu C X. A novel image encryption scheme based on improved hyperchaotic sequences. Optics Communications, 2012, 285(1): 29–37

[185] Özkaynak F, Özer A B, Yavuz S. Cryptanalysis of a novel image encryption scheme based on improved hyperchaotic sequences. Optics Communications, 2012, 285(24): 4946–4948

[186] Li C Q, Liu Y S, Xie T, et al. Breaking a novel image encryption scheme based on improved hyperchaotic sequences. Nonlinear Dynamics, 2013, 73(3): 2083–2089

[187] Niu Y J, Wang X Y, Wang M J, et al. A new hyperchaotic system and its circuit implementation. Communications in Nonlinear Science and Numerical Simulation, 2010, 15(11): 3518–3524

[188] Li S J, Chen G R, Mou X Q. On the dynamical degradation of digital piecewise linear chaotic maps. International Journal of Bifurcation and Chaos, 2005, 15(10): 3119–3151

[189] Li C Q, Li S J, Lo K T. Breaking a modified substitution diffusion image cipher based on chaotic standard and logistic maps. Communications in Nonlinear Science and Numerical Simulation, 2011, 16(2): 837–843

[190] Li C Q, Chen G R. On the security of a class of image encryption schemes. Proceeding of IEEE International Symposium on Circuits and Systems, Seattle, 2008: 3290–3293

[191] Alvarez G, Amigó J M, Mahmodi H, et al. Lessons learnt from the cryptanalysis of chaos-based ciphers // Kocarev L, Lian S. Chaos-Based Cryptography: Theory, Algorithms and Applications. Berlin: Springer, 2011

[192] Behnia S, Akhshania A, Mahmodi H, et al. Chaotic cryptographic scheme based on composition maps. International Journal of Bifurcation and Chaos, 2008, 18(1): 251–261

[193] Akhavan A, Mahmodi H, Akhshani A. A new image encryption algorithm based on one-dimensional polynomial chaotic maps. Lecture Notes in Computer Science, 2006, 4263: 963–971

[194] Akhshani A, Mahmodi H, Akhavan A. A novel block cipher based on hierarchy of one-dimensional composition chaotic maps. Proceedings of IEEE International Conference on Image Processing, Atlanta, 2006: 1993–1996

[195] Li C Q, Arroyo D, Lo K T. Breaking a chaotic cryptographic scheme based on composition maps. International Journal of Bifurcation and Chaos, 2010, 20(8): 2561–2568

[196] Zhang Y W, Wang Y W, Shen X B. A chaos-based image encryption algorithm using alternate structure. Science in China Series F—Information Sciences, 2007, 50(3): 334–341

[197] Guo C. Understanding the related-key security of feistel ciphers from a provable perspective. IEEE Transactions on Information Theory, 2019, 65(8): 5260–5280

[198] Chen F, Wong K W, Liao X F, et al. Period distribution of generalized discrete arnold cat map for $N = p^e$. IEEE Transactions on Information Theory, 2012, 58(1): 445–452

[199] Zhang L Y, Li C Q, Wong K W, et al. Cryptanalyzing a chaos-based image encryption algorithm using alternate structure. Journal of Systems and Software, 2012, 85(9): 2077–2085

[200] Liu H, Liu Y B. Security assessment on block-cat-map based permutation applied to image encryption scheme. Optics and Laser Technology, 2014, 56: 313–316

[201] Xie E Y, Li C Q, Yu S M, et al. On the cryptanalysis of Fridrich's chaotic image encryption scheme. Signal Processing, 2017, 132: 150–154

[202] Abramson M, Moser W O J. Permutations without rising or falling $\omega$-sequences. The Annals of Mathematical Statistics, 1967, 38(4): 1245–1254

[203] Pareek N K, Patidar V, Sud K K. Discrete chaotic cryptography using external key. Physics Letters A, 2003, 309(1-2): 75–82

[204] Pareek N K, Patidar V, Sud K K. Cryptography using multiple one-dimensional chaotic maps. Communications in Nonlinear Science and Numerical Simulation, 2005, 10(7): 715–723

[205] Patidar V, Pareek N K, Sud K K. A new substitution-diffusion based image cipher using chaotic standard and logistic maps. Communications in Nonlinear Science and Numerical Simulation, 2009, 14(7): 3056–3075

[206] Patidar V, Pareek N K, Purohit G, et al. Modified substitution-diffusion image cipher using chaotic standard and logistic maps. Communications in Nonlinear Science and Numerical Simulation, 2010, 15(10): 2755–2765

[207] Pareek N K, Patidar V, Sud K K. Diffusion-substitution based gray image encryption scheme. Digital Signal Processing, 2013, 23(3): 894–901

[208] Pareek N K, Patidar V. Medical image protection using genetic algorithm operations. Soft Computing, 2016, 20(2): 763–772

[209] Jolfaei A, Wu X W, Muthukkumarasamy V. Comments on the security of "diffusion-substitution based gray image encryption" scheme. Digital Signal Processing, 2014, 32(2): 34–36

[210] Rhouma R, Solak E, Belghith S. Cryptanalysis of a new substitution-diffusion based image cipher. Communications in Nonlinear Science and Numerical Simulation, 2010, 15(7): 1887–1892

[211] Li C Q, Xie T, Liu Q, et al. Cryptanalyzing image encryption using chaotic logistic map. Nonlinear Dynamics, 2014, 78(2): 1545–1551

[212] Wei J, Liao X F, Wong K W, et al. Cryptanalysis of a cryptosystem using multiple one-dimensional chaotic maps. Communications in Nonlinear Science and Numerical Simulation, 2007, 12(5): 814–822

[213] Li C Q, Li S J, Álvarez G, et al. Cryptanalysis of a chaotic block cipher with external key and its improved version. Chaos, Solitons and Fractals, 2008, 37(1): 299–307

[214] Álvarez G, Montoya F, Romera M, et al. Cryptanalysis of a discrete chaotic cryptosystem using external key. Physics Letters A, 2003, 319(3-4): 334–339

[215] Boyar J. Inferring sequences produced by pseudo-random number generators. Journal of ACM, 1989, 36: 129–141

[216] Knuth D E. Deciphering a linear congruential encryption. IEEE Transactions on Information Theory, 1985, 31(6): 49–52

[217] Robert F. Discrete Iterations: A Metric Study. Berlin: Springer-Verlag, 1986

[218] Yen J C, Guo J I. A chaotic neural network for signal encryption/decryption and its VLSI architecture. Proceedings of 10th VLSI Design/CAD Symposium, 1999: 319–322

[219] Yen J C, Guo J I. The design and realization of a chaotic neural signal security system. Pattern Recognition and Image Analysis (Advances in Mathematical Theory and Applications), 2002, 12(1): 70–79

[220] Yen J C, Guo J I. The design and realization of a new domino signal security system. Journal of the Chinese Institute of Electrical Engineering, 2003, 10(1): 69–76

[221] Yen J C, Chen H C, Jou S S. A new cryptographic system and its VLSI implementation. Proceedings of IEEE International Symposium on Circuits and Systems, Vancouver, 2004: 221–224

[222] Yen J C, Chen H C, Wu S M. Design and implementation of a new cryptographic system for multimedia transmission. Proceedings of IEEE International Symposium on Circuits and Systems, Kobe, 2005, 6: 6126–6129

[223] Lin W J, Yen J C. An integrating channel coding and cryptography design for OFDM based wlans. Proceedings of IEEE International Symposium on Consumer Electronics, Kyoto, 2009: 657–660

[224] Li S J, Chen G R, Zheng X. Chaos-based encryption for digital images and videos// Furht B, Kirovski D. Multimedia Security Handbook. Baca Raton: CRC Press, 2004

[225] Li C, Li X, Li S, et al. Cryptanalysis of a multistage encryption system. Proceedings of IEEE International Symposium on Circuits and Systems, Kobe, 2005: 880–883

[226] Li C Q, Li S J, Zhang D, et al. Cryptanalysis of a chaotic neural network based multimedia encryption scheme. Lecture Notes in Computer Science, 2004, 3333: 418–425

[227] Su S, Lin A, Yen J C. Design and realization of a new chaotic neural encryption/decryption network. Proceedings of IEEE Asia-Pacific Conference on Circuits and Systems, Tianjin, 2000: 335–338

[228] Lian S G, Chen G R, Cheung A, et al. A chaotic-neural-network-based encryption algorithm for JPEG2000 encoded images. International Symposium on Neural Networks, Dalian, 2004: 627–632

[229] Li C Q, Li S J, Lou D C, et al. On the security of the Yen-Guo's domino signal encryption algorithm (DSEA). Journal of Systems and Software, 2006, 79(2): 253–258

[230] Chen H C, Yen J C, Juan J H, et al. A new cryptography system and its IP core design for multimedia application. Proceedings of IEEE International Symposium on Consumer Electronics, Irving, 2007: 1–7

[231] Kocarev L, Jakimoski G. Pseudorandom bits generated by chaotic maps. IEEE Transactions on Circuits and Systems I: Fundamental Theory and Applications, 2003, 50(1): 123–126

[232] Kelber K, Schwarz W. Some design rules for chaos-based encryption systems. International Journal of Bifurcation and Chaos, 2007, 17(10): 3703–3707

[233] Özkaynak F. Brief review on application of nonlinear dynamics in image encryption. Nonlinear Dynamics, 2018, 92(2): 305–313

[234] Li C Q, Zhang Y, Xie E Y. When an attacker meets a cipher-image in 2018: A year in review. Journal of Information Security and Applications, 2019, 48: 102361

[235] Phatak S C, Rao S S. Logistic map: A possible random-number generator. Physical Review E, 1995, 51(4): 3670–3678

[236] Chen R J, Lai J L. Image security system using recursive cellular automata substitution. Pattern Recognition, 2007, 40(5): 1621–1631

[237] He X P, Zhu Q S, Gu P. A new chaos-based encryption method for color image. Lecture Notes in Artificial Intelligence, 2006, 4062: 671–678

[238] Muhammad K, Hamza R, Ahmad J, et al. Secure surveillance framework for IoT systems using probabilistic image encryption. IEEE Transactions on Industrial Informatics, 2018, 14(8): 3679–3689

[239] Hu B, Guan Z H, Xiong N X, et al. Intelligent impulsive synchronization of nonlinear interconnected neural networks for image protection. IEEE Transactions on Industrial Informatics, 2018, 14(8): 3775–3787

[240] Sun W W, Zhou J T, Zhu S Y, et al. Robust privacy-preserving image sharing over online social networks (OSNs). ACM Transactions on Multimedia Computing Communications and Applications, 2018, 14(1): 1–22

[241] Grangetto M, Magli E, Olmo G. Multimedia selective encryption by means of randomized arithmetic coding. IEEE Transactions on Multimedia, 2006, 8(5): 905–917

[242] He J H, Huang S H, Tang S H, et al. JPEG image encryption with improved format compatibility and file size preservation. IEEE Transactions on Multimedia, 2018, 20(10): 2645–2658

[243] Li P Y, Lo K T. A content-adaptive joint image compression and encryption scheme. IEEE Transactions on Multimedia, 2018, 20(8): 1960–1972

[244] Li C Q, Lin D D, Lü J, et al. Cryptanalyzing an image encryption algorithm based on autoblocking and electrocardiography. IEEE MultiMedia, 2018, 25(4): 46–56

[245] Fan C L, Ding Q. Analysing the dynamics of digital chaotic maps via a new period search algorithm. Nonlinear Dynamics, 2019, 97(1): 831–841

[246] Li C Q, Lin D D, Feng B B, et al. Cryptanalysis of a chaotic image encryption algorithm based on information entropy. IEEE Access, 2018, 6: 75834–75842

[247] Liao X F, Chen F, Wong K W. On the security of public-key algorithms based on chebyshev polynomials over the finite field $Z_N$. IEEE Transactions on Computers, 2010, 59(10): 1392–1401

[248] 丁存生, 肖国镇. 流密码学及其应用. 北京: 国防工业出版社, 1994

[249] 林璟锵, 荆继武. 密码应用安全的技术体系探讨. 信息安全研究, 2019, 5(1): 14–22

[250] Peng H P, Li L X, Yang Y X, et al. Parameter estimation of dynamical systems via a chaotic ant swarm. Physical Review E, 2010, 81(1): 016207

[251] Li C Q, Lu J H, Chen G R. Network analysis of chaotic dynamics in fixed-precision digital domain. Proceeding of IEEE International Symposium on Circuits and Systems, Sapporo, 2019

[252] Peng F, Zhu X W, Long M. An ROI privacy protection scheme for H. 264 video based on FMO and chaos. IEEE Transactions on Information Forensics and Security, 2013, 8(10): 1688–1699

[253] McPherson R, Shokri R, Shmatikov V. Defeating image obfuscation with deep learning. arXiv:1609.00408, 2019. https://arxiv.org/pdf/1609.00408v2.pdf

[254] Xiang T, Guo S W, Li X G. Perceptual visual security index based on edge and texture similarities. IEEE Transactions on Information Forensics and Security, 2016, 11(5): 951–963

[255] Wang N, Li C Q, Bao H, et al. Generating multi-scroll Chua's attractors via simplified piecewise-linear Chua's diode. IEEE Transactions on Circuits and Systems I: Regular Papers, 2019, 66(12): 4767–4779